电力用油（气）分析及实用技术

主　编　马晓娟

副主编　李德志　郭海云　赵玉谦　周永立

中国电力出版社
CHINA ELECTRIC POWER PRESS

内 容 提 要

本书系统地介绍了石油化学知识，化学分析基础，电力系统用油设备及油系统，变压器油、涡轮机油和抗燃油，电厂辅机用油的监督与维护，油品净化与再生，六氟化硫绝缘介质，变压器油中溶解气体分析的原理，气相色谱法的理论，油中溶解气体分析检测，充油电气设备内部故障的诊断，典型故障案例等有关知识。

本书详细阐述了电力用油（气）检测的理论知识，解决实际问题的方法和策略，同时兼顾油务监督和管理人员的从业特点，内容丰富、新颖、实用性强。

本书适合电网设备状态检测、油（气）检测、电气试验、变电检修以及相关专业的技术技能人员阅读参考，也可作为高等院校电厂化学专业的教学参考书。

图书在版编目（CIP）数据

电力用油（气）分析及实用技术 / 马晓娟主编 . —北京：中国电力出版社，2021.3
ISBN 978-7-5198-4455-4

Ⅰ．①电…　Ⅱ．①马…　Ⅲ．①电力系统－润滑油②电力系统－液体绝缘材料③电力系统－气体绝缘材料　Ⅳ．① TE626.3

中国版本图书馆 CIP 数据核字（2020）第 040211 号

出版发行：中国电力出版社
地　　　址：北京市东城区北京站西街 19 号（邮政编码 100005）
网　　　址：http://www.cepp.sgcc.com.cn
责任编辑：畅　舒（010-63412312）
责任校对：黄　蓓　朱丽芳
装帧设计：王红柳
责任印制：吴　迪

印　　　刷：北京天宇星印刷厂
版　　　次：2021 年 3 月第一版
印　　　次：2021 年 3 月北京第一次印刷
开　　　本：787 毫米 ×1092 毫米　16 开本
印　　　张：25.75
字　　　数：536 千字
印　　　数：0001—1500 册
定　　　价：108.00 元

《电力用油（气）
分析及实用技术》

编 委 会

主　编　马晓娟

副主编　李德志　郭海云　赵玉谦　周永立

参　编　曲在辉　刘　英　孟　昊　蔡红飞　郑国彦　孙需战

　　　　　李朝清　李松波　李　威　兰静涛　王　敏　郭惠敏

　　　　　郭跃东　孙　更　王海涛　徐幻南　史淑芳　柴天富

　　　　　刘淑军　李　朋　常　军　郑改玲　王　毅　朱云梁

　　　　　王　栋　辛伟峰　任　欢　郭　磊　王润妮　赵胜男

　　　　　张　涵　符　贵　陈邓伟　张　磊　罗东君　岳　婷

　　　　　鲁　永　齐超亮　牛田野　彭理燕　王海霞　赵秀娜

　　　　　张菲菲　李　夏　闭　玉　彭　璐　郑　钧　李晓南

　　　　　张　刚　曲　芳　刘　团　吴西博　王冬梅　杨明坤

　　　　　高俊岭　刘　雪　王梦薇　王露婷　卢国华　黄晨冉

主　审　王　伟　秦　旷

前　言

电力用油（气）包括蒸汽轮机、燃气轮机、水轮机、燃气-蒸汽联合循环涡轮发电机、变压器、电抗器、互感器、断路器、组合电器等多种发电、供电设备的用油（气），还包括水泵、风机、磨煤机、空气压缩机等电厂辅机用油，涉及电气设备制造、电力行业、冶金行业、石油化工等领域。油（气）质量直接关系到这些设备的安全经济运行，国内外各行业十分重视对油（气）的监督。电力行业历来将油（气）监督和管理工作作为化学监督、绝缘监督的重要内容。

随着社会经济的发展，全社会用电量越来越大，老百姓对于供电质量的要求也越来越高。油（气）检测作为带电检测、在线监测、带电作业等工作的一部分，能够发现油（气）设备的潜伏性故障，其重要性越来越被大家认可。为提高油（气）检测人员的技术、技能素质，作者在编写过程中力求内容的"新""全"和"实用"，"新"体现在本书的油品炼制、试验方法、油（气）标准、维护管理等都采用了最新标准和研究成果；"全"体现在增加了电厂辅机用油的监督和维护、变压器油的炼制（GB 2536—2011《电工流体　变压器和开关用的未使用过的矿物绝缘油》）、油浸式真空有载分接开关的色谱分析内容；"实用"体现在理论和实践相结合，重点分析了试验数据异常时的原因及解决措施等，从而让油（气）检测人员在工作中遇到问题时能有据可查。

本书共分十二章，内容包括石油化学知识，化学分析基础，电力系统用油设备及油系统，变压器油、涡轮机油和抗燃油，电厂辅机用油的监督与维护，油品净化与再生，六氟化硫绝缘介质，变压器油中溶解气体分析的原理，气相色谱法的理论，油中溶解气体分析检测，充油电气设备内部故障的诊断，典型故障案例等相关知识。

本书由国网河南省电力公司技能培训中心组织编写，国网河南省电力公司技能培训中心马晓娟担任主编，国网河南省电力公司电力科学研究院李德志及国网河南省电力公司技能培训中心李德志、郭海云、赵玉谦、周永立副主编。本书由国网河南省电力公司电力科学研究院王伟、国网郑州供电公司秦旷审核。在编写过程中，国网河南省电力公司、新疆克拉玛依油田公司等单位的专家给予了大力支持，在此表示感谢。

由于编者专业知识水平有限，书中差错在所难免，恳请读者批评指正。

编者
2019 年 10 月

目 录

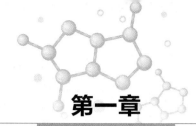

第一章

石 油 化 学 知 识

第一节　石油的化学组成及石油产品

一、石油的元素组成

电力用油通常指电力系统广泛使用的变压器油、涡轮机油、断路器油等，它们都是由天然石油炼制而成。由地下开采出来的天然石油称为原油，是由植物或动物等有机物遗骸生成的可燃性矿物，是一种黏稠状液体，有特殊气味，多为暗黑色、褐色，密度多介于 $0.80\sim0.98\text{g/cm}^3$（20℃）之间。不同产地原油的化学组成不相同，其物理、化学性质也差别较大。

石油是由多种碳氢化合物组成的混合物，但组成元素并不复杂，主要由碳、氢两种元素组成，碳的含量介于 $83\%\sim87\%$ 之间，氢的含量介于 $11\%\sim14\%$ 之间。其次是硫、氮及氧，总含量一般都在 1% 以下，它们与碳、氢形成的硫化物、氮化物、氧化物和胶质、沥青质等非烃化合物大都对原油加工及产品质量带来不利影响，因此必须在炼制过程中加以去除。此外，石油中还含有微量的铁、镍、钒、铜、钾、钠、钙等金属元素及氯、碘、磷、砷等非金属元素。在石油中这些元素并不以单质存在，而是以碳氢两元素为主组成的有机化合物存在。

二、石油的烃类组成

石油中的烃类主要有烷烃、环烷烃、芳香烃三大类，其结构特点如图 1-1～图 1-3 所示，一般不存在不饱和烃。组成石油的烃类不同，石油的性质也不相同。根据石油中所含烃类成分的不同，石油可分为石腊基石油、环烷基石油和中间基石油三类。石蜡基石油含烷烃较多，环烷基石油含环烷烃、芳香烃较多，中间基石油介于两者之间。我国的原油以石蜡基居多，如大庆、南阳、中原原油；而新疆、辽河原油主要属中间石蜡基，部分为环烷基原油，克拉玛依原油多为环烷基原油；胜利、江汉原油属中间基。

图 1-1　烷烃的化学结构式

（a）直链烷烃；（b）带支链烷烃

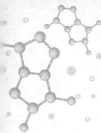

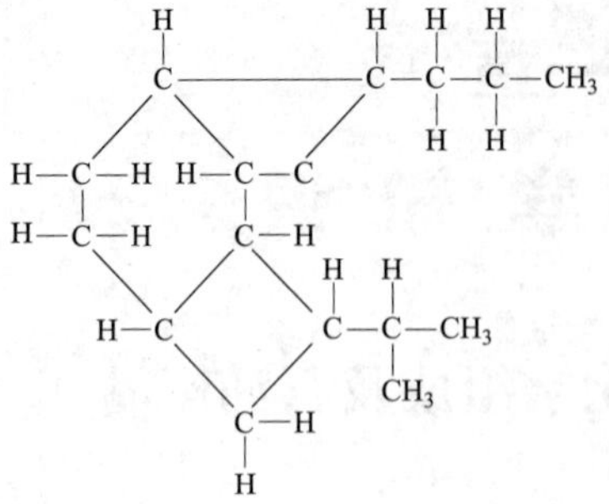

图 1-2　环烷烃的化学结构式 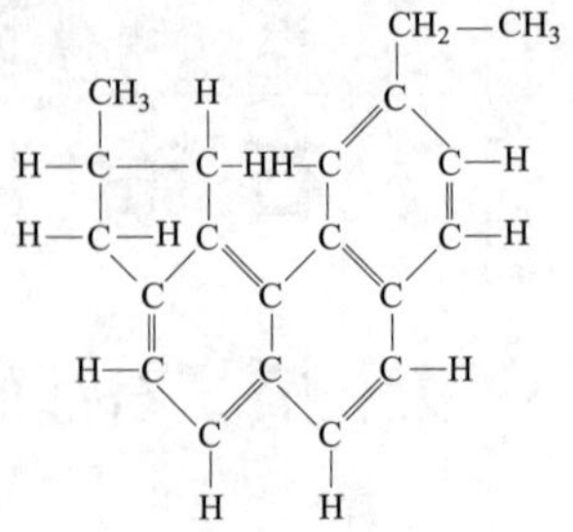　　　　　图 1-3　芳香烃的化学结构式

1. 烷烃

烷烃是指分子中的碳原子之间以单键相连，碳原子的其余价键都与氢原子相结合形成的化合物，烷烃也称作饱和烃，最简单的是甲烷，其分子式为 CH_4，还有乙烷、丙烷、丁烷等。从甲烷开始，每增加一个碳原子就相应增加两个氢原子，其化学通式为 C_nH_{2n+2}（n 为从 1 开始的正整数）。这些组成相差一个或数个 CH_2 的化合物组成一个系列称为同系列。同系列的各个化合物称为同系物。烷烃分子中碳原子呈直链状的称为正构烷烃，直链上有分支的称为异构烷烃。

常温下，$C_1\sim C_4$ 的正构烷烃为气态，$C_5\sim C_{15}$ 的正构烷烃为液态，大于 C_{15} 的正构烷烃为固态。烷烃的沸点、熔点、密度、折射率等均随分子量的增大而增大。异构烷烃一般比同碳数正构烷烃的黏度大、黏温性差。烷烃和相同碳原子数的其他烃类型比，含氢量最多，因此密度最小。

烷烃的化学性质不太活泼，常温下不易与空气中的氧反应，也不易与硫酸、硝酸或强氧化剂反应，但是，在高温或催化剂的作用下，可以被氧气氧化，发生断链。在无氧且加热到 400℃以下时，烷烃分子将断裂，亦称烷烃裂化。裂化将生成小分子烷烃和烯烃。烷烃在无氧且加热至 700℃以上时，会发生深度裂化或称"裂解"，其主要产物是低分子烯烃。所以说，在绝缘油的烃类中，烷烃的热稳定性是最差的。烷烃的抗氧化安定性比环烷烃差，但对抗氧化剂的感受性较好，它仍是作为绝缘油的良好成分。通常情况下，高分子烷烃较低分子烷烃易氧化，异构烷烃较正构烷烃易氧化。含烷烃多的油品抗氧化安定性好，贮存中不易氧化变质。

石油中的固态烃称为蜡，悬浮在石油中。蜡的存在，严重影响油品的低温流动性。在石油加工过程中，应脱除其中的蜡。

烷烃含量超过 25％～30％的石油称为烷基石油。

2. 环烷烃

环烷烃的结构较为复杂，有单环、双环和多环之分。其单环烷烃的化学分子通式与烯烃相同，为 C_nH_{2n}（n 为大于等于 3 的整数），最简单的环烷烃为环丙烷，如图 1-4 所示。

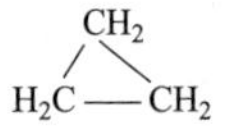

图 1-4　环丙烷的化学分子结构通式

环烷烃的性质与烷烃相似，性质稳定，不易氧化。随着分子量的增大，环烷烃的沸点和熔点升高，密度增大。它在高温、催化剂的作用下，也可被氧气氧化，生成醇、酸类产物，不过比烷烃要难些，所以说环烷烃的热稳定性比烷烃优越。

环烷烃是石油的主要成分，随着沸点升高，环烷烃含量逐渐增大。少环长侧链环烷烃是润滑油的理想成分，其温黏性好、凝固点低。随着环数的增加，其沸点和黏度都增大，油的黏温性和抗氧化安定性变差。

环烷烃存在于绝缘油中，能使该油具有良好介电性能及抗氧化安定性。石油中含有75%～83%的环烷烃称为环烷基石油，是炼制绝缘油的最好原油。

3. 芳香烃

芳香烃是指分子中至少有一个苯环 ⬡ （C_6H_6）即苯属芳香烃。芳香烃的化学通式为 C_nH_{2n-6}，苯是芳香烃中最简单的一个。图1-5为苯的化学结构式。

图1-5　苯的化学结构式

芳香烃不溶于水，密度、折射率都较大，具有特有的稳定性。在一定条件下，芳香烃加氧可生成相应的环烷烃。多环芳香烃被氧化生成酸及胶状物等。芳香烃的苯环在1000℃以上时才可开环分解，其热稳定性最好。它在绝缘油中起天然抗氧化剂的作用，有利于改善油的抗氧化安定性与介电稳定性，并具有吸气性能，对改善绝缘油的析气性有重要的作用。但是，油中芳香烃成分太多时，将使油的安定性差，因此，使绝缘油氧化最少且无析气性的芳香烃含量即为最佳含量。石油中芳香烃含量为14%～30%。

4. 烯烃和炔烃

在烃化合物中含有一个双键（C＝C）的化合物，称为烯烃，其化学通式为 C_nH_{2n}。在烃类化合物中含有一个三键（C≡C）的化合物，称为炔烃，其化学通式为 C_nH_{2n-2}。烯烃和炔烃统称为不饱和烃。两者的物理性质基本上与烷烃相似，密度小于1g/cm³，不溶于水，易溶于有机溶剂。由于所含（C＝C）双键或（C≡C）三键中的Ⅱ键较弱，容易极化，也容易断裂，其化学稳定性最差。

5. 石油中的非烃化合物

石油中含有少量非烃化合物，如含硫化合物、含氧化合物、含氮化合物及胶质、沥青质等，如酚类、砒啶、咔唑、喹啉等，其分子中具有极性原子或基团，化学稳定性、热稳定性及光稳定性都很差，是形成油泥沉淀的主要组分，在成品油加工过程中应被去除。它们的存在可对设备产生腐蚀或降低油品化学稳定性。石油中此类化合物越多，则油的颜色越深。

一般新变压器油的分子量在270～310之间变化，每个分子的碳原子数在19～23之间，其化学组成至少包含50%的烷烃、10%～40%的环烷烃以及5%～15%的芳香烃。

三、石油及其产品和电力用油的分类

石油产品的分类是按照一定的标准进行的，标准一般按其适用范围可分为国际标准、区域性标准、国家标准、专业标准、企业标准等。国际标准有国际标准化组织（ISO）、国际电工委员会（IEC）发布的标准；国外标准一般有美国材料试验委员会（ASTM）、美国石油学会（API）、法国标准化协会（NF）、英国标准学会（BS）等发布的标准；我国的标准一般有国标（GB）、电力行业标准（DL）、国家电网企业标准（Q/GDW）等。标准一般情况下每隔 5～10 年更换或修订一次。

（一）石油及其产品的分类

按烃类组成的含量，大致将石油分为石蜡基油（烷烃含量超过 50%）、环烷基油（环烷烃含量超过 50%）、混合基油（含有一定数量的烷烃、环烷烃和芳香烃）。我国石油产品的分类，根据 ISO 8681—1986《石油产品和润滑剂　分类法　等级的定义》制定了 GB/T 498—2014《石油产品及润滑剂　分类方法和类别的确定》，见表 1-1，润滑剂和有关产品（L 类）的分类见表 1-2。

表 1-1　　　　　　　　　　　石油产品和润滑剂的总分类

类别	F	S	L	W	B
含义	燃料	溶剂油化工原料	润滑油及有关产品	蜡	沥青

表 1-2　　　　　　　　　　　润滑剂和有关产品（L 类）的分类

组别	应用场合	组别	应用场合
A	全损耗系统	P	气动工具
B	脱膜	Q	热传导
C	齿轮	R	暂时保护防腐蚀
D	压缩机（包括冷冻机及压缩泵）	T	汽轮机
E	内燃机	U	热处理
F	主轴、轴承和离合器	X	用润滑脂场合
G	导轨	Y	其他应用场合
H	液压系统	Z	蒸汽汽缸
M	金属加工		
N	电器绝缘		

（二）电力用油的分类

1. 矿物绝缘油的分类

矿物绝缘油的分类，我国根据 IEC《Fluids for electrotechnical applications-Unused mineral insulating oils for transformers and switchgear》制定了 GB 2536—2011《电工流体　变压器和开关用的未使用过的矿物绝缘油》。GB 2536—2011 将矿物绝缘油分为变压器油和低温开关油两类，按氧化剂含量将矿物绝缘油分为三个品种：U 类，抗氧化剂含量检测不出；T 类，抗氧化剂含量小于 0.08%；I 类，抗氧化剂含量在 0.08%～0.4%。矿物绝缘油，除标明油中抗氧化剂添加剂外，还应标明最低冷态投运温度。最低冷态投运温度是指矿物绝缘油的黏度不大于 1800mm²/s，且在 −40℃时，黏度应不大于 2500mm²/s。最低冷态投运温度是区分绝缘油类别的重要标志之一。应根据电气设备使用环境温度的不同，选择不同的最低冷态投运温度，以免影响油泵、有载调压开关的启动。同时还要标明变压器油是通用油还是特殊要求用油，对于在较高温度下运行的变压器或为延长使用寿命而设计的变压器用油，应满足变压器油（特殊）技术要求。

与 GB 2536—1990《变压器油》相比，GB 2536—2011 取代了原变压器油按低温流动性分类的方式（10、25、45 号三个牌号），而是以最低冷态投运温度划分，最低冷态投运温度下变压器油的最大黏度和最高倾点与 GB 2536—1990 中牌号的对应关系见表 1-3。最低冷态投运温度比最高倾点低 10℃。

表 1-3　　　　　　变压器油的最低冷态投运温度与最高倾点、原牌号的对应关系

最低冷态投运温度 LCSET（℃）	最大黏度 （mm²/s）	最高倾点 （℃）	GB 2536—1990 标准中的牌号
0	1800	−10	10 号
−10	1800	−20	25 号
−20	1800	−30	—
−30	1800	−40	45 号
−40	2500	−50	—

变压器油产品依次标记为品种代码、最低冷态投运温度、产品名称、标准号的示例见表 1-4。

表 1-4　　　　　　　　　　　　变压器油产品示例

品种代码	最低冷态投运温度	产品名称	标准号
U	0℃	变压器油（通用）	GB 2536—2011
T	−20℃	变压器油（通用）	GB 2536—2011
I	−40℃	变压器（特殊）	GB 2536—2011

2. 涡轮机油的分类

根据 ISO 8068—2006《润滑剂、工业用油及有关产品（L 类）－涡轮机油（T 组）－涡轮机润滑油规格》，我国制定了 GB 11120—2011《涡轮机油》，该标准规定了在电厂涡轮机润滑和控制系统，包括蒸汽轮机、水轮机、燃气轮机和具有公共润滑系统的燃气-蒸汽联合循环涡轮机中使用的涡轮机油，以及其他工业或船舶用途的涡轮机驱动装置润滑系统使用的涡轮机油的产品品种及标记。涡轮机油的产品品种见表 1-5。

表 1-5　　　　　　　　　　　　涡轮机油的产品品种

品种代码	品种含义	适用范围
L-TSA	含有适当的抗氧化剂和腐蚀抑制剂的精制矿物油型的汽轮机油	蒸汽轮机
L-TSE	为润滑齿轮系统，比 L-TSA 增加了具有极压性要求的汽轮机油	蒸汽轮机
L-TGA	含有适当的抗氧化剂和腐蚀抑制剂的精制矿物油型的燃气轮机油	燃气轮机
L-TGE	为润滑齿轮系统，比 L-TGA 增加了具有极压性要求的燃气轮机油	燃气轮机

品种代码	品种含义	适用范围
L-TGSB	含有适当的抗氧化剂和腐蚀抑制剂的精制矿物油型燃气轮机、汽轮机油，比 L-TSA 和 L-TGA 增加了耐高温氧化安定性和高温热稳定性	共用润滑系统的燃气、蒸汽联合循环涡轮机，也可单独用于蒸汽轮机或燃气轮机
L-TGSE	具有极压性要求的耐高温氧化安定性和高温热稳定性的燃气轮机、汽轮机油	

涡轮机油产品依次标记为品种代码、黏度等级、产品名称、标准号的示例见表 1-6。

表 1-6 **涡轮机油产品示例**

品种代码	黏度等级	产品名称	标准号
L-TSA	32	汽轮机油（A 级）	GB 11120—2011
L-TGA	32	燃气轮机油	GB 11120—2011
L-TGSB	32	燃气/汽轮机油	GB 11120—2011

防锈涡轮机油是用量最大和使用最普通的涡轮机油品种。

第二节　电力用油的炼制工艺

油品的生产工艺通常是根据原油的性质和产品的要求而定，由石油炼制生产电力用油的工艺过程大致分为原油预处理、蒸馏、精制和调和等工序，最后得到成品油，如图 1-6 所示。

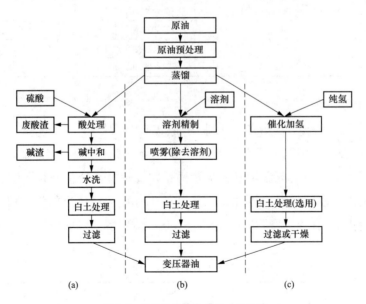

图 1-6　变压器油基本精制工艺流程

（a）硫酸法；（b）溶剂精制法；（c）催化加氢工艺法

由图 1-6 可以看出，原油经预处理和常减压蒸馏等工序后，按照产品要求得到的馏分油称为基础油。基础油馏分主要根据产品的黏度、闪点等性能指标要求进行切割，然后进入下道工序加工。脱蜡的目的是使油品获得必要的凝点和倾点，以满足产品低温性能的要求，蒸馏工序是为了有选择地切割符合使用要求的馏分，而精制则是除去馏分油中非理想组分的工艺过程，因此采用合理的精制方案及精制深度十分重要。以变压器油为例，为了得到优质变压器油，应尽量选用低凝点环烷基原油，但由于环烷基原油比较特殊，有的炼油厂也用石蜡基原油生产变压器油。显然，由于两种原油性质根本不同，其精制方案也不同，在精制深度的选择方面也有所不同。国外一些厂商采用适度精制的工艺，以保留油中含有的天然的抗氧化剂，从而获得油品的抗氧化安定性及良好的电气性能，这与我国普遍采用的深度精制后添加抗氧剂的生产工艺完全不同。此外，由于对产品性能的要求不同，油品的生产工艺也随之作出相应的调整。现代炼油的加工使用了三种主要方法（见图1-6）：硫酸法、溶剂精制法、催化加氢工艺法。

精制工艺的双重目的：

（1）选择出特性最合乎要求的油的馏分；

（2）将那些会严重影响油的氧化安定性、电气绝缘性能和低温流动性的有害成分清除掉或将其影响减少到最小程度。

除去不符合要求的成分包括硫、氮和氧的化合物，大多数硫化合物，焦油沥青和不饱和烃以及固体烃类，特别是无定形石蜡和晶状石蜡。

一、预处理

原油一般都和油田水一起从油田开采出来，虽经沉降分离，但仍有一定数量的水分、泥砂、盐类等杂质掺杂其中，因而在分馏之前必须进行脱盐、脱水，此过程即原油预处理。

油田水主要来自土壤渗透的雨水和沉积岩沉积时保留下来的沉积海水，这两种水的存在使油田水含有大量无机盐和少量有机盐。它们的存在会腐蚀设备，降低热效率或造成管线堵塞，因此在蒸馏前必须先行除去。

原油脱盐、脱水的方法很多，如加热原油使油水乳浊液分解而将油水分离，杂质沉淀，或向原油中添加破乳剂降低油中水的含量，常用的方法是电化学方法。

二、常压、减压蒸馏

常压蒸馏是根据原油中各类烃分子沸点的不同，用加热和分馏设备将油进行多次部分汽化和部分冷凝，使汽液两相充分进行热量和质量交换，以达到分离的目的。一般35～200℃的馏分为直馏汽油馏分；175～300℃的馏分为煤油馏分；200～350℃为柴油馏分；350℃以上的馏分为润滑油原料。

常压蒸馏塔底得到的重油是炼制润滑油的原料，由于它是350℃以上的高沸点馏分，如果用常压蒸馏来进行分离，加热温度就得高达350℃以上，在这样的高温下，会产生烃分子的裂解，引起加热炉管结焦。为了既能进行蒸馏分离又不致发生烃分子裂解，必须采用减压蒸馏。

减压蒸馏是用抽真空的办法，在减压塔内使油在低于大气压力的情况下进行热交换和质量交换的分馏过程，这样可使馏分油的沸点大大降低。润滑油馏分就可以在较低温

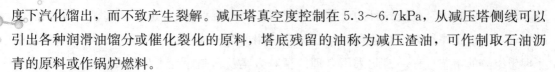
度下汽化馏出，而不致产生裂解。减压塔真空度控制在 5.3～6.7kPa，从减压塔侧线可以引出各种润滑油馏分或催化裂化的原料，塔底残留的油称为减压渣油，可作制取石油沥青的原料或作锅炉燃料。

三、精制

常减压蒸馏所得到的馏分油中，由于仍含有一些不良成分（如含硫化合物、含氧化合物、含氮化合物、胶质、沥青质等）而不能直接使用，还必须进一步进行精制。常用的精制方法如下：

（一）酸碱精制

这一传统方法包括用浓度为 93%～98% 的硫酸处理馏分油，继之搅拌，酸渣分离，碱中和，水洗和白土处理。酸的用量主要取决于所需精制的深度，它基本在 2%～20% 范围内变化。过去最好的变压器油都是用这种工艺生产的，但是，除了会对环境造成污染外，该方法还存在两个主要缺点：

（1）因为硫酸的选择性特点，有用的成分与有害的成分一起被清除掉了，所以该方法与其他两种比较现代的精制方法相比，单位体积馏分的回收率较低，造成资源的浪费。

（2）生成的酸渣是非环境友好的废物，并且酸渣对环境的污染是多方面的，如果以环境安全允许的方式将它们处理，则所需费用昂贵。所以此处理方法必须淘汰，改用其他的精制方法就显得非常必要。

（二）溶剂精制（萃取）

这种工艺主要是依据在某种特定的溶剂馏分油中不希望存在的化合物具有选择性的溶解度。使用最广泛的溶剂是糠醛，有时也用酚。该方法是在一定的温度条件下，利用糠醛、酚、丙酮等溶剂对馏分中的理想成分溶解能力差，但对馏分中的非理想成分（如环烷酸、多环短侧链芳烃和环烷烃、胶质、沥青质及其他硫、氮、氧的化合物等）都能溶解在溶剂中的特性，从而将其分离出去，使所得到的油品的黏温性能得到改善，并可以降低油品的残炭值和酸值，提高其化学稳定性。将分离出的油品用蒸馏的方法将溶剂回收后，便可得到抽出油。抽出油再经过白土补充精制，将其中的胶质、沥青质和稠环芳烃等不理想成分除去后，便可得到基础油。

溶剂精制具有收率高、成本低、不排酸渣和不污染环境等优点，回收的溶剂还可以继续使用，因而该方法被广泛应用于润滑油的精制。

（三）催化加氢精制

这种方法是润滑油精制处理中的最新方式。据有关报道，目前在世界上的成品润滑油市场中，约有 70% 的成品油是用催化加氢工艺精制而成的。它是在一定压力下对馏分油加氢，并在催化剂存在时升高它的温度。加氢精制可分为轻度加氢和严格的全催化加氢，两种方法都可用来获得最满意的终端产品。

现代加氢工艺是在具有特定结构及性能的催化剂作用下，馏分油和氢在 350℃ 的温度、17.5MPa 的压力下，通过在催化剂活性表面上进行脱硫、脱氮、脱环烷酸，使生成油的颜色、热安定性和氧化安定性都有明显的改善，芳烃含量也有显著下降。然后再进行芳烃的加氢饱和，使多环芳烃都转化为饱和烃，而不发生大量裂化，多环芳烃饱和率在90％以上。同时，通过催化加氢还可以使十八碳以上的固体烃（如石蜡等）转化为十八碳以下的液体烃。尼纳斯公司的电气绝缘油及润滑油100％为催化加氢的产品。

获得满意的成品油所需要的氢化作用的深度将随所用原油的馏分组成而变化。所以，这一催化加氢工艺必须对四个可变因素（即温度、压力、催化剂活性和空速）予以平衡和控制。当催化剂老化并使催化效率稍有降低时，就必须调节其他三个变量的值来加以补偿。

（四）白土补充精制

经过酸碱精制或溶剂精制后的油，仍残存有少量胶质、沥青质、环烷酸皂、酸渣及残余溶剂等，这些杂质的存在，不仅会对设备产生腐蚀，同时也会降低油品的化学稳定性和电气性能。因此，还要再经一次白土吸附处理，作为前一阶段精制的补充精制。天然白土是一种多微孔，具有吸附作用的矿物质，它的主要成分是硅酸铝、氧化铝和一些氧化铁、氧化银等。白土的形状是无定型或结晶状的白色粉末，表面具有很多微孔，其活性表面积为$100\sim300\,\text{mm}^2/\text{g}$，高度密集的孔隙和很大的比表面，使白土微粒能将油中胶质、沥青质、溶剂等极性物质吸附在微孔表面，而白土对油的吸附作用很低。因此，利用白土所具有的这一选择性吸附的特性，作为酸碱精制和溶剂精制的补充，用于进一步提高油品的安定性并改善油品的颜色。

四、脱蜡

为了改善油的低温流动性，在润滑油用酸碱精制和溶剂精制的生产过程中通常要进行脱蜡。蜡虽然不是有害物质，但它是润滑油中的非理想组分，影响油的低温流动性。因为常温下在油中呈溶解状态的蜡在低温下又会从油中析出来，以致影响油品流动。温度越低，析出的蜡越多。在生产润滑油特别是生产变压器油、断路器油等电气用油时，都要进行脱蜡。脱蜡的方法如下。

（一）冷冻脱蜡

通过冷冻装置，将含蜡的油料冷冻到一定的低温，使蜡从油中析出来。用压滤机或离心分蜡机将油和结晶状的蜡分开，从而使油品的倾点降低。冷冻脱蜡法适用于低黏度而且要求脱蜡深度不大的油品，如I-10℃变压器油（通用/特殊、基础原料），满足GB 2536—2011等相关要求。对高黏度和要求低倾点的油，由于油在低温下黏度变得很大，使油和石蜡无法分开，因此不宜采用此法。

（二）溶剂脱蜡

溶剂脱蜡适用于较高黏度和要求低倾点的油品。溶剂脱蜡是利用溶剂能很好地溶解润滑油馏分中的油，但不能溶解蜡的特性。在低温下含蜡油中加入溶剂后，可将蜡析出，而油则溶解在溶剂中，再经过滤器将油和蜡分开。将滤液中的溶剂回收后，则可得到低倾点的润滑油馏分，如 I-20℃变压器油（通用/特殊、基础原料），即满足 GB 2536—2011 等相关要求的基础油。

常用的溶剂有酮类（丙酮）和苯系物（苯、甲苯）的混合物。丙酮对蜡的溶解度很低，加入丙酮可使蜡的结晶凝聚变为大颗粒，以便从油中滤除。苯的作用是增大溶剂对油的溶解能力，但由于苯的冰点太高（＋5.5℃），在低温下无法使用，因而再加入甲苯（冰点−95℃）用以降低混合溶剂的冰点，以保证在−30～−40℃低温情况下，苯的结晶不致析出。三种溶剂间的比例以及油与溶剂的比例要根据脱蜡油的性质和产品对倾点的要求而定。

（三）尿素脱蜡

尿素的结构式为 $H_2N-\underset{\underset{O}{\|}}{C}-NH_2$ 。尿素脱蜡是利用尿素可呈螺旋状排列在油中正构长链烷烃和带有短分支侧链的长链烷烃的周围，把这些烃分子包围在中间，形成络合物从油中析出来，使油品中的蜡得以去除。

尿素脱蜡可获得倾点很低的油品，如要求得到倾点低于−50℃的变压器油原料，则可在酮苯脱蜡后再进行尿素脱蜡而得。当尿素与蜡以固体络合物的形式，自油中分离出来后，经加热使尿素与石蜡分解，再经水洗使尿素溶于水，重新回收使用。

（四）分子筛脱蜡

分子筛（沸石）是一种人工合成的多孔吸附剂，它具有特殊的孔道结构，活性表面积可达 $100\sim300m^2/g$，利用它仅能吸附正构烷烃分子的特性，达到脱蜡的目的。

（五）加氢降凝

加氢降凝也称为加氢脱蜡。其降凝原理是利用具有高度选择性的催化剂（异构化催化剂和选择性加氢裂化催化剂），使油中正构烷烃发生异构化反应，或者发生选择性加氢裂化反应，从而使正构烷烃转化为异构烷烃，使高分子烷烃变为低分子烷烃，而对其他烃类则基本上不发生反应。由于可将油中固态烃大量转化为液态烃，因此可使油的倾点显著降低。

五、调和

原油经预处理、常减压蒸馏及精制后，进入生产润滑油的最后一道工序。调和的方式一般分为罐式和管道式两种。

我国多采用罐式调和，调和的方法是根据产品的性能要求，将各组分油按计算得出的数量从原料贮罐打入调和罐，再根据需要加入有关添加剂进行调和，使成品油符合有关产品质量要求。

例如，I-10℃变压器油（特殊）GB 2536—2011 生产的简易流程是：适宜的原油预处理、常压分馏塔至减压分馏塔，截取常三线或减一线润滑油馏分（沸点为 300～350℃），用苯酚作为溶剂精制，其溶化比为 2.3～2.5，然后在不高于 16℃的低温下进行苯酮脱蜡。采用酸碱精制或糠醛精制，然后用 3%～5%（油重）的白土补充精制得到基础油，最后加入 0.5％烷基酚抗氧化剂（T501），经充分混匀调合即得到 I-10℃变压器油（特殊）GB 2536—2011 油品。一般用于我国南方地区 110kV 及以下电压等级的中小型电气设备中。

I-20℃变压器油（特殊）GB 2536—2011（KI25X 变压器油）生产的简易流程是：适宜的环烷基原油预处理、常压分馏塔至减压分馏塔，截取常三线润滑油馏分（沸点为 300～350℃），经过中等压力的加氢处理、加氢降凝及补充精制生产出基础油，加入不超过 0.4％烷基酚抗氧化剂（T501），经充分混匀调合即得到 I-20℃变压器油（特殊）GB 2536—2011。用于我国大部分地区 220kV 及以上电压等级的大容量电气设备中。

I-30℃变压器油（特殊）GB 2536—2011（KI45X 变压器油）生产的简易流程是：低凝环烷基原油预处理、常压分馏塔至减压分馏塔，截取常三线润滑油馏分（沸点为 280～350℃），经过高压力的加氢处理、加氢降凝及加氢补充精制生产出基础油，加入不超过 0.3％烷基酚抗氧化剂（T501），经充分混匀调合即得到 I-30℃变压器油（特殊）GB 2536—2011。KI45X 变压器油符合 GB2536—2011、IEC 60296—2003（Ⅰ）高级别和 ASTMD3487（00）Ⅱ标准要求。用于我国东北地区 220kV 及以上电压等级的大容量电气设备。

一般公司很难生产通用变压器油，且实际使用中都要求加抗氧添加剂。因此，变压器油产品都是特殊的，是含有抗氧添加剂的。市场上使用 I-20℃变压器油（特殊）GB 2536—2011 或 I-30℃变压器油（特殊）GB 2536—2011 都是合适的。

第三节　变压器油标准体系及研发

一、变压器油的标准体系

1. 我国变压器油标准体系

我国目前变压器油按油品的使用性能分为变压器油（通用）和变压器油（特殊）。GB 2536—2011《电工流体 变压器和开关用的未使用过的矿物绝缘油》是参照 IEC 60296—2012《变压器和开关设备用未使用过的矿物绝缘油规范》和 ASTM D 3487—2009《电气装置中用矿物绝缘油的质量标准》制定的。变压器油牌号是按所添加抗氧化剂量来划分的。

关于运行中变压器油，国内标准有 GB/T 7595—2017《运行中变压器油质量》、Q/GDW 1168—2013《输变电设备状态检修试验规程》、相对应的油品性能试验方法、GB/T 14542—2017《运行变压器油维护管理导则》4 个系列。GB/T 14542—2017《运行变压器油维护管理导则》就是参照 IEC 60422—2013《电气设备中的矿物绝缘油 监督和维护指南》制定的。

在我国变压器油标准中，普通变压器油（≤220kV）和超高压变压器油（≥330kV）的区分主要体现在抗析气性能，同时电气性能也略有不同。超高压变压器油由于提高了抗析气性能，需要在油品中增加芳香烃含量，因此超高压变压器油的氧化安定性指标有

所降低。但异构烷烃和环烷烃的有关电气性能和适宜的析气性也可以满足要求。

2. 国外变压器油标准体系

从国外主要变压器油规格（以 ASTM D 3487 和 IEC 60296 为代表）来看，变压器油是按抗氧剂的加入量和抗氧化性能来分类。如 ASTM D 3487—2009 根据抗氧剂含量分为 Ⅰ类（抗氧剂含量不大于 0.08%）和 Ⅱ类（抗氧剂含量不大于 0.3%）；IEC 60296—2012 则按抗氧剂含量分为 3 类：U 类，抗氧剂含量检测不出（<0.01%）；T 类，<0.08%；Ⅰ类，0.08%～0.4%。在黏度和倾点等低温性能方面，ASTM D 3487 和 IEC 60296 通用规格中都只有一类，即 40℃黏度不大于 12mm²/s，倾点不高于−40℃。

同时 IEC 60296—2012 根据抗氧化性能将变压器油分为标准级别变压器油和特殊级别变压器油。对析气性指标，ASTM D 3487 要求析气性不能高于+30μL/min，该指标除深度精制石蜡基变压器油外，一般不会超过。从 IEC 60296 修订历程看，IEC 60296—1982 标准中，无析气性要求，IEC 60296 标准 1991 年征求意见稿则要求析气性不大于+5μL/min，但由于意见不统一，经十几年的反复讨论，于 2003 年正式颁布的 IEC 60296—2003 标准中对析气性指标未作统一规定，IEC 60296—2012 标准中对析气性指标仍未作统一规定，而是交由变压器使用者和生产商协商。

ASTM D 3487—2009 对变压器油提出了苯胺点指标，要求 63～84℃，该指标主要是为了保证变压器油的溶解性能，石蜡基变压器油及高压加氢深度精制的环烷基变压器油很难满足该指标要求。

3. SIEMENS、ABB 公司变压器油要求

国外主要变压器制造商 SIEMENS、ABB 公司均有自己的变压器油标准，均是按抗氧化性能来区分变压器油的优劣。根据变压器油氧化、老化表现的优劣将所使用的变压器油分为普通级别和高级别。为提高变压器的散热性能，ABB 公司还提出低黏度变压器油的要求。除 SIEMENS 公司直流换流变压器用绝缘油外，均未提出抗析气性的要求，这是由于随着变压器设计制造水平的提高，变压器设计的电场强度在下降。

4. 国际石油公司变压器油分类

总体上来说，变压器油制造商对其变压器油的分类主要是建立在变压器制造商分类基础上的，结合其资源特点略有差别、大同小异。Nynas 公司也是按抗氧化性能的差别将变压器油分为普通级别、高级别和超高级别变压器油。

二、石蜡基油与环烷基油的比较评价

环烷基油生产的变压器油比石蜡基油生产的变压器油质量好，但由于环烷基油源的短缺，开发应用石蜡基油源生产的变压器油也势在必行，只有找出两种油源的差距，才能从生产工艺上去寻找弥补的办法。环烷基变压器油与石蜡基变压器油相比具有以下特点：

1. 残炭杂质的沉降速度

油断路器设备中，在强电流开断时，油被高温电弧能量分解而产生残炭。石蜡基油

在强电流开断后产生的残炭，因其沉降速度较缓慢，形成的这种碳可能在关键区域造成绝缘强度降低，在内部产生相对地的闪络。而在环烷基油中，残炭在相当短的时间内就沉降下来了，因此不会影响设备的绝缘。

2. 低温性能

由于石蜡基变压器油含蜡量高，当蜡在油中呈溶解状态时对变压器油的绝缘性能无不良影响。但石蜡基变压器油在较低的温度下（0℃以下），蜡会结晶析出，而蜡本身是一种不良的绝缘体，既会影响设备的绝缘性能，又会妨碍油的传热冷却效果。此外，当受到环境中的微生物侵蚀后，蜡会发生霉变，从而影响油品的电气性能和抗氧化性能。而环烷基变压器油由于少蜡或无蜡，即使在−40℃时也不会出现蜡的结晶析出而影响油的自由流动和设备的绝缘。因此，低温流动性能是环烷基变压器油最显著的特性之一。

3. 苯胺点及再生

变压器油在高温、电场、水分和金属催化剂等作用下，会发生氧化劣化反应，最终会生成油泥，这些油泥会黏附在绝缘材料上、沉积于循环油道中而严重影响油品的散热效果，使变压器的工作温度升高。环烷基变压器油的苯胺点较低（59～82℃），溶解能力比石蜡基变压器油强，因此，在运行温度下油泥能溶解并分散于油中不会沉析出来。而石蜡基变压器油的苯胺点较高（79～94℃），在运行温度下油泥难溶于油中，从而会沉积下来。所以，从再生的角度来看，石蜡基变压器油比环烷基变压器油要困难许多（这是石蜡基变压器油固有的最重要缺点）。

4. 气体的析出

石蜡基变压器油在高场强作用下会发生脱氢反应而从油中析出氢气，环烷基变压器油由于富含环烷烃和适量芳烃，在相同的条件下会吸收氢气，这种特性对超高压变压器油具有重要意义。

5. 裂缝和空隙的生成

石蜡基变压器油不易流动，从而在低温冷却时发生收缩而造成裂缝和空隙。其结果有可能降低整个绝缘系统的绝缘强度并形成局部放电（电晕放电）。为了克服这一现象，可在油中加入流动改良剂或进行深度脱蜡以及与其他油掺混加以改善。

三、环烷基变压器油的研发

为了提高高电压等级变压器油的抗氧化安定性和析气性，近几年来，国内各大变压器厂已普遍使用抗氧化性较好的 KI25X/45X 变压器油，应用于 330、500、750、1000kV 和 1200kV 变压器（220kV 及以下的变压器采用环烷基变压器油或石蜡基变压器油）。

1. KI25X/45X 变压器油

KI25X/45X 变压器油是采用克拉玛依低凝点环烷基原油为原料经过深度精制而成的基础油，加入优质抗氧复合添加剂调制生产的高级别变压器油。具有较好的电气绝缘性能；优异的热安定性和氧化安定性；较低的黏度，倾点可低至-45℃；环境友好，不含任何多氯联苯。

KI25X/45X 变压器油可用于国内 500kV 超高压变压器、750kV 普通容量的变压器，能够与 Nytro3000X、Nytro10X 和 Daila DX 等高级别变压器油相互替代使用。

2. KI25AX/45AX 变压器油

KI25AX/45AX 变压器油是由适度精制的低黏度、低倾点环烷基基础油与抗析气性变压器油组分调和，加入优质抗氧复合添加剂调制而成，属于我国第二代超高压变压器油。与第一代超高压变压器油相比，其氧化安定性和脱水性得到较大改善，而且生产工艺简单，规模大。

3. KI45 变压器油

KI45 变压器油是由适度精制的低黏度、低倾点环烷基基础油，不含抗氧复合添加剂调制而成的高级别变压器油，属最高级别变压器油。

4. KI20HFX 高燃点绝缘油

高燃点变压器是近年来变压器行业出现的新产品，它的燃点至少 300℃ 以上，这种高燃点变压器在国外应用较多。KI20HFX 高燃点绝缘油就是为这种变压器开发生产的。

KI20HFX 高燃点绝缘油是采用石蜡基、环烷基原油为原料，经适宜加工工艺和添加抗氧抑制剂生产的，其成分为 100% 碳氢化合物，具有极好的电气性能，绝缘强度高，冷却效果好，可生物降解，无毒性，可循环利用。

5. KI50X/KI50AX 特高压变压器油

KI50X 变压器油是以环烷基原油为原料，采用特殊工艺生产的窄馏分基础油，加入优质抗氧复合添加剂调制而成的高级别变压器油，具有传热迅速、氧化安定性好、电气性能优异等特点。产品性能稳定可靠，在严格的质量控制程序下生产，产品资源固定。KI50X 变压器油通过了 ABB 公司的实验室评定。

KI50X 变压器油符合 GB 2536—2011、IEC 60296—2003（Ⅰ）高级别和 ASTMD3487（00）Ⅱ标准要求，同时符合 ABB 公司 HI-A 变压器油技术要求。KI50X 变压器油适用于采用 ABB 公司技术制造的高压直流换流变压器（HVDC）和 500kV 的超高压交流变压器（HVAC）。

KI50X 变压器油具有极好的电气绝缘性能，击穿电压高、介质损耗因数小，可有效防止高压电场下的放电现象和功率损失；优异的热安定性和氧化安定性，可防止使用过程中形成酸和油泥，延长电气设备的使用寿命；极低的黏度，提供有效的冷却性和热传递性、低温启动性能和过滤性能；低温性能优良，不含降凝剂，倾点可低至−50℃；环烷烃和芳香烃含量适宜，保证溶解电气设备运行过程中形成的油泥而避免破坏绝缘材料和影响传热；环境友好，不含任何多氯联苯。

KI50AX 特高压变压器油是以克拉玛依环烷基原油为原料，采用特殊工艺生产的窄馏分基础油，加入优质抗氧复合添加剂调制而成，具有传热迅速、氧化安定性好、电气性能优异和抗析气性好等特点。

KI50X 变压器油符合 GB 2536—2011、IEC 60296—2003（Ⅰ）高级别和 ASTMD3487（00）

Ⅱ标准要求，同时符合 ABB 公司 HI－A 变压器油技术要求。KI50X 变压器油适用于采用 ABB 公司技术制造的高压直流换流变压器（HVDC）和 500kV 的超高压交流变压器（HVAC）。

KI50X 变压器油具有极好的电气绝缘性能，击穿电压高、介质损耗因数小，可有效防止高压电场下的放电现象和功率损失；优异的热安定性和氧化安定性，可防止使用过程中形成酸和油泥，延长电气设备的使用寿命；极低的黏度，提供有效的冷却性和热传递性、低温启动性能和过滤性能；低温性能优良，不含降凝剂，倾点可低至－50℃；环烷烃和芳香烃含量适宜，保证溶解电气设备运行过程中形成的油泥而避免破坏绝缘材料和影响传热；环境友好，不含任何多氯联苯。

KI50AX 特高压变压器油是以克拉玛依环烷基原油为原料，采用特殊工艺生产的窄馏分基础油，加入优质抗氧复合添加剂调制而成，具有传热迅速、氧化安定性好、电气性能优异和抗析气性好等特点。

KI50AX 特高压变压器油符合 GB 2536—2011，IEC 60296（82）ⅠA、ⅡA，BS148（98）ⅠA、ⅡA 和 ASTMD3487（93）Ⅱ标准要求，同时符合 SIEMENS 公司 ST-Ⅰ和 ABB 公司 HI-B 技术要求。KI50AX 特高压变压器油适用于 750kV 及以上电压等级的变压器和有类似要求的电气设备中。

KI50AX 特高压变压器油在保持 KI50X 变压器油低黏度、高电气性能和极好的氧化安定性和抗老化性能的基础上，提高了抗析气性能，以防止高压电场条件下的气隙放电。KI50AX 变压器油目前在国际上处于领先水平。

第四节 涡轮机油标准体系及研发

涡轮机油是工业润滑油中重要的一类，它主要起润滑、散热和冷却作用，用于蒸汽、燃气轮机组、水轮机组、给水泵、发电机轴承、球磨机等各种转动设备。在用的油品中以矿物油为主，合成油用量较少。

一、涡轮机油的标准体系

国外运行油标准有 ASTM D4303、JISK 2213、BS 489、DIN 51515、ISO 8068 等；运行中汽轮机油维护标准有 IEC TC-10-236《运行中汽轮机油维护导则》及美国的 ASTM D3487 等标准。一些国际知名制造商如西门子、通用电气、西屋等都有自己的涡轮机用油标准。与国外相同，我国已建立起矿物涡轮机油新油和运行油标准体系。对于新油标准，国内有 GB 11120—2011《涡轮机油》。关于运行油标准，国内分为 GB/T 7596—2017《电厂运行中矿物涡轮机油质量》、相对应的油品性能试验方法、GB/T 14541—2017《电厂用矿物涡轮机油维护管理导则》3 个系列。

二、涡轮机油的研发

1. 涡轮机油规格

我国目前所采用的涡轮机油标准是参照 ISO 8068—2006 和 Mobil DTE oil 制定的。

国际上有代表性的涡轮机油规格除了 ISO 8068 外，还有 ASTM D 4304、JISK 2213、BS489、DIN 51515-2 等，虽然主要性能要求相当，但还是各有侧重。其中 ASTM D4304 对油品清洁度有要求，TOST 氧化要求大于 2000h，对抗乳化性能要求不高；JISK 2213 对油品抗氧化（要求大于 1000h）、防锈性能和抗乳化性能要求不高；BS 489 要求用 IP280 测试油品的氧化性能，对抗泡和铜腐的性能要求不高；DIN 51515-2 要求油品的氧化寿命大于 2000h，对抗泡无要求，对铜腐和防锈性能要求较低。

在实际运行中，各大制造商还要在这些标准之上，制定自己的公司标准来指导油品的选择和管理，如阿尔斯通、西门子、通用电气等。这些规格才真正代表了涡轮机油的最新要求。其中具有代表性的变化是 2001 年 5 月，美国 GE 公司发布了一个燃气-蒸汽联合循环（CCGT）汽轮机油标准，规定了油品的氧化寿命，见表 1-7。

表 1-7　　　　　　　　　　美国 GE 公司汽轮机油技术规格对比

标准代号	适用范围	发布时间	旋转氧弹 RPVOT（min）	抗氧化安定性 TOST（h）
GEK 46506d	蒸汽轮机	1993 年 12 月修订	250	2000
GEK 101941a	含齿轮减速机的燃气轮机	1999 年 11 月重拟	500	3000
GEK 32568f	燃气轮机	2002 年 2 月修订	500	3000
GEK 107395a	单轴联合循环	2001 年 5 月发布	1000	7000

2. 涡轮机油的新发展

为满足高参数大容量涡轮机用油要求，加上炼油技术工艺的发展，涡轮机油质量有了较大提高。其主要变化有三个方面：一是广泛采用Ⅱ类/Ⅲ类基础油，大幅提高氧化安定性；二是配方得以进一步优化，发展了不同用途的涡轮机油；三是对油品清洁性要求更为普遍。

除油规格之外，涡轮机油发展的另一显著标志是基础油的变化。以往涡轮机油基础油是溶剂精制工艺生产的深度精制Ⅰ类基础油正在被全加氢异构化工艺生产的Ⅱ类/Ⅲ类基础油所替代，在全球涡轮机油市场上，Ⅱ类/Ⅲ类基础油以其优异的性能在涡轮机油中的使用变得更为普遍。按照美国石油学会分类，基础油按组成和结构分为五类，见表 1-8。

表 1-8　　　　　　　　　　美国石油学会基础油分类

类型	S 含量（%）		饱和烃（%）	黏度系数
Ⅰ 类	＞0.03	和❶/或❷	＜90	80～120
Ⅱ 类	≤0.03	和	≥90	80～120
Ⅲ 类	≤0.03	和	≥90	≥120
Ⅳ 类	聚异丁烯（PAO）			
Ⅴ 类	不包括Ⅰ～Ⅳ的其他基础油			

❶ S 含量和饱和烃两个条件，均符合。

❷ S 含量和饱和烃两个条件，其一符合。

与饱和烃相比，芳烃和非烃物质，如含硫、氢等都是极性物。这些极性物会降低涡轮机油的抗乳化性能，因此水与涡轮机油分离所花费的时间会更长。这些极性化合物同样也会降低涡轮机油的氧化和空气释放性能。因此，降低芳烃和非烃极性物的含量，对提高涡轮机油性能至关重要。

不同基础油的性能是有所差别的。Ⅱ类加氢基础油与Ⅰ类溶剂精制基础油相比，饱和烷烃含量高、颜色浅、纯度高、对于抗氧添加剂的感受性好，氧化性能优势明显。使用Ⅰ类溶剂精制基础油调制的涡轮机油 TOST 氧化时间均在 6000h 以下，而使用Ⅱ类加氢基础油可大幅度提高涡轮机油的氧化安定性，使其 TOST 氧化时间达上万小时以上。

3. 国产涡轮机油

为了满足水轮机、蒸汽轮机、燃气轮机和联合循环汽轮机组等不同系统对润滑油的性能要求，GB 11120—2011《涡轮机油》分别按照蒸汽轮机、燃气轮机和燃气-蒸汽联合循环汽轮机组将涡轮机油分为 TSA 和 TSE 汽轮机油、TGA 和 TGE 汽轮机油、TGSB 和 TGSE 汽轮机油。

中国石油在传统 TSA 汽轮机油基础上采用新工艺相继推出了 KTP、KTL、KTG、KTA 系列产品。其中昆仑汽轮机油的 KTL、KTAI、KTG-H 产品从 TOST 和 RPVOT 值看，都远远超越通用电器 GEK 107395 的要求，这对于提高发电机组的运行可靠性是十分重要的。

近年来随着以燃气-蒸汽联合循环（CCGT）为代表的新型发电系统广泛应用和发电设备检修周期延长对涡轮机油的新要求，加快了涡轮机油的更新换代步伐，国内外正越来越多地采用加氢工艺生产的高性能Ⅱ类基础油来调制涡轮机油，其性能远远高于传统溶剂精制基础油调制的涡轮机抽，尤其在抗氧化性能方面优势明显，可为发电机组提供更加可靠的性能保证。

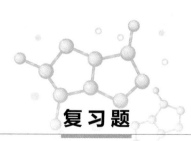

复习题

1. 石油由哪些元素组成？其含量如何？

2. 石油及其馏分主要由哪些烃类组成？

3. 石油中有哪些非烃化合物？有何危害？

4. 划分涡轮机油和变压器牌号的依据是什么？举例说明。

5. 如何理解变压器油标准体系的变化？

6. 如何理解涡轮机油标准体系的变化？

第二章

化 学 分 析 基 础

第一节　化学分析仪器的基本操作

一、化学分析常用仪器及试剂

（一）电热干燥箱（烘箱）

1. 主要用途

用于烘干基准物质、玻璃仪器等。

2. 使用注意事项

（1）烘箱（干燥箱）应安装在室内干燥和水平处，防止振动和腐蚀。

（2）要注意安全用电，根据烘箱耗电功率安装足够容量的电源闸刀，选用足够粗的电源导线，并应有良好的接地线。

（3）放入试品时应注意，搁板的负重一般不超过15kg，试品排列不能过密，散热板上不应放试品，以免影响热气向上流动，并禁止烘焙易燃、易爆、易挥发以及有腐蚀性的物品。

（4）烘箱恒温后一般不需人工监视，但为了防止控制器失灵，仍必须有人经常照看，不能长时间远离。

（5）当需要观察工作室内样品情况时，可开启外道箱门，透过玻璃门观察。但箱门以尽量少开为宜，以免影响恒温。

（6）有鼓风的干燥箱，在加热和恒温过程中必须将鼓风机开启，否则会影响工作室温度的均匀性并损坏加热元件。

（7）箱内箱外应经常保持清洁。

（二）电热恒温水浴锅

1. 主要用途

用于萃取油品中水溶性酸。

2. 使用注意事项

（1）水位一般不超过水浴锅容量的2/3，一定保持不低于电热管，否则将立即烧坏电热管。

（2）控制箱内部不可受潮，以防漏电损坏。

（3）使用时应随时注意水箱是否有渗漏现象。

（4）注意检查水浴锅接地是否良好。

（三）干燥器

1. 主要用途

常用于储存烘干后的基准物质或试样。

2. 使用注意事项

（1）干燥器中有一块带孔白瓷板，孔上放坩埚，其余部分放称量瓶。

（2）干燥器下部的干燥剂装至瓷板下层一半即可，常用无钴变色硅胶。

（3）磨口边沿及盖沿应涂一层凡士林使其密合，打开时左手按住干燥器下部，右手拿住盖子的圆顶，向左前方平推，取下的盖子应拿在右手，用左手取放干燥药品，及时盖好干燥器盖子。

（4）搬动干燥器时，两手拇指压住盖子，其余手指托住下沿。

（四）　称量瓶

1. 主要用途

矮形用于在烘箱中烘烤基准物质，高形用于称量。

2. 使用注意事项

（1）磨口塞应保持原配。

（2）在称量时应盖紧磨口塞，以防止试样吸收水分。

（3）在烘箱中烘烤时不要盖紧塞子，以免打不开。

（五）　试剂瓶

1. 主要用途

细口瓶用于储存液体试剂，广口瓶用于装固体试剂，棕色瓶用于装指示剂和见光易分解试剂。

2. 使用注意事项

（1）试剂瓶不得加热，不可在试剂瓶内配制溶液。

（2）碱性溶液装入塑料瓶或改用橡皮塞。

（3）试剂配好后应立即贴上标签，标明试剂名称、浓度、配制日期，标签大小要合适，贴于瓶的中上部。

（4）倒出溶液时手心对着标签，从标签的对面方向倾倒，以免不慎沾污标签。

（六）　容量瓶

1. 主要用途

准确配制一定体积的溶液。

2. 使用注意事项

（1）瓶塞应原配，不漏水。

（2）不可烘烤加热，不可储存溶液。

（3）长期不用时应在瓶塞与瓶口之间加上纸条存放。

（七）　其他常用玻璃仪器

（1）锥形瓶：用于加热试样和滴定分析，同烧杯。

（2）研钵：用于研磨固体试剂及样品，使用时不可烘烤。

（3）表面皿：用于盖烧杯、蒸发皿及称取试样。盖烧杯时直径应略大于烧杯，凹面应向下；不得直接用火加热。

（4）小滴瓶：盛装需滴加的试剂如指示剂。按液体性质选用不同颜色的滴瓶；不可加热，注意保护标签。

（5）量筒：粗略量取一定体积的液体。不可加热，不可盛装热的液体；不可在其中配制溶液；加入或倾出溶液时应沿其内壁进行。

（6）玻璃棒：用于溶解时的搅拌及液体转移。长短、粗细合适，端部圆滑。

（7）移液管：准确移取一定体积的液体。不可加热，不可磕破管尖及上口。

（8）吸量管：准确移取各种不同体积的液体。不可加热，不可磕破管尖及上口。

（9）洗耳球：与移液管、吸量管配合移取液体。检查是否老化，避免重物压球体嘴部和利器触碰球体，避免长时间在阳光下直射。

（10）滴定管：用于滴定分析。不能漏液，不能加热，不能混用。

（11）洗瓶：盛装纯水用于洗涤玻璃仪器、溶解稀释药品。不漏气、出水流畅。

（12）滴定台（带滴定管夹）：用于固定滴定管。保持滴定管垂直，管夹固定牢靠，台面干净。

（13）毛刷：用于刷洗玻璃仪器。不得用于准确量器的洗刷。

（14）坩埚：用于灼烧基准试剂。不适于碱性较强物质的灼烧。

（15）分液漏斗：分开两种互不相容的液体，萃取、分离油中水分。活塞需原配，不能漏水，不可加热。

（16）比色管：用于比色分析。不可用火加热，管塞要密合，管壁要透明，不能用去污粉刷洗。

（17）冷凝管：冷凝蒸馏出的液体。不可骤热骤冷，蛇形冷凝管要注意下部进水，上部出水。

二、化学试剂的使用

1. 化学试剂的选择

（1）滴定分析用标准溶液应用分析纯试剂配制，基准试剂标定。

（2）无特别指明的分析试验，一般选择分析纯试剂。

2. 化学试剂的取用

（1）取固体试剂时，应先用干净滤纸将洗净的药勺擦干，取用后立即洗净药勺。

（2）用吸管吸取试剂时，应事先将吸管洗净并干燥，不允许同一吸管未经洗净而吸取不同的溶液。

（3）使用滴定管、移液管、吸量管时，一定要用待盛取的试剂润洗 2~3 次。

（4）打开瓶塞，瓶塞应翻转倒置于洁净处。

（5）取出的试剂不得再倒回原试剂瓶中。

（6）取后立即盖好瓶塞。

3. 化学试剂的保管

(1) 一般化学试剂应保存在洁净干燥、通风良好的贮藏室药品柜内,按照酸、碱、盐等分类存放。

(2) 固体试剂保存在广口瓶中,液体试剂保存在细口瓶中,见光易分解的试剂保存在棕色瓶中。

(3) 碱性试剂一般用塑料瓶存放,酸性等其他性质的试剂用玻璃瓶存放。

(4) 试剂瓶上标签脱落或模糊应立即贴好,无标签或标签无法辨认时要当作危险品鉴别后小心处理,不可随意丢弃,以免引起严重后果。

三、玻璃仪器的洗涤

1. 洗涤剂的选择

(1) 铬酸洗液用于洗涤仪器上残留的有机物及油污。配制方法:$20g K_2Cr_2O_7$ 溶于 $40mL$ 热水,冷却后在搅拌下缓缓加入 $360mL$ 浓硫酸,置于具塞试剂瓶中保存。一般玻璃仪器能用刷子及洗涤剂刷洗的,不必使用铬酸洗液。铬酸洗液毒性大,污染环境。铬酸洗液可重复使用。

(2) 碱性乙醇洗液用于洗涤油污及某些有机物的洗涤。配制方法:$120g NaOH$ 溶于 $150mL$ 水中,用 95% 乙醇稀释至 $1L$。纯碱洗液在容器中停留时间不得超过 $20min$,以免腐蚀玻璃。

(3) 纯碱洗液去油污,可浸煮玻璃仪器。配制方法:$10\% NaOH$ 溶液。

(4) 有机溶剂用于洗去油污及有机物。

(5) 合成洗涤剂用于洗去油污。

(6) 使用各种洗液时,均应将容器控干水分,然后洗涤。

(7) 洗液一般具有腐蚀性,落到皮肤、衣物上时,应立即洗去。

2. 玻璃仪器的洗涤

(1) 用清水冲洗玻璃仪器表面的可溶性杂质及尘土 $1\sim2$ 次。

(2) 锥形瓶、烧杯、量筒等广口器皿,用毛刷蘸肥皂水或合成洗涤剂刷洗。滴定管、移液管、容量瓶等准确量器,根据沾污程度,可选用合成洗涤剂或洗液浸泡洗涤。

(3) 再次用清水冲洗 $3\sim5$ 次。

(4) 用蒸馏水或纯水淋洗 3 次。

(5) 玻璃仪器的洗净标准是:当洗涤仪器倒置时,内壁均匀地被水润湿而不挂水珠。

(6) 滴定管、容量瓶、移液管等准确量器洗涤时不能用刷子刷洗,以免容器内壁受机械磨损。

3. 玻璃仪器的干燥

(1) 不等急用的玻璃仪器可在纯水刷洗后在无尘处倒置控去水分,然后自然干燥。

(2) 洗净的非准确量器可控去水分后在烘箱中烘干,烘箱温度设定 $105\sim120℃$,烘干 1h。

（3）急需干燥又不便于烘干的玻璃仪器，可使用电吹风机吹干。吹风前先用少量乙醇、丙酮倒入仪器润洗，流净溶剂，按照"冷风—热风—冷风"的顺序吹风干燥。

（4）准确量器不能高温烘烤。称量用的称量瓶烘干后需放在干燥器中冷却保存。

四、天平的使用

1. 天平的选用

（1）配制一般溶液，称量几克到几十克时，选用最大载荷 100g，分度值 0.1g 的天平。

（2）称取样品供测定用，容重数十克，样重数克，选用最大载荷 200g，分度值 1mg 的天平。

（3）称取基准物质供配制标准溶液，容重数克，样重数克，选用最大载荷 200g，分度值 0.1mg 的天平。

2. 天平室的要求

（1）避免阳光直射，远离空调及热源设施。温度 18～26℃，相对湿度 55%～75%。

（2）门窗要严密，最好用双层窗，清洁防尘。

（3）选择周围无振动源的地方安放天平，不宜放在离门窗近的地方，远离带有磁性或能产生强磁场的物体。

3. 电子天平的安装

（1）清洁天平各部件。

（2）天平属精密仪器，要切记轻拿轻放。放好天平，调节水平。

（3）应用毛刷扫除天平各零部件上的灰尘，用鹿皮擦净各零部件。依次安装防尘隔板、防风环、盘托、秤盘。

（4）连接电源线。

4. 电子天平使用前的检查及校准

（1）检查天平是否水平，通过调节天平底板下的两个前脚螺钉调节天平水平。

（2）接通电源预热 30min 以上。

（3）校准天平。轻按 CAL 键，当显示"CAL－"时即松手，显示器出现"CAL－200"，其中"200"为闪烁码，表示核准砝码要用 200g 的校准砝码，此时，应把 200g 标准砝码放上称盘，显示器应出现"－－－－－－"等待状态，经较长时间后，显示器显示"200.000g"，取下标准砝码，显示器应出现"0.000g"。若不是显示零，则要再次清零，再重复以上校准操作。或按仪器说明书进行校准。

（4）首次使用、搬动过及使用一段时间后的天平均需要校准，用天平配备的校准砝码进行。为了得到准确的校准结果，最好反复校准两次。

5. 试样的称量

（1）固定称样：首先称取洁净干燥表面皿的质量，清零（除皮）后用牛角勺慢慢加试样到表面皿中，在接近所需质量时，应用食指轻弹小勺，使试样一点点地落入表面皿中，直至所需质量为止。取出表面皿，将试样全部转移到烧杯中。固定称样法适用于在空气中没有吸湿性样品的称量。固定称样时，若不慎加多了试样，打开天平门，用小勺取出试样，直到所需要的质量。

（2）减量称样：首先取一个洁净干燥的称量瓶，用牛角勺将试样装入称量瓶中，试样的质量要比需称取的质量略多，准确称取其质量，清零。然后取出称量瓶，在接收容器（如烧杯）的上方倒出试样，当倾出的试样质量接近所需试样质量时，再用瓶盖一边敲击瓶口上部一边将瓶竖起，使粘在瓶口的试样落入接收容器或称量瓶中，然后盖好瓶盖。再在天平上称量，此时显示的应为负值，其数值即为接收容器中所取出的试样的质量。如不足应重复上述操作，如过量应弃去重新称量。减量称样适合于易吸湿、易氧化或易与 CO_2 反应的物质的称量。

称量物不允许直接用手拿取，要戴细纱手套或用洁净纸条套住拿取，如图 2-1 示，也可用坩埚钳夹取。

减量称样的倒样操作如图 2-2 所示，将称量瓶左右转动并慢慢向下倾斜，用瓶盖轻轻敲打瓶口上部，注意不要使试样细粒洒落在接收容器口之外或吹散。

图 2-1　称量瓶的使用　　　　图 2-2　减量称样的倒样操作

6. 维护天平

（1）用软毛刷清洁天平，关闭天平门，罩好天平罩。

（2）较长时间不用的天平应每隔一段时间通电一次，以保持电子元器件干燥，延长天平使用寿命。

（3）清理试验台面，关闭天平电源。

五、滴定分析常用仪器的操作

（一）酸式滴定管的操作

（1）洗涤：在无水的滴定管中加入 5～10mL 洗液，边转动边将滴定管放平，使洗液布满全管，并将滴定管口对着洗液瓶口，以防洗液洒出。洗净后将一部分洗液从管口放回原瓶，最后打开旋塞，将剩余的洗液从出口管放回原瓶。用洗涤剂清洗后，必须用自来水充分洗净，并将管外壁擦干，以便观察内壁是否挂水珠，然后用蒸馏水洗 3 次，最后，将管的外壁擦干，倒置在滴定架上备用。

（2）涂凡士林：为了使旋塞转动灵活，应在旋塞上涂一薄层凡士林。将旋塞取出，用滤纸擦干旋塞和旋塞槽，用手指蘸取少许凡士林在旋塞的两侧，沿圆周各涂一薄层。将涂好凡士林的旋塞直插入旋塞槽内，插紧后，向一个方向转动直到旋塞和旋塞槽上的油脂均匀分布呈透明状态为止。最后用乳胶圈套在旋塞小头部分，以防止旋塞滑出打碎。

（3）检漏：将滴定管旋塞关闭，倒入水至刻线以上，调节旋塞使水充满出口尖嘴，液面达"0"刻度。把滴定管直立夹在滴定管架上静置 2min，观察刻度线液面是否下降。将旋塞转动 180°，再静置 2min 后观察是否有水渗出。若前后两次均无水渗出，旋塞转动也灵活，即可使用。

（4）装溶液赶气泡：左手三指持滴定管上部无刻度处，可稍微倾斜，右手拿住试剂瓶向滴定管中倒入溶液涮洗三次，以除去管内残留水分，确保操作溶液浓度不变。第一次注入操作溶液约 10mL，把住旋塞，两手平端滴定管，慢慢转动使操作溶液流遍全管内壁，然后打开旋塞冲洗出口管，大部分可由上口放出。第二、三次各用 5mL 左右，如前操作，涮洗溶液都由下口放出放尽。最后，关好旋塞，倒入操作溶液至"0"刻线以上。从下口迅速放出溶液，排出旋塞下端尖嘴部分存留的气泡。若气泡仍未排尽，可在放出溶液的同时，抖动滴定管或在管尖接一段乳胶管，将胶管弯曲向上，排出气泡。再调液面至"0"刻度备用。

（5）滴定：左手无名指和小指向手心弯曲，轻轻抵住尖嘴，其余三指控制旋塞转动。在锥形瓶中滴定时，右手前三指拿住瓶颈，使瓶底离瓷板 2～3cm；调节滴定管高度，使滴定管的下端伸入瓶口约 1cm。左手按前述方法控制滴定管旋塞滴加溶液，右手运用腕力摇动锥形瓶，边滴加边摇动使溶液随时混合均匀，反应及时进行完全。如图 2-3 所示。

（6）读数：装满溶液后，必须等 1～2min，待附着在内壁上的溶液流下来，再调零读数。如果放出溶液的速度较慢，例如滴定到最后阶段，每次只加半滴溶液时，等 0.5～1min 即可读数。读数前要检查管壁不应挂有水珠，管尖不应有气泡。对于无色或浅色溶液，应读取弯月面下线的最低点数值，视线要与该最低点的液面成水平。注意初读数与终读数应采用同一标准。对颜色较深的溶液，可以读与液面两侧的最高点相平的刻度。如图 2-4 所示。

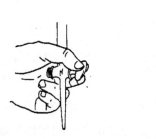

图 2-3　酸式滴定管的操作示意图

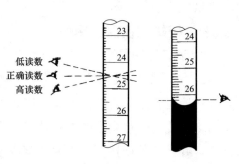

图 2-4　液面读数示意图

（二） 碱式滴定管的操作

（1）洗涤：碱管洗涤方法与酸管相同。在需要用铬酸洗液洗涤时，需将玻璃球往上捏，使其紧贴在碱管的下端，以防止洗液腐蚀乳胶管。也可将碱式滴定管倒立夹在滴定管架上，管口插入盛装有洗液的烧坏中，用洗耳球插在尖嘴上反复吸取洗液进行洗涤。最后用自来水和除盐水将滴定管洗净。

（2）试漏：装水调"0"刻度，直立 2min，观察液面是否下降。

（3）排气泡：先用操作溶液洗刷滴定管（方法与酸管相同），装满溶液后，左手拇指和食指捏住玻璃珠，将乳胶管向上弯曲使胶管出口斜向上方，轻轻捏挤胶管，溶液从管口喷出，气泡随之排出。调节液面至"0"刻度备用。

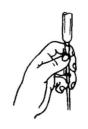

图 2-5 碱式滴定管的操作示意图

（4）滴定：左手无名指和小指夹住出口管，拇指和食指捏挤玻璃珠偏上处的乳胶管，使溶液从玻璃球与胶管之间形成的一条缝隙处流出。如图 2-5 所示。

（5）读数：与酸式滴定管要求相同。

（三） 容量瓶的操作

（1）试漏：加自来水到标线附近，盖好瓶塞，左手食指按住瓶塞，其余手指拿住瓶颈标线以上部分，右手指尖托住瓶底边缘，将瓶倒立 2min。如不漏水，把瓶直立，将瓶塞转动 180°，再倒立 2min，观察如无渗水，即可使用。如图 2-6 所示。

（2）洗涤：先用清水洗涤，后用纯水淋洗 2~3 次。如果较脏，可用铬酸洗液洗涤，洗涤时将瓶内水倒空，倒入 10~20mL 铬酸洗液，盖上瓶塞，润洗内壁，放置数分钟后，倒出洗液，用自来水充分洗涤，再用纯水淋洗。

（3）转移：用容量瓶配制标准溶液或试样溶液时，应将准确称取的固体物质放在小烧杯中，加水或其他溶剂将其溶解。然后将溶液定量转移至容量瓶中。在转移过程中，将一玻璃棒插入容量瓶内，不要太近瓶口，下端靠近瓶颈内壁，烧杯嘴紧靠玻璃棒，使溶液沿玻璃棒顺内壁慢慢流入瓶中，如图 2-7 所示。

图 2-6 容量瓶试漏操作示意图

图 2-7 容量瓶转移操作示意图

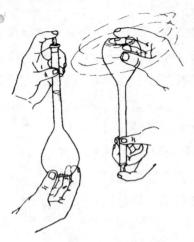

图 2-8　容量瓶摇匀操作示意图

待杯内溶液全部流尽，将烧杯沿玻璃棒稍向上提，同时使烧杯直立，使附着在烧杯嘴的液滴流回烧杯中，并将玻璃棒放入烧杯。用洗瓶冲洗玻璃棒和烧杯内壁，用同样方法将溶液转移到容量瓶中，重复3～4次至烧杯内溶物全部洗入容量瓶。

（4）稀释：加蒸馏水稀释至容量瓶 3/4 体积时，将瓶按水平方向旋摇使溶液初步混匀，注意此时不盖瓶塞。继续加水至接近标线处，放置 1～2min，用洗瓶或滴管加水至标线，盖上瓶塞。

（5）摇匀：按试漏操作方法将瓶倒立，摇荡；再正过来，待气泡上升到顶部，再倒立摇荡，如图 2-8 所示。如此反复 15～20 次，使溶液充分混合均匀。

（四）移液管与吸量管的操作

（1）洗涤：先用清水洗涤，再用纯水洗净。较脏时，可用铬酸洗液等洗涤。方法是：将移液管或吸量管插入洗液瓶中，右手拿住移液管或吸量管，左手持洗耳球，拇指和食指捏压洗耳球，然后紧接于移液管口，慢慢放松手指将洗液缓慢吸入管中至全管约 1/3 处，移去洗耳球，迅速用右手食指按住管口。把管从瓶中取出，横过来放开右手食指，转动移液管或吸量管使洗液布满全管进行润洗，最后将洗液放回原瓶。用自来水冲洗后，再用蒸馏水按上述方法润洗三次，并用洗瓶冲洗管下部的外壁。如果内壁污染严重，可以将移液管或吸量管放入盛有洗液的大量筒中，浸泡数小时，取出再清洗。

（2）吸取溶液：用待吸溶液按洗涤移液管的方法润洗三次，洗过的洗液应从下口放出弃去。移取溶液时，用右手拇指和中指拿住移液管管颈标线上方，插入所要移取的溶液液面下 2cm 左右，左手拿洗耳球，右手食指按管口。如图 2-9（a）所示。

（3）调节液面：将移液管提离液面，并使管尖端贴靠容器内壁，轻轻转动移液管让溶液慢慢流出，直到液面达标线，立刻按紧管口使溶液不再流出。

（4）放出溶液：移出移液管，左手改拿接受容器，并将接受容器倾斜。将移液管垂直放入接受容器中，管尖端紧贴容器内壁，放开右手食指，溶液自然地顺壁流下。待液面下降到管尖，再等待 15s 后，取出移液管。由于管口尖部做得不很圆滑，留存在管尖部位的体积会因管尖贴靠容器内壁的方位

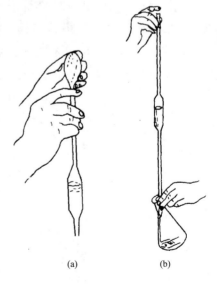

(a)　　　　(b)

图 2-9　容量瓶操作示意图

(a) 吸取溶液；(b) 放出溶液

不同而有变化，可在等待 15s 后，将管身往左右转动一下，这样管尖部分每次留存的体积基本相同，不会在平行测定时有过大误差。如图 2-9（b）所示。

第二节　定量分析中的误差及其控制

一、准确度与精密度

在油品分析工作中，用同一个分析方法，测定同一个样品，虽然经过多次测定，但测定结果总是不完全一样，这说明在测定中存在误差。为此我们必须了解误差产生的原因及其表示方法，尽可能将误差减到最小，以提高分析结果的准确度。

（一）真实值与平均值

1. 真实值

物质中各组分的实际含量称为真实值，它是客观存在的，但不可能准确地知道。

2. 平均值

在日常分析工作中，总是对某试样平行测定数次，取其算术平均值作为分析结果，若以 x_1，x_2，x_3，…，x_n 代表各次的测定值，n 代表平行测定的次数，$\bar{x}$ 代表平均值，则

$$\bar{x} = \frac{x_1 + x_2 + \cdots + x_n}{n} = \frac{\sum\limits_{i=1}^{n} x_i}{n}$$

平均值不是真实值，只能说是真实值的最佳估计，只有在消除系统误差之后并且测定次数趋于无穷大时，所得平均值（$\bar{x}$）才能代表真实值。

在实际工作中，通常把"标准物质"作为参考标准，用来校准测量仪器、评价测量方法等，它给出的标准值最接近真实值。

（二）准确度与误差

准确度是指测定值与真实值之间相符合的程度。准确度的高低常以误差的大小来衡量，即误差越小，准确度越高；误差越大，准确度越低。

误差有两种表示方法，即绝对误差和相对误差。

$$绝对误差（E）= 测定值（x）- 真实值（T）$$

$$相对误差（RE）= \frac{测定值（x）- 真实值（T）}{真实值（T）} \times 100\%$$

绝对误差和相对误差都有正负之分，分别表示分析结果偏高或偏低。由于相对误差反映的是误差在真实值中所占比例，故常用相对误差表示或比较各种情况下测定结果的准确度。

对于多次测量的数值，其准确度可按下式计算

$$绝对误差（E）= \bar{x} - T$$

$$相对误差（RE）= \frac{\bar{x} - T}{T} \times 100\%$$

但应注意，有时为了说明一些仪器测量的准确度，用绝对误差更清楚。例如分析天平的称量误差是±0.0001g（±0.1mg），常量滴定管的读数误差是±0.01mL等，这些都是用绝对误差来说明的。

（三） 精密度与偏差

精密度是指在相同条件下多次重复测定结果彼此相符合的程度。精密度的大小用偏差表示，偏差越小说明精密度越高。

1. 绝对偏差和相对偏差

绝对偏差和相对偏差用来衡量单次测定结果对平均值的偏离程度。

$$绝对偏差(d) = x - \bar{x}$$

$$相对偏差 = \frac{x - \bar{x}}{\bar{x}} \times 100\%$$

2. 平均偏差和相对平均偏差

平均偏差是指单次测量值与平均值的偏差（取绝对值）之和，除以测定次数，即单次测量绝对偏差（取绝对值）的平均值，用来衡量多次测定结果的一致性。

$$平均偏差(\bar{d}) = \frac{\sum |x_i - \bar{x}|}{n}$$

$$相对平均偏差 = \frac{\bar{d}}{\bar{x}} \times 100\%$$

平均偏差不计正负。在一组平行测定结果中，小偏差总是占多数，大偏差总是占少数，算得的平均偏差会偏小，大偏差得不到应有的反映。

3. 标准偏差和变异系数

标准偏差用来表达测定数据的分散程度，即衡量精密度，用 s 表示。标准偏差能更有效地反映测量的精密度。

$$s = \sqrt{\frac{\sum_{i=1}^{n} d_i^2}{n-1}}$$

$(n-1)$ 在统计学上称为自由度，用 f 表示，意思是在 n 次测定中，只有 $(n-1)$ 个独立可变的偏差，因为 n 个绝对偏差之和等于零，所以只要知道 $(n-1)$ 个绝对偏差，就可以确定第 n 个的偏差值。

计算标准偏差时，是将各次测定结果的偏差加以平方，可以避免各次测量偏差相加时正负抵消，大偏差能显著地反映出来。因此，标准偏差可以比平均偏差更确切地说明测定数据的精密度。

有时也用相对标准偏差即变异系数来说明测量数据的精密度。

$$变异系数 = \frac{s}{\bar{x}} \times 1000‰$$

4. 标准偏差的简化计算

按上述方法计算标准偏差，需要首先求出平均值 $\bar{x}$，再求出 $(x_i - \bar{x})$ 及 $\sum (x_i - \bar{x})^2$，

然后计算出标准偏差 s，比较麻烦，而且计算平均值还会带来数字取舍误差，此时可用下面等效式进行计算

$$s=\sqrt{\dfrac{\sum x_i^2-\dfrac{(\sum x_i)^2}{n}}{n-1}}$$

一般计算器上均有此功能，只要将数据输入计算器就可以得到结果。

【例 2-1】 用酸碱滴定法测定某混合物中乙酸的含量，得到以下结果：10.37％、10.40％、10.43％、10.47％、10.48％。计算其测定结果的平均偏差、相对平均偏差及标准偏差。

【解】 平均值为

$$\bar{x}=\frac{\sum x_i}{n}=10.43\%$$

平均偏差为

$$\bar{d}=\frac{\sum\limits_{i=1}^{5}|d_i|}{n}=\frac{0.18\%}{5}=0.036\%$$

相对平均偏差为

$$\frac{\bar{d}}{\bar{x}}=\frac{0.036\%}{10.43\%}\times100\%=0.35\%$$

标准偏差为

$$s=\sqrt{\frac{\sum d_i^2}{n-1}}$$

$$=\sqrt{\frac{(0.05\%)^2+(-0.06\%)^2+(0.04\%)^2+0^2+(-0.03\%)^2}{5-1}}$$

$$=0.046\%$$

标准偏差的简化计算

$$s=\sqrt{\frac{\sum x_i^2-\frac{(\sum x_i)^2}{n}}{n-1}}=\sqrt{\frac{0.933-\frac{2.15^2}{5}}{5-1}}=0.046\%$$

可见标准偏差的简化计算准确度很高。

5. 平均值的标准偏差

对于有限次测量，平均值的标准偏差为

$$s_{\bar{x}}=\frac{s}{\sqrt{n}}$$

平均值的标准偏差与测定次数的平方根成反比。四次测量的平均值的标准偏差，是单次测量标准偏差的 1/2，九次测量的平均值的标准偏差是单次测量标准偏差的 1/3。可见，测定次数增加，平均值的标准偏差减少，如图 2-10 所示。

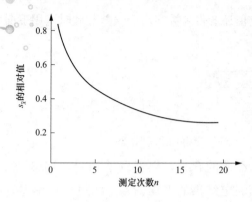

图 2-10　测定次数与平均值的标准偏差的关系曲线

由图 2-10 可见，过多增加测量次数使平均值的标准偏差并不成比例下降，当 $n>5$ 变化就很慢了，当 $n>10$ 时变化就很小了，因此过多增加测量次数是不合算的。在实际工作中，一般测定 3～4 次就够了，对较高要求的分析，可测定 5～9 次。

【例 2-2】 一试样中某种成分的质量分数的测定值为 1.62％、1.60％、1.30％、1.22％，计算平均值的标准偏差。

【解】 $\bar{x}=1.44\%$，$s=0.20\%$，则

$$s_{\bar{x}} = \frac{s}{\sqrt{n}} = \frac{0.20}{\sqrt{4}} = 0.10\%$$

该试样测定平均值的标准偏差为 0.10％。

6. 极差

在相同条件下重复测定的一组测定值中，最大测定值（$x_{\max}$）与最小测定值（$x_{\min}$）之差称为极差（R）。

7. 允许差与测定次数

石油产品试验方法的精密度多用允许差表示。允许差是指同一样品，两次平行测定结果之间允许的最大误差，即两次平行测定结果的绝对误差。允许差分为室内允许差和室间允许差。室内允许差是指同一试验室中，同一操作者，用同一台仪器，对同一分析试样所作的重复测定所测得结果之间的最大允许差值。室间允许差是指一个试验室的重复测定结果的平均值同另一个试验室用同一试样所测得的重复测定结果的平均值之间的最大允许差值。

例如，GB 264—1983 的精密度规定，重复性——同一操作者重复测定两个结果之差不应超过室内允许差；再现性——两个试验室提出的两个结果之差不应超过室间允许差。根据测定结果，如果两次测定结果之差不超过室内允许差时，取其平均值作为试验结果，反之则为"超差"，应进行第三次测定。如三次测定结果中的最大值与最小值之差，即极差 $<1.2T$（允许差）时，取三次测定结果的平均值作为试验结果。如需进行第四次测定，当极差 $<1.3T$ 时，取四次测定结果的平均值作为试验结果。若极差 $>1.3T$ 时，而其中三个测定值极差在 $1.2T$ 之内，则取这三个数的平均值作为分析结果，另一数据舍去。如仍超差，则应舍去全部数据，并检查仪器和操作是否存在问题，然后重新测定。

（四）　准确度与精密度的关系

准确度表示测定结果的正确性，它以真实值为衡量标准，由系统误差和偶然误差决定；精密度表示测定结果的重现性，它以平均值为衡量标准，只与偶然误差有关。

有甲、乙、丙三人分析同一试样中某组分的含量，分别得出三组数据（真实值30.39%），见表2-1。

表 2-1　　　　　　　　　　　　同一试样的三组试验数据　　　　　　　　　　　　%

甲	乙	丙
30.22	30.20	30.42
30.18	30.30	30.44
30.16	30.25	30.40
30.20	30.35	30.38
平均值：30.19	平均值：30.28	平均值：30.41

用图 2-11 表示其精密度和准确度。

甲的测定结果：精密度较高，但准确度低；乙的测定结果：精密度不高，准确度也不高；丙的测定结果：精密度与准确度都较高，符合测定要求。

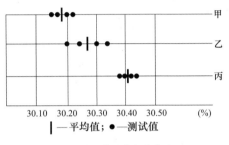

图 2-11　准确度与精密度

对于精密度差的测定结果，从根本上就失去了衡量准确度的意义，即使是平均值接近真实值，也是偶然的，是不可取的。欲使准确度高，首先必须要求精密度也高，精密度是保证测量准确的先决条件。

二、误差来源及消除方法

我们进行样品分析的目的是为获取准确的分析结果，然而即使我们用最可靠的分析方法、最精密的仪器，熟练细致地操作，所测得的数据也不可能和真实值完全一致。这说明误差是客观存在的。如果掌握了产生误差的基本规律，就可以将误差减小到允许的范围内。为此必须了解误差的性质和产生的原因以及减小的方法。

根据误差产生的原因和性质，误差分为系统误差、偶然误差和过失误差。

（一）系统误差

系统误差又称可测误差、恒定误差。它是由分析操作过程中的某些经常原因（固定原因）造成的。在重复测定时，它会重复表现出来，对分析结果的影响比较固定。这种误差可以设法减小到可忽略的程度。系统误差的特点是：对测定结果的影响比较恒定；同一条件下重复测定重复出现；使测定结果系统地偏高或偏低；大小正负可测。在化验分析中，将系统误差产生的原因归纳为以下几方面：

1. 方法误差

这种误差是由于分析方法本身造成的。如在重量分析中，沉淀的溶解与吸附；滴定分析中，由于反应进行的不完全、干扰离子的影响、理论终点和滴定终点不相符合、副反应的发生等原因，都会引起系统的测定误差。

2. 仪器误差

这种误差是由于使用的仪器本身不够精密所造成的。如使用未经过校正的容量瓶、移液管和砝码等。有时也因仪器和砝码的标值和真实值不相符合而引起的误差。

3. 试剂误差

这种误差是由于所用蒸馏水含有杂质或所使用的试剂不纯所引起的。

4. 操作误差

这种误差是由于分析工作者的分析操作不熟练、个人感官不敏锐和固有习惯所致。如对滴定终点颜色的判断偏深或偏浅，对仪器刻度标线读数偏高或偏低，平行试验时主观上尽量使第二次与第一次结果吻合等都会引起测定误差。

系统误差以固定形式重复出现，因此不能用增加平行测定次数和采用数理统计方法消除。对测量仪器、砝码等进行校正，采取空白试验等措施可降低误差。

（二）偶然误差

偶然误差又称随机误差，是指测定值受各种因素的随机变动而引起的误差。例如，测量时的环境温度、湿度和气压的微小波动，仪器性能的微小变化等，都会使分析结果在一定范围内波动。偶然误差的形成取决于测定过程中一系列随机因素，其大小和方向都是不固定的，因此无法测量，也不可能校正。所以偶然误差又称不可测误差，它是客观存在的，是不可避免的。

从表面看，偶然误差似乎没有规律，但是在消除系统误差后，在同样条件下，进行反复多次测定，发现偶然误差遵从正态分布规律：

（1）绝对值相等的正误差和负误差出现的概率相同，呈对称性。

（2）绝对值小的误差出现的概率大，绝对值大的误差出现的概率小，绝对值很大的误差出现的概率非常小。

根据上述规律，为了减少偶然误差，应该重复多做几次平行试验并取其平均值。这样可使正负偶然误差相互抵消，在消除了系统误差的条件下，平均值就可能接近真实值。

（三）过失误差

除以上两类误差外，还有一种误差称为过失误差，这种误差是由于操作不正确、粗心大意而造成的。例如沉淀转移时不慎丢失、加错试剂、读错砝码、看错刻度、溶液溅失、记录错误等，皆可引起较大的误差。

过失误差是不该发生、不允许存在的。有较大误差的数值在找出原因后应弃去不用，绝不允许把过失误差当做偶然误差。只要工作认真，操作正确，过失误差是完全可以避免的。

（四）提高分析结果准确度的方法

要提高分析结果的准确度，必须考虑在分析工作中可能产生的各种误差，采取有效的措施，将这些误差减小到最小。

1. 选择合适的分析方法

各种分析方法的准确度是不相同的。化学分析法对高含量组分的测定，能获得准确和较满意的结果，相对误差一般在千分之几。而对低含量组分的测定，化学分析法就达不到这个要求。仪器分析法虽然误差较大，但是由于灵敏度高，可以测出低含量组分。在选择分析方法时，主要根据组分含量及对准确度的要求，在可能的条件下选择最佳的分析方法。在电力用油试验方法中对试验方法作了具体要求，在分析工作中要严格执行。

2. 减小测量误差

称量分析中，测量误差主要表现在称量上。一般分析天平的称量误差为 $\pm 0.0001g$（$\pm 0.1mg$），称取一份试样需两次称量，可能引起的最大误差为 $\pm 0.0002g$（$\pm 0.2mg$）。为了使称量的相对误差不超过 $\pm 0.1\%$，试样的最低量为

$$\text{试样质量} = \frac{\text{绝对误差}}{\text{相对误差}} = \frac{0.0002}{0.001} = 0.2(g)$$

滴定分析中，测量误差主要来自体积测量过程。一般常量滴定管读数常有 $\pm 0.01mL$ 的误差，完成一次滴定需要两次读数，可能引起的最大误差为 $\pm 0.02mL$。为了使相对误差小于 0.1%，则消耗滴定剂的体积必须在 20mL 以上，一般保持在 30mL 左右。

3. 增加平行测定的次数

如前所述增加测定次数可以减少偶然误差。在一般的分析测定中，测定次数为 2～4次。如果没有意外误差发生，基本上可以得到比较准确的分析结果。

4. 消除测定中的系统误差

消除系统误差可以采取以下措施：

（1）空白试验。由试剂和器皿引入的杂质所造成的系统误差，一般可做空白试验来加以校正。空白试验是指在不加试样的情况下，按试样分析程序在同样的操作条件下进行的测定。空白试验所得结果的数值称为"空白值"。从试样的测定值中扣除空白值，就得到比较准确的分析结果。

（2）校正仪器。由测量仪器不准确引起的系统误差可以通过校准仪器来减小。分析测定中，具有准确体积和质量的仪器，如滴定管、移液管、容量瓶和分析天平砝码，都应进行校正，以消除仪器不准所引起的系统误差，因为这些测量数据都是参加分析结果计算的。

（3）对照试验。对照试验就是用同样的分析方法，在同样的条件下，用标样代替试样进行的平行测定。标样中待测组分的含量是已知的，且与试样中的含量相近。将对照试验的测定结果与标样的已知含量相比，其比值即称为校正系数。

$$\text{校正系数} = \frac{\text{标准试样组分的标准含量}}{\text{标准试样测得的含量}}$$

则试样中被测组分含量的计算为

$$\text{被测试样组分含量} = \text{测得含量} \times \text{校正系数}$$

综合上述，在分析过程中检查有无系统误差存在，做对照试验是最有效的方法。通过对照试验可以校正测试结果、消除系统误差。

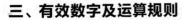
三、有效数字及运算规则

（一）有效数字

为了取得准确的分析结果，不仅要准确进行测量，而且还要正确记录与计算。所谓正确记录是指正确记录数字的位数。因为数字的位数不仅表示数字的大小，也反映测量的准确程度。所谓有效数字，就是实际能测得的数字。

有效数字保留的位数，应根据分析方法与仪器的准确度来决定，一般使测得的数值中只有最后一位是可疑的。例如在分析天平上称取试样 0.5000g，这不仅表明试样的质量是 0.5000g，还表示称量的误差在 ±0.0002g 以内。如将其质量记录成 0.50g，则表示该试样是在台秤上称量的，其称量误差为 ±0.02g。因此记录数据的位数不能任意增加或减少。在分析天平上，测得称量瓶的质量为 10.4320g，这个记录说明有 6 位有效数字，最后一位是可疑的。因为分析天平只能称准到 0.0002g（0.2mg），即称量瓶的实际质量应为（10.4320±0.0002）g。无论计量仪器如何精密，其最后一位数总是估计出来的。因此所谓有效数字就是保留末一位不准确数字，其余数字均为准确数字。同时从上面例子也可以看出有效数字是和仪器的准确程度有关。即有效数字不仅表明数量的大小，而且也反映测量的准确程度。

（二）有效数字中"0"的意义

"0"在有效数字中有双重意义：数字之前的"0"只起定位作用，不是有效数字；数字之间的"0"和末尾的"0"都是有效数字。

以"0"结尾的正整数，有效数字的位数不确定。例如 4500 这个数，就不好确定是几位有效数字，可能是 2 位或 3 位，也可能是 4 位。遇到这种情况，应根据实际有效数字位数书写成

$$4.5 \times 10^3 \qquad 2 \text{ 位有效数字}$$
$$4.50 \times 10^3 \qquad 3 \text{ 位有效数字}$$
$$4.500 \times 10^3 \qquad 4 \text{ 位有效数字}$$

因此很大或很小的数，常用 10 的乘方表示。

当有效数字确定后，在书写时，一般只保留一位可疑数字，多余的数字按数字修约规则处理。

对于滴定管、移液管和吸量管，它们都能准确测量溶液体积到 0.01mL。所以当用 50mL 滴定管测量溶液体积时，如测量体积大于 10mL 小于 50mL，应记录为 4 位有效数字，例如写成 22.22mL；如测量体积小于 10mL，应记录为 3 位有效数字，例如写成 8.13mL。当用 25mL 移液管移取溶液时，应记录为 25.00mL；当用 5mL 吸量管吸取溶液时，应记录为 5.00mL。当用 250mL 容量瓶配制溶液时，则所配制溶液的体积应记录为 250.0mL。当用 50mL 容量瓶配制溶液时，则应记录为 50.00mL。总而言之，测量结果所记录的数字，应与所用仪器测量的准确度相适应。

分析工作中还经常遇到 pH、lgK 等对数值，其有效数字位数仅决定于小数部分的数

字位数，其整数部分只说明这个数的方次。例如：pH＝2.08，为两位有效数字，它是由 $[H^+]＝8.3×10^{-3}mol/L$ 取负对数而来，所以是两位而不是三位有效数字。

（三）　有效数字修约规则

为了适应生产需要，我国颁布了 GB 8170—1987《数值修约规则》，通常称为"四舍六入五成双"法则。

此规则是：当尾数≤4 时舍去；尾数≥6 时进位。当修约的数字是 5 时，若 5 后有数字就进位；5 后无数字或为 0 时，则 5 前的一位为偶数时应将 5 舍去，5 前的一位为奇数时则将 5 进位，即"五后非零入，五后零留双"。

若被舍弃的数字包括几位数字时，不得对该数字进行连续修约，而应根据以上原则作一次处理。如 18.4546，只取 3 位有效数字时，应为 18.4，而不得连续修约为 18.5。

（四）　有效数字运算规则

1. 加减法

在加减法运算中，保留有效数字的位数，以小数点后位数最少的为准，即以绝对误差最大的为准。例如

$$0.0121＋25.64＋1.05782＝?$$

正确计算：原式＝0.01＋25.64＋1.06＝26.71

不正确计算：原式＝0.0121＋25.64＋1.05782＝26.70992

上例中相加的 3 个数据中，25.64 中的"4"是可疑数字。因此最后结果有效数字的保留应以此数为准，即保留有效数字的位数到小数点后第二位。

2. 乘除法

乘除法运算中，保留有效数字的位数，以位数最少的数为准，即以相对误差最大的数为准。例如

$$0.0121×25.64×1.05782＝?$$

以上 3 个数的乘积应为 0.0121×25.6×1.06＝0.328

在这个算题中，3 个数字的相对误差分别为

$$\frac{±0.0001}{0.0121}×100\%＝±0.8\%$$

$$\frac{±0.01}{25.64}×100\%＝±0.04\%$$

$$\frac{±0.00001}{1.05782}×100\%＝±0.0009\%$$

在上述计算中，以第一个数的相对误差最大（有效数字为 3 位），应以它为准，将其他数字根据有效数字修约原则，保留 3 位有效数字，然后相乘即得 0.328 结果。

再计算一下结果 0.328 的相对误差

$$\frac{±0.001}{0.328}×100\%＝±0.3\%$$

此数的相对误差与第一个数的相对误差相适应，故应保留 3 位有效数字。

如果不考虑有效数字保留原则，直接计算

$$0.0121 \times 25.64 \times 1.05782 = 0.328182308$$

结果得到 9 位数字，显然这是极不合理的。

同样，在计算中也不能任意减少位数，如上述结果记为 0.32 也是不正确的。这个数的误差为

$$\frac{\pm 0.01}{0.32} \times 100\% = \pm 3\%$$

显然是超过了上面 3 个数的相对误差。

在运算中，各数值计算有效数字位数时，当第一位有效数字 ≥8 时，有效数字位数可以多计一位。如 8.34 是三位有效数字，在运算中可以作四位有效数字看待。

有效数字的运算法，目前还没有统一的规定，可以先修约，然后运算。也可以直接用计算器计算，然后修约到应保留的位数。其计算结果可能稍有差别，不过也是最后可疑数字上稍有差别，影响不大。

3. 自然数

在运算中，有时会遇到一些倍数或分数的关系，应视为多位有效数字。如从 250mL 容量瓶中移取 25mL 溶液，即取容量瓶中总容量的 1/10，不能将 25/250 视为二位或三位有效数字。

水的相对分子质量为：$2 \times 1.008 + 16.00 = 18.02$

在这里 2×1.008 中的 2，不能看做是一位有效数字。因为它们是非测量所得到的数，是自然数，其有效数字位数可视为无限的。

在常规的常量分析中，一般是保留 4 位有效数字，但在油质分析中，有时只要求保留 2 位或 3 位有效数字，应视具体要求而定。

第三节　分析数据的数理统计

一、平均值的置信区间

在完成一次分析测定工作后，一般是把测定数据的平均值作为结果报出。但在要求准确度较高的分析中，仅给出测定结果的平均值是不够的，还应给出测定结果的可靠性和可信度，用以说明总体平均值（μ）所在的范围（置信区间）和落在此范围内的概率（置信度）。

置信区间是指在一定的置信度下，以测定平均值（$\bar{x}$）为中心，包括总体平均值 μ 在内的可靠性范围。在消除了系统误差的前提下，对于有限次数的测定，平均值的置信区间为

$$\mu = \bar{x} \pm t \times \frac{s}{\sqrt{n}}$$

式中：$\bar{x}$ 为有限次数测定的平均值；s 为标准偏差；n 为测定次数；t 为置信因数，随测定次数与置信度而定，由置信度和测定次数查表 2-2 可知；$\pm t \times \dfrac{s}{\sqrt{n}}$ 为围绕平均值的置信区间。

置信度 P 是指以测定结果平均值为中心，包括总体平均值落在 $\mu = \bar{x} \pm t \times \dfrac{s}{\sqrt{n}}$ 区间的概率，置信度的高低说明估计的把握程度大小。落在 $\mu = \bar{x} \pm t \times \dfrac{s}{\sqrt{n}}$ 区间之外的概率（$1-P$），称为显著性水平。

从表 2-2 可以看出，测定次数越多，t 值越小，求得的置信区间的范围越窄，即测定平均值与总体平均值越接近。测定 20 次以上时，t 值变化已不大，这说明再增加测定次数，对提高测定结果的准确度已经没有什么意义了。

表 2-2 t 值 表

自由度（$n-1$）	置信度 P（%）			
	90	95	99	99.5
1	6.314	12.71	63.66	127.3
2	2.920	4.303	9.925	14.09
3	2.353	3.182	5.841	7.453
4	2.132	2.776	4.604	5.598
5	2.015	2.571	4.032	4.773
6	1.943	2.447	3.707	4.317
7	1.895	2.365	3.500	4.029
8	1.860	2.306	3.355	3.852
9	1.833	2.262	3.325	3.690
10	1.812	2.228	3.169	3.581
20	1.725	2.086	2.845	3.153
∞	1.645	1.960	2.576	2.807

【例 2-3】 分析一试样中某组分的含量，五次测定结果为 73.27%、73.19%、73.06%、73.20%、73.24%。计算平均值在 95% 和 99% 置信度下的置信区间。

【解】 平均值 $\bar{x} = 73.19$

标准偏差 $s = 0.08$

置信度为 95% 时 t 值为 2.78

$$\mu = 73.19 \pm \frac{2.78 \times 0.08}{\sqrt{5}} = 73.19 \pm 0.10$$

置信度为 99% 时 t 值为 4.60

$$\mu = 73.19 \pm \frac{4.60 \times 0.08}{\sqrt{5}} = 73.19 \pm 0.16$$

此例说明，通过 5 次测定，有 95% 的把握，认为试样中某组分的含量在 73.09%～73.29% 之间；有 99% 的把握认为含量在 73.03%～73.35% 之间。

二、可疑数据的取舍

在分析工作中，以正常和正确的操作为前提，通过一系列平行测定所得到的数据中，有时会出现某一数据与其他数据相差较大的现象，这样的数据是值得怀疑的，称为可疑值。对这样一个数值是保留还是弃去，应该根据误差理论的规定，正确地取舍可疑值，取舍方法很多，如$4\bar{d}$法、Q检验法、D检验法、格鲁布斯法等。

1. $4\bar{d}$法

也称4乘平均偏差法。其步骤是：

（1）将可疑值除外，求出其余数据的平均值$\bar{x}_{n-1}$和平均偏差$\bar{d}_{n-1}$。

（2）求可疑值与$\bar{x}_{n-1}$之差的绝对值，即$|$可疑值$-\bar{x}_{n-1}|$。

（3）将此绝对值与$4\bar{d}_{n-1}$进行比较，若$|$可疑值$-\bar{x}_{n-1}|\geqslant 4\bar{d}_{n-1}$，则舍去此可疑值，否则应保留。

$4\bar{d}$法运算简单，但统计处理不够严密，有较大的误差，一般用来处理要求不高的试验数据。

【例2-4】 某物质的含量测定五次得到一组数据为30.18、30.23、30.32、30.35、30.56，试用$4\bar{d}$法检验30.56是否应舍去？

【解】 （1）求可疑数据除外的其余数据的平均值

$$\bar{x}_{n-1} = \frac{30.18 + 30.23 + 30.32 + 30.35}{4} = 30.27$$

（2）求可疑数据之外的其余数值的平均偏差

$$\bar{d}_{n-1} = \frac{|d_1| + |d_2| + |d_3| + |d_4|}{n} = \frac{0.09 + 0.04 + 0.05 + 0.08}{4} = 0.065$$

（3）求可疑值与平均值之间的差值

$$30.56 - 30.27 = 0.29$$

（4）比较

$$4\bar{d} = 4 \times 0.065 = 0.26$$

$0.29 > 0.26$，$|$可疑值$-$平均值$| > 4\bar{d}$，应舍去此值。

2. Q检验法

Q检验法的步骤是：

（1）将测定数据按由小到大顺序排列，即x_1，x_2，x_3，$\cdots$，x_n，并求出极差$x_n - x_1$。

（2）计算可疑值（x_1或x_n）与最邻近数据之差（$x_2 - x_1$或$x_n - x_{n-1}$）。

（3）计算Q值。若可疑值出现在首项，则

$$Q_{js} = \frac{x_2 - x_1}{x_n - x_1}$$

若可疑值出现在末项，则

$$Q_{js} = \frac{x_n - x_{n-1}}{x_n - x_1}$$

（4）根据所要求的置信度 P 和测定次数 n，查表 2-3，得到 Q_b 值。若 $Q_{js} \geq Q_b$，舍去此可疑值；$Q_{js} < Q_b$，应保留此值。

Q 检验法符合数理统计原理，计算简便，适用于平行测定次数为 3～10 次的检验。

表 2-3   不同置信度下的 Q 值

测定次数 n	3	4	5	6	7	8	9	10
Q（90%）	0.94	0.76	0.64	0.56	0.51	0.47	0.44	0.41
Q（95%）	1.53	1.05	0.86	0.76	0.69	0.64	0.60	0.58

【例 2-5】 标定某氢氧化钠溶液的浓度，平行测定四次的结果为 0.1013、0.1015、0.1012、0.1019mol/L，用 Q 检验法确定 0.1019 值能否舍去？（置信度 90%）

【解】 四次测定的结果为 0.1012、0.1013、0.1015、0.1019mol/L。

$$Q_{js} = \frac{0.1019 - 0.1015}{0.1019 - 0.1012} = 0.57$$

查表 2-3 知，4 次测定 $Q_b = 0.76$

显然，0.76 > 0.57

故数据 0.1019 应保留。

第四节 化 验 室 管 理

一、化验室药品、仪器管理

（一）化学药品的管理

化验室所需的化学药品及试剂溶液品种很多，化学药品大多具有一定的毒性及危险性，对其加强管理不仅是保证分析数据质量的需要，也是确保安全的需要。

化验室只宜存放少量短期内需用的药品。化学药品存放时要分类，无机物可按酸、碱、盐分类，盐类中可按周期表金属元素的顺序排列如钾盐、钠盐等，有机物可按官能团分类，如烃、醇、酚、醛、酮、酸等。另外也可按应用分类如基准物、指示剂、色谱固定液等。

1. 属于危险品的化学药品

（1）易爆和不稳定物质。如浓过氧化氢、有机过氧化物等。

（2）氧化性物质。如氧化性酸（硝酸等）、高锰酸钾、重铬酸钾等属此类。

（3）可燃性物质。除易燃的气体、液体、固体外，还包括在潮气中会产生可燃物的物质。如碱金属、碳化钙及接触空气自燃的物质如白磷等。

（4）有毒物质。

（5）腐蚀性物质。如酸、碱等。

（6）放射性物质。

2. 化验室试剂存放要求

（1）易燃易爆试剂应贮于铁柜（壁厚 1mm 以上）中，柜的顶部有通风口。严禁在化验室存放大于 20L 的瓶装易燃液体。易燃易爆药品不要放在冰箱内（防爆冰箱除外）。

（2）相互混合或接触后可以产生激烈反应、燃烧、爆炸、放出有毒气体的两种或两种以上的化合物称为不相容化合物，不能混放。这种化合物多为强氧化性物质与还原性物质。

（3）腐蚀性试剂宜放在塑料或搪瓷的盘或桶中，以防因瓶子破裂造成事故。

（4）要注意化学药品的存放期限，一些试剂在存放过程中会逐渐变质，甚至形成危害物。醚类、烯烃、液体石蜡等在见光条件下若接触空气可形成过氧化物，放置愈久愈危险。乙醚、异丙醚、丁醚等若未加阻化剂（对苯二酚、苯三酚、硫酸亚铁等）存放期限不得超过一年。

（5）药品柜和试剂溶液均应避免阳光直晒及靠近暖气等热源。要求避光的试剂应装于棕色瓶中或用黑纸或黑布包好存于暗柜中。

（6）发现试剂瓶上标签掉落或将要模糊时应立即贴好标签。无标签或标签无法辨认的试剂都要当成危险物品重新鉴别后小心处理，不可随便乱扔，以免引起严重后果。

（7）剧毒品应锁在专门的毒品柜中，建立领用需经申请、审批、双人登记签字的制度。

3. 化学试剂的使用注意事项

（1）取用试剂的药勺一定要洗干净后才能伸进瓶内盛取药品，基准试剂取出后不得再倒回瓶内。

（2）使用有机溶剂或挥发性强的试剂时，应在通风橱中进行。任何情况下都不准用明火直接加热有机溶剂。

（3）开启易挥发的试剂瓶（如浓盐酸、浓氨水、有机溶剂等）时，尤其在夏季室温较高时，应先经流水冷却，盖上湿布再打开。

（4）配制和使用剧毒试剂时，应在有人监护下，穿戴好防护用品，在通风橱中进行。皮肤有外伤时，不得配制和使用剧毒试剂。未用完的剧毒试剂应妥善保管，试验完毕后应进行无毒化处理，不得直接排入下水道。

（二）玻璃仪器的管理

化验室应设兼职人员负责管理化验室的玻璃仪器。常用玻璃仪器可放在化验室里，并有少量储备，以供急需时用。不常用的仪器要放在储藏室的专用架上，由管理人员负责保管。

玻璃仪器按同名、不同型号，从小到大形成序列，严格分类存放。在仪器柜（架）的一侧明显处贴上标牌，以便取放。

（1）对于化验室中常用的玻璃仪器，本着方便、实用、安全的原则进行管理。为此应做到：

1）建立购进、借出、破损登记制度。

2）仪器用完后，要及时洗涤干净，放回原处。

3）仪器应按种类、规格顺序存放，并尽可能倒置，既可自然控干，又能防尘。

（2）玻璃仪器和瓷质器皿贮存的具体要求：

1）使用过的器皿应立即按规定洗涤干净，予以妥善存放，避免重新沾污。

2）洗涤干净后的器皿应按种类、规格顺序存放，通常倒置、晾干于洁净的仪器橱内，橱内可设带孔的隔板，以便插放仪器。橱门应随时关好，以免尘埃等沾污。

3）移液管应用干净的滤纸包好两端然后置于专用架上存放备用。

4）滴定管可倒置于滴定管架上保存，也可装满蒸馏水，在上口加盖试管（使用中的滴定管，也可加盖试管或纸筒以防尘埃）。

5）磨口仪器（如容量瓶、称量瓶、分液漏斗等）使用前应用小绳或橡胶圈将塞子拴好，以免打破塞子或互相弄混。暂时不用的磨口仪器和标准磨口仪器，应在磨口部分与磨口塞之间垫以干净的纸条，并用橡皮圈拴好保存。

6）成套仪器应有次序地存放于专用的包装盒中，并衬以纸垫，避免摩擦、压裂或混乱。小件仪器可放在带盖的托盘中，盘内衬以纸垫。

7）需要较高干燥程度的仪器应存放于干燥器中，例如称量瓶等。

二、化验室安全管理

根据化验室工作的特点，化验室安全包括防火、防爆、防毒、保证压力容器和气瓶的安全、电气安全和防止环境污染等方面。

（一）防火防爆

（1）化验室内应备有灭火用具，急救箱和个人防护器材。化验员要熟知这些器材的使用方法。

（2）操作、倾倒易燃液体时应远离火源，瓶塞打不开时，切忌用火加热或贸然敲打。倾倒易燃液体量大时要有防静电措施。

（3）加热易燃溶剂必须在水浴或严密的电热板上缓慢进行，严禁用火焰或电炉直接加热。

（4）使用酒精灯时，注意酒精切勿装满，应不超过容量的 2/3，灯内酒精不足 1/4 容量时，应灭火后添加酒精。燃着的灯焰应用灯帽盖灭，不可用嘴吹灭，以防引起灯内酒精起燃。酒精灯应用火柴点燃，不得用另一正燃的酒精灯来点，以防失火。

（5）易爆炸类药品，如苦味酸、高氯酸、高氯酸盐、过氧化氢等应放在低温处保管，不应和其他易燃物放在一起。

（6）在蒸馏可燃物时，要时刻注意仪器和冷凝器的正常工作。如需往蒸馏器内补充液体，应先停止加热，放冷后再进行。

（7）易发生爆炸的操作不得对着人进行，必要时操作人员应戴面罩或使用防护挡板。

（8）身上或手上沾有易燃物时，应立即清洗干净，不得靠近明火，以防着火。

（9）严禁可燃物与氧化剂一起研磨。工作中不要使用不知其成分的物质，因为反应时可能形成危险的产物（包括易燃、易爆或有毒产物）。在必须进行性质不明的实验时，应尽量先从最小剂量开始，同时要采取安全措施。

（10）易燃液体的废液应设置专用贮器收集，不得倒入下水道，以免引起燃爆事故。

（11）电炉周围严禁有易燃物品。电烘箱周围严禁放置可燃、易燃物及挥发性易燃液体。不能烘烤放出易燃蒸气的物料。

（二）灭火

一旦发生火灾，化验员要临危不惧，冷静沉着，及时采取灭火措施。若局部起火，应立即切断电源，用湿抹布或石棉布覆盖熄灭。若火势较猛，应根据具体情况，选用适当的灭火器进行灭火，并立即与有关部门联系，请求救援。

化验室着火用二氧化碳灭火器灭火比使用泡沫灭火器好。因为从二氧化碳灭火器喷射出来的固体二氧化碳在很短时间内便全部汽化，而没有残余物留下，所以既不会引起水害也不会损坏任何仪器，对于有电流通过的仪器，也可使用而不导电，保证人身安全，对扑灭轻微的火灾最为有效。而泡沫灭火器，由于喷射压力较大，易损坏玻璃仪器，且泡沫使火灾地点污染，弄脏了仪器设备。同时它是个良导体，不能用于电所引起的火灾。

化验室内的灭火器材要定期检查和更换药液，临用前须检查喷嘴是否畅通，如有阻塞，应用铁丝疏通，以免造成爆炸事故。

（三）化学毒物及中毒的救治

1. 毒物

某些侵入人体的少量物质引起局部刺激或整个机体功能障碍的任何疾病都称为中毒，这类物质称为毒物。影响中毒的因素有毒物的理化性质、侵入人体的数量、作用时间及侵入部位等。根据毒物侵入的途径，中毒分为摄入中毒、呼吸中毒和接触中毒。接触中毒和腐蚀性中毒有一定区别，接触中毒是通过皮肤进入皮下组织，不一定立即引起表面的灼伤，腐蚀性中毒是使接触它的那一部分组织立即受到伤害。

我国 GBZ 230—2010《职业性接触毒物危害程度分级》根据毒物危害指数的大小把危害程度分为四级。轻度危害（Ⅳ级），THI（毒物危害指数）<35；中度危害（Ⅲ级），$35 \leqslant THI < 50$；高度危害（Ⅱ级），$50 \leqslant THI < 65$；极度危害（Ⅰ级），$THI \geqslant 65$。

2. 中毒后的急救与中毒预防

在工作中遇到有人急性中毒，原则上应尽快送医院或请医生来诊治。在这之前应当争分夺秒地、正确地采取自救互救措施，力求在毒物被吸收以前实现抢救，针对具体情况，采取以下急救措施：

（1）急性呼吸系统中毒，应使中毒者迅速离开现场，转移到通风良好的地方，呼吸新鲜空气。如有休克、虚脱或心肺机能不全，必须先作抗休克处理，如进行人工呼吸，给予氧气等。

（2）经口服中毒，应设法尽快排除体内毒物，用 $3\% \sim 5\%$ 碳酸氢钠溶液或用（1+5000）

高锰酸钾溶液洗胃，并用手指压舌根进行催吐。洗胃要反复多次，直到吐出物基本无毒，再服用解毒剂。一般解毒剂有鸡蛋清、牛奶、淀粉糊、橘汁等。

（3）皮肤、眼睛、口鼻等受毒物侵害时，应立即用大量清水冲洗，然后送医院请专科医生治疗。

预防中毒的主要措施：

（1）改进实验设备与实验方法，尽量采用低毒品代替高毒品。

（2）有符合要求的通风设施将有害气体排除。

（3）消除二次污染源，即减少有毒蒸气的逸出及有毒物质的撒落、泼溅。

（4）选用必要的个人防护用具，如眼镜、防护油膏、防毒面具、防护服装等。

（四）有毒化学物质的处理

化验室需要排放的废水、废气、废渣称为化验室"三废"。由于化验室测定项目不同，产生的三废中所含化学物质的毒性不同，数量也有很大的差别。为了保证化验人员的健康及防止环境污染，化验室三废的排放也应遵守我国环境保护法的有关规定。

1. 汞蒸气及其他废气

长期吸入汞蒸气会造成慢性中毒，为了减少汞液面的蒸发，可在汞液面上覆盖化学液体，甘油效果最好，水效果最差。

遇到汞散落时一定要处理干净，因为散落的汞，会形成细滴钻进桌子、地板的裂缝和不平处而留于房间内，从而带来了很大的危害性。尽管汞的沸点很高，它在357℃时才沸腾，但在室温时便大量蒸发。汞蒸汽是有毒的，它属于积累性毒物，能储积于人的身体内，引起慢性汞中毒，使牙龈出血、牙齿脱落、头痛、记忆力衰退，严重妨碍消化和损害神经系统。因此，在化验室进行与汞有关的工作时需特别小心，遇到汞散落时一定要处理干净，即使只有极微量的汞蒸汽也需防止它生成，或者迅速地把它排除掉。

对于溅落的汞，应尽量捡拾起来，颗粒直径大于1mm的汞可用以吸气球或真空泵抽吸的捡汞器捡起来。捡过汞的地点可以洒上多硫化钙、硫黄或漂白粉，或喷洒药品使汞生成不挥发的难溶盐，干后扫除，药品为20％三氯化铁溶液或1％碘-1.5％碘化钾溶液，每平方米使用300～500mL。

另外，也可用紫外灯除汞，紫外辐射激发产生的臭氧可使分散在物体表面和缝隙中的汞氧化为不溶性的氧化汞。紫外灯可以利用无人的非工作时间辐照。

化验室的少量废气一般可由通风装置直接排至室外。

2. 废液

GB 8978—1996《污水综合排放标准》中对能在环境或动植物体内蓄积，对人体产生长远影响的污染物称为第一类污染物，它们的允许排放浓度作了严格的规定。对于长远影响小于第一类污染物的称为第二类污染物，根据排入水域的2种级别对各种污染物规定了最高允许排放浓度和需要达到的级别。

化验室废液可以分别收集进行处理。

（1）无机酸类：将废酸慢慢倒入过量的含碳酸钠或氢氧化钙的水溶液中或用废碱互相中和，中和后用大量水冲洗。

（2）氢氧化钠、氨水：用 6mol/L 盐酸水溶液中和，用大量水冲洗。

（3）含汞、砷、锑等离子的废液：控制酸度为 0.3mol/L，使其生成硫化物沉淀。

（4）含氰化物废液：加入氢氧化钠使 pH 值为 10 以上，加入过量的高锰酸钾（3%）溶液，使 CN^- 氧化分解。

（5）含氟废液：加入石灰使生成氟化钙沉淀。

（6）可燃性有机物：用焚烧法处理。

3. 废渣

废弃的有害固体药品严禁倒在生活垃圾处，必须经处理解毒后丢弃。

（五）气瓶的存放及安全使用

（1）气瓶必须存放在阴凉、干燥、严禁明火、远离热源的房间。除不燃性气体外，一律不得进入实验楼内。使用中的气瓶要直立固定放置。

（2）搬运气瓶要轻拿轻放，防止摔掷、敲击、滚滑或剧烈振动。搬前要戴上安全帽，以防不慎摔断瓶嘴发生事故。钢瓶必须具有两个橡胶防震圈。

（3）气瓶应定期作技术检验、耐压试验。

（4）易起聚合反应的气体钢瓶，如乙烯、乙炔等，应在贮存期限内使用。

（5）高压气瓶的减压器要专用，安装时螺扣要上紧（应旋进 7 圈螺纹，俗称吃七牙），不得漏气。开启高压气瓶时操作者应站在气瓶出口的侧面，动作要慢，以减少气流摩擦，防止产生静电。

（6）瓶内气体不得全部用尽，一般应保持 0.2～2MPa 的余压，以避免空气或其他气体、液体渗入气瓶中；为了便于确定气瓶中装的是什么气体，避免充错气体；气瓶中有残余压力，也就有可能检验气瓶和它的附件的严密性。

（六）电气安全

化验室接触的物质有易燃易爆的，如有机溶剂、高压气体等，有在使用大型分析仪器。因此保障电气安全对人身及仪器设备的保护都是非常重要的。

1. 电击防护

触电事故主要是指电击。通过人体的电流越大，伤害越严重。电流取决于施加人体的电压和人体电阻。把不能引起生命危险的电压称为安全电压，一般规定为 36V。

电击的防护措施有：

（1）电器设备完好，绝缘好。发现设备漏电要立即修理，不得使用不合格的或绝缘损坏、已老化的线路，建立定期维护检查制度。

（2）良好的保护接地。将电气设备在正常情况下不带电的金属部分与接地体之间做良好的金属连接。

（3）使用漏电保护器。

2. 静电防护

静电是在一定的物体中或其表面上存在的电荷。一般 3~4kV 的静电电压人便会有不同程度的电击的感觉。

静电危害有两个方面：

（1）危及大型精密仪器的安全。由于分析仪器中大量使用高性能元件，很多元件对静电放电敏感，造成器件损坏，安装在印刷电路板上的元器件更易损坏。

（2）静电电击危害。静电电击和触电电击不同，触电电击是指触及带电物体时电流持续通过人体造成的伤害。而静电电击是由于静电放电时瞬间产生的冲击性电流通过人体时造成的伤害。它虽不会引起生命危险，但放电时引起人摔倒、电子仪器失灵及放电的火花可引起易燃混合气体的燃烧爆炸，因此必须加以防护。

静电防护措施如下：

（1）防静电区内不要使用塑料地板、地毯或其他绝缘性好的地面材料，可以铺设导电性地板。

（2）在易燃易爆场所，应穿导电纤维及材料制成的防静电工作服、防静电鞋（电阻应在 150kΩ 以下），戴防静电手套。不要穿化纤类织物、胶鞋及绝缘鞋底的鞋。

（3）高压带电体应有屏蔽措施，以防人体感应产生静电。

（4）进入化验室应徒手接触金属接地棒，以消除人体从外界带来的静电。坐着工作的场合可在手腕上带接地腕带。

（5）提高环境空气中的相对湿度，当相对湿度超过 65%~70% 时，由于物体表面电阻降低，便于静电逸散。

3. 用电安全守则

（1）不得私自拉接临时供电线路。

（2）不准使用不合格的电气设备，室内不得有裸露的电线，保持电器及电线的干燥。

（3）正确操作闸刀开关，应使闸刀处于完全合上或完全拉断的位置，不能若即若离，以防接触不良打火花。禁止将电线头直接插入插座内使用。

（4）新购的电器使用前必须全面检查，防止因运输振动使电线连接松动，确认没问题并接好地线后方可使用。

（5）使用烘箱和高温炉时，必须确认自动控温装置可靠。同时还需人工定时监测温度，以免温度过高。不得把含有大量易燃易爆溶剂的物品送入烘箱和高温炉加热。

（6）电源或电器的熔丝烧断时，应先查明原因，排除故障后再按原负荷换上适宜的熔丝。

（7）使用高压电源工作时，要穿绝缘鞋、戴绝缘手套并站在绝缘垫上。

（七）化验室一般安全守则

（1）分析人员必须认真学习分析规程和有关的安全技术规程，了解设备性能及操作中可能发生事故的原因，做好危险点分析，掌握预防和处理事故的方法。

（2）进行有危险性的工作，如危险物料的现场取样、易燃易爆物品的处理、焚烧废液等应有第二者陪伴，陪伴者应处于能清楚看到工作地点的地方并观察操作的全过程。

（3）玻璃管与胶管、胶塞等拆装时，应先用水润湿，手上垫棉布，以免玻璃管折断扎伤。

（4）打开浓盐酸、浓硝酸、浓氨水试剂瓶塞时应带防护用具，在通风柜中进行。

（5）夏季打开易挥发溶剂瓶塞前，应先用冷水冷却，瓶口不要对着人。

（6）稀释浓硫酸的容器，烧杯或锥形瓶要放在塑料盆中，只能将浓硫酸慢慢倒入水中，不能相反，必要时用水冷却。

（7）蒸馏易燃液体严禁用明火。蒸馏过程不得离人，以防温度过高或冷却水突然中断。

（8）化验室内每瓶试剂必须贴有明显的与内容物相符的标签。严禁将用完的原装试剂空瓶不更新标签而装入其他试剂。

（9）操作中不得离开岗位，必须离开时要委托能负责任者看管。

（10）化验室内禁止吸烟、进食，不能用实验器皿处理食物。离开化验室前用肥皂洗手。

（11）工作时应穿工作服，长发要扎起。进行有危险性的工作要加戴防护用具，如戴上防护眼镜。

（12）每日工作完毕检查水、电、气、窗，进行安全登记后方可锁门离开。

复习题

1. 电热干燥箱（烘箱）的使用注意事项有哪些？

2. 玻璃仪器的洗涤要求有哪些？

3. 如何对电子天平减量称样操作？

4. 分析测试中，准确度与精密度有什么关系？

5. 分析工作中的误差都来自哪里？如何消除误差？

6. 化验室的管理主要包括哪些方面？

7. 工作中发现有人中毒后应如何处理？

8. 化学药品在存放时有何规定？

9. 气瓶为什么不能放空而必须保留一定压力？

10. 化验室火灾用哪种灭火器扑救好？为什么？

11. 按有效数字运算规则计算：

(1) $0.0354+7.147+2.86$；(2) $(44.41-3.12)\times0.2048/(12.63491-12.2775)$

12. 某化验员在标定一个盐酸溶液浓度时，得到下列结果：0.5008、0.5020、0.5022、0.5017mol/L。用 $4\bar{d}$ 法判断 0.5008mol/L 是否应该保留？若再标定一次，得到 0.5012mol/L，再重新判定 0.5008mol/L 是否应该保留？

第三章

电力系统用油设备及油系统

第一节 电气设备的结构

一、变压器的结构

变压器主要由绕组、铁芯、引线、调压装置、冷却装置、套管及绝缘介质等组成，如图3-1所示。

变压器的器身是指绕组、铁芯、引线及绝缘及其支撑结构，大型变压器器身结构如图3-2所示。

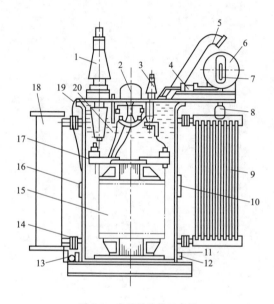

图3-1 变压器结构示意图

1—高压套管；2—分接开关；3—低压套管；4—气体继电器；5—安全气道；6—储油柜；7—油位计；8—吸湿器；9—散热器；10—铭牌；11—接地螺栓；12—油样阀；13—放油阀；14—蝶阀；15—绕组；16—油温计；17—铁芯；18—净油器；19—油箱；20—变压器油

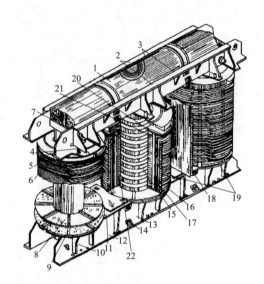

图3-2 大型变压器器身结构示意图

1—铁轭；2—上夹件；3—上夹件绝缘；4—压钉；5—绝缘纸圈；6—压板；7—方铁；8—下铁轭绝缘；9—平衡绝缘；10—下夹件加强筋；11—下夹件上肢板；12—下夹件下肢板；13—下夹件腹板；14—铁轭螺杆；15—铁芯柱；16—绝缘纸筒；17—油隙撑条；18—相间隔板；19—高压绕组；20—角环；21—静电环；22—低压绕组

（一）铁芯

铁芯的作用主要是构成磁路，同时作为绕组的机械支撑。

铁芯结构的磁路由铁芯柱和铁轭组成，如图3-3所示。铁芯柱上套装绕组，而上下铁轭配合铁芯柱构成闭合磁路。

除了铁芯磁路，铁芯还包括夹件和绝缘。铁芯夹件有两种型式，一为穿芯螺栓夹紧结构，另一种为无螺栓的夹紧结构。前者适用于小型变压器，后者适用于大型变压器。夹件目前都用高强度的环氧玻璃丝带缠绕，以使夹件具有一定的弹性，从而获得均匀的压力，减弱对声音和振动的传播。

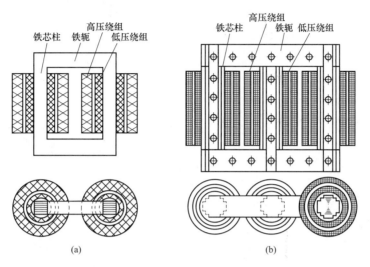

图 3-3　同心式变压器绕组和铁芯的装配示意图

(a) 单相；(b) 三相

为减少铁芯损耗，铁芯一般采用硅钢片制成，片间涂有绝缘漆。铁芯与夹件之间设有绝缘结构，防止铁芯短路发热。

在运行和试验时，变压器铁芯、夹件、压圈等金属部件感应悬浮电位过高而造成放电，铁芯和所有金属结构件必须可靠接地。如果有两点或两点以上的接地，会产生循环电流而造成局部过热。因此，变压器的铁芯必须一点接地。为了方便试验和故障查找，大型变压器一般将铁芯和夹件分别通过两个套管引出接地。

当铁芯夹件上另有接地点和旁螺杆上另有接地点时，均可形成回路，产生环流，如图 3-4 所示。环流可能达到十几安，而正常时接地电流只有不到 100mA。

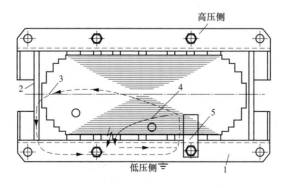

图 3-4　铁芯多点接地形成的回路

1—夹件；2—旁螺杆；3—对旁螺杆有接地点的环流；4—对夹件另有接地点的环流；5—接地片

大型变压器的铁芯中设有油道，以改善铁芯内部的散热条件，如图 3-5 所示。

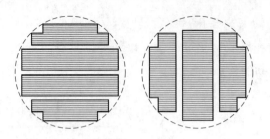

图 3-5　铁芯油道

（二）绕组

绕组是变压器进行电能交换的部件，通常采用绝缘铜线或绝缘铝线绕制而成。电力变压器一般采用同心式绕组，呈圆筒形，套装在铁芯柱上。

从绝缘距离和出线方便考虑，低压绕组放在内层，而高压绕组放在外层。高压绕组匝数多，导线截面细；低压绕组匝数少，导线截面粗。

变压器的绕组绝缘是由变压器油隙、隔板和纸筒等组成，耐热等级是 A 级。主要绝缘材料是变压器油、电缆纸、电话纸、绝缘纸板、酚醛压制品等。变压器绕组绝缘结构如图 3-6 所示。

高、低压绕组之间，绕组与铁芯和油箱之间，绕组的匝间、层间、段间及相间均设有绝缘。

高、低压绕组之间，绕组的匝间、层间、段间、相间设置油道，保证绕组充分散热，如图 3-7、图 3-8 所示。

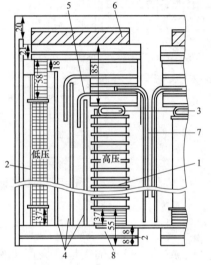

图 3-6　变压器绕组绝缘结构示意图

1—高压绕组；2—低压绕组；3—静电环；4—绝缘纸筒；5—角环；6—压板；7—相间；8—铁轭绝缘

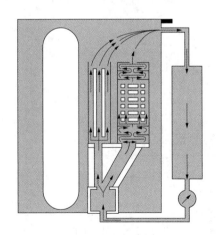

图 3-7　变压器油导向循环油路及油流方向

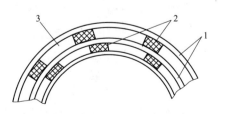

图 3-8　变压器绕组轴向油道示意图

1—绕组；2—撑条；3—油道

当发生绕组变形，绕组的固定、绝缘和散热能力均会下降，导致噪声增大，温升提高，甚至会发生绝缘事故。

（三）　油箱

油浸式电力变压器油箱内充满了变压器油，阻止外界空气和水分进入。油箱具有足够的机械强度，安装有套管、散热器、净油器等多个附属部件。根据变压器器身重量的不同，油箱可以选择采用桶式（平顶油箱）和钟罩式（拱顶油箱）两种。

（四）　变压器的附件

变压器附件包括冷却装置、保护装置、调压装置、出线装置和测量装置五部分，如图 3-9 所示。

（1）冷却装置。包括冷却器、散热器及各种连管、阀门等。

（2）保护装置。包括储油柜、吸湿器、净油器、气体继电器、安全气道、压力释放阀和放油阀门等，如图 3-9 所示。

（3）调压装置。包括有载分接开关和无载分接开关等。

（4）出线装置。包括各类瓷套管、绝缘子及电控系统等。

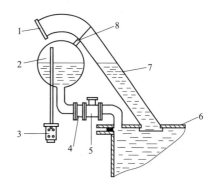

图 3-9　变压器油保护装置图

1—防爆膜；2—储油柜；3—吸湿器；4—蝶阀；
5—气体继电器；6—油箱；7—安全气道；8—连通管

（5）测量装置。包括套管型电流互感器、油位检测计、温度计、油流计和色谱在线检测仪等。

主要介绍以下几个部件：

1. 储油柜

变压器油温随负荷和环境温度的变化而变化。为解决变压器油膨胀问题和及时给变压器补油，设计时为变压器加装了储油柜，其对变压器的正常运行起着重要的保护作用。储油柜有常规储油柜和波纹式储油柜之分，当变压器油的体积随油温的升降而膨胀或缩小时，储油柜就起着储油和补油的作用，以保证油箱内始终充满油。储油柜的体积一般为变压器总油量的 8%～10%。

常规储油柜有两种型式：隔膜式和胶囊式。

（1）隔膜式储油柜。隔膜式储油柜是在储油柜的中间法兰处安装胶囊密封隔膜，隔膜底面紧贴在储油柜的油面上，使隔膜和油面之间没有空气。储油柜中隔膜使储油柜中的油与空气隔离，达到减慢油质劣化速度的目的。隔膜式储油柜的外形图如图 3-10 所示，结构示意图如图 4-6 所示。

（2）胶囊式储油柜。胶囊式储油柜是在储油柜的内壁安装胶囊袋。胶囊袋内部经过呼吸器及其连管与大气相通，胶囊袋的底面紧贴地浮在储油柜上，使胶囊袋和油面之间没有空气，隔绝了油面和空气的接触。用胶囊袋还可以防止外界的湿气、杂质等侵入变压器内部，使变压器能保持一定的干燥程度。当油面随温度变化时，胶囊袋也会随之膨胀和压缩，起到了呼吸的作用。胶囊式储油柜的外形图如 3-11 所示，结构示意图如图 4-7 所示。

图 3-10　隔膜式储油柜　　　　　　　　图 3-11　胶囊式储油柜

胶囊内壁与油接触，外壁与大气相通，胶囊和隔膜均易老化、龟裂，安装时胶囊和隔膜容易损坏、破损，使空气中的水和雨水容易进入油中。胶囊和隔膜上下两面分别是空气和油，由于运行中变压器油温较高，造成上下两面温差较大。特别是冬季，胶囊和隔膜表面易结冰，造成油含水量增高，绝缘下降，油介质损耗因数增大、油质变坏，危及运行安全。

储油柜上的油位表是采用磁铁指针式油位表或压油袋式油位计来显示的，当油位达到设定的最高或最低位置时，油位表通过报警开关能及时准确地报警。隔膜式储油柜的油位计是连杆式铁磁油位计，其是靠机械转换和传动来实现指标油位的。由于机械传动的误差、错位失灵，导致指示不准，常出现假油位，运行时不易判断真实油位。

对胶囊或隔膜式储油柜，当变压器抽真空时，如果安装、操作不当，其胶囊或隔膜极易损坏，造成不必要的损失，延长变压器停电时间，影响其正常运行。

胶囊式储油柜（即压油袋式）的油位计中的油和变压器本体相通，在阳光的照射下油位计中的油被氧化、劣化，直接降低储油柜中油的品质，污染变压器本体油质。

（3）金属波纹膨胀储油柜。为了解决上述储油柜存在的问题和缺陷，近年来出现了利用不锈钢波纹管做体积补偿组件的新型储油柜——金属波纹膨胀储油柜。其真正实现了变压器的全密封运行，其结构分为内油式储油柜和外油式储油柜。内油式储油柜的工作原理为：变压器油通过气体继电器直接流入金属波纹体内。当变压器油温升高时，将油吸收；当变压器油温降低时，将油返回变压器本体。

1）内油立式储油柜。内油立式储油柜，波纹管补偿组件为椭圆形，波纹体立式放在一个底盘上，波纹体内装绝缘油，外部加防尘罩，波纹体随变压器油温的变化而上下移动，自动补偿变压器油体积的变化，外观形状多为立式长方体。内油立式波纹膨胀储油柜结构示意图如图 3-12 所示。

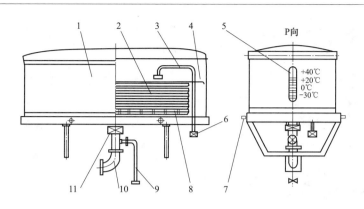

图 3-12　内油立式波纹膨胀储油柜结构示意图

1—外壳；2—储油柜本体（膨胀节）；3—金属软管；4—油位指示针；5—观察窗；6—抽真空（排气）管及阀门；

7—吊装环；8—压力保护装置；9—注（补）排管及阀门；10—软连接管；11—碟阀

内油立式储油柜波纹体内与油接触。由于用不锈钢材料做体积补偿组件，内部无进入异物的可能，全密封，不受空气和水的污染，有效地保护了变压器油质。

2）外油卧式储油柜。外油卧式储油柜的波纹补偿组件为圆筒形、卧式放置于储油柜内。筒体和波纹体之间装绝缘油，而波纹体内为与外界相通空气，一端为固定端，另一端为活动端，波纹体随着变压器油的膨胀与缩小变化而左右移动，自动补偿变压器油体积的变化。外观形状多为横放椭圆柱体。由于外油卧式储油柜直接储油，可实现较大储油量，能够实现全密封、免维护，工作寿命长。外油卧式波纹膨胀储油柜结构示意图如图 3-13 所示。

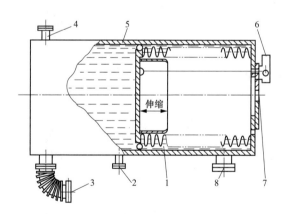

图 3-13　外油卧式波纹膨胀储油柜结构示意图

1—波纹管组件；2—注油口；3—波纹软联管接变压器；4—排气口；5—外壳；

6—拉带式油位计；7—波纹管内腔呼吸口；8—排污口

2. 气体继电器

气体继电器是安装在 800kVA 及以上的油浸式变压器本体或有载分接开关的主要安全保护装置。气体继电器安装在变压器与储油柜之间的连接管路中，有 $1\% \sim 1.5\%$ 的倾斜角度，以使气体能流到气体继电器内，如图 3-14 所示。当变压器内部故障时，由于油

图 3-14　气体继电器

的分解产生的油气流，冲击继电器下挡板，使接点闭合，跳开变压器各侧断路器，常见的开口杯气体继电器和双浮子气体继电器结构图如图 3-15、图 3-16 所示。

若空气进入变压器或内部有轻微故障时，可使气体继电器上接点动作，发出预报信号，通知相关人员处理。气体继电器上部装有试验及恢复按钮和放气阀门。气体继电器上部有引出线，分别接入跳闸保护及信号。气体继电器应安装防雨罩，防止进水。气体继电器应定期进行动作和绝缘校验。

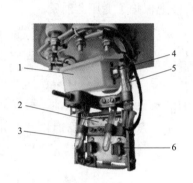

图 3-15　开口杯气体继电器结构图

1—开口杯；2—挡板；3—干簧管；4—开口杯磁铁；
5—干簧管；6—挡板磁铁

图 3-16　双浮子开口杯气体继电器结构图

1—挡板；2—上浮子；3—上浮子磁铁；4—干簧管；
5—下浮子；6—干簧管；7—下浮子磁铁

3. 压力释放阀

压力释放阀装于变压器的顶部，外形如图 3-17 所示。变压器一旦出现内部故障，油箱内压力增加到一定数值时，压力释放阀在 2ms 内迅速动作，释放油箱内压力，从而保护了油箱本身。在压力释放过程中，微动开关动作，发出报警信号，也可使其接通跳闸回路，跳开变压器电源开关。此时，压力释放器动作，标志杆升起，并突出外壳（罩），表明压力释放阀已经动作。压力释放阀结构示意图如图 3-18 所示。

压力释放阀动作后油箱内的压力很快降低，当压力降到压力释放阀的关闭压力值时，阀关闭，使油箱内永远保持正压，有效地防止外部空气、水气和其他杂质进入油箱。压力释放阀比安全气道动作精确、可靠，动作后无零件破损，无需更换零件等优点。

当排除故障后，变压器投入运行前，应手动将压力释放阀标志杆和微动开关复归。压力释放器动作压力有 15、25、35、55kPa 等各种规格，根据变压器设计参数选择。

安装结束拆掉

图 3-17　压力释放阀

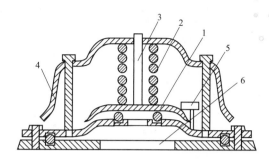

图 3-18　压力释放阀结构示意图

1—阀盖；2—弹簧；3—标志杆；4—外壳（罩）；

5—微动开关；6—变压器油箱

4. 分接开关

分接开关的作用是为了保证电网电压在合理范围内变动，而调整变压器的输出电压。变压器的调压方式分无载调压和有载调压两种。需停电后才能调整分接头电压的称为无载调压；可以带电调整分接头电压的称为有载调压。分接开关一般从高压绕组中抽头，因为高压侧电流小，引线截面积及分接开关的接触面可以减小，减少了分接开关的体积。

（1）无载分接开关。无载分接开关一般设有 3～5 个分接位置，原理接线图如图 3-19 所示。操作部分装于变压器顶部，经操作杆与分接开关转轴连接。

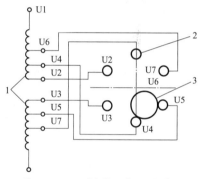

图 3-19　无励磁分接开关原理接线图

1—绕组；2—接线柱；3—接触环

切换分接开关注意事项：①切换前应将变压器停电，做好安全措施；②三相必须同时切换，且处于同一挡位置；③切换时应来回多切换几次，最后切到所需挡位，防止由于氧化膜影响接触效果；④切换后须测量三相直流电阻。

（2）有载分接开关。有载分接开关由选择开关、切换开关及操动机构等部分组成，供变压器在带负荷情况下调整电压，如图 3-20 所示。有载调压分接开关上部是切换开关，下部是选择开关。变换分接头时，选择开关的触头是在没有电流通过的情况下动作；切换开关的触头是在通过电流下动作，经过一个过渡电阻过渡，从一个挡转换至另一个挡位。切换开关和过渡电阻器装在绝缘筒内。

图 3-20　有载分接开关

操动机构经过垂直轴、齿轮盒和绝缘水平轴与有载调压开关相连接，这样就可以从外部操作有载调压开关。有载调压分接开关有单独的安全保护装置，包括储油柜、安全气道和气体继电器。

5. 油流继电器

变压器运行时产生的铜损、铁损、杂散损耗等都会转变成热量，使变压器的有关部分温度升高。为了控制和降低变压器的运行温度，变压器采取油浸自冷式（ONAN）、油浸风冷式（ONAF）、强迫油循环风冷式（OFAF）、强迫油循环水冷式（OFWF）等冷却方式。

油浸自冷式——依靠油箱外壁和油管或散热器的热辐射，借变压器周围空气的自然对流作用散发热量。适用于小容量变压器。

油浸风冷式——采用带有风扇冷却的散热器。

强迫油循环冷却——适用于大容量变压器，利用油泵将变压器内的热油打入冷却器，在冷却器内利用风冷或水冷后再送回油箱。

冷控系统是根据变压器运行时的温度或负荷高低手动或自动控制投入或退出冷却设备，从而使变压器的运行温度控制在安全范围。

油流继电器是强迫油循环冷却变压器检测潜油泵工作状态的部件，安装在油泵管路上，如图 3-21 所示。当油泵正常工作时，在油流的作用下，继电器安装在管道内部的挡板发生偏转，带动指针指向油流流动侧，同时内部接点闭合，发出运行信号；当油泵发生故障停止或出力不足时，挡板没有偏转或偏转角度不

图 3-21　油流继电器

够，指针偏向停止侧，点接通，跳开相应不出力的故障油泵，从而启动备用冷却器，发信号。

6. 电流互感器

电流互感器装在变压器套管升高座中，俗称套管式电流互感器，供继电保护和电气仪表用，安装好的电流互感器、套管升高座、套管式电流互感器如图 3-22～图 3-24 所示。

图 3-22　电流互感器　　　　图 3-23　套管升高座　　　　图 3-24　套管式电流互感器

7. 套管

变压器的套管是将变压器绕组的高、低压引线引到油箱外部的绝缘装置。套管作为引线对地的绝缘，且担负着固定引线的作用。在变压器运行中，长期通过负载电流；短路时通过短路电流，因此套管必须具有良好的热稳定性、电气强度和足够的机械强度。

套管分为纯瓷式套管、充油式套管和电容式套管三种。35kV 的为充油式套管，110kV 及以上电压等级一般采用全密封油浸纸绝缘电容式套管，套管内注有变压器油，不与变压器本体相通。

（1）35kV 变压器用的充油式瓷套管。瓷套内为变压器本体的油作为绝缘，结构示意图如图 3-25 所示。

（2）电容式套管。电容式套管具有较高的击穿电压，一般采用油纸电容式。其结构由电容芯子、头部及储油柜、上下瓷套、安装法兰和尾部所组成，在安装法兰处有接地小套管、尾部处有均压球等。其结构示意图如图 3-26 所示。

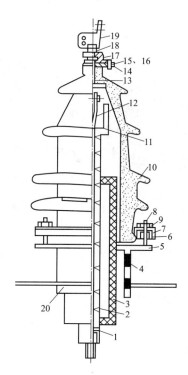

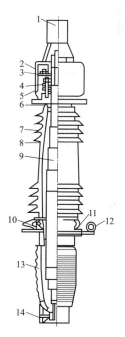

图 3-25　35kV 充油式瓷套管结构示意图

1—均压球；2—导电杆绝缘；3—绝缘筒；4—升压座；

5—密封垫圈；6、7—压圈；8—螺杆；9—螺母；

10—磁伞；11—绝缘筒；12—引线接头；13—导电杆；

14—密封垫圈；15、16—塞子；17—封环；18—螺帽；

19—接线端子；20—均压环

图 3-26　电容式套管结构示意图

1—接线端子；2—均压罩；3—压圈；4—螺杆

及弹簧；5—储油器；6—密封垫圈；7—上磁套；

8—绝缘油；9—电容芯子；10—接地套管；

11—取油样塞子；12—中间法兰；13—下磁套；

14—均压球

电容式套管内部主绝缘是电容芯子，由 0.08～0.12mm 的电缆纸和 0.01mm 或 0.07mm 厚的铝箔加压交错卷制成型。储油器的油位，在温度为 20℃时约为油位计的

2/3，过低时可以从侧面的注油塞处注入合格的变压器油，但不宜过高，必须留有一定的缓冲空间。

（五）变压器的绝缘系统

变压器绝缘的性能（电气、耐热和机械性能）是决定其能否运行的基本条件之一。任何局部绝缘的损坏，都有可能损坏整台变压器，甚至危及输配电系统的安全运行。

1. 变压器内部的主要绝缘材料

（1）变压器油。

（2）绝缘纸板和电工层压板。绝缘纸板和电工层压板采用未经漂白的硫酸盐纤维压制而成，在纤维之间有大量孔隙，因而具有很强的透气性、吸油性、吸水性等，如图 3-27、图 3-28 所示。若用耐热性能较高的聚酰胺纤维纸等，其寿命大大提高。可作为绝缘纸筒、撑条、垫块、隔板、角环等。

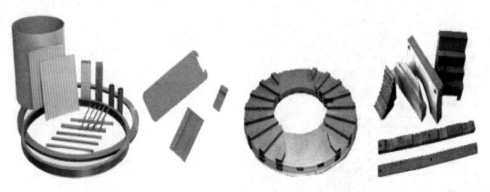

图 3-27　绝缘纸板　　　　　　　　　　图 3-28　电工层压板

（3）电缆纸。作为绝缘纸的一种，由硫酸盐纸浆制成，主要用作导线外表面包裹的绝缘和绕组中的层间绝缘。

（4）皱纹纸。它也是作为绝缘纸的一种，由硫酸盐纸浆制成的电缆纸再加工而成，在油中的电气性能很好，表现为平均击穿电压高，介质损失角的正切值很小。皱纹纸主要作为变压器出线等处包扎用。

2. 绝缘结构

变压器绝缘结构分为外绝缘和内绝缘两种：外绝缘指的是油箱外部的绝缘，主要是一次、二次绕组引出线的瓷套管，它构成了相与相之间和相对地的绝缘；内绝缘指的是油箱内部的绝缘，主要是绕组绝缘和内部引线的绝缘以及分接开关的绝缘等。

变压器内绝缘又分为主绝缘和纵绝缘两类。主绝缘是指绕组对地之间、相间和同一相而不同电压等级的绕组之间的绝缘；纵向绝缘是指同一电压等级的一个绕组，其不同部位之间，层间、匝间、绕组对静电屏之间的绝缘。变压器绝缘结构示意图如图 3-29 所示。

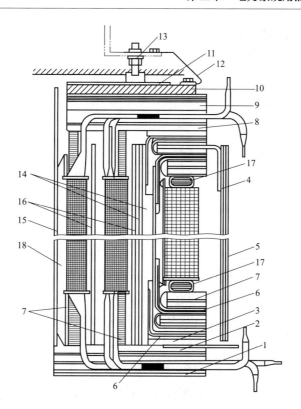

图 3-29 变压器绝缘结构示意图

1—铁轭绝缘垫块；2—下铁轭绝缘；3—绝缘纸圈；4、6—角环；5—围屏；7—端圈；8—上铁轭
绝缘；9—绝缘纸圈；10—钢压板；11—压板绝缘；12—接地钢片；13—压钉；14—油隙撑条；
15、16—绝缘纸筒；17—静电屏；18—撑条

（1）绕组与铁芯之间的绝缘。铁芯包括芯柱与铁轭，它们在运行中是处于接地状态的，靠近芯柱的绕组与芯柱之间，为绕组对地的主绝缘，绝缘纸筒围着圆柱形的铁芯。纸筒的外径与线圈的内径之间，用撑条垫开，以形成一定厚度的油隙绝缘。电压较高时可以用纸筒—撑条—纸筒—撑条重复使用的方法来构成。

在每相绕组的上、下两端，绕组与上部的钢压板、下部的铁轭，存在着绕组端部的主绝缘，或称铁轭绝缘。

绕组端部电场的分布是极不均匀的，为改善其分布，在110kV及以上的端部，放置静电屏。静电屏除能改善端部电场分布，使之均匀外，在冲击电压作用下，还能改善起始电压分布。另外，端部还放置一定数量的正、反角环，把油隙分成几段，也起着均匀电场分布的作用。正、反角环结构如图3-30、图3-31所示。

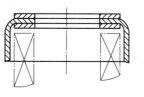

图 3-30 正角环

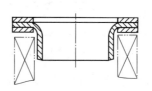

图 3-31 反角环

59

（2）绕组与绕组之间的绝缘。同一相中不同电压等级的绕组之间，或不同相的各电压绕组之间的主绝缘，采用纸筒油隙绝缘。

（3）绕组与箱壳之间的绝缘。最外层的绕组与油箱之间，构成绕组对箱壳的主绝缘，电压在 110kV 及以下时依靠绝缘油的厚度为主绝缘；电压在 220kV 及以上时，增加纸板围屏来加强对地之间的主绝缘。

（4）引出线的绝缘。电压等级不同，绕组端头包裹皱纹纸的厚度也不同，电压等级越高，皱纹纸越厚。在绕组端头附近包以适当厚度的皱纹纸，离绕组稍远些，即用裸电缆线或金属硬母线，再焊接一段多层软铜皮线直接与瓷套管相连接。

（5）500kV 引出线装置的绝缘。通过专门的出线装置，既能保证超高压引出线的绝缘安全可靠，又能够使绕组的出线端头与瓷套管之间，机械地拆卸与接通。

（6）分接开关的绝缘。为了工艺和制造上的方便，双绕组变压器的分接开关总是放在高压绕组，而三绕组变压器则是放在高、中压绕组。因此，分接开关的操动杆，也成为高、中压绕组对地之间的主绝缘，因为操动杆的一端连接着高、中压导电部分但另一端则是安装在箱壳上，而箱壳是接地的。操动杆的材料大多数用酚醛绝缘纸管做成，也有用经过干燥处理的木料做成，表面涂以保护漆。

分接开关安装在绝缘支架上，导电部分通过绝缘支架与地之间构成了主绝缘。主绝缘是由木材或酚醛纸板构成。

变压器的外部主绝缘。包括瓷套管对地绝缘和不同相瓷套管空间之间的距离。瓷套管安装法兰以上的外部瓷套，是瓷套管的引出线的对地绝缘，不同电压等级有不同的外绝缘水平。

3. 纵向绝缘

纵向绝缘是指同一绕组的匝间、层间及与静电屏之间的绝缘。在同一个线饼内，绕有数匝线圈，这时匝与匝之间需要有匝间绝缘。匝间绝缘是由包在导线上的电缆纸构成，电压等级越高，其匝间绝缘的厚度也越大。

层间绝缘是指一个线饼与另一个相邻线饼之间的绝缘，也就是油道的宽度，电压等级≤35kV，油道宽度为 4.5mm；电压等级 110～220kV，油道宽度为 6mm。

4. 变压器的油系统

油浸式变压器有几个互相隔离的独立油系统。在油浸式变压器运行时，这些独立油系统内的油是互不相通的，油质与运行工况也不相同，要分别做油中色谱分析以判断有无潜在故障。

（1）主体内油系统。与绕组周围的油相通的油系统都是主体内油系统，包括冷却器或散热器内的油，储油柜内的油，35kV 及以下注油式套管内油。

注油时必须将这个油系统内存储的气体通过放气塞放出。在真空注油时，如有些部件不能承受与主体油箱能承受的相同真空强度时，应用临时闸隔离，如储油柜与主油箱间的闸阀。

（2）有载分接开关切换开关室内的油。这部分油有本身的保护系统，即油流继电器、储油柜、压力释放阀、气体继电器。此开关室内的油起绝缘与熄灭电流作用。

有载分接开关切换开关室内的油虽与本体内油隔离，但在真空注油时，为避免破坏切换开关室的密封，应与本体内油同时真空注油。

（3）高压出线箱内油系统。三相 500kV 变压器的高压出线通过波纹绝缘隔离油系统。油系统主要起绝缘作用。为简化结构，这个油系统也可通过连管与本体内油系统相联或设计成单独的油系统。

（4）60kV 及以上电压等级的全密封结构的油系统。这个油系统内的油主要起绝缘作用，或增加油电容式套管内绝缘纸的电气强度。在本体内注油时，应将套管端部接线端子密封好，以免进气。

对 500kV 及以上电压等级的油浸式变压器的本体内油系统而言，应注意油流带电现象。采取控制变压器油的介质损耗、油流速度、释放油中电荷的空间等措施，防止油流带电过渡到油流放电。

二、电压互感器和电流互感器

（一）电压互感器

1. 原理及用途

电压互感器实质上是一种降压变压器，又称仪用变压器，将交流高压转变为一定数值的标准低电压（100V、$100/\sqrt{3}\,V$、100/3V），以供给测量、继电保护及指示用。电压互感器原理图如图 3-32 所示。

运行中，二次绕组的一端必须接地。如果发生一次、二次之间绝缘击穿，一次侧高电压窜入二次侧，由于二次侧已有一点接地，从而保证人身和设备的安全。

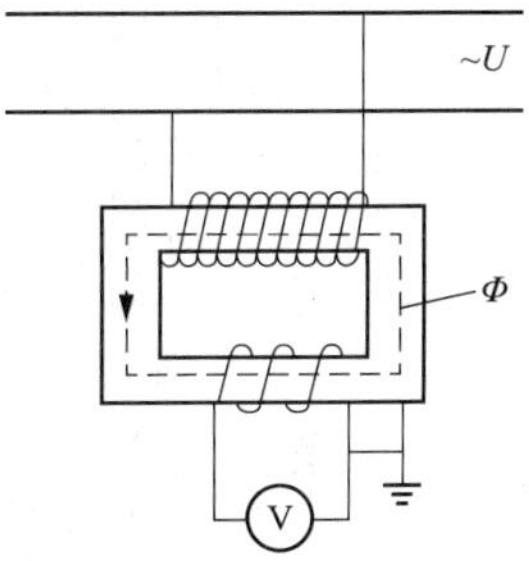

2. 型式及结构特点

按绝缘结构可分为干式、环氧树脂浇注式、充气式和油浸

图 3-32　电压互感器原理图

式。干式结构简单，无着火和爆炸危险，但体积较大，只适用于 6kV 及以下的空气干燥的室内配电装置中；环氧树脂浇注式结构紧凑，尺寸小，也无爆炸着火危险，使用维护方便，适用于 3～35kV 的户内装置；充气式主要用于 SF_6 封闭组合电器的配套，现也有用于高压及超高压单相互感器中；油浸式绝缘性能好，可用于 10kV 以上的户外装置，按其结构又可分为普通式、串级式和电容式等。普通式和普通变压器一样，一次绕组和二次绕组完全相互耦合，常用于 35kV 及以下电压级。串级式电压互感器的一次绕组分为几个单元串联而成，最后一个单元接地，二次绕组一般只和最后一个单元耦合。110kV 及以上电压级的电压互感器普遍采用串级式和电容式，下面分别加以介绍：

（1）串级式电压互感器。串级式电压互感器中的绝缘是均匀分布于各级，每一级只处在一部分电压之下，因此可大量节约绝缘材料，减小体积和质量，并取消了单独的套管绝缘子，瓷外壳既起到高压出线套管的作用，又代替油箱，且各单元可通用于 110kV

及以上不同电压等级，使生产简化，成本降低，但准确度较低。

串级式电压互感器的一次绕组是由几个相同的单元（铁芯绕组）串接在相与地之间组成，所有单元内通过相同的电流，并与电网的相电压成正比，最末一个与地连接的单元具有二次绕组。当电网的相电压变动时，二次绕组两端的电压也随之变动。

（2）电容式电压互感器。电容式电压互感器实质上是一个电容分压器，它由若干个电容器串联，一端接高压线路，另一端接地。若最末一个电容器的电容为 C_2，而其他电容器的等效电容为 C_1，调节 C_1 和 C_2 的比值，便可得到不同的分压比，即可得到所需要的二次电压 U_2。

电容式电压互感器（CVT）是通过电容分压把高电压变换成低电压，再经中间变压器变压提供给计量、继电保护、自动控制、信号指示。CVT 还可以将载波频耦合到输电线用于通信、高频保护和遥控等。因此与电磁式电压互感器相比，电容式电压互感器除可防止因电压互感器铁芯饱和引起铁磁谐振外，还具有电网谐波监测功能，以及体积小、质量小、造价低等特点，因此在电力系统中得到了广泛应用。

（二）电流互感器

1. 原理及用途

电流互感器是将线路上的大电流变为标准小电流（5A 或 1A）。其一次绕组串接在交流线路上，二次侧的匝数较多，导线截面较小，并与阻抗很小的仪表连接，相当于短路运行。其原理图如图 3-33 所示。

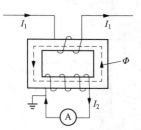

图 3-33　电流互感器原理图

2. 型式规格及结构特点

（1）分类。电流互感器也分为干式及油浸式两大类。干式电流互感器又分为普通型、环氧浇注型及特种冷却方式电流互感器；油浸式电流互感器一般为高压、超高压的电压等级。

（2）电流互感器的结构特点。110kV 及 220kV 电压级的电流互感器都是采用油浸式绝缘，且多采用"8"字形和"U"字形结构，也有采用单级式结构的。为了便于使用，电流互感器均为单相式结构。

220kV 油浸式瓷箱式"U"字形结构的电流互感器示意图如图 3-34 所示，它的一次绕组线芯是 U 形，主绝缘全部包扎在一次绕组上，一次绕组由四段组成，可四段串联、两两串联后并联或四段并联连接，从而适用于三种不同的额定一次电流值，一次绕组的串并联换接在瓷套帽内进行。为了提高主绝缘的强度，改善冲击过电压时起始电压的分布和梯度电压的分布，在绝缘中放置一定数量的同心圆筒形电容屏，内屏与线芯连接，最外层电容屏（简称末屏）接地，各电容屏间形成一个圆筒形电容器串，称为电缆电容形绝缘，由于其电场分布均匀和绝缘包制可实行机械化，目前在 110kV 及以上的高压电流互感器中得到广泛的应用。在 U 形一次绕组的两腿上，分别套上两个环形铁芯，铁芯上绕着多匝的二次绕组。U 形一次绕组两腿的上部并拢，外扎亚麻绳以提高其机械强度。互感器的帽顶端有吸湿器，帽内装设橡皮隔膜，用来保护绝缘油。二次接线盒内有 8 个二次接线端子，另外还有铁芯接地线端子和一次绕组电容绝缘的外屏接地线端子，共有 10 个端子。接线盒下面有油箱接地螺钉，油箱下面有供放油及取油的塞孔。这种电流互感器有四个准确度级的二次绕组，其中一个用于测量，另三个用于保护。

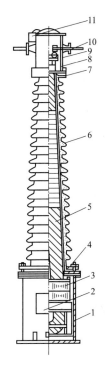

三、电抗器

1. 作用

电抗器实质上是一个无导磁材料的空心线圈。在电力系统发生短路时，会产生数值很大的短路电流。如果不加以限制，要保持电气设备的动态稳定和热稳定是非常困难的。因此，为了满足某些断路器遮断容量的要求，常在出线断路器处串联电抗器，增大短路阻抗，限制短路电流。

2. 电抗器的结构

空心电抗器与铁心式电抗器是电力系统中最基本的两种电抗器。

（1）空心电抗器。空心电抗器只有绕组，没有铁芯，也没有外壳。由于没有铁芯，因此

图 3-34　220kV 瓷箱式"U"字形结构的
电流互感器示意图

1—油箱；2—二次绕组接线盒；3—环形铁芯及二次绕组；4—压圈式卡接装置；5—"U"字形原线圈；6—瓷套；7—均压护罩；8—储油柜；9——次绕组切换装置；10——次绕组端子；11—呼吸器

其不存在饱和现象，其电感值基本是一个固定的常数，不会随着流过电抗器电流的变化而变化。为了保证空心电抗器对地的绝缘，通常采用绝缘子将整个电抗器支撑起来安装。空心电抗器具有质量小、体积小、运输方便、安装灵活、噪声低微、维护工作量小等优点。但由于其电感值较小，一般多用于中低压系统的限流，以及容量相对较小的并联补偿。并且，由于整个电抗器未加任何的屏蔽，存在较强的电磁泄漏，容易造成周边的铁磁材料发热等问题。

（2）铁芯式电抗器。铁芯式电抗器的绕组是缠绕在一个由铁磁材料制作的铁芯上，由于铁磁材料的导磁效率比空气高得多，因此，铁芯式电抗器的电感值比空心电抗器大得多。为了提高铁芯式电抗器的散热与效率，通常都在铁芯式电抗器的外面增加一个外壳，并注入绝缘油，形成一个类似变压器的外部形状。与相同容量的空心电抗器相比，铁芯式电抗器通常具有更小的体积。

1）铁芯。电抗器的铁芯可分为两种，即壳式电抗器和芯式电抗器。

a. 壳式电抗器。壳式电抗器绕组中的主磁通道是空芯的，不放置导磁介质，在绕组外部装有用硅钢片叠成的框架以引导主磁通。一般壳式电抗器磁密较低。由于没有主铁芯，电磁力小，相应的噪声和振动比较小，而且加工方便，冷却条件好。其缺点是材料

消耗多，体积偏大。

b. 芯式电抗器。芯式电抗器具有带多个气隙的铁芯，外套线圈。气隙一般由不导磁的砚石组成。由于其铁芯磁密高，因此材料消耗少，结构紧凑，自振频率高，存在低频共振可能性较少。主要缺点是加工复杂，技术要求高，振动和噪声较大。

目前我国制造的高电压大容量并联电抗器只采用芯式结构。

电抗器的铁芯又可分为单相或三相两种。单相为单芯柱两旁柱结构，三相为品字形芯柱、卷铁轭结构。电抗器芯柱由铁芯饼和气隙垫块组成。铁芯饼为辐射形叠片结构，并采用特殊浇铸工艺浇注成整体，铁轭与旁柱用环氧玻璃丝黏带绑扎，铁芯采用强有力的压紧和减振措施，整体性能好，振动及噪声小，损耗低，无局部过热。

2）绕组。绕组采用冲击特性和散热性能好的层式结构。

3）油箱。电抗器油箱为钟罩式结构。油箱为圆形或多边形，强度高，振动小，结构紧凑，单相电抗器的油箱和铁芯间设有防止器身在运输过程中发生位移的强力定位装置。油箱壁设有磁屏蔽，降低了漏磁在箱壁产生的损耗，消除了箱壁的局部过热。

第二节　汽轮机润滑油系统

一、润滑油系统功能

润滑油系统的主要作用有：首先，在轴承中要形成稳定的油膜，以维持转子的良好旋转；其次，转子的热传导、表面摩擦及油涡流会产生相当大的热量，为了始终保持油温合适，就需要一部分油量来进行换热；另外，润滑油还为主机盘车系统、顶轴油系统提供稳定可靠的油源。

汽轮机的润滑油用来润滑轴承、冷却轴瓦及各润滑部分。根据转子的质量、转速、轴瓦的结构及润滑油的黏度等，在设计时采用一定的润滑油压，以保证转子在运行中轴瓦能形成良好的油膜，并有足够的油量冷却。若油压过高，可能造成油挡漏油，轴承振动，油压过低会使油膜建立不良，易发生断油而损坏轴瓦。

汽轮发电机组在全速运行时，润滑系统的运行比较简单，连接在主轴上的主油泵对系统提供高压润滑油，但在汽轮发电机组启停过程中，润滑系统的复杂性就增加了。这主要是因为主轴在90%额定转速以下时，主油泵没有能力提供足够油压的润滑油。因此在机组启动或停机时，需要辅助油泵来代替主油泵，还要有事故油泵系统支援油泵或辅助泵，让汽轮发电机组安全停机。事故油泵可用直流电动机带动。润滑系统还配备了完善的仪表测量设备和可靠的电源供应，以便当轴承油压下降到额定设定点时，用以启动辅助油泵或事故油泵。

二、润滑油系统

不同制造厂的汽轮发电机组整体布置各不相同，故相应的润滑油系统的具体设置也有所不同，但从必不可少的要求来看，1000MW润滑油系统主要有润滑油箱（及其回油滤网、排烟风机、加热装置、测温元件、油位计）、主油泵、交流电动机（备用）油泵、直流电动（事故）油泵、冷油器、油温调节装置（或油温调节阀）、轴承进油调节阀（或可调节流孔板）、滤油装置（或滤网）、油温/油压监测装置以及管道、阀门等部件组成。

1. 油泵

主油泵为单级双吸离心式油泵，安装于前轴承箱内，直接与汽轮机主轴连接，由汽轮机转子直接驱动。在机组正常运行时，油涡轮泵以主油泵出口油为动力油，驱动升压泵向主油泵供油，主油泵出口油经压力降低后向轴承等设备提供润滑油。在机组事故工况、系统供油装置无法满足需要或交流失电的情况下，则启动事故油泵，提供保证机组顺利停机时所需要的润滑油。启动油泵用于机组启动过程中，油涡轮机泵无法正常工作，也无法向主油泵正常供油时，向主油泵入口提供油源。图 3-35 是某 1000MW 机组润滑油供油系统各主要设备的配置示意。

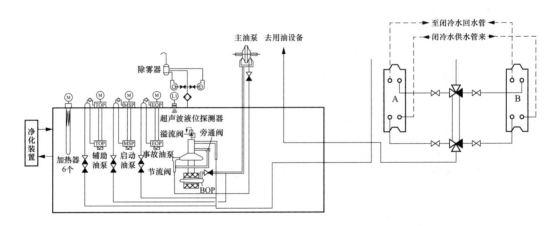

图 3-35　润滑油供油系统主要设备配置示意

2. 主油箱

主油箱的作用有两个：一是储存油；二是分离油中的空气，并使油中水分和杂质沉积下来，便于及时排除；三是布置油系统中的大量设备如辅助油泵、事故油泵、启动油泵、油涡轮泵、油烟分离装置、切换阀、油位指示器、电加热器等。

1000MW 油箱的最大运行容积一般为 69m³，正常运行容积为 47m³。运行中，油箱内的油温应在 65℃以下。

若机组启动前，油温低于 35℃，则先启动电加热器，将油温加热至 35℃后，再启动油泵。

3. 冷油器

冷油器用来散发油在循环中获得的热量，保证进入轴承的油温为 38～49℃。通常情况下，两台冷油器并联，一台备用，以循环水作为冷却介质。运行中如果一台发生渗漏或堵塞，另一台即可发挥作用。冷油器的冷却水在管内流动，管子有可能被污染或堵塞，

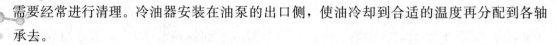

需要经常进行清理。冷油器安装在油泵的出口侧，使油冷却到合适的温度再分配到各轴承去。

4. 油烟分离器

汽轮机油在润滑、冷却、传动的过程中，由于被高温加热、喷溅雾化，在油系统的各箱体、管道内产生许多气体、雾滴和油烟，它和外部漏入的蒸汽混合不但会加剧油质的劣化，而且影响系统的正常工作，造成向外渗漏油等故障，所以必须设置油烟分离器，使汽轮机的回油系统及各轴承箱回油腔室内形成微负压，以保证油系统安全，并对系统中产生的油烟混合物进行分离，将各种气体排出。在油烟分离器上设计了一套风门，用以控制排烟量，使轴承箱内的负压维持在微负压。

5. 油位计

在净油区的油箱顶部装有一个超声波油位探测仪，该油位探测仪既可发出 4～20mA 连续信号，也可发出高、低报警及停机信号。净油区侧还装有磁翻板油位计，用于就地监视油位变化情况，并与超声波油位探测仪进行相互调校。

6. 压差变送器

在油箱侧面装设一个压差变送器，当滤网前后压差大于 490mm 油柱时，该装置发出报警信号，表明滤网可能发生堵塞，应及时进行检查、清洗。

7. 油管

该系统采用套装油管。套装油管路是将高压油管路布置在低压回油管内的汽轮机供油、回油的组合式油管路。即一根大管道内套装若干根小管道，小管道输送高压油、润滑油、主油泵吸入油，大、小管道之间的空间则作为回油管道。这样既能提高电厂油系统的防泄漏能力和防火能力，又可简化电厂布置。

发电机轴承回油，必须经过油氢分离后，才能接入回油母管，否则会危及机组安全。

回油流回油箱污油区，绕过滤网过滤后，进入净油区。在净油区设有油位指示器，以观察油箱净油区油位的变化，同时，当净油区的液位下降到低油位时报警。净、污油区之间的压差变送器，当净、污油区液位差达到设定值时报警。

供油系统出来的润滑油，经套装油管分别送往各轴承、发电机密封油系统、危急遮断器注油及复位装置等，并供盘车装置、顶轴油装置用油。每个供油分路上均设有一个与需油量（各不相同）相匹配的节流孔，以适当分配各部分的油流量。图 3-36 是某 1000MW 机组的润滑油系统流程示意图。

三、润滑油净化系统

设置润滑油净化系统的目就是将汽轮机主油箱、给水泵汽轮机油箱、润滑油储存箱（污油箱）内以及汽轮机备用油进行过滤、净化处理，以使润滑油的油质达到使用要求，并将经净化处理后的润滑油再送回汽轮机主油箱、给水泵汽轮机油箱、润滑油储存箱（净油箱）。图 3-37 是某 1000MW 机组润滑油净化系统的示意图。

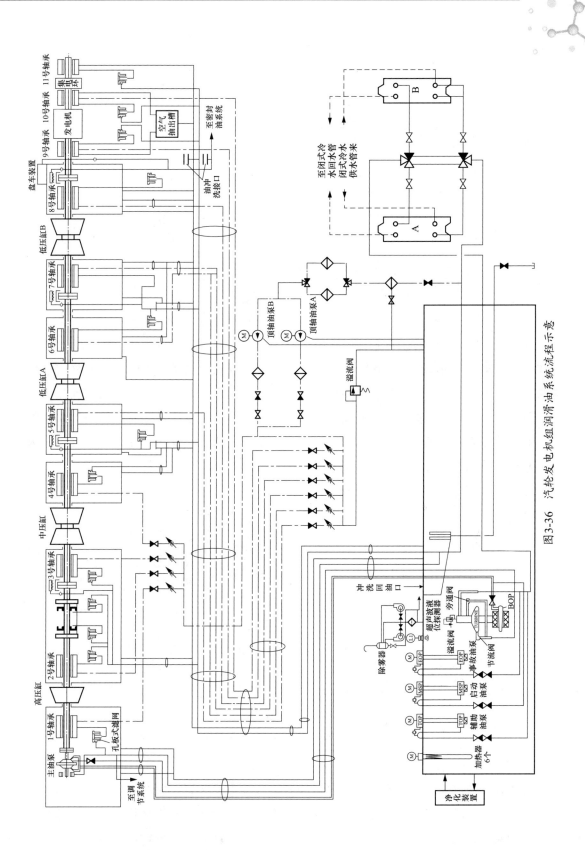

图3-36 汽轮发电机组润滑油系统流程示意

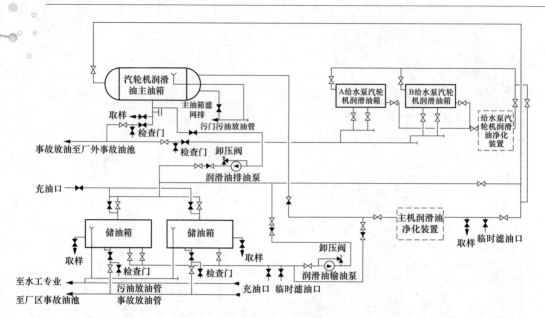

图 3-37　润滑油净化系统示意

油净化装置是润滑油净化系统的主要设备，一般每台汽轮发电机组主机、给水泵汽轮机各设有一套在线润滑油净化装置。润滑油净化装置除了能净化处理主汽轮机、给水泵汽轮机油箱的油，也能对储油箱中的脏油进行净化处理。油净化装置一般布置在汽机房主汽轮机、给水泵汽轮机组油箱的附近。该装置能够连续运行，油质合格后可处于备用状态。油净化装置能循环处理润滑油，能去除水分、杂质，改善酸性和乳化度，以保证汽轮机正常运行。图 3-38 是某 1000MW 机组润滑油净化装置系统流程图。

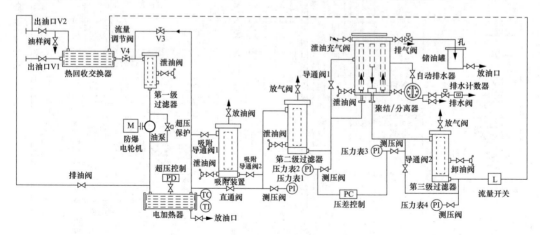

图 3-38　润滑油净化装置系统流程图

PI—压力表；V1—进油阀；V3—调节阀；⋈—球阀；PD—超压控制器；V2—出油阀；M—电动机；⋈—电磁阀

1. 润滑油净化装置的运行描述

油通过进油口阀门及滤网（第一级过滤）进入油净化装置，大的固体颗粒被滞留在滤网中，这样可以保证油泵不被颗粒机械性磨损。滤网可清洗不需更换。然后油被油泵送入吸附装置。正常情况下不使用吸附装置，只在油出现老化现象，产生有害极性物质时，才投入使用。使用时，打开吸附导通阀，关闭直通阀，油进入第二级过滤器，在那里除去 $5\mu m$ 以上的固体杂质。过滤后的油进入聚结分离器，将含水的油进行充分切割，切割后的油和水分别重新合并，破除油的乳化状态，使油水分离，在聚结器械表面分别重新组合成大的油滴和水滴。然后通过亲油不亲水的分离器使油水彻底分离，分离器只允许油通过而不允许水通过，经过分离之后纯净的油进入第三级过滤器，去除 $1\mu m$ 以上的杂质，然后油从出油口排出。分离出来的水进入集水区域，通过自动排水阀排出。

2. 润滑油净化装置的维护

油净化装置的制造工艺使得其在运行时仅需很少的维护，为保持较低的运行费用，须遵守下列维护守则：

（1）打开或关闭按钮开关、阀门时切忌用力过猛，以免损坏。

（2）设备在压力范围内正常工作，如超压应及时检查调整。

（3）入口滤网（第一级过滤器）应定期检查和清理。

（4）定期检查自动排水器的自动排水情况是否正常。

（5）安装滤芯和聚结分离器滤芯时，确保各滤芯密封垫没有脱落，并且聚结器、分离器滤芯的位置要旋转端正，放好压盖，锁紧螺母时用力不宜太大，若安装不当则影响过滤精度。

（6）对所有清蒸芯都应当极小心地操作，因为受损的滤芯会降低工作效率。

（7）第一级滤网及分离器可定期清洗，清洗时要用煤油和软羊毛刷轻轻刷洗，勿伤表面。晾干后，重新装好。

（8）当图 3-38 中调节阀 V3 被大量地打开后，过滤器压差值超过 130kPa 时，更换滤芯。

（9）当图 3-38 中调节阀 V3 被大量地打开后，聚结分离器压差值超过 90kPa 时，更换聚结滤芯。

（10）在滤芯和聚结器超压的情况下，通过调节图 3-38 中 V3 阀，降低压力，可延续滤芯及聚结器芯的使用。

第三节　抗燃油系统

随着电力工业的高速发展，汽轮发电机组容量和参数的不断提高，使动力蒸汽温度已高达 600℃ 左右，压力一般在 140MPa 以上，在这样高温、高压情况下，液压系统一旦泄漏，就有着火的危险。因此汽轮机调速系统仍采用自燃点在 500℃ 左右的矿物汽轮机油，就满足不了生产上的要求。另外，汽轮机的主汽门、调节汽门及其执行机构的尺寸也相应增大，为了减小液压部套的尺寸，必须提高油系统的压力；同时为了改善汽轮机调节系统的动态特性，降低甩负荷时的飞升转速，必须减少油动机的时间常数，提高调节系统工作介质的额定压力。因此，为了保证机组的安全经济运行，开始采用抗燃液压油。

抗燃油系统用来提供高压抗燃油，以驱动液压执行机构，调节汽轮机各进汽阀的开度。不同机组，液压油系统采用的压力有所不同，东方汽轮机厂百万机组要求合格的高压工作油压力为11.2MPa。抗燃油液压系统主要有EHG供油装置（含再生装置）、高压蓄能器、滤油器组件及相应的油管路系统组成。图3-39为某1000MW机组汽轮机液压油系统的示意图。

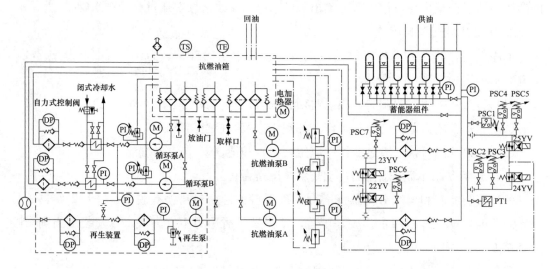

图3-39　汽轮机液压油系统示意图

由交流电动机驱动抗燃油泵，通过滤网由泵将油箱中的抗燃油吸入，从油泵出口的油经过滤油器流入高压蓄能器和该蓄能器连接的高压油母管，将高压抗燃油送到各执行机构和高压遮断系统。

溢油阀在高压油母管压力达（14±0.2）MPa时动作，起到过压保护作用。各执行机构的回油通过回油管直接回至油箱。高压母管上压力开关PSC4（见图3-39中）能对油压偏离正常值时提供报警信号并提供自动启动备用泵的开关信号，压力开关PSC1、PSC2、PSC3能送出遮断停机信号。泵出口的压力开关PSC5、PSC6和23YV、24YV用于主油泵联动试验。油箱配有温度开关及液位开关，用于油箱油温过高及油位报警和加热器及泵的连锁控制。翻板式油位指示器安放在油箱的侧面。

1. 抗燃油泵

两台抗燃油液压泵均为压力补偿式柱塞泵。当系统流量增加时，系统油压将下降，如果油压下降至压力补偿器设定值时，压力补偿器会调整柱塞的行程将系统压力和流量提高。同理，当系统用油量减少时，压力补偿器减小柱塞行程，使泵的排油量减少。

系统采用双泵工作系统，一台泵工作，另一台泵备用。

2. 高压蓄能器组件

高压蓄能器组件安装在油箱供油装置旁，6组蓄能器均为丁基橡胶皮囊式蓄能器。用来补充系统瞬间增加的耗油及减小系统油压脉动。

3. 冷油器

两个冷油器装在油箱上，设有一个独立的自循环冷却系统（主要由循环泵和温控水阀组成），以保证正常工况下工作时，油箱油温能控制在正常范围内。

4. 再生装置

油再生装置由离子交换过滤器和精密过滤器组成，再生装置配有一个压力表且每个过滤器均配有一个压差指示器。压力表指示装置的工作压力，当压差指示器动作时，表示过滤器需要更换了。

离子交换过滤器及精密过滤器均为可调换式滤芯，关闭相应的阀门，打开滤油器盖即可调换滤芯。

油再生装置是保证液压系统油质合格的必不可少的部分，当油的清洁度、含水量和酸值不符合要求时，启用液压油再生装置，可改善油质。

5. 过滤器组件

过滤器组件做成集成块，其上安装有起安全阀作用的溢油阀、管路单向阀、高压过滤器及检测高压过滤器流动情况的压差发送器各两套，各成独立回路。系统的高压油由组件下端引出，分别供汽轮机和给水泵汽轮机用油，各由高压球阀控制启闭，按照需要取用。

6. 液压油箱

液压油箱用不锈钢板焊接而成，油箱上部装有空气滤清器和干燥器，使供油装置呼吸时对空气有足够的过滤精度，以保证系统的清洁度。

7. 回油过滤器

抗燃油液压系统中装设有回油过滤器，该装置内装有精密过滤器，为避免过滤器堵塞时，导致过滤器被油压压扁，回油过滤器中装有过载单向阀，当回油过滤器进出口间压差大于 0.5MPa 时，单向阀动作，将单向阀短路。

该装置设有两个回油过滤器，分别装在两个独立的循环回路上，在需要时启动系统，过滤油箱中的油液。

8. 油加热器

抗燃油运行温度过高或过低都是不允许的，温度过低造成油的黏度升高，容易使泵、电动机过载，运行温度过高，易使油产生沉淀及凝胶。故油的运行温度应控制在 30～54℃之间。油箱内应装设加热器来进行油温控制。

当油温低于设定值时，启动加热器给油液加热，此时，循环泵同时（自动）启动，以保证油液受热均匀。当油液被加热至设定值时，温度开关自动切断加热回路，停止加热。

9. 循环泵组

该装置设有自成体系的过滤器、冷油系统和循环泵组系统，在油温过高或清洁度不高时，可启动该系统对油液进行冷却和过滤。

10. 监视仪表

该装置配备有各种监视仪表，对供油装置及液压系统的运行进行监视和控制。其中压力开关 PSC1、PSC2、PSC3 用于控制油压低时机组跳闸，压力开关 PSC4 用于油压低报警及备用主油泵自启动，压力开关 PSC5、PSC6 用于控制主油泵联动试验，压力变送器 PT1 用于远传母管压力。

主要监视仪表的设定值：溢流阀压力设定值为（14±0.2MPa），用作系统安全阀；系统（主泵）压力设定值为（11.2±0.2MPa）；循环泵溢流阀压力设定值为（0.5±0.1MPa）。

为了保证伺服阀、电磁阀用油的清洁度，在每一个执行机构油动机进油口前均装有高压滤油器组件。滤油器组件主要有滤网、截止阀、压差发送器和油路块等组成。正常工作时，滤网前后的两个截止阀处于全开状态，旁通油路上的截止阀处于全关闭状态。当压差发送器发出信号时，表明需要更换滤芯。检查空气干燥器的硅胶，了解硅胶是否失效并及时更换。加强空气干燥器检查能够有效控制抗燃油的含水量。在正常工作条件下，一般要求至少 6 个月应更换一次滤芯。

抗燃油旁路再生系统（见图 3-40）的核心部件是再生滤元及精密过滤器，其作用为吸附油中的酸性成分和极性杂质，用于降低油品酸值和提高电阻率；吸附油中水分；除去油中的机械杂质，保证油的颗粒污染度合格；可通过旁路再生装置向油系统补入合格的抗燃油；旁路再生系统设置有压力、压差报警装置，具有自动保护功能，当系统压力或过滤器压差超过规定值时，自动报警停机，提醒运行或检修人员处置。来自系统的压力油经节流孔进入吸附再生器，由再生滤元吸附再生，再经两级过滤器过滤，回到油箱。旁路再生装置一般装有硅藻土、活性氧化铝、961（主要成分是活性氧化铝和离子交换树脂）、988（主要成分是玻璃纤维）等吸附剂；旁路的过滤净化部分中，一级过滤器中装用纸质滤芯或纳垢容量较大的纤维滤芯，二级过滤器中装用过滤精度较高的玻璃纤维滤芯。平时应不断对入口和出口油进行油质分析，当发现两端油酸值变化不大时应及时更换吸附剂和精密滤芯。

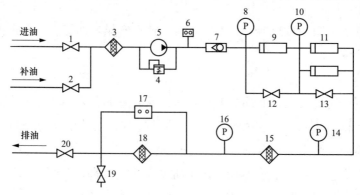

图 3-40　磷酸酯抗燃油旁路再生系统流程图

1—进油阀；2—补油阀；3—吸油滤油器；4—溢油阀；5—油泵；6—系统压力报警器；7—单向阀；8—系统压力表；9—脱水器；10—两生器前压力表；11—再生器；12—脱水旁通阀；13—再生旁通阀；14—粗滤器前压力表；15—粗滤器；16—精滤器前压力表；17—压差报警器；18—精滤器；19—取样阀；20—排油阀

第四节 给水泵油系统

一、电动给水泵油系统

1000MW 给水系统一般配有两台 50% 容量的汽动给水泵和一台 30% 容量的电动给水泵。正常运行时，两台汽动给水泵组并列运行，能够满足机组最大负荷的给水量，此时电动给水泵处于备用状态。电动给水泵主要用于机组启动，或当一台汽动给水泵发生故障必须停运时与另一台汽动给水泵并列运行，满足机组相应负荷的给水要求。

电动给水泵液力传动装置的工作油回路和润滑油回路彼此独立，共用一个油箱。润滑油回路为电动给水泵组的所有轴承和齿轮提供润滑油，工作油回路向液力耦合器提供工作油。正常运行时，与输入轴相连的主油泵向润滑油回路和工作油回路供油，在泵组启动和停运时，由电动辅助油泵向系统提供润滑油。

工作油和润滑油使用同一种油，共用一个油箱，提供工作油和润滑油的齿轮泵由液力耦合器的输入轴驱动，在电动给水泵启停和故障的情况下由辅助油泵提供润滑油。液力传动装置的油系统流程图如图 3-41 所示。

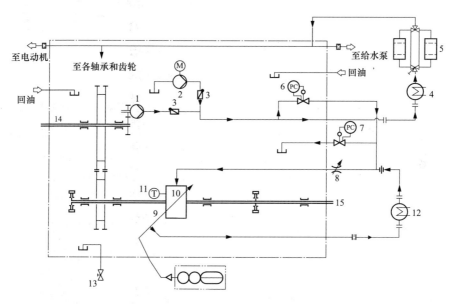

图 3-41 液力传动装置的油系统流程图

1—主油泵；2—辅助油泵；3—止回阀；4—润滑油冷油器；5—润滑油滤油器；6—润滑油泄油阀；7—工作油泄油阀；8—可调节流孔；9—勺管；10—液力耦合器；11—易熔塞；12—工作油冷油器；13—排污阀；14—输入轴；15—输出轴

工作油系统和润滑油系统各配有一台冷油器，冷却水由汽轮机闭式冷却水系统供给。

二、驱动给水泵汽轮机润滑油系统

1000MW 驱动给水泵汽轮机，一般每台配备一套独立的润滑油系统，用于向驱动给水泵汽轮机轴承、盘车装置、鼓形齿式联轴器和汽动给水泵轴承提供润滑油，系统工质为防锈汽轮机油。润滑油系统主要有主油泵、事故油泵、集装油箱、溢油阀、冷油器、切换阀、排烟装置、可调式止回阀、套装油管路、超声波油位指示器、磁翻板液位计、滤网、双联滤油器、监视仪表等设备组成，其工作流程图如图3-42所示。

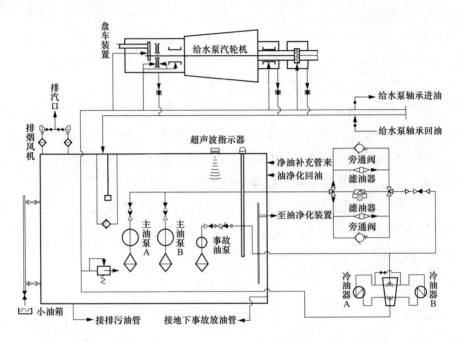

图 3-42　驱动给水泵汽轮机润滑油系统流程图

润滑油管路设有双联滤油器，并配有压差报警装置和旁通阀，当滤油器前后压差高于 0.08MPa 时发报警信号，当压差高于 0.1MPa 时开启旁通阀。润滑油系统设有两台冷油器，一台运行，一台备用。冷油器出口油温保持在 45～50℃。当冷油器出口油温高于 55℃，发油温高报警信号。两台冷油器之间装有切换阀，可使冷油器相互切换，也可并联运行。

两台排烟风机安装要集装在油箱盖上，与油烟分离器组合成排烟装置。排烟风机上有一套风门，用以控制排烟量，使油箱和轴承箱维持合适的负压。正常运行时，一台风机运行，另一台备用。

各轴承回油经回油管路进入油箱的污油区，回油管的安装应朝油箱方向有一个逐步下降的坡度，使管内回油呈半充满状态，以利于各轴承箱内的油烟通过油面上的空间进入油箱，再经过排烟装置分离后排入大气，回油流回油箱污油区，经滤网过滤后，进入净油区。

润滑油箱总容量为 5m³，有效容积为 4.5m³，采用组合方式将油系统中的主油泵、事故油泵、电加热器、滤网、双联滤油器、翻板式油位计、超声波油位指示器、事故油泵、排烟装置等设备集中在一起。油箱上还设有与油净化装置相连的接口、补油口、排污口及事故放油口。

油系统中的油质应符合标准，不得任意更换油种。在油箱注油之前，应进行如下检查：油箱清理干净，不得有水或其他杂物；油系统中所有管路必须牢固严密，并已清理干净；油质化验报告合格。

为了保证油系统的安全运行，需要设置以下报警条件和保护措施：

（1）当油箱油温低于 25℃ 或高于 60℃ 时，发报警信号；当冷油器出口油温高于 65℃ 时，发报警信号；当冷油器出口油温高于 50℃ 或低于 40℃ 时，发报警信号；当轴承回油温度高于 65℃ 时，发报警信号。

（2）当润滑油温度低于 20℃ 时，禁止启动驱动给水泵汽轮机。

（3）当润滑油压力高于 0.08MPa 时，才允许投入盘车装置；当润滑油压力高于 0.15MPa 时，才允许启动汽轮机。

三、驱动给水泵汽轮机抗燃油系统

目前，驱动给水泵汽轮机的抗燃油系统通常有两种配置方式：一是每台驱动给水泵汽轮机配备独立的抗燃油系统。二是两台驱动给水泵汽轮机共用一套抗燃油系统。本书采用第一种配置方式，调节系统和保安系统均采用抗燃油。抗燃油系统主要有油箱、主油泵、再生装置、蓄能器、冷油器、滤油器、加热器、试验电磁阀及相应的油管路和阀门组成。驱动给水泵抗燃油系统流程图如图 3-43 所示。

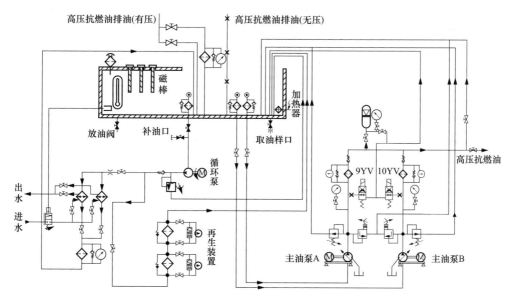

图 3-43　驱动给水泵汽轮机抗燃油系统流程图

抗燃油系统设有一套自循环系统，由循环泵完成油路的自循环，实现抗燃油的再生、冷却。当抗燃油温度过高或清洁度不符合要求时，可启动自循环系统对抗燃油进行过滤或冷却，循环泵出口设有溢油阀，动作压力为 0.5MPa。再生装置由硅藻土过滤器和精密过滤器（即波纹纤维过滤器）组成，每个过滤器上装有一个压力表和压差指示器，当压差指示器动作时，应更换过滤器。硅藻土过滤器及波纹纤维过滤器均为可调换式滤芯，关闭相应的阀门，打开滤油器盖即可调换滤芯。当油液的清洁度、含水量及酸值不符合要求时，投入油再生装置，可改善油质。两台冷油器一台运行，另一台备用。

该装置有两个回油过滤器，一个串联在有压回油路，过滤系统回油，另一个安装在冷油器后的自循环回路上，在需要时投入。回路过滤器内装有精密过滤器，并装有过载单向阀，当过滤器进出口压差大于 0.5MPa 时，单向阀动作，将过滤器短路。

抗燃油正常工作温度为 32～54℃，油温低时投入电加热器，当油温加热至 37℃后电加热器会自动停止。若油温高于 54℃应投入冷却水。循环泵启动后，出口压力应小于 1MPa，再生装置的滤油器压差应小于 0.138MPa。

抗燃油系统运行时，应定期检查所有滤油器的压差，发现堵塞应及时清理。每月应清洗一次油箱磁棒、检查一次油质，每 6 个月应检查一次蓄能器充氮压力。

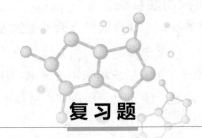

复习题

1. 变压器有哪些主要部件及功能？

2. 润滑系统有哪些主要部件及功能？

3. 抗燃油系统有哪些主要部件及功能？

第四章

变压器油、涡轮机油和抗燃油

第一节 变压器油的特性

变压器油，是指适用于变压器、电抗器、互感器、套管、断路器等充油电气设备中，起绝缘、冷却和灭弧作用的一类绝缘油品。由于历史沿袭，本书仍沿用变压器油这一名称代替国际常用的矿物绝缘油这个术语。

变压器油（矿物绝缘油）在变压器、电抗器、互感器中主要起绝缘和散热冷却作用，但若在上述设备中有电弧发生时，也起灭弧作用。在充油套管中主要起绝缘作用，在油断路器中起灭弧和绝缘作用。变压器油除了绝缘、灭弧和散热冷却三大功能之外，还有如下两种功能：由于变压器油的流动性，使其能充填在绝缘材料的空隙之中，可起到保护铁芯和绕组组件的作用；由于变压器油能充填在绝缘材料的空隙之中，因此可将易于氧化的纤维素和其他材料所吸收的氧的含量减少到最低限度，即变压器油会使混入设备中的氧首先进行氧化作用，从而延缓了氧对绝缘材料的侵蚀。

变压器油的化学结构非常复杂。目前所知道的变压器油大约有 2900 种烃类成分，但至今仍然有 90％左右的化合物成分未能被鉴别出来。但是，从应用的角度，不需要完全搞清楚其烃类成分，然而必须了解变压器油的各种特性和功能。

由于矿物绝缘油是由各种烃类组成，因此在运行中受温度、空气、金属、电场等的影响，会逐渐劣化，如遇高温过热等设备故障，则油质劣化加速，因此电力系统对油品的性能、质量是有严格要求的。变压器油为了能很好地发挥它在绝缘、散热及灭弧等多方面的功能作用，其本身必须具备良好的化学、物理和电气等方面的基本特性。

一、化学特性

（一）成分组成特性

变压器油是由石油精炼而成的一种精加工产品，其成分组成主要为碳氢化合物，即烃类。对于变压器油来说，由于它的环境条件大多在户外的设备上，所以必须能承受各种气候条件的考验，特别是低温环境的适应性，而环烷基石油则具备了低凝点的条件，因而采用环烷基原油精炼的产品较好，然而环烷基原油精炼油的产品较少，世界上只有五处油田生产环烷基原油，即美国的德克萨斯、阿肯萨斯、加利福尼亚，委内瑞拉和中国的克拉玛依。

油中芳香烃成分也应有一定的控制，虽然某些类型的芳香烃具有天然抗氧化剂的功能，能提高油的氧化安定性，但是含量太高又降低油的绝缘和冲击强度，并增大对浸于油中固体绝缘材料的溶解能力。

此外，变压器油中还含有少量的非烃类（即杂环化合物），它们也有类似烃类的骨架，只是其中部分碳原子被硫、氧或氮所取代。它们在油中的含量经过精炼加工处理后仅有 0.02% 左右，一般对油品的特性影响不大，新油中铁和铜的含量也极少。

（二）化学特性

1. 水溶性酸或碱

水溶性酸或碱是指油中能溶于蒸馏水或乙醇水溶液抽提试样中的酸性或碱性物质。石油产品的水溶性酸或碱，是指油品加工及贮存过程中，油品外界的污染，自身氧化；或在炼制和再生中，清洗和中和不完全而残留下来，造成油中的水溶性矿物酸碱。矿物性酸主要是硫酸及其衍生物，包括磺酸和酸性硫酸酯，以及低分子有机酸。水溶性碱主要为苛性钠或碳酸钠。

水溶性酸几乎对所有的金属都有较强烈的腐蚀作用，而碱只对铝腐蚀。另一方面，油品中含有水溶性酸碱，会促使油品老化，因油与空气接触时，会与空气中的氧、水互相作用，如在受热的情况下，时间一长就会引起油品的氧化、胶化及分解，故要求新油不含水溶性酸或碱。

国产变压器油在运行中的初级老化阶段，产生低分子有机酸较多，如甲酸（$HCOOH$）、乙酸（CH_3COOH）、丙酸（CH_3CH_2COOH）等，因其均溶于水，可用水抽出液的方法测定其 pH 值。故油品的水溶性酸或碱，被定为新油和运行油的监控指标之一。

测定油品的水溶性酸的意义：

（1）若测出新油中有水溶性酸、碱，表明经酸、碱精制处理后，酸没有完全中和或碱洗后用水洗得不完全。这些矿物酸、碱的存在，会在生产、使用或储存时，腐蚀与其接触的金属部件。所以新油中严禁有无机酸、碱存在。

（2）运行油中含有低分子有机酸，说明油品开始老化。这些有机酸不但直接影响油的使用特性，并对油的继续氧化起催化作用，将影响油品的使用寿命。

（3）水溶性酸的活度较大，对金属有强烈的腐蚀作用，如在有水的情况下，则更加严重。

（4）油在氧化过程中，不但产生酸性物质，同时也有水分生成。因此含有酸性物质的水滴，会严重降低油的绝缘性能。

（5）油中水溶性酸对变压器的固体绝缘材料影响很大。

运行中油若出现低分子酸，或接近运行油标准时，应及时采取相应的措施，如变压器投入热虹吸器，或采用粒状吸附剂过滤除酸等，以提高运行中油的 pH 值，消除或减缓水溶性酸的影响，延长油品和设备的使用寿命。

2. 酸值

中和 1g 试油中含有的酸性组分，所需氢氧化钾的毫克数，称为酸值，以 mg/g（以 KOH 计）表示。从试油中所测得的酸值，为有机酸和无机酸的总和，故也称总酸值。

中和 100g 试油中含有的酸性组分，所需要氢氧化钾的毫克数，称为酸度，燃料油常测其酸度，单位为 mg/g（以 KOH 计）表示。

碱值是表示石油产品中含有的碱性物质的指标，以 mg/g（以 KOH 计）表示。总碱值包括强碱值和弱碱值。

中和值实际上包括总酸值和总碱值，但在实际应用中除非另有注明，否则"中和值"仅指总酸值。

皂化是指在碱性条件下使脂肪水解成脂肪酸盐和醇的过程，皂化值的含义是指某些高分子酸在做酸值试验时没有参与反应，通过皂化试验可全部测出所有的酸性值，皂化的测试值是皂化 1g 试油中可皂化组分所需氢氧化钾的毫克数。

新油的酸值很低，几乎为零。对新油而言，酸值的高低在一定程度上标明油品精制程度的好坏，酸值越低，酸性物质越少，油品精制程度越深。油中存在的少量酸性物质基本上都是有机酸、有机酚、脂肪酸及杂质化合物等。

运行油的酸值主要是油品老化、裂化的结果。运行油酸值升高得快慢与油品的组成及其氧化安定性，即油品的精制程度密切相关。一般地，油品中芳香烃、杂质化合物含量高，油品的氧化安定性就差，油品就易于被氧化，油的酸值升高得就快。

另外，运行油酸值升高得快慢，还与其使用环境条件有关。油品使用温度高，存在催化剂，与氧气（空气）接触面积大，都会加速油品的氧化，促使酸值升高。故应降低油品的运行温度，尽可能地减少与空气的接触面积和时间。

一般所测定的酸值几乎都代表有机酸（即含有—COOH 基因的化合物），油中所含的有机酸一般是高分子酸，如脂肪酸、环烷酸、羧基酸、沥青质酸等。主要是环烷酸，是环烷烃的羧基衍生物，通式为 $C_nH_{2n-1}COOH$（环烷酸等高分子有机酸腐蚀钢铁材料。据实践表明，瑞士 ABB 公司为防止油品老化生成的高分子酸腐蚀钢铁材料，在新油中添加了钝化剂，这些钝化剂在钢铁表面生成一层致密的氧化膜，阻碍酸和铁反应，起到保护金属的作用。目前据资料说明尚无不良影响）。此外还有在贮存、运输时因氧化生成的酸性物质，在重质馏分中也含有高分子有机酸，某些油品中还含有酚、脂肪酸和一些硫化物、沥青质等酸性化合物。

测定油品酸值的意义：

（1）酸值是评定新油品和判断运行中油质氧化程度的重要化学指标之一。酸值表示油品中含酸性物质的量。一般来说，酸值愈高，油品中所含的酸性物质就愈多，新油中含酸性物质的数量，随原料与油的精制程度而变化。国产新油一般几乎不含酸性物质，其酸值常为 0.00。

（2）酸值的变化有助于判断运行中油质氧化程度和对设备的潜在腐蚀性。运行中油因受运行条件的影响，运行中油品生成的氧化产物会影响酸值，油的酸值随油质的老化程度而增长，因而可由油的酸值判断油质的老化程度和对设备的危害性。

（3）油品的酸值升高后，不但腐蚀设备，同时还会提高油的导电性，降低油的绝缘性能。如遇高温时，还会促使固体纤维绝缘材料产生老化现象，进一步降低电气设备的绝缘水平，缩短设备的使用寿命，故对运行中绝缘油的酸值有严格的指标限制。

运行中油的酸值接近运行指标时，应及时进行降低酸值的技术处理，如变压器投入热虹吸器或用带吸附剂装置的真空滤油机滤油，汽轮机投入连续再生装置，或采用移动式吸附剂过滤器，进行运行中油净化再生处理，（注：如果汽轮机油中有水，应先除水，再除酸），保证油的酸值在合格范围内。

3. 水分

油品在出厂前一般不含水分。油品中水分的来源，主要是外部侵入和内部自身氧化产生两个方面。

（1）由于生产设备和工艺的限制，炼油厂生产的变压器油都含有一定的水分，一般含水量为 $35\sim50\mu L/L$。

（2）在运输和贮存过程中，管理不当进入油中的水分。

（3）用油设备在安装过程中，由于干燥处理不彻底，而使水分侵入油中，或变压器呼吸系统漏入潮气。即称为油的吸潮（湿）性。这种情况在新设备投运和事故抢修中很容易发生。

（4）变压器的油-纸绝缘结构，一般用未经干燥处理的电工用纸质绝缘材料，其含水量为 $8\%\sim10\%$，即使经过真空干燥处理的纸质绝缘材料，一般含水量 $0.5\%\sim2.0\%$。运行中水分自行由纸中向油中扩散，最后达到动态平衡。

（5）油品的吸潮性与油的化学组成有关，不同化学组成的油品，其吸收水分的特性可能有数十个微升每升（$\mu L/L$）之差。如油品内芳香烃成分愈多，油品的吸潮性愈强。油内存在某些极性杂质分子（如醇、酸、金属皂化物等），也会显著增加油的吸潮性，即油老化后吸潮能力会迅速增大。

（6）油品在使用过程中，由于运行条件的影响，会逐渐氧化，油在自身的氧化过程中，也伴随有水分产生。

（7）偶然从外面落进水滴。这种情况发生在密封垫损坏时，雨水进入油中；强油循环的部件损坏时，冷却水也会渗入油中。

水在油品中存在的形态，通常有下列几种情况：

（1）游离水。多为外界侵入的水分，如不搅动不易与油结合，常以水滴形态游离于油中，或沿器壁沉降于设备、容器的底部。虽然通常不影响油的击穿电压，但也是不允许的，因这表明油中可能存在溶解水分。沉降于设备或容器底部的水分，要及时处理掉。

（2）溶解水。这种形态的水是以极度微细的颗粒溶于油中，通常是从空气中进入油内的，在油中分布较均匀，这表明油已被污染。溶解水能急剧降低油的击穿电压，使油的介质损耗因数增大。当变压器绕组和铁芯之间产生高温时，溶解水会转变为蒸汽状态，当水蒸气与冷油接触时，又形成溶解水。欲除去溶解水，可在一定的温度下，用高度真空雾化法除掉，即通常所谓"真空"滤油。

油中水分含量一般以溶解形式存在，超过饱和水分溶解度时析出，并随着添加剂量和温度变化而变化。添加剂增大时，油中含水量增大，温度升高时，油中水分饱和溶解度增大。

（3）结合水。水分与油化学结合在一起称为结合水。结合水是油氧化而生成，表明油已出现老化的征兆。

（4）乳化水。又叫乳浊液。油与超微水滴的混合物称为乳化水。无论是加热、澄清、过滤等，都不能使乳化水的水滴与油分开。要将油水分开，用机械方法是相当困难的。可在一定条件下，通过小型试验，添加适宜的破乳化剂，以促使油水分开。

油品中水分的含量与油品的化学组成、温度、暴露于空气中的时间，以及油的老化深度有密切的关系。

油品中烃类含量的不同，其能溶解水的量就不同。一般烷烃、环烷烃溶解水的能力较弱，芳香烃溶解水的能力较强，即油中芳香烃含量愈高，油的吸水能力愈强。

油品中的含水量与温度的变化关系也非常明显，即温度升高时油中含水量增大，温度下降时，溶于油中的水分会过饱和而分离出来，沉降至容器的底部。

油品在空气中暴露的时间愈长，大气中相对湿度愈大时，则油吸收的水分就愈多，故测定绝缘油中含水量时，必须密封取样，密闭测定，其目的就是避免试油与空气接触，以测定出试油中的真实含水量。

新绝缘油对水的溶解能力还与其精制程度有关，如精制比较粗糙，而油中含有未除尽的酚类、酸类、树脂、皂化物等，会增加油品的吸潮性，使油品中含水量增高。反之，则含水量降低。

运行中油在自身氧化的同时，会产生一部分水分。如以 C_nH_{2n+2} 型的纯烷烃的氧化为例，其化学反应如下

$$2C_nH_{2n+2}+3O_2 = 2C_nH_{2n}O_2+2H_2O$$

即反应的结果得到脂肪酸和水，也就是说随着油的深度氧化，酸值的升高，所产生的水分也增加。油品深度氧化后，不仅生成酸和水，还有酮、醛、醇等，并在一定的条件下，进行聚合、缩合等反应而生成树脂质、沥青质等，这些物质能增加油的吸潮性，故一般旧油对水的溶解能力要比新油大。

测定油品中水分的意义：

（1）监督和严格控制油中的水分对生产安全经济运行有非常重要的意义。

（2）水分对绝缘油的电气性能、理化性能以及用油设备的使用寿命等，都有极大的危害。

（3）油中水分降低油品的击穿电压，提高介质损耗因数，使绝缘纤维老化，助长了有机酸的腐蚀能力，加速了对金属部件的腐蚀，而金属腐蚀产物又会加速油质迅速老化，如此恶性循环，将影响设备的安全运行，缩短设备的使用寿命。水分的最主要影响是使纸绝缘遭到永久的破坏。

（4）及时清除油中水分是很重要的。对绝缘油中的水最好采用真空滤油除去。运行

中变压器油如水分不合格，除了可带电进行真空滤油外还可投入热虹吸器。

测定油品中水分的实际应用：

通过油中水分含量测量可以检查设备的密封状况，同时还可以反映绝缘油及纸绝缘的老化状况。

（1）对变压器等油纸绝缘结构设备，测试油中含水量的另外一个重要目的，是通过油中水分含量估算绝缘纸中的含水量。因为，对于绝缘纸中水分的存在几乎是致命的，它会加速绝缘纸的老化，降低纸的电气和机械强度，而且绝缘纸的老化是不可逆转的，不像绝缘油老化后可以再生或者进行更换，可以说，所有改善绝缘油性能的努力最终的目的都是为了使绝缘纸处于一种良好的环境中，以减缓其老化的速度。因此，必须严格控制绝缘纸中的含水量。

（2）水分测定与温度关系。对于油纸绝缘结构设备，设备内部的水分在油、纸之间实际上是处于一种动态平衡状态，当设备运行温度变化时，水分将在油、纸间重新进行分配，最终在这一温度下重新达到平衡。由于绝缘油对水分的溶解能力随温度升高而增大，而绝缘纸对水的溶解能力则随温度的增加而降低，因此当温度升高时，纸中的水分将向油中迁移，经过一定时间后达到新的平衡，当温度降低时，油中的水分将向纸中迁移（现场举例，热油循环后和冷却到室温下，分别测油的击穿电压值，结果是室温下油的击穿电压值偏高就是基于这个道理）。但是，通常实现这种动态平衡需要一个较长的过程（以月为单位）。因此，不能一概以油中含水量的多少来肯定或否定变压器的受潮情况，特别是在环境温度很低，而变压器又处在停运状态下测出油中含水量很低，就不能作为变压器干燥的唯一判据。相反在变压器的运行温度较高时（不是短暂的升高），所测油中的含水量很低，倒是可以作为绝缘纸状况良好的依据。

图 4-1 是典型的油纸水分平衡曲线，它反映了不同温度下水分在油、纸间的分配情况。由图 4-1 可见，同样的测试值所反映的纸中的含水量随取样时油温的不同是不同的。

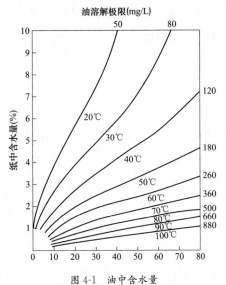

图 4-1　油中含水量

例如油中水分测试值为 20mg/L，若取样时的油温是 60℃，表明纸中含水量约为 1.5%；若取样时的油温是 30℃，则表明纸中含水量在 4.0% 左右，表明纸绝缘已经受潮。因此，在判断水分测试结果时，必须注意取样时油的温度。标准中的规定值一般是指取样时油温在 60℃ 左右的含水量。

4. 氧化安定性

油品的氧化安定性是其最重要的化学性能之一。绝缘油在使用过程中，因受温度、电场、氧气及水分和金属等的作用，发生氧化、裂解与炭化等反应，生成某些氧化产物及其缩合物——油泥，产生氢气及低分子烃类气体和固体 X 腊等。这一过程即称为油的劣化（或老化、氧化）。油品抵抗氧化作用的能力，称为油的氧化安定性。酸值或中和值、油泥及介质损耗因数等都是表征油品的氧化性能的指标。

影响油品氧化安定性的因素有：氧、温度条件、氧化时间、油的化学组成和精制深度、金属及其他物质的催化作用、电场、日光和固体绝缘材料等。

油品的氧化过程按照反应速度的快慢变化，一般可分为三个阶段，即诱导期、发展期、迟滞期。

诱导期的长短取决于油品的加工精炼程度。在此时期内，油吸收少量的氧，氧化非常缓慢，油中生成的氧化产物也极少，这是因为油品内含有天然的抗氧化剂，阻止其氧化的原故。但温度如果升高，诱导期迅速减短，见表 4-1。

表 4-1　　　　　　　　　　　　油品氧化诱导期和温度的关系

温度（℃）	45	80	90	100	120
诱导期（h）	116	49	27	12	0

氧化过程是一种链式反应，如不加以阻止，反应速度会越来越快，即油的劣化速度加快。过氧自由基或其他自由基与油品中的烃类分子进一步反应，生成醇、酮、羧酸等氧化产物。在一定的条件下，这些氧化产物之间会进一步反应，形成稠合的高分子化合物、树脂状物质、油泥、积碳等，使油质迅速劣化变质。

迟滞期就是阻止这种链式反应的过程，一般可通过向油品中添加抗氧化剂来实现。抗氧化剂通常分为二类：第一类是破坏自由基即在反应期刚形成自由基时，由抗氧化剂放出一个 H 原子，与游离自由基结合，从而形成稳定的化合物，酚和胺就属于此类。第二类是形成的过氧化物反应，油中存在的天然抗氧化剂（如含硫、氮化合物等）属于此类。上述油质的一般氧化过程曲线如图 4-2 所示。

由此可见，第一类抗氧化剂（常见的抗氧化添加剂为 2，6 二叔丁基对甲酚，简称 T501）添加到未氧化或轻微氧化的油品中才更为有效，对已经氧化的变压器油，其添加效果很差。

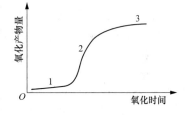

图 4-2　矿物油氧化的一般规律
1—诱导期；2—发展期；3—迟滞期

油品烃类的几种主要组分中，以芳香烃最不易氧化，环烷烃次之，烷烃在高温时抗氧化安定性最小。

油氧化过程的最终阶段是生成油泥，油中有可见物就标志着油的氧化过程已进行了很长时间，油泥是一种树脂状的部分导电的物质，能适度地溶解在油中。油氧化的危害性：①变压器内纤维素（纸）材料很容易和过氧化物反应，生成氧化纤维素，这种物质机械强度差，造成绝缘材料的脆化，它是经受不住电压波所产生的冲击的；②油品氧化生成酸及酸性物质，它们会提高油品的导电性，在运行温度较高（如 80℃以上）时，促使固体纤维纸绝缘材料的老化。水溶性酸会降低设备的电绝缘水平，缩短设备的使用寿命；③油泥最终会从油品中沉淀出来并形成黏稠状的沥青质，黏附在绝缘材料、变压器壳体边缘的壁上，沉积于循环油道、冷却散热片等地方，其造成的恶劣后果，不仅加速固体绝缘材料的破坏，导致绝缘收缩，这种收缩会造成变压器丧失其吸收冲击负荷的能力，而且会严重影响散热，引起变压器线圈局部过热，使变压器的局部温度升高，造成必须降低运行变压器的额定出力。

上述油的劣化产物只是油在正常氧化过程中的产物，如果在高温及电弧的作用下，油的碳链发生断链和脱氢，则会有低分子烃类气体生成，有关这些低分子烃类气体的生成条件和规律，请参见本书后面的内容。

温度、氧气及金属（铁、铜材料等）催化剂是促进油品劣化的重要因素。故油的氧化安定性试验就是人为地提高温度（一般温度提升 8~10℃，油品的氧化速度约增加一倍），以氧气代替空气，目的使氧化速度加快，再加一定量的铜铁等金属催化剂，便可使油品氧化几小时，就相当于在设备中运行几年。所以油品的氧化安定性试验就是基于上述原则，在规定的条件下，进行人工老化后，测定其有关项目的变化程度，判断油品是否具有优良的抗氧化安定性。如油品的抗氧化安定性好，则氧化后油的酸值和沉淀物就少；反之，则油品的抗氧化安定性就差。氧化安定性好的油品，一般其使用寿命就长。值得注意的是界面张力指标对氧化过程最为敏感。

目前我国新油（包括涡轮机油、绝缘油）规定此项目为保证项目，不作出厂每批控制指标，而是每年至少测定 1~2 次（涡轮机油 1 次，变压器油 2 次）。

我国变压器新油可按照 NB/SH/T 0811—2010《未使用过的烃类绝缘油氧化安定性测定法》进行。含抗氧化添加剂油（I）的氧化试验时间为 500h。

我国涡轮机新油和运行油可采用 SH/T 0193—2008《旋转氧弹法》，这种方法不但时间短（一般 4h 即可完成），而且试验过程简便，不需要特殊的化学药品，适用于作为现场监控手段。评定涡轮机新油和液压油氧化安定性的方法主要用 GB/T 12581—2006《加抑制剂矿物油氧化安定性测定法》进行，氧化试验时间不超过 1000h。

旋转氧弹试验法是从氧弹放入油浴起至氧气压力从最高点下降至 175kPa 时的时间，以分钟表示，作为试油的旋转氧弹试验法的氧化寿命。氧弹压力下降至 175kPa，一般相当于新油的诱导期，压降所需的时间越长，油的抗氧化安定性越好，反之则越差。

不管采用哪种测定氧化安定性方法，都应该注意单一方法测得的油品氧化安定性与油品在实际工作条件下所具备的氧化安定性的差别。

油品的氧化安定性使用意义：氧化安定性指标能估计油品使用寿命。油品的氧化安定性越好，则通过氧化试验后所测得的酸值、沉淀物含量就越小，此油使用寿命就越长，对用油设备的危害也越小。

5. 腐蚀性硫

腐蚀性硫试验是将 15mL 油样装入 20mL 密封的小瓶子里，放入处理后规定尺寸的包裹绝缘纸的铜扁线，在150℃进行72h试验。铜扁线由绝缘纸包裹，使用之前需要干燥，通常铜扁线都有一层氧化膜，为了观察硫化铜层的形成，绝缘层是非常重要的。但是反应机理还不完全清楚。

硫一般是从石油中转移到油品中来的，它可能是很稳定的化合物，或者是不稳定的化合物，后者在油品中是不允许有的。所谓不稳定的硫化物即能腐蚀金属的活性硫化物或游离硫。

活性硫化物包括：元素硫、硫化氢、低级硫醇（如 CH_3SH）、二氧化硫、三氧化硫、磺酸和酸性硫酸酯等。二氧化硫多数是用硫酸精制及再蒸馏时，残留的中性及酸性硫酸酯。

绝缘油中不允许有活性硫，若只有十万分之一，就会对导线绝缘发生腐蚀作用，因此对新绝缘油及硫酸—白土再生后的再生油，必须进行活性硫试验，合格后才能使用。

6. 氢氧化钠试验

氢氧化钠试验是氢氧化钠抽出物酸化试验的简称（又称钠试验、钠等级试验），是检查新油和再生油内，由于碱处理后，洗涤不净，而残存的环烷酸及其皂类的一种定性试验。

对运行中油，钠试验不作为控制项目，因油在运行中是要老化的，油中有机酸含量就会增加。或会混进其他皂类，一般会使钠试验等级增大，不合格。所以钠试验只能说明油在运行中变质的程度。

但在现场当大型再生（如硫酸—白土再生）油时，由于钠试验方法简便，往往把钠试验也作为控制项目之一。如钠试验合格，油品的其他化学指标，一般均能达到规定要求。

二、物理特性

只有化学纯净的均匀物质才具有恒定的物理性质。油品不是化学纯净的均匀物质，而是由很多不同分子的液态烃组成的混合物，因而其物理性质并不是恒定的，而是随其所含各种不同物质而变化的。如原馏分油切取的温度越高，含重质油的部分多，则炼出成品油的比重、黏度等就会相应的偏高。但油品的物理性质，经多年实践证明，在运行中的变化还是有一定规律的。

油的物理性质，是评定新油和运行中油重要指标的一部分。由于油是各种烃类化合物的复杂混合物，不能测定单体组分的物理性质，只能把油的物理性质理解为各种烃类化合物的综合表现。故测定油的物理性质，通常采用条件试验的方法，即使用特定的试验仪器，并按照规定的试验条件和步骤进行测定。通过测定了解其物理性能。

1. 外观颜色和透明度

DL/T 429.2—2016《电力用油颜色测定法》适用于用目测法测定变压器油、润滑油、煤油、柴油等石油产品新油和运行油的颜色。透明度按 DL/T 429.1—2017《电力用油透明度测定法》进行。

将试样放入透明的具塞玻璃管中，应避免受到强光照射。以管颈为支点反复将其晃动，观察有无杂质从底部浮起，这样就可以看出油样是否浑浊、有无悬浮物和沉淀物。

检查运行油的外观，可以发现油中的不溶性油泥、游离水分、碳粒、纤维、灰尘等是否存在。杂质会使变压器油的某些性能（如击穿电压、黏度、介质损耗因数）遭到破坏。油中的溶解气体或水分等无色物质，当它们的溶解度超过极限值时，才有可能被发现；若油品有气泡说明有气体存在；油质混浊或有游离水析出说明有水分。油中的固体杂质，是以沉淀物或悬浮物的形式出现的。油颜色的急剧变化，一般是油内发生电弧时产生碳质造成的。总之，油在运行中颜色的迅速变化，是油质变坏或设备存在内部故障的表现。

沉淀物多为金属加工残渣（铁、铜、铝）及腐蚀产品（如氧化铁）、浸渍漆与铸模树脂的颗粒，以及绝缘与密封材料的其他固体颗粒。油泥在油氧化到相当深的程度以后才出现，它是化学组分不易测定的高分子烃类聚合物。

悬浮物与沉淀物不同，往往是分布于整个油中，但不分解，多为纸绝缘的纤维物质。

透明度是对油品外状的直观鉴定，优良油的外观是清澈透明的。影响油质的透明度，有其内在和外在两种因素。

（1）内在因素。油品在低温下如呈混浊现象，主要是由油品中可能存在固态烃。故标准中规定新油在常温下目测透明度时应透明，如有争议时，要将油温控制在20℃±5℃下目测，应均匀透明，也就是说油温在20℃±5℃时，油中不应含有石蜡和渣滓分离出来，油质应清澈透明。

（2）外在因素。如油品中混入杂质、水分等污染物，也可使油外观浑浊不清。一般新油在运输和贮存过程中，经常发生这种情况。因此新油在注入设备之前，必须进行过滤等净化处理，直至油的外观清澈透明。

综上所述，油品颜色测定的实际意义在于：可判断油中除去沥青、树脂及其他染色物质的程度，即判断油的精制程度。根据油品在运行中颜色的变化，判断油质变坏程度或设备是否存在内部故障。

2. 密度

单位体积内油品的质量称为油品的密度。其单位为 kg/m^3、g/cm^3 或 g/mL，以符号 ρ 表示。油品的密度与温度有关。为了便于比较，一般规定油在20℃的密度为标准密度，可以用 ρ^{20} 表示；测定油在 t℃时的密度，则以 ρ^t 表示。因此，在实际应用中必须标明温度，或计算成标准密度。

油品的密度决定于切割馏分时的温度，切割的馏分温度高，则油品的组成中平均分子量就大，其密度也大。

油品的密度与所含各种烃类的量有关，油品中芳香烃含量或非烃化合物的含量愈大，则油品的密度也愈大。油在运行中老化严重时，所生成的树脂质、沥青质等也使油的密度增大。

温度对油品密度的影响较大，温度升高时，油品体积膨胀，因而密度减小，反之则增大。因此需要根据不同的温度予以校正，变压器油的密度一般不宜太大，这是为了避免在含水量较多而又处于寒冷气候条件下可能出现的浮冰现象，进而发生高压放电。通常情况下，变压器油的密度为 $0.8\sim0.9g/cm^3$。

电力系统采用 GB/T 1884—2000《原油和液体石油产品密度实验室测定法》中密度计法测定油品的密度。密度计法是基于阿基米德定律为基础的。当密度计沉入液体时，排开一部分液体，并受到自下而上，等于其所排开液体重量的浮力的作用。按照阿基米德定律，当被石油密度计所排开的液体重量等于密度计本身的重量时，则密度计处于平衡状态，即漂浮于液体油品中。

油品的密度愈大，则漂浮于其中的密度计直立得愈高。油品密度愈小，则密度计沉没的愈深。由此可知，密度计分度标尺上，密度较大的分度，是位于该标尺的下部，密度较小的分度，位于上部。测定透明液体，先使眼睛稍低于液面的位置，慢慢地升到表面，先看到一个不正的椭圆，然后变成一条与密度计刻度相切的直线，密度计的读数为液体主液面与密度计刻度相切的那一点。

测定油品的密度在生产上的意义：

（1）鉴定油品的密度是否合格。如 IEC 规定密度不大于 $0.895g/cm^3$，就是考虑到在极低的温度下，室外运行的设备中，油会出现结晶浮冰的最小可能性。另外密度小也有利于变压器自然循环散热。

（2）欲计算容器中油品的重量，都是先测定油品的密度 ρ 和体积 V，再根据体积和密度的乘积，计算油品的重量。

（3）鉴别不同密度的油品是否相混。当混油时，与轻质油品混合，则密度变小。与重质油品混合，则密度变大。在油品储运和使用过程中，可以帮助判断是否混油。

（4）根据密度可大致判断油品的成分和原油的类型。可以根据密度的大小判定原油中含轻、重组分的情况，以及油品的组成情况。对于同碳数目，一般环烷烃的密度比烷烃大，原油中含硫、氮、氧等有机化合物越多，含胶质多，密度就越大。

3. 凝点、倾点和低温流动性

油品在低温下其流动性逐渐减小的特性，称为低温流动性。任何一种单一的物质（包括化合物）都具有恒定不变的凝点。石油产品是多种烃分子组成的复杂混合物，每一种烃类都有它自己的凝点。当温度降低时，油品并不立即凝固，要经过一个稠化阶段，在相当宽的温度范围内逐渐凝固。油品的凝点只是在规定条件下，其丧失流动性时近似最高温度。所以，油品凝点不是一般意义的物理常数，而是一种条件试验所得的相对数值，故必须在严格的试验条件下测定油品的凝点。

倾点又称流动点。油品在一定的标准条件下，由固体逐渐加热溶解成液体后，从特定容器中流出的最低温度，即称为倾点。油品的倾点一般比凝点高 $2\sim3℃$，但也有例外，一般要求倾点小于 $-30℃$。由于倾点比凝点更能反映电力用油产品在低温下的流动性，所以，我国现行标准用倾点来表示其低温流动性。

油品的凝点决定于其中石蜡的含量，含蜡愈多，油品的凝点就愈高。油品的凝点与冷却速度有关，冷却速度太快，有些油品凝点要低。

测定油品凝点、倾点的实际意义：

（1）对于含蜡的油品来说，可在某种程度上作为估计石蜡含量的指标。

（2）用以表示绝缘油、柴油的牌号。0℃矿物绝缘油要求其油品的倾点不高于−10℃，0～10号柴油的凝点要求不高于−10℃。

（3）作为储运、保管时质量检查标准之一。一般来说，润滑油的凝点就比使用环境的最低温度低5～7℃。

涡轮机油在运行中，温度总在40℃以上，一般情况是安全的。但如果冬季（在寒冷地区）停机。涡轮机油可能失去流动性，汽轮机启动时容易扭坏大轴，所以在国家标准中规定：涡轮机新油倾点不高于−6℃。

4. 闪点、燃点、自燃点及安全性

油品的安全性是指油品在生产、储存、运输、使用过程中发生爆炸、着火、燃烧的难易程度。油品的安全性主要用开口闪点和闭口闪点两个指标描述。油品的燃烧性能是指燃料在发动机中燃烧性能的好坏。

油品的挥发性实际是与变压器油在使用环境条件下的安全性有一定的内在联系。一般情况下，环烷基石油的挥发性要比石蜡基油高，这种说法是按我国原有的炼制技术得出的结论。若按国际上最先进的高压全加氢技术炼制的变压器油，不论是环烷基油源还是石蜡基油源，经过高压全加氢工艺精制的油品，其闪点都是相当高的。

石油产品被加热时，其蒸发作用加速，加热温度愈高，蒸发出来的油汽量也愈多。当油蒸汽和空气混合比达到一定比例时，便形成一种爆炸性的混合气体，如有火焰接近，则发生闪光，但火焰不久就熄灭，这种现象称为石油产品的闪火。如继续将油品加热至更高温度，不但油蒸汽发生燃烧，而液体也同时燃烧，称之为着火。当温度达到很高时，油品无需点火而自行燃烧的现象，称为油品的自燃。

在一定的仪器和条件下，将油品加热到它的蒸汽和空气混合到一定比例时，如接近规定的火焰即发生闪火，并伴随有短促的爆破声（并无液体燃烧），此时的最低温度称为闪点。闪点表示石油产品着火性之难易及其中含轻质馏分的多少。如汽油的蒸汽在0℃以下亦能发生爆燃，说明汽油着火容易。

当在一定的测定条件下加热油品，使其蒸汽接触火焰时，燃烧不少于5s时的温度，称为油品的燃点或着火点。如油品加热到更高的程度，其蒸汽和空气的混合物无需点火而自行燃烧的温度，称为油品的自燃点。自燃点和闪点的温度相差约数百摄氏度。

一般开口闪点比闭口闪点高20～30℃，因为开口闪点在测定时，有一部分油蒸汽挥发掉了。一般测定蒸发性较大的轻质油品用闭口杯法，如绝缘油（试验方法采用GB/T 261—2008标准）。对于多数润滑油及重油，尤其是在非密闭的系统中使用，即或有小量的轻质掺合物，也将会在使用过程中挥发掉，不至于构成着火和爆炸的危险，故这类油品多采用开口杯测定法。

如果运行中发现绝缘油闪点降低，往往是由于电气设备内部有故障造成过热高温，而使绝缘油热裂解，产生易挥发的可燃的低分子碳氢化合物。这可通过对运行油闪点的测定，及时发现设备内部是否有过热故障。闪点过低容易引起设备火灾或爆炸事故。

当发现运行中油的闪点降低时，应及时查找原因。如果是因设备过热而引进的，应采取相应的措施；如果是混入其他油品，应取样进行油质全分析，以判断是否还影响其他指标。如果只是影响闪点降低，则可采用真空滤油，将油中低分子组分用抽真空的方法除去，直到闪点符合标准为止。如真空处理后仍达不到标准或影响其他指标应考虑换油。

对于新油、新充入设备及检修处理后的油，测定闪点可防止是否混入轻质馏分的油品，以确保充油设备安全运行。

闪点是电力用油的一项重要的物理性能指标，它与密度、黏度有密切的关系。一般密度大、黏度大的油品，其闪点也高，说明油组分的平均分子量大。

5. 界面张力

界面张力对反映油质劣化产物和从固体绝缘材料中产生的可溶性极性杂质是相当敏感的，界面张力的大小可以反映出新油的纯净程度和运行油的老化状况，界面张力指标对氧化过程最为敏感。

绝缘油的界面张力是指测定油与不相溶的水之界面间产生的张力。通常油品的界面有：油-气、油-液、油-固等，绝缘油的界面张力是属于油-液范围的。物理学分子运动论认为，液体的表面存在着一层厚度均匀的表面层，而位于液体表面层上的分子和位于液体内部分子的受力状况是不同的。这是因为在液体内部的每个分子都被同类分子所包围，即其所受周围分子的吸引力是相等的，所受的力可彼此互相抵消，也就是所受的合力等于零；而位于液体表面或两相交界面上的分子，所受的引力是不相等的，因其力场的一部分是位于表面层外面，一般表面层外分子的引力往往小于内部分子的引力，所以它们的力场是不平衡的，或者说是不相同的。由于接近表面或界面液体分子所受的力不同，而使液体表面产生自动缩小的趋势。即界面层上油分子受到油内部分子的吸引力大于水分子对它的吸引力，而使油表面产生了一种力图缩小的自由表面能，如图4-3所示。欲使液体表面缩小的力 F，其力的大小与交界面的长度 L 成正比。习惯上将被测试液体表面与空气接触时（气-液相）所测得的数值称为表面张力；将被测试液体与其他液体相接触（液-液相，如油-水）时，所测得的数值称为界面张力，单位为 mN/m。

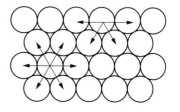

图 4-3　表面能产生的示意图

影响油品界面张力的因素有：

（1）表面活性物质的影响。表面活性物质是指能降低界面张力的物质。如脂肪酸（R—COOH）、醇（R—OH）等，因含有—COOH、—OH类型亲水的极性基，同时含有憎水的（或亲油的）非极性基（碳氢链—R）。在油水两相极性不同的界面上，其分子的极性基（如—COOH）向极性相水移动；而分子的非极性基（R—），则向非极性相油移动，在油水两相交界面上定向排列，改变了原来界面上分子排列的状况，使界面张力明显降低。当油中存在氧化产物时，油品界面张力将急剧降低。

（2）与物质本身的性质有关。因不同的物质分子间相互作用力不同，分子间作用力愈大，则相应的界面张力愈大。在石油产品中，航空汽油的界面张力最小，而润滑油的界面张力最大。含有相同碳原子数目时，芳香烃界面张力最大，烷烃最小，环烷烃居中。

（3）温度的影响。界面张力随温度不同而不同，温度愈高，界面张力愈小。因为温度升高引起物质的膨胀，从而增大了分子间距离，使分子间引力减小，所以界面张力将减小。

测定油品界面张力对生产的意义：

（1）可鉴别新油质量。矿物绝缘油是多种烃类的混合物，其在精制过程中，一些非理想组分，包括含氧化合物等极性分子应全部被除掉。故新的、纯净的绝缘油具有较高的界面张力，一般可以高达 40～50mN/m，甚至 55mN/m 以上。GB 2536—2011《电工流体 变压器和开关用的未使用过的矿物绝缘油》规定变压器和开关用的未使用过的矿物绝缘油的界面张力不应小于 40mN/m。

（2）可判断运行油老化程度。油质老化后生成各种有机酸（—COOH）及醇（—OH）等极性物质，因此油质的界面张力也将逐渐下降。故测定运行中变压器油的界面张力，可判断油质的老化程度。实践说明，油老化后产生的酸值、油泥等与其界面张力有着密切的关系。GB/T 7595—2017《运行中变压器油质量标准》中规定界面张力的运行指标是不小于 25mN/m，低于此指标，则变压器油中有可能有油泥析出或酸值不合格。

（3）监督变压器热虹吸器的运行情况，一般来说，如热虹吸器运行正常，吸附剂未失效，油的 pH 值大于 4.6，则油的界面张力在 30～40mN/m；如热虹吸器失效，油的界面张力会逐渐下降。这是因为热虹吸器内的吸附剂失效后，不能及时吸附掉油中的酸、醇以及树脂质等老化产物，而使油的界面张力下降。

由于界面张力是反映油中亲水性极性分子的总量，因此，凡属于这一类的添加剂，均能降低油-水的界面张力。如绝缘油中添加降凝剂（聚甲基丙烯酸酯），涡轮机油中添加防锈剂（十二烯基丁二酸）等，因其均含有羧基（—COOH），故油的界面张力随其添加量而变化。即添加量愈多，界面张力下降愈快。

6. 黏度

黏度是油品较重要的性能之一，对注入变压器中的油，其黏度尽可能低一些较好。黏度愈低，变压器的冷却效果愈好。

油断路器内的油也必须流动性大，黏度低。否则，接触点断开时电弧火花将会滞后，而损坏设备。

在任何情况下，都希望用低黏度的绝缘油。但是，炼制油时只能将黏度降低到一定的限度，因为油的闪点也随黏度的降低而降低，不能影响闪点的标准。变压器新油的运

动黏度不大于 $12mm^2/s$（40℃）。

7. 颗粒污染度

加油过程中落入的脏物，运行中油灭弧后留下的碳末以及绝缘部分掉落的纤维等，称之为绝缘油的机械杂质。这些杂质会引起油品的绝缘强度、介质损耗因数及体积电阻率等电气性能变坏，可沉积于绝缘表面或堵塞油道，降低固体绝缘表面沿面放电电压并影响散热。

对 500kV 及以上电压等级的用油设备，可按照 GB/T 7595—2017《运行中变压器油质量》要求，参考 DL/T 432—2018《电力用油中颗粒度测试方法》颗粒计数和尺寸作为控制指标。100mL 油中大于 $5\mu m$ 的颗粒数：投入运行前的油，1000kV：≤1000 粒；750kV：≤2000 粒；500kV：≤3000 粒。运行中的油，750～1000kV：≤3000 粒；500kV 设备用油没有具体要求。

一般地，根据设备情况可采用净油机带电滤油，清除油中颗粒污染杂质，或投入热虹吸器，除掉油中氧化产物，改善油的质量。

8. 比色散

试验表明，对于同一基础油，随着芳香烃含量增加，比色散值升高，油的析气性由放气性变为吸气性。而对于不同的油，虽然芳香烃含量相等，但其比色散值和析气性则可以相差很大。

油品的比色散值是在规定的温度下，试油对两种不同波长光的折射率的差（此差称为折射色散）除以该温度下试油的相对密度，通常将此值乘以 10^4 表示。其中：折射色散是在一定的温度和压力下，光在空气中的速度与在被测物质中速度之比。或者是当光从空气中射入被测物质时，入射角的正弦值除以折射角的正弦值。

油品比色散值的测定方法和原理是：在规定的条件下，采用折光仪测得试油的折射率值等，并通过查表、计算出折射色散和测定同温度下试油的密度，以得出试油的比色散值为

$$比色散值=\frac{折射色散}{密度}\times10^4$$

比色散值的测定应按照 DL 420 进行。

测定油品的比色散对生产运行的意义：超高压用变压器油要具有较好的气稳定性，而气稳定性与油中芳香烃的含量有关。又由于油品的比色散值是芳香族化合物的敏感度量，即比色散值主要受油中芳香族化合物的含量和结构的影响。有资料报道，对于同一种基础油，当比色散值大于 97 左右时，其与芳烃化合物含量近似直线关系，而与石蜡和环烷基化合物的含量和结构几乎无关。所以测定绝缘油的比色散值，是一种较为简单、快速评定油品气稳定性的间接方法。

9. 苯胺点

油品的苯胺点是试油与同体积的苯胺混合，加热至两者能互相溶解，成为单一液相

的最低温度，称为油品的苯胺点，以℃表示。

苯胺点的测定原理，是基于油品中各种烃类在极性溶剂中，有不同的溶解度。当在油品中加入同体积苯胺时，两者在试管内分为两层，然后对混合物加热至层次消失，呈现透明，再冷却至透明溶液刚开始呈现混浊并不再消失的一瞬间，此时的温度即为所测得的苯胺点。苯胺点的测定按照 GB/T 262—2010《石油产品和烃类溶剂苯胺点和混合苯胺点测定法》进行。

测定油品苯胺点对生产运行的意义：用苯胺点表征溶解能力，与油品烃类组成关系十分密切。油品中三大烃类的苯胺点是：芳香烃最低，环烷烃次之，烷烃最高。即油中芳香烃含量愈低，油的苯胺点就愈高，因此 GB 2536—2011 规定特殊变压器油把苯胺点作为控制指标之一，目的是控制芳香烃的含量，因为芳香烃含量过高，油的吸潮性大，电气性能变差。油品的苯胺点一般为 63～84℃，在此范围内，油品能溶解氧化产物，防止堵塞变压器油路。

三、电气性能

变压器油作为充填于电气设备内部的一种绝缘介质，它必须具备良好的电气性能，才能充分发挥其应有的功能作用。变压器油的主要电气性能包括：

1. 击穿电压（绝缘强度）

击穿电压是绝缘油在电场作用下，形成贯穿性桥路，发生破坏性放电，使电极（导体）间降直零（短路）时的电压（也称为绝缘油的耐电强度或绝缘强度）。它是衡量绝缘油绝缘性能的一项重要指标。

干燥清洁的油品具有相当高的击穿电压值，一般国产油的击穿电压值都在 40kV 以上，有的可达 60kV 以上，但当油中含有游离水、溶解水分或固形物时，由于这些杂质都具有比油本身大的电导率和介电常数，它们在电场（电压）作用下会构成导电桥路，而降低油的击穿电压值。此试验可以判断油中是否存在有水分、杂质和导电微粒，但它不能判断油品是否存在有酸性物质或油泥。

对于新变压器油，此性能指标的好坏反映了油中是否存在有污染杂质。当然，实际应用时，在将油注入设备之前，都必须经过适当的设备处理至符合要求后，才能注入电气设备中，这是为了充分保证电气设备在投运时的安全性。表 4-2 所示为有关物质的介电常数。

表 4-2　　　　　　　　　　有关物质的介电常数

物质	介电常数	物质	介电常数
空气	1.0	瓷制品	7.0
矿物油	2.25	水（纯水）	81.0
橡皮	3.6	冰（纯）	86.4
纸	4.5（平均）		

影响油品击穿电压的因素：

（1）水分。水分是影响击穿电压最灵敏的杂质。因为水是一种极性分子，在电场力作用下，很容易被拉长，并沿着电场方向排列，从而在两极间形成导电"小桥"，使击穿电压剧降。另外，击穿电压的大小，不仅取决于含水量，还取决于水在油中所处的状态，通常乳化水，对击穿电压影响最大，溶解水次之。

（2）油中含有微量的气泡，也会使击穿电压明显下降。气泡在较低电压下可游离，并在电场力作用下，在电极间形成导电"小桥"，使油被击穿，降低了油的击穿电压。

（3）温度对击穿电压的影响，是视油中杂质和水分的有无不同。不含杂质，并经干燥无水分的油，一般温度对击穿电压影响不大。但当温度升高到一定温度时，油分子本身因裂解而产生电离，且随着温度升高，油品的黏度显著减小，电离产生的电子和离子，由于阻力变小而运行速度加快，导致油品被击穿，击穿电压显著下降。

如果油中含有杂质和水分时，则在同一温度下，其击穿电压较无杂质、水分的油的击穿电压要低。温度较低时，油中水多呈悬浮状，其击穿电压值较小，随着温度的升高，乳状水逐渐变为溶解状，油品的击穿电压随之上升。但如果温度升高到一定程度时，油中水分发生蒸发，在油中造成气泡的数目便会增加，而且由于温度升高，黏度降低，使水分、杂质和气泡在油中容易形成导电"小桥"，使油的击穿电压又很快地下降。尤其是油中杂质和水分都存在时，这种导电"小桥"更易形成，击穿电压下降更明显。

（4）当油中含有游离碳，又有水分时，油的击穿电压随碳微粒量的增加而下降。

（5）油老化后生成的酸等产物，是使水保持乳化状态的不利因素，因而会使油的击穿电压下降；而干燥不含水分的油，酸等老化产物对击穿电压影响不明显，但确能使介质损耗因数急剧增加，这是测定油的击穿电压，不如测定介质损耗因数，更能判断油的老化程度的原因所在。

测定绝缘油击穿电压实际意义：击穿电压是表征绝缘油电气强度的一项重要指标，是衡量绝缘油在变压器内部耐受电压能力的尺度。油浸变压器在运行中因种种原因，绝缘油因老化而使品质发生变化，造成绝缘性能下降，影响变压器的安全运行。因此，对变压器绝缘油的电气强度要定期进行试验，以检查其绝缘性能是否合格。

在 ASTM D3487 和 IEC 60296 中，除对油品的击穿电压有要求外，ASTM D3487 还要求脉冲击穿电压的最低值为 145V/2.5mm。脉冲击穿电压亦称雷击脉冲亏空电压，这是一种高压直流电脉冲波（陡前沿脉冲），就像打雷时那样，它的半衰期比较长，对变压器的绝缘是一种额外的应力。

2. 介质损耗因数

介质损耗因数是反映油中因泄漏电流而引起功率损失的一项指标，介质损耗因数的大小对判断变压器油的劣化与污染程度是很敏感的。当对介质油施加交流电压时，所通过的电流与其两端的电压相位差并不是 $90°$，而是比 $90°$ 要小一个 δ 角，此角称为油的介质损失角，通常以油的介质损失角的正切值（即 $\tan\delta$）来表示，称为介质损耗因数。

影响介质损耗因数的因素：

（1）水分和湿度的影响。油中水分是影响介质损耗的主要因素。即使是没有被氧化的新油，只要其中的微量的水分就会使 $\tan \delta$ 增大。这是因为水分的极性较强，受电场作用很容易发生极化，而增大油的电导电流，使油的介质损耗因数明显增大。同时与测量时的湿度也有关，通常湿度增大，会使油样溶解水增加（油吸潮引起的），而增大介质损耗因数。因此应在规定的相对湿度下进行测定。

（2）与施加的电压与频率有关。一般在电压较低的情况下，进行 $\tan \delta$ 测量时，电压对 $\tan \delta$ 没有明显的影响。但当试验电压提高时，因介质在高电压作用下产生了偶极转移，而引起电能的损失，则介质损耗因数值会有明显的增加。故介质损耗因数随电压的升高而增加，因此在测定时，应按规定加到额定电压。有资料介绍，测介质损耗因数时的电压，要加到 2kV 到 10kV，才能测出真实值，否则误差较大。

介质损耗因数与施加电压的频率也有关，因为介质损耗因数的变化是频率的函数，故一般规定测量介质损耗因数时，采用 50Hz 的交流电压，这样规定也符合电气设备的实际使用情况。

（3）温度对介质损耗因数的测量结果影响较大。如测量时温度相差几度，则平行试验的结果就不相符合。因为介质的电导是随温度变化而改变的。所以当温度升高时，介质的电导随之增大，漏泄电流也会增大，故介质损耗因数也增大。实践证明，温度愈高，好油与坏油之间的差别愈表现得清楚。如 60℃ 时各油样之间几乎没有差别，而 100℃ 时它们的差别就会明显地表露出来，所以油介质损耗因数的测量要在 80～100℃ 进行。当然从理论上是温度愈高，介质损耗因数愈大，但温度过高时能促进油质老化，也会影响测试结果，故温度也决不能无限制的过高。

（4）氧化产物。油净化不完全或老化程度深时，油中所含的有机酸类等在电场的作用下会增大油电导电流，使油的介质损耗因数增大。

（5）油中浸入溶胶杂质。变压器在出厂前残油或固体绝缘材料中存在着溶胶杂质，注油后使油受到一定的污染；在进行热油循环时，循环回路、储油罐内不洁净或储油罐内有被污染的残油，都能使循环油受到污染，导致油中再次浸入溶胶杂质；在运行中还可能产生溶胶杂质；胶囊长时间老化产生的溶胶杂质。

胶粒的沉降平衡，使分散体系在各水平面上浓度不等，越往容器底层浓度越大，这就是变压器油上层介质损耗因数小，下层介质损耗因数大的现象。

变压器油中溶解的溶胶离子的直径在 $1 \times 10^{-6} \sim 1 \times 10^{-4}$ mm 之间，可透过滤纸，即使用真空滤油机和压力式滤油机也降不下来，要用再生的方法才能降低 $\tan \delta$。

（6）生物细菌感染。微生物细菌感染主要是在安装和大修中苍蝇、蚊虫和细菌类生物的侵入所造成。在现场对变压器进行吊罩检查中，发现有一些蚊虫附着在绕组表面上。微小虫类、细菌类、霉菌类生物等，它们大多数生活在油的下部沉积层中。由于污染所致，在油中含有水、空气、碳化物、有机物、各种矿物质及微细量元素，因而构成了菌类生物生长、代谢、繁殖的基础条件。变压器运行时的温度适合这些微生物的生长，故温度对油中微生物的生长及油的性能影响很大，试验发现冬季的 $\tan \delta$ 值较稳定。微生物及代谢物均为极性物质（表面带电荷），它们的繁殖、代谢导致油介损增加。由于微生物在油中的不均匀分布，从而使油介损在不同的取样部位呈现不规则变化。

（7）油的黏度偏低使电泳电导增加引起介质损耗增大。油单位体积中的溶胶粒子数增加，黏度减小时，均使电泳电导增加，使介质损耗因数增大。

（8）热油循环使油的带电趋势增加引起介质损耗因数增大。大型变压器安装结束之后，要进行热油循环干燥，一般情况下，制造厂供应的是新油，其带电趋势小，但当油注入变压器以后，有些仍具有新油的低带电趋势，有些带电趋势则增大了。而经过热油循环之后，加热将使所有油的带电趋势均有不同程度的增加，而油的带电趋势与其介质损耗因数有着密切关系，油的介质损耗因数随其带电趋势增加而增大。因此，热油循环后油带电趋势的增加，也是引起油的介质损耗因数增大的原因之一。

（9）铜、铝和铁金属元素含量较高。由于油浸变压器为金属组合体，油中难免含有某些金属元素。铜、铝和铁等金属元素含量较高是油介质损耗因数增大的主要原因。这是因为这些金属元素对变压器油的氧化起催化作用，使油产生酸性氧化物和油泥。酸性氧化腐蚀金属，又使油中金属含量增加，加速油的氧化，导致其介质损耗因数增大。

（10）补充油的介质损耗因数高。某 SFSZL-31500/110 型变压器，补充 2.5t（约占总油量的 10%）油后，测量其介质损耗因数，在 90℃时为 0.0529，超过国标要求值。为查找原因，测试补充油的介质损耗因数，其结果是：在 32℃时为 0.0575，90℃时仪表指示超过量程无法读数。国标规定，补充油的介质损耗因数不大于原设备内油的介质损耗因数。否则会使原设备中油的介质损耗因数增大。这是因为两种油混合后会导致油中迅速析出油泥，使油的绝缘电阻下降，而介质损耗因数提高。

介质损耗因数的大小对判断变压器油的劣化与污染程度是很敏感的。对于新油而言，介质损耗因数只能反映出油中是否含有污染物质和极性杂质，而不能确定存在于油中的是何种极性杂质。一般来讲，新油中的极性杂质含量甚少，所以其介质损耗因数也很小，不大于 0.005。但当油氧化或过热而引起劣化时，或混入其他杂质时，随着油中极性杂质或充电的胶体物质含量增加，介质损耗因数也会随之增大，高的可达 0.1 以上。据这一事实就不难理解，在许多情况下，虽然新油的介质损耗因数是合格的，但一旦注入设备以后，即使没有带负荷运行，也不存在过热而引起油质劣化的问题，却发现油的介质损耗因数大大增高。可能原因是油注入设备后，对设备内的某些绝缘材料，如橡胶、油漆及其他有关的材料等具有溶解作用，而形成某些胶体杂质影响的结果，即油与材料的相容性问题。

对于变压器油而言，如果介质损耗因数超标，需要查明原因，采取适当的处理方式，如用 801 或 802 吸附剂再生处理，以保证在合格范围之内。

3. 体积电阻率

在恒定电压的作用下，介质传导电流的能力称为电导率，电导率的倒数则称为介质的电阻率。也就是说，绝缘油的电导率是表示在一定压力下，油在两电极间传导电流的能力。如电导率愈大，则传导电流的能力就愈强。

绝缘油的体积电阻率，是表示两电极间，绝缘油单位体积内电阻率的大小，通常以 ρ_v 表示。一般是测定两极间的电阻 $R(\Omega)$，再依下式计算电阻率 ρ_v。

$$\rho_v = \frac{\pi d^2}{4h} \times R(\Omega \cdot cm)$$

式中：ρ_v 为绝缘油油体积电阻率，$\Omega \cdot cm$；R 为两极间电阻，Ω；d 为电极直径，cm；h 为电极间距离，cm。

电力用油体积电阻率是指规定温度下，测试电场强度为（250 ± 50）V/mm，一般所加的直流电压为 $\pm 500V$，充电时间为 60s 的测定值。

电阻率大的油，其绝缘性能就好。一般新油的体积电阻率为 $1 \times 10^{12} \sim 1 \times 10^{14}$ $\Omega \cdot cm$。随着温度的升高，油的黏度减小，油中的一些导电的质点迁移速度加快，使电阻率下降。

影响油品体积电阻率的因素有：

（1）温度的影响。一般绝缘油的体积电阻率是随温度的改变而变化，温度升高，体积电阻率下降，反之，则增大。因此在测定时必须将温度恒定在规定值，以免影响测定结果。

（2）与电场强度有关。如同一试油，因电场强度不同，所测得的体积电阻率也不同。因此，为了使测得的结果具有可比性，应在规定的电场强度下进行测定。

（3）与施加电压的时间有关，即施加电压的时间不同，则测得的结果亦异。一般在室温下进行测量时，施加电压的时间要长一些（如不少于 5min），而在高温下测量时，加压时间可缩短一些（如 1min）。总之，应按规定的时间进行加压。

测定油品体积电阻率对生产运行的意义：

通常，鉴别绝缘油绝缘性能的优劣，是测定击穿电压和介质损耗因数。但油的击穿电压和介质损耗因数，在很大程度上是取决于外界水分和其他杂质的污染，是可以通过净化手段除去的。故近年来，也把测定绝缘油的体积电阻率，作为鉴定油质的绝缘性能的重要指标之一，综合评定绝缘油的电气性能。

（1）变压器油的体积电阻率，对判断变压器绝缘特性的好坏，有着重要的意义。纯净的新油其体积电阻率是很高的，注入变压器后，则变压器绝缘特性不受影响；反之，如果变压器油的体积电阻率较低，则变压器的绝缘特性将受到影响，油的电阻愈低，影响愈大。

（2）油品的体积电阻率在某种程度上能反映出油的老化和受污染的程度。当油品受潮或混有其他杂质，将降低油品的绝缘电阻。老化油由于产生一系列氧化物，其绝缘电阻会受到不同程度的影响，油老化愈深，则影响程度愈大。

（3）一般来说，绝缘油的体积电阻率高，其油品的介质损耗因数就很小，击穿电压就高。否则反之。

（4）绝缘油的体积电阻率对油的离子传导损耗反映最为灵敏，不论是酸性和中性氧化物，都能引起电阻率的显著变化，所以通过对油的体积电阻率测定，能有效地监督油质，近年来成为综合评定油质的电气性能的重要指标。

（5）绝缘油体积电阻率的测定比击穿电压精确，比介质损耗因数简单。故越来越多的国家将体积电阻率作为评定绝缘油质量的指标。

4. 析气性

在强大电场的作用下，绝缘油与气体的界面上就会产生电晕放电现象，因电晕放电而导致绝缘油的裂解，从而产生 H_2 和 CH_4 等低分子烃类气体。随着变压器中场强的增加，裂解析气现象也愈加明显。绝缘油的这种放气性称为析气性。

运行变压器在故障情况下，其内部使用的绝缘油、绝缘纸均会发生裂解，产生低分子气体，这些气体在油中形成气泡，并在变压器油浮力和油流的作用下，在变压器固体绝缘间运动。若气泡运动到变压器绕组匝间，由于气体介电常数远低于绝缘油，会使绝缘油有效介电厚度变薄；而电场应力分配的特点是施加在绝缘薄弱的部位，因此气泡很容易被击穿，从而造成变压器绕组间导体短路，引发绝缘事故。这种现象在超高压输电设备中显得尤为突出，为克服这种倾向，对用于 500kV 及以上的设备油品提出了更高的质量要求，要求其应具有吸气性能。

测定绝缘油析气性的实质是：油在高强度电场的作用下，在油气交界的气相中发生放电时，油吸气和放气的速率以微升每分钟（$\mu L/min$）表示。此试验是在规定的仪器和条件下进行，按照 NB/SH/T 0810—2010《绝缘在电场或电离作用下析气性测定法》进行。

油品的析气性与油中芳香烃的含量和结构有关。一般来讲，芳香烃具有吸气能力。当油品中的芳香烃含量达到某一值时，油就表现为吸气性能。但是也应该看到，芳香烃既有吸气性能，而又具有吸潮性，且表现为抗氧化能力较差，油老化后生成沉渣多。所以，对油品的性能指标应进行综合分析考虑，不能单纯强调某一方面。

5. 带电倾向

高电压等级的大型电力变压器投运以来，因油流带电问题引起设备的间歇放电性故障越来越多，直接危害变压器运行的可靠性。经过长期的分析研究，发现在固体和液体的交界面上，固体一侧带一种电荷，另一侧带异种电荷，且液体中的电荷分布密度与离交界面的距离有关。距离越近，电荷密度越高，且不随液体流动；反之，电荷密度越低，且随液体流动。实际上，电荷密度最大的部位都是流速最大的部位，即节流部位。因此带电倾向性测试可监控油流带电的变化倾向，保障大型变压器的运行安全。

带电倾向（带电度）是指油在变压器内流动时，与固体绝缘表面摩擦会产生电荷，通常用油流带电度来表征其产生电荷的能力。油流的带电度以电荷密度即单位体积油所产生的电荷量来表示，单位是 $\mu C/m^3$ 或 pC/mL。按照 DL/T 385—2010《变压器油带电倾向性检测方法》进行。当测试值达到 $500pC \sim 1000pC/mL$ 时，应当及时处理，以免造成静电放电（静电放电会使可燃气体的含量增加，尤其是 H_2、C_2H_2 的含量增加最快）。

影响油流带电的主要因素：

（1）油的流动速度。油的流速对油流带电的影响最大，油的流速越高，带电越严重，尤其是流速由层流转为湍流时，对老化油的影响要比新油大得多。为了控制油流带电，油的流速应低于 1m/s。

（2）油温。温度升高，油流带电更为严重。从油桶刚取出的新油，带电性比较低，注入变压器后，其带电性明显增高。这就表明强制加热的绝缘油其带电性增加。当温度在 50～60℃之间时，油流所产生的绕组泄漏电流达到最大值，油温更高或更低，泄漏电流均有降低。

（3）油中水分的影响。油中的水分含量对油流带电有明显的影响。随着油中水分含量的增加，油流带电的倾向降低；如油中水分含量低于 13mg/L 的油，它的油流带电倾向较高。

（4）固体绝缘材料表面的影响。在变压器中使用的固体绝缘材料因其表面形态不同，带电性也不同，带电量的大小依次为棉布带、皱纹纸、层压纸板、牛皮纸。固体绝缘表面越粗糙，其油流带电量就越大。如棉布的油流带电量要比层压纸板和牛皮纸的油流带电量高一个数量级以上，当变压器部件表面有损伤和毛刺时，油流带电量的变化会上升近一个数量级。在油的劣化初级阶段，油流带电量的变化相当大，经过劣化的中期和后期阶段，油流的带电量则明显增大。

（5）绝缘油的带电性。绝缘油的带电性是决定油流带电量的主要因素之一。资料表明，新变压器油的带电度一般都小于 100pC/mL，其差别与油的炼制、储运、处理等过程有关。有研究表明，油中若含有油醇、油酸铜及沥青质等杂质时，往往有强烈的带电倾向。油介质损耗增大时，带电倾向增加。

（6）其他因素。研究表明，油泵启动时，带电量较大，随着时间的推移而趋于稳定。究其原因是经过长时间的静止，已形成的界面电荷呈双层分布，当油开始流动时，造成电荷分离，带电量较大。故最好有步骤地启动油泵，尽量避免对油形成冲击。

根据试验数据及变压器运行条件的不同，油流带电的抑制方法：

（1）适当调整变压器的运行方式和参数。变压器在投运时，要分步启动油泵，避免引起油流的冲击，限制油流速度不要太快，减少带电倾向和放电频率。

（2）改进变压器的结构。在结构方面，因冷却器和绕组下部油导入口等节流部位是产生电荷、静电放电的主要部位，所以应改善变压器油道结构的设计，尽量使油流平稳；采用低流速、大流量的循环冷却方式，即将潜油泵的出口直径加大，并尽可能使冷却油泵处于自动状态，以免油泵的运行负载轻及流速过高。

（3）改进绝缘油及固体绝缘表面。

（4）添加静电抑制剂——苯并三氮唑（BTA）。BTA 的添加量一般为 10mg/kg，但如果油流带电是因为油中存在其他微量杂质引起的，则 BTA 的抑制作用很小。

（5）更换变压器油。

第二节　变压器油的油质监督管理

一、油质质量标准与试验监督周期

油质标准是在一定的时期内具有法规性的约束力，必须遵守的条文、条款和数字指标，但它也是随着技术的不断发展和进步而逐步修改、更新、补充和完善的。

由于电气设备向高电压、大容量方向发展，因而对变压器油的质量不仅要求其电气性能更加优越，而且对油的析气性、热稳定性和抗氧化安定性、抗腐蚀性等提出了更高的要求。变压器油同其他油品相比，试验项目繁多，并有不断增加的趋势。近几年来我国变压器油油质标准已向国际标准靠拢，大部分项目指标已达到国际同类标准的水平。

（一）新变压器油技术要求

国产新变压器油应按 GB 2536—2011《电工流体　变压器和开关用的未使用过的矿物绝缘油》标准验收，见表 4-3、表 4-4。

表 4-3　　　　　　　　　变压器油（通用）技术要求和试验方法

项目		质量指标					试验方法
最低冷态投运温度（LCSET）		0℃	−10℃	−20℃	−30℃	−40℃	
功能特性[a]	倾点（不高于，℃）	−10	−20	−30	−40	−50	GB/T 3535
	运动黏度（不大于，mm^2/s） 40℃	12	12	12	12	12	GB/T 265
	0℃	1800	—	—	—	—	
	−10℃	—	1800	—	—	—	
	−20℃	—	—	1800	—	—	
	−30℃	—	—	—	1800	—	
	−40℃	—	—	—	—	2500[b]	NB/SH/T 0837
	水含量[c]（不大于，mg/kg）	30/40					GB/T 7600
	击穿电压（满足下列之一，不小于，kV） 未处理油	30					GB/T 507
	经处理油[d]	70					
	密度[e]（20℃，不大于，kg/m^3）	895					GB/T 1884 和 GB/T 1885
	介质损耗因数[f]（不大于，90℃）	0.005					GB/T 5654
精制/稳定特性[g]	外观	清澈透明、无沉淀物和悬浮物					目测[h]
	酸值（以 KOH 计，不大于，mg/g）	0.01					NB/SH/T 0836
	水溶性酸或碱	无					GB/T 259
	界面张力（不小于，mN/m）	40					GB/T 6541
	总硫含量[i]（质量分数，%）	无通用要求					SH/T 0689
	腐蚀性硫[j]	非腐蚀性					SH/T 0804
	抗氧化添加剂含量[k]（质量分数，%）						SH/T 0802
	不含抗氧化添加剂油（U）	检测不出					
	含微抗氧化添加剂油（不大于，T）	0.08					
	含抗氧化添加剂油（I）	0.08～0.40					
	2-糠醛含量（不大于，mg/kg）	0.1					NB/SH/T 0812

项目			质量指标					试验方法
最低冷态投运温度（LCSET）			0℃	−10℃	−20℃	−30℃	−40℃	
运行特性[l]	氧化安定性（120℃）试验时间：（U）不含抗氧化添加剂油：164h（T）含抗氧化添加剂油：332h（I）含抗氧化添加剂油：500h	总酸值（以KOH计，不大于，mg/g）	1.2					NB/SH/T 0811
		油泥（质量分数，不大于，%）	0.8					
		介质损耗因数[f]（90℃，不大于）	0.500					GB/T 5654
	析气性（mm³/min）		无通用要求					NB/SH/T 0810
健康、安全和环保特性（HSE）[m]	闪点（闭口，不低于，℃）		135					GB/T 261
	稠环芳烃（PCA）含量（质量分数，不大于，%）		3					NB/SH/T 0838
	多氯联苯（PCB）含量（质量分数，mg/kg）		检测不出[n]					NB/SH/T 0803

注 1.“无通用要求”指由供需双方协商确定该项目是否检测，且测定限制由供需双方协商确定。

2.凡技术要求中的“无通用要求”和“由供需双方协商确定是否采用该方法进行检测”的项目为非强制性的。

[a] 对绝缘和冷却有影响的性能。

[b] 运动黏度（−40℃）以第一个黏度值为测定结果。

[c] 当环境湿度不大于50%时，水含量不大于30mg/kg适用于散装交货；水含量不大于40mg/kg适用于桶装或复合中型集装容器（IBC）交货。当环境湿度大于50%时，水含量不大于35mg/kg适用于散装交货；水含量不大于45mg/kg适用于桶装或复合中型集装容器（IBC）交货。

[d] 经处理油指试验样品在60℃下通过真空（压力低于2.5kPa）过滤流过一个空隙度为4的烧结玻璃过滤器的油。

[e] 测定方法也包括用SH/T 0640。结果有争议时，以GB/T 1884和GB/T 1885为仲裁方法。

[f] 测定方法也包括用GB/T 21216。结果有争议时，以GB/T 5654为仲裁方法。

[g] 受精制深度和类型及添加剂影响的性能。

[h] 将样品注入100mL量筒中，在20℃±5℃下目测。结果有争议时，按GB/T 511测定机械杂质含量为无。

[i] 测定方法也包括用GB/T 11140、GB/T 17040、SH/T 0253、ISO 14596。

[j] SH/T 0804为必做试验。是否还需要采用GB/T 25961方法进行检测由供需双方协商确定。

[k] 测定方法也包括用SH/T 0792。结果有争议时，以SH/T 0802为仲裁方法。

[l] 在使用中和/或在高电场强度和温度影响下与油品长期运行有关的性能。

[m] 与安全和环保有关的性能。

[n] 检测不出指PCB含量小于2mg/kg，且其单峰检出限为0.1mg/kg。

表 4-4   变压器油（特殊）技术要求和试验方法

项目			质量指标					试验方法
最低冷态投运温度（LCSET）			0℃	−10℃	−20℃	−30℃	−40℃	
功能特性[a]	倾点（不高于，℃）		−10	−20	−30	−40	−50	GB/T 3535
	运动黏度（不大于，mm²/s）	40℃	12	12	12	12	12	GB/T 265
		0℃	1800	—	—	—	—	
		−10℃	—	1800	—	—	—	
		−20℃	—	—	1800	—	—	
		−30℃	—	—	—	1800	—	
		−40℃	—	—	—	—	2500[b]	NB/SH/T 0837
	水含量[c]（不大于，mg/kg）		30/40					GB/T 7600
	击穿电压（满足下列之一，不小于，kV）	未处理油	30					GB/T 507
		经处理油[d]	70					
	密度[e]（20℃，不大于，kg/m³）		895					GB/T 1884 和 GB/T 1885
	苯胺点（℃）		报告					GB/T 262
	介质损耗因数[f]（90℃，不大于）		0.005					GB/T 5654

项目		质量指标					试验方法
最低冷态投运温度（LCSET）		0℃	−10℃	−20℃	−30℃	−40℃	
精制/稳定特性[g]	外观	清澈透明、无沉淀物和悬浮物					目测[h]
	酸值（以 KOH 计，不大于，mg/g）	0.01					NB/SH/T 0836
	水溶性酸或碱	无					GB/T 259
	界面张力（不小于，mN/m）	40					GB/T 6541
	总硫含量[i]（质量分数，不大于，%）	0.15					SH/T 0689
	腐蚀性硫[j]	非腐蚀性					SH/T 0804
	抗氧化添加剂含量[k]（质量分数，%）						SH/T 0802
	含抗氧化添加剂油（I）	0.08～0.40					
	2-糠醛含量（不大于，mg/kg）	0.05					NB/SH/T 0812
运行特性[l]	氧化安定性（120℃）						NB/SH/T 0811
	试验时间：（I）含抗氧化添加剂油：500h	总酸值（以 KOH 计，不大于，mg/g）	0.3					
		油泥（质量分数，不大于，%）	0.05					
		介质损耗因数[f]（90℃，不大于）	0.050					GB/T 5654
	析气性（mm³/min）	报告					DL/T 385
	带电倾向（ECT）（μC/m³）						
健康、安全和环保特性（HSE）[m]	闪点（闭口，不低于，℃）	135					GB/T 261
	稠环芳烃（PCA）含量（质量分数，不大于，%）	3					NB/SH/T 0838
	多氯联苯（PCB）含量（质量分数，mg/kg）	检测不出[n]					NB/SH/T 0803

注 凡技术要求中"由供需双方协商确定是否采用该方法进行检测"和测定结果为"报告"的项目为非强制性的。

a 对绝缘和冷却有影响的性能。

b 运动黏度（−40℃）以第一个黏度值为测定结果。

c 当环境湿度不大于 50%时，水含量不大于 30mg/kg 适用于散装交货；水含量不大于 40mg/kg 适用于桶装或复合中型集装容器（IBC）交货。当环境湿度大于 50%时，水含量不大于 35mg/kg 适用于散装交货；水含量不大于 45mg/kg 适用于桶装或复合中型集装容器（IBC）交货。

d 经处理油指试验样品在 60℃下通过真空（压力低于 2.5kPa）过滤流过一个空隙度为 4 的烧结玻璃过滤器的油。

e 测定方法也包括用 SH/T 0640。结果有争议时，以 GB/T 1884 和 GB/T 1885 为仲裁方法。

f 测定方法也包括用 GB/T 21216。结果有争议时，以 GB/T 5654 为仲裁方法。

g 受精制深度和类型及添加剂影响的性能。

h 将样品注入 100mL 量筒中，在 20℃±5℃下目测。结果有争议时，按 GB/T 511 测定机械杂质含量为无。

i 测定方法也包括用 GB/T 11140、GB/T 17040、SH/T 0253、ISO 14596。结果有争议时，以 SH/T 0689 为仲裁方法。

j SH/T 0804 为必做试验。是否还需要采用 GB/T 25961 方法进行检测由供需双方协商确定。

k 测定方法也包括用 SH/T 0792。结果有争议时，以 SH/T 0802 为仲裁方法。

l 在使用中和/或在高电场强度和温度影响下与油品长期运行有关的性能。

m 与安全和环保有关的性能。

n 检测不出指 PCB 含量小于 2mg/kg，且其单峰检出限为 0.1mg/kg。

（二） 运行中变压器油的质量标准

变压器油的选用应按照 DL/T 1094 进行。

新变压器油、低温开关油的验收按 GB 2536—2011 的规定进行。新油组成不明的按照 DL/T 929 确定组成。

运行中变压器油质量标准，见表 4-5。特定设备用油应按制造厂的规定检验。

运行中断路器用油质量标准，见表 4-6。

运行中矿物变压器油、断路器用油的维护管理按照 GB/T 14542—2017 的规定进行。

500kV 及以上电压等级变压器油中颗粒度应达到的技术要求、检验周期按照 DL/T 1096 的规定执行。

表 4-5　　　　　　　　　　运行中变压器油质量标准（GB/T 7595—2017）

序号	检测项目	设备电压等级（kV）	质量指标		检验方法
			投入运行前的油	运行油	
1	外状		透明、无沉淀物和悬浮物		外观目视
2	色度（号）		≤2.0		GB/T 6540
3	水溶性酸（pH 值）		＞5.4	≥4.2	GB/T 7598
4	酸值[a]（以 KOH，mg/g）		≤0.03	≤0.10	GB/T 264
5	闪点[b]（闭口，℃）		≥135		GB/T 261
6	水分[c]（mg/L）	330～1000	≤10	≤15	GB/T 7600
		220	≤15	≤25	
		110 及以下	≤20	≤35	
7	界面张力（25℃，mN/m）		≥35	≥19	GB/T 6541
8	介质损耗因数（90℃）	500～1000	≤0.005	≤0.020	GB/T 5654
		≤330	≤0.010	≤0.040	
9	击穿电压（kV）	750～1000	≥70	≥65	GB/T 507
		500	≥65	≥50	
		330	≥55	≥50	
		66～220	≥45	≥40	
		35 及以下	≥40	≥35	
10	体积电阻率[d]（90℃，Ω·m）	500～1000	≥6×10^{10}	≥1×10^{10}	DL/T 421
		≤330		≥5×10^{9}	
11	油中含气量[e]（体积分数，%）	750～1000	＜1	≤2	DL/T 703
		330～500		≤3	
		电抗器		≤5	
12	油泥与沉淀物[f]（质量分数，%）		—	≤0.02（以下可忽略不计）	GB/T 8926—2012
13	析气性	≥500	报告		NB/SH/T 0810
14	带电倾向[g]（pC/mL）		报告		DL/T 385
15	腐蚀性硫[h]		非腐蚀性		DL/T 285
16	油中颗粒度/粒[i]	1000	≤1000	≤3000	DL/T432
		750	≤2000	≤3000	
		500	≤3000		
17	抗氧化添加剂含量（质量分数，%）含抗氧化添加剂油		—	大于新油原始值的 60%	SH/T 0802
18	糠醛含量（质量分数，mg/kg）		报告	—	NB/SH/T 0812 DL/T 1355

序号	检测项目	设备电压等级（kV）	质量指标		检验方法
			投入运行前的油	运行油	
19	二苄基二硫醚（DBDS）含量（质量分数，mg/kg）		检测不出[j]		IEC 62697-1

a 测试方法也包括 GB/T 28552，结果有争议时，以 GB/T 264 为仲裁方法。
b 测试方法也包括 DL/T 1354，结果有争议时，以 GB/T 261 为仲裁方法。
c 测试方法也包括 GB/T 7601，结果有争议时，以 GB/T 7600 为仲裁方法。
d 测试方法也包括 GB/T 5654，结果有争议时，以 DL/T 421 为仲裁方法。
e 测试方法也包括 DL/T 423，结果有争议时，以 DL/T 703 为仲裁方法。
f "油泥与沉淀物"按照 GB/T 8926—2012（方法 A）对"正戊烷不溶物"进行检测。
g 测试方法也包括 DL/T 1095，结果有异议时，以 DL/T 385 为仲裁方法。
h DL/T 285 为必做试验，是否还需要采用 GB/T 25961 或 SH/T 0804 方法进行检测可根据具体情况确定。
i 指 100mL 油中大于 $5\mu m$ 的颗粒数。
j 检测不出指 DBDS 含量小于 5mg/kg。

表 4-6　　　　　　　　　运行中断路器用油质量标准（GB/T 7595—2017）

序号	项目	质量指标	检验方法
1	外状	透明、无游离水分、无杂质或悬浮物	外观目视
2	水溶性酸（pH 值）	＞4.2	GB/T 7598
3	击穿电压（kV）	110kV 以上，投运前或大修后≥45 运行中≥40 110kV 及以下，投运前或大修后≥40 运行中≥35	GB/T 507

表 4-7 列出了运行中变压器油试验项目及推荐的适用于不同设备类型的检验周期。按照表 4-7 列出的试验要求，有些试验项目和检验次数可依据各地实际情况而调整。

应按照下列原则进行检验：

（1）在表 4-7 所规定的周期内应定期进行检验，除非制造厂商另有规定；

（2）如有可能，在经常性的检验周期内，检验同一部位油的特性；

（3）对满负荷运行的变压器可以适当增加检验次数；

（4）对任何重要的性能若已接近所推荐的标准限值时，应增加检验次数。

表 4-7　　　　　　　　　运行中变压器油、断路器油检测周期及检验项目

设备类型	设备电压等级	检测周期	检验项目
变压器、电抗器	330～1000kV	投运前或大修后	外观、色度、水溶性酸、酸值、闪点、水分、界面张力、介质损耗因数、击穿电压、体积电阻率、油中含气量、颗粒污染度[a]、糠醛含量
		每年至少一次	外观、色度、水分、界面张力、介质损耗因数、击穿电压、油中含气量
		必要时	水溶性酸、酸值、闪点、界面张力、体积电阻率、油泥与沉淀物、析气性、带电倾向、腐蚀性硫、颗粒污染度[a]、糠醛含量、二苄基二硫醚含量、金属钝化剂[b]

设备类型	设备电压等级	检测周期	检验项目
变压器、电抗器	66～220kV	投运前或大修后	外观、色度、水溶性酸、闪点、水分、界面张力、介质损耗因数、击穿电压、体积电阻率、糠醛含量
		每年至少一次	外观、色度、水分、介质损耗因数、击穿电压
		必要时	水溶性酸、酸值、界面张力、体积电阻率、油泥与沉淀物、带电倾向、腐蚀性硫、抗氧化添加剂含量、糠醛含量、二苄基二硫醚含量、金属钝化剂[b]
	≤35kV	3年至少一次	水分、介质损耗因数、击穿电压
断路器	＞110kV	投运前或大修后	外观、水溶性酸、击穿电压
		每年一次	击穿电压
	≤110kV	投运前或大修后	外观、水溶性酸、击穿电压
		每年一次	击穿电压
互感器和套管用油的检验项目及检验周期按照 DL/T 596 的规定执行			

注 油量少于 60kg 的断路器油 3 年检验一次击穿电压或以换油代替预试。

a 500kV 及以上变压器油颗粒污染度的检测周期参考 DL/T 1096 的规定执行。

b 特指含金属钝化剂的油。油中金属钝化剂含量应大于新油原始值的 70%，检测方法为 DL/T 1459。

其他标准如下：①国际电工委员会 IEC 60296—2012 矿物绝缘油标准。②美国 ASTM D3487—2009 矿物绝缘油标准。

关于标准的说明：①新油的标准一般情况下是 5～10 年的周期修订一次，其内容有所变化，油化人员和油务管理人员应及时掌握新的标准和试验方法。②每个国家都建立了自己的相应标准，而与此同时有关国际组织根据多数国家的意见也建立了各国应共同遵守的标准。如 IEC 和 ISO（国际标准组织）的标准，但需要指出，IEC 组织成立较早，所制定的均为有关电力、电子方面的标准。近二十多年来，ISO 和 IEC 达成协议，IEC 已有的标准，ISO 也许可，并不再重复制订。所以 ISO 就没有关于绝缘油方面的标准。当购得国外绝缘油时，如无特殊说明，一般均可按 IEC 60296 标准进行验收是可行的。

二、新变压器油的评定

1. 新油的验收

新油到货时，根据《国家电网公司十八项电网重大反事故措施（2018 年修订版）》条文 9.2.2.3 规定，要求由厂家提供新油无腐蚀性硫、结构簇（DL/T 929—2018 矿物绝缘油、润滑油结构族组成的测定 红外光谱法）、糠醛及油中颗粒度报告。对 500kV 及以上电压等级的变压器油还应提供 T501 等检测报告。

并对新油进行外观检验，其取样、检验和注入，均应按标准方法和程序进行。对国产新变压器油应按照 GB 2536—2011 标准验收；对从国外进口的油，应按照有关国外标准或按照 IEC 标准或合同规定的指标验收。对有异议的新油应保存备份，以便复核和仲裁。

2. 新变压器的到货验收

大型电力变压器一般是在充氮保护状态下运到安装现场的。在变压器到货后，首先应检查充氮压力表上的指示是否是微正压，以确定设备运输过程是否可能受潮。然后从变压器本体取残油，做色谱和微水分析，以进一步确定设备是否受潮和变压器出厂时状态。

变压器在出厂之前，在制造厂都做了耐压冲击、局放等各项电气试验。现场做残油的色谱分析，可以在一定程度上确定变压器出厂时是否有缺陷。若无缺陷，则色谱分析中的烃类含量很低，且不会存在乙炔；若有缺陷，则烃类含量较高，并可能存在乙炔。

残油微水分析的目的是进一步确定变压器在长时间远途运输过程中，其内部绝缘是否可能受潮。若微水分析结果大于 25mg/L，说明设备绝缘有受潮的可能，在设备安装完毕后必须进行严格的干燥处理。

3. 新油注入变压器（电抗器）前的检验

新油验收合格后，把桶装的新油用滤油机注入一个大的油罐（油袋）中，在注入设备前必须用真空滤油机进行过滤净化处理，以脱除油中的水分、气体和其他颗粒杂质，在处理过程中应按表 4-8 的规定随时进行油质检验，达到表 4-8 中要求后方可注入设备。互感器和套管用油的检验依据 GB 50150—2016《电气装置安装工程电气设备交接试验标准》有关规定执行。

表 4-8　　　　　　　　　　新油净化后的质量指标（GB/T 14542—2017）

项目	设备电压等级（kV）					
	1000	750	500	330	220	≤110
击穿电压（kV）	≥75	≥75	≥65	≥55	≥45	≥45
水分（mg/L）	≤8	≤10	≤10	≤10	≤15	≤20
介质损耗因数（90℃）	≤0.005					
颗粒污染度/粒[a]	≤1000	≤1000	≤2000	—	—	—

注　必要时，新油净化后可按照 DL/T 722 进行油中溶解气体组分含量的检验。
[a]　100mL 油中大于 5μm 的颗粒数。

4. 新油注入变压器（电抗器）进行热油循环后的检验

净化脱气合格后的新油，经真空滤油机在真空状态下注入变压器本体，然后在真空滤油机和变压器本体之间进行热油循环。一般滤油机的出口接变压器本体油箱，滤油机的入口接变压器本体底部，控制滤油机出口温度为 60～80℃（制造厂另有规定除外），以保证变压器本体油温在 60℃。

热油循环的目的，一是通过油-纸水分平衡转移原理，对变压器运输、安装过程中绝缘材料表面吸收的水分，进行脱水干燥；二是通过油品的加温和强制循环，增加绝缘材料的浸润性，消除变压器死角部位积存的气泡。

热油循环至少保证变压器本体的油达到三个循环周期以上。经过热油循环后，应按表 4-9 规定进行检验。达到要求后，充入电气设备，即成为"设备投运前的油"。

表 4-9 热油循环后的质量指标（GB/T 14542—2017）

项目	设备电压等级（kV）					
	1000	750	500	330	220	≤110
击穿电压（kV）	≥75	≥75	≥65	≥55	≥45	≥45
水分（mg/L）	≤8	≤10	≤10	≤10	≤15	≤20
油中含气量（体积分数,%）	≤0.8	≤1	≤1	≤1	—	—
介质损耗因数（90℃）	≤0.005					
颗粒污染度/粒[a]	≤1000	≤2000	≤3000	—	—	—

[a] 100mL 油中大于 5μm 的颗粒数。

5. 新设备投运通电前的检验

新变压器油经真空脱气、脱水处理后注入电气设备，即构成设备投运前的油，称为"通电前的油检验"。它的某些特性由于与绝缘材料接触中溶有一些杂质而较新油有所改变，其变化程度视设备状况及与之接触的固体绝缘材料性质的不同而有所差异。因此，这类油品既有别于新油，也不同于运行油。控制标准应符合 GB/T 7595—2017 中投入运行前的油的质量要求（见表 4-5）。油中溶解气体组分含量的检验按照 DL/T 722—2014 的规定执行。

三、运行油的监督、维护和管理

（一）变压器油的变坏因素

（1）设备条件。变压器设计制造时采用小间隔，运行中易出现热点，不仅促使固体绝缘材料老化，也加速油的老化。另外，设备的严密性不够，漏进水分，会促进油的老化，选用固体绝缘材料不当，与油的相容性不好，也会促进油的老化，所以设备设计和选用绝缘材料都对油的使用寿命有影响。

（2）运行条件。变压器、电抗器等充油电气设备如在正常规定条件下运行。一般油品都应具有一定的氧化安定性，但当设备超负荷运行，或出现局部过热，油温增高时，油的老化则相应加速。当夏季环境温度比较高时，若不能及时调整通风和采取降温措施，将对设备内的固—液体绝缘寿命带来不利的影响，最终会导致缩短设备使用时间。

（3）污染问题。新油注入设备时，都要通过真空精密过滤、脱气、脱水和除去杂质。但当清洁干燥油注入设备后，油的介质损耗因数有时会增大，甚至超过运行中规定 0.04（≤330kV）的最低极限值。这主要是由污染造成，一是由于设备加工过程环境不清洁，微小杂质颗粒附着在变压器绕组及铁芯上，注油后浸入油中；二是某些有机绝缘材料溶解于油中，导致油的性能下降。

（4）运行中维护。运行中油的维护很重要。目前变压器大部分不是全密封的，如果呼吸器内的干燥剂失效不能及时更换，将潮湿空气带入油内，油中抗氧化剂消耗不能及时补加。净油器（热虹吸器）内的吸附剂失效后，未能及时更换等，都会促使油的氧化变质。因此做好运行油的维护，不仅会延长油的使用寿命，同时也使设备使用期延长。

（二）运行中的监督检验

对运行油的监督检查要严格按照国标规定的监督项目和监督周期去进行。检查运行油的外观，可以发现油中不溶性油泥、纤维和脏物的存在，在常规试验中应有此项目的记载。

（三）运行中变压器油的评价

运行油的质量随老化程度和所含杂质等条件的不同而变化很大，除能判断设备故障的项目（如油中溶解气体色谱分析等）以外，通常不能单凭任何一种试验项目作为评价油质状态的依据，而应根据所测定的几种主要特性指标进行综合分析，并且随电压等级和设备种类的不同而有所区别，但评价油品质量的前提首先是考虑安全第一的方针，其次才是考虑各地具体情况和经济因素。

（四）运行油防劣化措施

为延长运行油的寿命，应采取必要的防劣化措施。主要措施如下：

（1）安装油保护装置（包括呼吸器和密封式储油柜），以防止水分、氧气和其他杂质的侵入；

（2）在油中添加抗氧化剂（T501），提高油的氧化安定性；

维护措施应根据电气设备的种类、形式、容量和运行方式等因素来选择。

1. 安装油保护装置

（1）空气除潮。

1）呼吸器。充油电气设备一般均应安装呼吸器。大型或特大型电力变压器所采用的空气除潮装置，其干燥空气的呼吸器装在储油柜前。呼吸器通常与储油柜配合使用，其内部装有吸水性良好的吸附剂（如硅胶、分子筛等），其底部设有油封。呼吸器的结构如图 4-4 所示。吸附剂的变色失效超过规定的 2/3 时应及时更换。

2）冷冻除湿器。由于一般呼吸器作用有限，特别对湿度较大的地区（南方及沿海地区）、油温经常变化的设备，呼吸器的除潮效果不好。因此，有条件的地区可对 110kV 及以上电压等级的电力变压器安装冷冻除湿器（又称热电式干燥器），如图 4-5 所示。这种除湿器既能防止外界水分的侵入，又可清除设备内部的水分。它通常与普通型储油柜配合使用，其热电制冷组件应具有足够的功率，且能实现自动除霜操作。装有冷冻除湿器的变压器储油柜内的空气相对湿度，应能够经常保持在 10% 以下。但它不能隔绝油与空气中氧的接触，油中总含气量易饱和。

冷冻除湿器运行安全可靠，与变压器和其他设备的运行毫无干扰，安装和维护方便。一般情况下在受潮严重的变压器上运行时宜采用冰点运行方式，以加速排除受潮变压器内的水分，尽快恢复绝缘纸的干燥状态，而当绝缘水平较高时，可采用露点运行方式，此时除湿器的目的主要是防止潮湿空气的侵入。

（2）隔膜密封。密封式储油柜内部装有橡胶质的密封件，使油和空气隔离开来，以防外界水分和空气进入而导致油的氧化与受潮。但这种装置并不能清除已进入设备的潮气和设备内部绝缘分解所产生的水分，因此要求设备整体有可靠的严密性且应事先对油做深度净化（包括脱水脱气）。

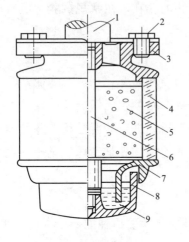

图 4-4　呼吸器的构造

1—连接管；2—螺钉；3—法兰盘；4—玻璃；

5—硅胶；6—螺杆；7—底座；8—底罩；9—变压器油

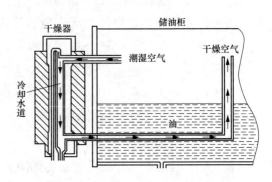

图 4-5　冷冻除湿器工作原理

密封式储油柜通常有两种结构型式，隔膜式储油柜与胶囊式储油柜，如图 4-6、图 4-7 所示。

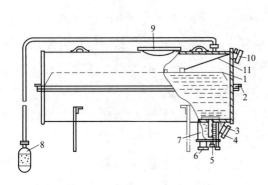

图 4-6　隔膜式密封储油柜

1—隔膜；2—放水阀；3—视察窗；4—排气管；

5—注油放油管；6—气体继电器联管；7—集气盒；

8—呼吸器；9—人孔；10—铁磁式油位计；11—连杆

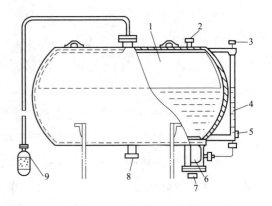

图 4-7　胶囊式密封储油柜

1—胶囊；2—放油塞；3、7—放气塞；

4—油位计；5—放油塞；6—油压表；

8—气体继电器联管；9—呼吸器

这种储油柜在结构上应符合全密封的要求。胶囊式储油柜工作示意图如图 4-8 所示。

胶囊或隔膜所用材质应具有良好的气密性、耐油性、柔软性、耐温耐寒性、耐老化性和足够的机械强度且质量较小。安装前应严格检查，不应有龟裂、开胶、破损等缺陷，并经检漏试验合格。

储油柜密封件的安装应按制造厂说明书的要求进行。安装前，须将储油柜内表面上的毛刺和焊渣清理干净。安装时，应防止密封件发生扭曲或皱皮而导致的损伤。注油时，应设法排尽变压器内死角处可能积存的空气，且所用油应经真空脱气处理，油质合格，油中总含气量小于1％。

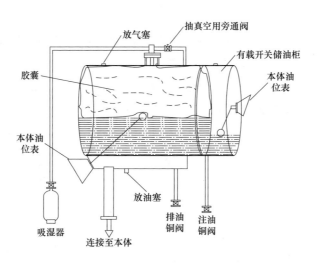

图 4-8 胶囊式储油柜工作示意图

装有密封储油柜的变压器，由于密封件破损，设备上密封点泄漏（气压检测法，光纤传感技术快速检测胶囊破裂法等），潜油泵故障以及绝缘老化等原因，会使潮气侵入，因此，定期检查油质情况，特别是油中含气量和含水量的变化，如有异常，应查明原因，消除缺陷，并对油及时进行脱气除潮。

运行监督维护：密封式储油柜在运行中，应经常检查柜内气室呼吸是否畅通，油位变化是否正常，如发现呼吸器堵塞或密封件油侧积有空气，应及时排除，以防发生假油位或溢油现象。并注意油位变化是否正常，如发现油位忽高忽低，说明储油柜内可能存有空气，应想办法排除。运行中，油质应按要求定期检验并测定油中含气量和含水量，当发现油质明显劣化或油中含气、含水量增高时，应仔细检查胶囊是否破裂并采取相应措施。变压器在运行条件下，由于油质劣化和绝缘材料的老化会产生水分和其他劣化产物，所以应定期通过净油器净化油质及真空脱气处理。

2. 油中添加和补加 T501 抗氧化剂

新生或再生油中添加抗氧化剂，主要是延长油的诱导期，在油氧化的自催化阶段加入氧化剂，主要是中断其链式反应，抑制油的继续氧化。T501 抗氧化剂能与油在自身氧化过程中所产生的活性自由基 R^0 和烃基过氧化物 RO_2^0 进行反应，反应过程中分子结构重新改组，成为稳定的化合物，从而抑制了油分子的氧化进程。

其添加和补加方法及监督参照 GB/T 14542—2017《变压器油维护管理导则》8.1.3 执行。

3. 联合防劣措施的配合

为充分发挥防劣措施的效果，应对几种防劣措施进行配合使用并切实做好监督和维护工作。对大容量或重要的电力变压器，必要时可采用两种或两种以上的防劣措施配合使用。在运行中，应避免足以引起油质劣化的超负荷、超温运行方式并采取定期清除油中气体、水分、油泥和杂质等。检修期间需做好充油、补油和设备内部清理工作。

（五）油的相溶性

（1）油品需要混合使用时，参与混合的油品应符合各自的质量标准（新油应满足新油质量标准，运行油应满足运行油质量标准）。

（2）电气设备充油不足需要补充油时，应补加同一油基、同一牌号及同一添加剂类型的油品。应选用符合 GB 2536—2011 标准的未使用过的变压器油或符合 GB/T 7595—2017 标准的已使用过的变压器油，且补加油品的各项特性指标都应不低于设备内的油。当新油补入量较少时，例如小于 5% 时，通常不会出现问题；当补油量较多（大于 5%），在补油前应先做混合油的油泥析出试验，确认无油泥析出，酸值、介质损耗因数低于设备内的油时，方可进行补油。

（3）不同油基、牌号、添加剂类型的油原则上不易混合使用。特殊情况下，如需将不同牌号的新油混合使用，应按混合油的实际倾点（倾点参考 GB 2536—2011 新变压器油的倾点指标）决定是否适于此地区的要求。然后再按 DL 429.6《运行油开口杯老化测定法》进行开口杯老化试验。老化后混合油应无油泥析出，且混合油的酸值及介质损耗因数应不比最差的单个油样差。

（4）如在运行油中混入不同牌号的新油或已使用过的油，除应事先测定混合油的倾点外，还应满足下列要求：

1）补加油品的各项特性指标都应不低于设备内的油，且混合油的质量应不低于运行油；

2）应对运行油、补充油和混合油按照 DL/T 429.6 方法进行开口杯老化试验，老化后混合油应无油泥析出，且混合油及补充油的酸值和介质损耗因数应不大于运行油老化后的测定结果。

（5）在进行混油试验时，油样的混合比应与实际使用的比例相同；如果混油比无法确定时，则采用 1∶1 质量比例混合油样进行试验。

（6）油泥析出试验应按照 DL/T 429.7 或 GB/T 8926—2012（方法 A）进行测试。当无法用 DL/T 429.7 方法观察并对比不同油样的油泥析出情况时，则应按照 GB/T 8926—2012（方法 A）进行油泥含量的测试及对比。

（六）油处理

1. 变压器油的净化处理

采用真空过滤法和压力过滤等方法对变压器油进行处理。处理之后，油的性能指标应符合质量要求，具体处理工艺可参考 DL/T 1419。

（1）当电气设备需再次注油时，应再一次经过净化，然后可直接注入设备中。这种直接净化方式已在断路器和小型变压器中广泛应用。但应注意保证铁芯、绕组、内桶和其他含油隔板应使用已净化的油清洗。

（2）循环净化滤油方式分为直接循环净化和间接循环净化两种方式。通常是采用间接循环法。

1）直接循环净化是将滤油机与变压器设备连成循环回路，通过滤油机，油从电气设备底部抽取，自电气设备的顶部回入。返回的油应该平稳地在靠近顶部油面的水平位置回入，避免已处理油与未处理油相混合。为了提高直接循环净化油的效果，在实施时应注意以下事项：

a. 循环过滤次数，被处理的设备内的总油量通过滤油机的次数应不低于3次，最终的循环次数应视被处理的油在设备内稳定数小时后，从设备底部取样经检测水分、击穿电压或含气量合格后，才能决定循环净化过程的结束。

b. 滤油机的进、出口油管与设备的连接应分别接在对角线上，并在处理过程中改变回油进入设备的位置，以避免设备内有循环不到的死角。

c. 未参加循环的油，如变压器设备中的冷却器、有载调压开关油箱、储油柜等内部的油，应放出过滤后再分别返回原设备内。

d. 循环净化不能带电作业，应在电气设备的电源拉断后进行。

2）间接循环净化是将滤油机串接在设备与油处理罐之间，先将设备中油过滤后送入油罐，待对设备内部工件脱除水分、气体后，再用滤油机将处理好的油罐油抽回设备。当间接循环法不能实施时（如变压器壳体不能承受真空时）应采用直接循环法。

（3）特殊情况下，电气设备无法拉断电源但又必须进行带电滤油时，应做好各方面的安全措施，并特别注意：

1）滤油机的进、出管路应严密，避免管路系统进气和漏油，以免发生故障；

2）控制油流速度不能过大，以免产生流动带电而引起危险。

2. 变压器油的再生处理

（1）再生处理是一种化学和物理的过程，再生通常与滤油处理联合使用。典型的方法为吸附剂法。

（2）吸附剂法适合于处理劣化程度较轻的油；硫酸-白土、蒸馏、溶剂萃取加氢的精炼方法适合将严重劣化或出现故障的变压器油收集后，在专门的场所集中处理。再生油应在商品标签上进行明确标注，再生后应按 DL/T 1419 的要求进行验收。

（3）再生处理前需对油作净化处理，特别是含有较多水分和颗粒杂质的油，应先对油除去水分、颗粒杂质后，才进行再生。再生后的油应经过精密过滤净化后才能投入使用，以防吸附剂等残留物带入运行设备中。

（4）再生后的变压器油一般不推荐在新设备中使用，除非经过长期运行试验证明安全可靠。用于变压器的再生油，应从变压器或同类设备中回收再生而来，油品不应被多氯联苯、硅树脂、游离碳或其他原始性能不符合 GB 2536 要求的液体所污染。包含大量电弧产物的变压器油、断路器油和不同来源的混合油，再生后不应用于变压器设备。

（5）通常再生处理会使添加剂损失，因此再生处理后应确保 T501 氧化剂的质量达到合格范围。

（6）吸附剂法：可分为接触法和渗滤法，接触法只适合处理从设备上换下来的油；而渗滤法既适合处理换下来的油也适合处理运行中油。图4-9为吸附剂压力式渗滤法处理运行油示意图。

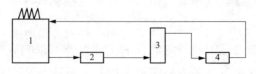

图4-9　吸附剂压力式渗滤法处理运行油示意图
1—变压器；2—加热器；3—净油器；4—过滤机

（7）接触法的再生效果与温度、搅拌接触时间以及吸附剂的性能和用量等因素有关。实际操作中应根据油质劣化程度并通过小型试验确定处理时的最佳工艺条件。另外，还应注意在处理过程中由于温度过高或加入的吸附剂会使油中原有的某些添加剂发生损失。

（8）渗滤再生处理装置的结构原理和强制环流净油器一样，不同之处是它不是附加在运行设备上的连续再生装置，而是在需要时才连接于设备上使用，在特殊情况下，它可以对运行油进行带电再生。它可借助油泵强迫油在大约400kPa压力下通过吸附剂层，经过短时间接触而使油达到再生效果。渗滤法应根据吸附剂性能选择处理时的油温，如硅胶吸附剂，温度为30～50℃，使用801（高铝微球）或活性氧化铝时，温度为50～70℃。

（七）　变压器油泥的冲洗

变压器油热油是其裂解产物的良好溶剂，需要加热的温度可由其苯胺点试验确定。

将变压器油加热到80℃时，就可以溶解设备内沉积的油泥。热油冲洗变压器内的油泥是将再生、清洗和油的溶解能力结合起来。加热、吸附和真空过滤处理（脱气、脱水）的具体实施是将再生设备和变压器组成闭路循环系统，被处理的油从变压器中流出，经过加热器将油加热到80℃，再经过过滤装置，除去油中的杂质和水分，最后经吸附过滤器去掉油中溶解的油泥，再经真空过滤和精密过滤后，纯净的油重新返回变压器中。油品通过变压器油的循环次数（通常为10～20次）取决于油泥含量的大小。

采用这种除油泥的方式，宜在断电的情况下作业。

（八）　安全与卫生

（1）油库、油处理站设计必须符合消防与工业卫生有关要求。油罐安装间距及油罐与周围建筑物的距离应具有足够的防火间距，且应设置油罐防护堤。为防止雷击和静电放电，油罐及其连接管线，应装设良好的接地装置，消防器材和通风、照明、油污废水处理等设施均应合格齐全。油再生处理站还应根据环境保护法律法规，妥善处理油再生时的废渣、废气。

（2）油库、油处理站及其所辖储油区应严格执行防火防爆制度，杜绝油的渗漏与泼洒，地面油污应及时清除。严禁烟火，对用过的沾油棉织物及一切易燃易爆物品均应清除干净。油罐输油操作应注意防止静电放电，查看或检修油罐油箱时，应使用低电压安全行灯并注意通风等。

（3）从事接触油料工作应注意有关保健防护措施，尽量避免吸入油雾或油蒸汽；避免皮肤长时间过多地与油接触，必要时操作过程中应戴防护手套及围裙，操作前也可涂沫适当的护肤膏，操作后及饭前应将皮肤上的油污清洗干净，油污衣服应经常清洗等。

（4）PCBs的化学名为"多氯联苯"，是一种危险的致癌物质，对环境的污染比较严重。对于新设备和新油，以及维护过程中有潜在污染（油处理、变压器维修等）时，应检测油中的PCBs含量，一经发现应立即采取措施，加强用油管理，杜绝含有PCBs的油对其他干净油的污染，以保护人身安全和防止环境污染。

四、现场巡回检查和设备检修时的验收

为保证现场用油设备的安全运行，通过现场巡回检查及时发现运行油存在的问题，掌握运行情况，督促油务监督管理制度的贯彻执行，及时采取措施，确保运行油正常运行。

1. 巡回检查的项目和周期

检查由化验专责，按照下列规定进行。

主变压器，每月检查一次，主要检查：①油温及热虹吸过滤器运行情况；②油位、呼吸器中干燥剂的失效情况；③设备漏油情况。

2. 设备检修时的油务监督

（1）应根据日常掌握的油质情况，事先向有关部门提出油系统和用油设备内部的清洗方法，和油的处理意见。

（2）应建立检修记录台账，并做好记录。

（3）应从退油、清洗、油处理、补油及油循环等几个环节入手，坚持全过程监督。

3. 设备检修时的检查验收

（1）检修前的检查：①检查内容：深入地检查设备内部情况。检查油系统中是否有油泥沉淀物，是否有金属或纤维等杂质，何处有，何处最多，都是什么成分，检查设备金属表面是否遭受腐蚀，纤维质绝缘物是否遭受破坏等，并将这些情况详细记录，画图和分析成分，再研究分析找出原因，总结运行中的经验教训，提出改进的办法。②检查部位：包括油箱、滤网和油系统管道等。

（2）对检修后的验收：①油系统和用油设备内清洗完后，油务专责人应和检修负责人共同检查，看是否清洗与擦拭干净，如不干净则需继续，直到干净为止。②检修清洗后，未检查前，不可将油系统和设备正式封盖，在验收工作中，应做好详细的记录，以备考察。②验收合格后，应将油系统封闭盖好，不准随意打开，同时须采取防止尘埃、污物、水分等进入措施。

（3）对油系统清洗的要求：①清洗后，在油系统中，应无油泥沉淀物和坚硬的油垢，应无金属屑和腐蚀产物，应无机械杂质和纤维质，以及残留的清洗溶液和水分。②要保证油系统无漏油或渗油现象。

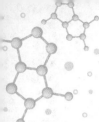

第三节　涡轮机油的特性

涡轮机油主要是用于蒸汽和燃气轮机润滑系统中的矿物润滑油，同时也是发电机冷却气体的密封介质。要求以精制矿物油为基础油，加入抗氧化剂、防锈剂等添加剂，以便能满足抗氧化、抗泡沫、抗磨损、破乳化等性能。

为了使汽轮发电机组能可靠的运行，要求涡轮机油应能够满足下述条件的性能：①能在一定的运行温度变化范围内和油质合格的条件下，保持油的黏度；②能在轴颈和轴承间形成薄的油膜，以抗拒磨损并使摩擦减小到最低程度；③能将轴预、轴承和其他热源传来的热量转移到冷油器；④能在空气、水、氢的存在以及高温下抗拒氧化和变质；⑤能抑止泡沫的产生和挟带空气；⑥能迅速分离出进入润滑系统的水分；⑦能保护设备部件不被腐蚀。

一、物理特性

1. 外观和色度

运行中的涡轮机油，在正常运行的情况下，油的外观应是透明的。色度一般用目测比色法测试油品颜色深浅，参照 DL/T 429.2—2016《电力用油颜色测定法》进行。但机组若有缺陷，工质不严密或轴封汽压调节不当，容易将汽、水漏入油系统中。油遇水后，特别是已开始老化的油，长期与水混合循环，会使油发生浑浊和乳化。所以要求运行中油的外状也是透明，实际上对水分也起监督作用。

油系统中漏入水、汽后，其危害性很大。使油质从外观看浑浊不清和乳化，并将破坏油膜，影响油的润滑性能，严重者会引起机组的磨损。同时漏入机组的水分，若长期与金属部件接触，金属表面将产生不同程度的锈蚀，锈蚀产物可引起调速系统卡涩，机组振动，甚至造成停机事故。这样的事例和教训，在电力系统中是屡见不鲜的。另外锈蚀后的产物，如金属皂化物等会加速油的老化，可见控制及监督运行中油的水分，要求油的外状清澈透明是极其重要的。因此运行中涡轮机油质量指标国家标准中规定：油的外观应是透明、无杂质或悬浮物。

运行涡轮机油的最主要污染物是水分，当油品被乳化时，就会变得混浊、不透明。在冬季，有时取出的油品由透明而变为混浊，这是因为在运行温度下，油品的溶解能力强，水分呈溶解状态；而油品取出后，因环境温度低，水在油品中的溶解度降低，过量的水分由溶解状态变为游离状态所致。

当发现运行中涡轮机油中有水分或外状不透明时，要及时查找原因，采取相应的措施，同时加强滤油，定期从油箱底部放水等。并要求调正轴封间隙，调正轴封汽压，提高检修质量，尽量做到使机组不漏水。

测定油品颜色的意义在于，可判断油中除去沥青、树脂及其他染色物质的程度，即判断油的精制程度。油品在运行中颜色的变深，可判断油质变坏程度或设备是否存在内部故障。

2. 黏度、黏温特性和黏度指数

当液体流动时，液体内部发生阻力，此种阻力是由于组成该液体的各个分子之间的摩擦力所造成，这种阻力称为黏度或内摩擦。任何液体都具有黏度和内摩擦，在力的作用下，各分子的移动就显出阻力来。油品的分子量愈大，其黏度也愈大。也可以说石油馏分的黏度，随着沸点的增高而增大，黏度是石油产品主要质量指标之一。

一般黏度根据测定方法，大体分为两种：

(1) 动力黏度。又称绝对黏度，通常以 η 表示之。即面积各为 $1cm^2$ 的两液体薄层，当其以 $1cm/s$ 的速度相对移动时，因液体互相作用所产生的内摩擦力，称为动力黏度。动力黏度单位是 $Pa \cdot s$。动力黏度应用于科学研究工作。

(2) 运动黏度。又称内摩擦系数，通常以 υ 表示。其定义是：温度为 $t°C$ 时的动力黏度与其密度的比值。运动黏度的单位是 mm^2/s。运动黏度较普遍用于工业计算润滑油管道，油泵和轴承内的摩擦等。目前电力用油采用运动黏度作为其质量特性之一。

黏度是表征润滑油润滑性能的一项重要指标。黏度决定了油的流动能力和油支承负荷及传送热量的能力。

润滑油的黏度对汽轮发电机组运行最为重要，油的黏度对轴颈和轴承面建立油膜、决定轴承效能及稳定特性都是非常重要的。

汽轮发电机组在选择黏度等级牌号时应遵照制造厂建议。

变压器油的黏度要求是根据电气设备使用环境温度的不同，能使油泵、有载调压开关（如果有）正常启动，满足用油设备最低冷态投运温度的要求。新油 $40°C$ 运动黏度为不大于 $12mm^2/s$；新油在对应的最低冷态投运温度 0、-10、-20、$-30°C$ 下测试出的运动黏度均不大于 $1800mm^2/s$，在最低冷态投运温度 $-40°C$ 下测试出的运动黏度不大于 $2500mm^2/s$。

油的黏度随温度而显著变化，正常运行温度范围内允许的变化是由汽轮机制造厂规定的。润滑系统启动前，油泵允许的最大黏度和最低油温，也是由汽轮机制造厂推荐的。

涡轮机油应具有相对低的额定黏度值，可以减小轴承的摩擦力，并降低轴承的动力损失。虽然油在转轴高速转动时，能为轴颈与轴承间提供相当丰厚的油膜，可是在启动、盘车、停机时仍会发生金属对金属的接触。轴颈转速低时，为了保护轴承，必须保证轴承轻负荷，还应有适当的油膜强度，以最大限度地减少摩擦。涡轮机油可以形成高强度的油膜，以适应不同转速时的轴承润滑。所以精炼的涡轮机油，要求油的黏温特性要好。因油品的黏度是随油温的升高而降低，随油温的降低而增大。为保证机组能在不同的温度下，均可得到可靠的润滑，则要求油的黏度随温度变化愈小愈好。即油的黏温特性好，黏度指数要高，不随温度的急剧升降，而较明显的变化。

评定润滑油的黏温特性，目前通常用黏度指数表示。

黏度指数是用来表示油品黏温特性的一个工业参数，也是目前国际上通用的一种工业用润滑油的黏温参数。如国际标准化组织、国际电工委员会及一些国家均把黏度指数作为一个项目，列入涡轮机油的规格标准中，我国采用 GB/T 1995—1998《石油产品黏度指数计算法》来测定。

黏度指数是选定两种原油作比较基准，一种是黏温性很好的油，指定其黏度指数为100；一种是黏温性很差的油，指定其黏度指数为0。将这两个基准油都分成若干窄馏分，并选出在98.9℃（210°F）时两个基准油的黏度相同的馏分作为一对，再分别测定其在37.8℃（100°F）时的黏度。由于两个基准油的黏温性不同，故虽然它们在98.9℃时的黏度是相同的，但温度降低到37.8℃时，其各自黏度的增大程度却不相同了。设在37.8℃时黏温性好的油的黏度为 H；黏温性差的油的黏度为 L，则 $L>H$，$L-H$ 这一差值，说明两种基准油的黏度受温度影响而变化的差异。要测定汽轮机油的黏度指数时，要先测定试油在 98.9℃ 和 37.8℃时的黏度，再选出两基准油在98.9℃时的黏度与试油在98.9℃时的黏度相同的一对窄馏分作比较，如图 4-10 中 A 点所示。

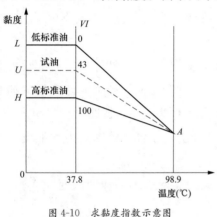

图 4-10 求黏度指数示意图

试油的黏度指数，可由下式计算

$$VI = \frac{L-U}{L-H} \times 100\%$$

式中：VI 为试油的黏度指数；U 为试油在 37.8℃时的黏度，mm^2/s；L 为差基准油在 37.8℃时的黏度，mm^2/s；H 为好基准油在 37.8℃时的黏度，mm/s^2。

由上可知，如果 $L-U$ 的数值和 $L-H$ 的数值一样时，则试油的黏度指数为100，相当于黏温性好的基准油；如果 $U>H$ 时，试油的黏度指数必然小于100。说明试油的黏度指数愈大，其黏温特性愈好，一般要求大于90，甚至大于95。GB 11120—2011 标准中 L-TSA 汽轮机油黏度指数 A 级黏度指数不小于90，B 级黏度指数不小于85。

黏度指数在生产应用中，H、L 可查表计算，也可从黏度指数计算图上直接查到（见 GB/T 2541—1981《石油产品粘度指数算表》及 GB/T 1995—1998）。

黏度指数的数值可以表征基础油黏温性能的优劣水平，是衡量基础油加工精制深度的最重要指标。一般烷烃的黏度指数最高，黏温性能最好；其次是具有烷烃侧链的单环、双环烷烃和单环、双环芳香烃；最差的是重芳香烃、多环环烷烃和环烃-芳香烃。

在火力发电厂一般 3000r/min 及以上的机组采用 32 号涡轮机油，3000r/min 以下的机组采用 46 号涡轮机油。但具体到某台机组采用何种润滑油，要根据机组的特性，按制造厂家的规定。一般在保证润滑的前提下，尽可能选用黏度较小的油，因其散热性、黏温特性、抗乳化性等均要较好。

涡轮机油由于长期在较高的温度下运行，油中低分子的组分不断挥发掉，同时油在运行的条件下，受空气、压力、流速等的影响要逐渐老化。因此即使在正常情况下，运行中油的黏度会有所增加。黏度增大会影响机组的负荷、效率，对机组运行不利。

如发现运行中涡轮机油的黏度，大于或接近于标准的上限，要及时进行处理。一般处理的方法是先用压力式过滤机过滤，除掉油泥、机械杂质等，再投入连续再生装置，用吸附剂除掉油中的老化产物，如沥青质、树脂质、金属皂化物等，以改善油的黏度和颜色。还应注意运行中不要补错了油，以使油的黏度增高或降低。因为黏度的增大或减小，都对机组运行不利，故运行中涡轮机油的黏度，必须控制在指标范围之内。

测定油品黏度及计算黏度指数对生产运行的意义：

（1）润滑油的牌号，大部分以油品 40℃ 运动黏度的平均值来划分的。

（2）黏度是润滑油最重要的指标之一，正确选择一定黏度的润滑油，可保证发电机和汽轮机组稳定可靠的运行状态，随着黏度的增大，会降低发动机的功率，增大燃料消耗。如黏度过大，会造成启动困难，机组振动；如黏度过小，会降低油膜的支撑能力，形不成良好的油膜，使摩擦面之间不能保持连续的润滑层，增加机器的磨损。

（3）润滑油的黏度指数是国际上通用的一种工业用黏温参数。可用来比较 37.78～98.89℃（40～100℃）温度间隔内润滑油的黏度温度关系的斜率。

（4）因为润滑油的黏度指数与其化学组成有关，如各类烃中以烷烃的黏度指数最大，正构烷烃又大于异构烷烃，环烷芳香混合烃比相应的环烷烃和芳香烃黏度指数小。另外环数的多少，支链侧链分支的多少、长短等都影响黏度指数。故利用计算所得的黏度指数，可比较、评定和改善润滑油的黏温性有着一定的实用意义。

3. 闪点

闪点是一项安全指标。涡轮机油在长期高温下运行，应安全稳定可靠。一般，闪点越低，挥发性越大，安全性越小，故将闪点作为运行控制指标之一。油在运行中遇到高温时，会引起油的热裂解反应，油中高分子烃经热裂解而产生低分子烃。低分子烃容易蒸发而使油的闪点下降。运行中也有因错补了低闪点油品而使闪点降低。因此，GB/T 7596—2017《运行中涡轮机油质量》规定运行中油的开口闪点大于等于 180℃，且比前次测定值不低于 10℃。多年运行经验说明，这样的规定对汽轮发电机组的安全运行是有利的。

影响涡轮机油开口闪点的主要因素有以下几方面：

（1）试样含水量。加热试油时，试样中水汽化的水蒸气会稀释油蒸气，覆盖在油面上的泡沫会影响油正常的气化，推迟闪火，使测定结果偏高。含水较多的试油，加热时会溢出杯外，导致无法进行试验。因此，如果试样中含有未溶解的水，在样品混匀时应将水分离出来。对于难以分离的残渣燃料油和润滑剂中的游离水，在样品混匀前应用物理方法除去水。

（2）油量多少。油量多时，油面以上的空间容积小，混合气浓度易达到爆炸下限，故测得的闪点较低，反之，测值较高。

（3）加热速度。加热速度快，单位时间内蒸发的油蒸气多而扩散损失少，可提前达到可燃混合气的爆炸下限，使测值偏低，反之偏高。

（4）点火用火焰大小、离液面高低及停留时间的长短。点火用的球形火焰直径大，测值偏低。火焰在离液面越低，停留时间的越长，则测值偏低；反之，结果偏高。

（5）点火次数。点火次数多，扩散和消耗油蒸气多，需要在较高的温度下才能达到爆炸下限，结果偏高。

（6）大气压力。测试环境大气压低，油品蒸发快，空气中油蒸气浓度易达到爆炸下限，则闪点低；反之，结果偏高。

4. 倾点

润滑油的倾点都是用来衡量润滑油低温流动性的指标，它们的高低与润滑油的组成有关，含烷烃（石蜡）较多的油倾点都高，在润滑油加工过程中经过脱蜡以后倾点可以大幅度的降低。

倾点用来决定润滑油贮运和使用温度，但是由于两者与使用时实际失去流动性的温度有所不同，因此对一些在低温下使用的润滑油，在规格指标上除了规定倾点外，有时还规定了低温黏度。

5. 机械杂质

机械杂质是指油品中侵入的不溶于油的颗粒状物质，如焊渣、氧化皮、金属屑、纤维、灰尘等，统称为机械杂质。油中含有机械杂质，会影响油的击穿电压、介质损耗因数以及破乳化度等指标，使油不合格。特别是坚硬的固体颗粒，还可引起调运系统卡涩，机组的转动部位磨损等潜在故障，威胁设备的安全运行。运行中涡轮机油中机械杂质，要求每周测试一次，方法是外观目视定性检查。

如发现运行中涡轮机油中有杂质，必须及时进行处理。处理的方法可根据具体情况，采用适当的办法。如沉淀于油箱底的新杂质，可定期从油箱底部阀门放掉；一般汽轮机都配有滤油机，以便定期启动，除去油中的杂质和水分；密度较轻的悬浮在油中的机械杂质，可用净油机除掉，直至油透明无悬浮物为止；如油已老化、颜色较深，可采用移动式吸附器或投入运行中连续再生器，除掉油中氧化产物，改善油的颜色和质量。

6. 颗粒污染度

油品的颗粒污染度是保证汽轮发电机组安全运行的必要条件，又称清洁度：汽轮机在盘车时油膜厚度约为 $13\mu m$，机组运行中轴承、轴颈间油膜厚度在 $10\sim150\mu m$ 之间，小于最小油膜厚度的固体颗粒，会导致精密部件的腐蚀和磨损。另外，微小的固体金属颗粒对油品具有一定的催化作用，加速油品的老化，从而影响油品的理化性能指标。

一般采用 SAE AS4059F 标准，单位为 100mL 油中机械杂质的颗粒大小及个数，见表 4-10、表 4-11。试验按照 DL/T 432—2018《电力用油中颗粒度测量方法》进行，适用于磷酸酯抗燃油、涡轮机油、变压器油及其他辅机用油。

表 4-10 　　　　　　　　SAE AS4059F 颗粒污染度分极标准（差分计算）

项目		最大污染度极限（颗粒数/100mL）				
尺寸范围（ISO 4402 校准）		$5\sim15\mu m$	$15\sim25\mu m$	$25\sim50\mu m$	$50\sim100\mu m$	$>100\mu m$
尺寸范围（ISO 11171 校准）		$6\sim14\mu m$	$14\sim21\mu m$	$21\sim38\mu m$	$38\sim70\mu m$	$>70\mu m$
等级	00	125	22	4	1	0
	0	250	44	8	2	0
	1	500	89	16	3	1
	2	1000	178	32	6	1
	3	2000	356	63	11	2
	4	4000	712	126	22	4
	5	8000	1425	253	45	8
	6	16000	2850	506	90	16
	7	32000	5700	1012	180	32
	8	64000	11400	2025	360	64
	9	128000	22800	4050	720	128
	10	256000	45600	8100	1440	256
	11	512000	91200	16200	2880	512
	12	1024000	182400	32400	5760	1024

表 4-11 　　　　　　　　SAE AS4059F 颗粒污染度分极标准（累积计算）

项目		最大污染度极限（颗粒数/100mL）					
尺寸范围（ISO 4402 校准）		$>1\mu m$	$>5\mu m$	$>15\mu m$	$>25\mu m$	$>50\mu m$	$>100\mu m$
尺寸范围（ISO 11171 校准）		$>4\mu m$	$>6\mu m$	$>14\mu m$	$>21\mu m$	$>38\mu m$	$>70\mu m$
等级	000	195	76	14	3	1	0
	00	390	152	27	5	1	0
	0	780	304	54	10	2	0
	1	1560	609	109	20	4	1
	2	3120	1217	217	39	7	1
	3	6250	2432	432	76	13	2
	4	12500	4864	864	152	26	4
	5	25000	9731	1731	306	53	8
	6	50000	19462	3462	612	106	16
	7	100000	38924	6924	1224	212	32
	8	200000	77849	13849	2449	424	64
	9	400000	155698	27698	4898	848	128
	10	800000	311396	55396	9796	1696	256
	11	1600000	622792	110792	19592	3392	512
	12	3200000	1245584	221584	39184	6784	1024

SAE ASAS4059F 是 NAS 1638 的发展和延伸，代替了液体自动颗粒计数器校准方法，代表了颗粒污染分级的发展趋势，不但适用于显微镜计数方法，也适用于液体自动颗粒计数器方法。

与 NAS 1638 相比较，SAE ASAS4059F 具有以下主要特点：

（1）计数方式中增加了累积计数，更贴合自动颗粒计数器的特点。

（2）计数的颗粒尺寸向下延伸至 $1\mu m$（ISO 4402 校准方法）或者 $4\mu m$（ISO 11171 校准方法），并且作为一个可选的颗粒尺寸，由用户根据自己的需要自己决定。

（3）在颗粒污染度分级标准（累积计数）中增加了一个 000 等级。

要求油系统没有任何一点杂质，在技术上是不必要的，经济上是不合理的，同时也是不能得到的。国标规定 100MW 及以上的运行中涡轮机油的质量指标为 SAE ASAS4059F≤8 级，油系统检修后启动前，涡轮机油的颗粒污染等级 SAE ASAS4059F≤7 级。

鉴于大型汽轮机组复杂的油系统，运行时的油膜厚度，将大于 $10\mu m$ 的颗粒污物全部滤去，这在现场的条件下是不现实的。为了最大限度地降低大直径的颗粒数量，在润滑系统轴承进油口前安装 $100\mu m$ 的滤网，在推力轴承前安装 $50\mu m$ 网眼的滤网加以保护。冲洗到距安装管路各点约为 $100\mu m$ 网眼的滤网上，不再有任何硬颗粒为止。但对液压调节系统的要求更高一级，此系统要装设 $30\mu m$ 网眼的滤网作为保护，滤网应尽可能地接近液力部分。

影响涡轮机油颗粒污染度的主要因素有以下几方面：

（1）采样的代表性。样品必须在系统正常循环流动的状态下，从冷油器采样。

（2）用正确的方法采样，防止外界污染。防止环境空气、采样容器和取样阀门的污染。

（3）试验前样品要均匀。防止颗粒沉积造成分布不均。

（4）用自动颗粒计数仪进行测定时，要注意样品中溶解的空气和游离水带来的测定误差。

7. 抗泡沫性质

抗泡沫性质（或称泡沫特性）是评定润滑油（包括涡轮机油）、液压油、齿轮油等的泡沫性质，即油品生成泡沫的倾向及泡沫的稳定性的重要指标，以泡沫体积 mL 表示。在油的表面上，特别在主油箱、泵入口处有薄薄一层泡沫，好的油品泡沫很快破裂，不致形成泡沫的堆积。

在强制循环润滑油系统中不可避免地会经常进入一些空气，特别是在激烈搅动的情况下进入的空气更多。此外，设备密封不严、油泵漏气或油箱中的润滑油过分的飞溅都会使空气滞留在油中。在油中的空气表现为气泡和雾沫空气两种形式。油中较大的空气泡能迅速上升到油的表面，并形成泡沫。而较小的气泡上升到油表面较慢，这种小气泡称为雾沫空气。

不论空气是以那种形式存在于油中都会对设备运转带来不良的影响，常见的是引起机械的噪声和振动。泡沫的积累还会造成油的溢流和渗漏。发电机轴承滴下的泡沫可能被吸入电气线圈，落在集流环上，会使绝缘损坏、短路和冒火花。如果是在液压系统中，当油通过操纵元件时（如单向阀或转向阀），由于油压下降会使已经存在油中的空气释放出来，形成气泡带入油箱，从而造成油泵运行不稳，影响自动控制和操作的准确性。此外，油在存在空气时还能造成润滑油膜的破裂以及润滑部件的磨损。

涡轮机油和液压油都应严格控制空气的存在。为此，对油制定了相应控制指标：抗泡沫性、空气释放值。GB/T 11120—2011《涡轮机油》技术要求如下：

L/TSA 和 L/TSE A 级汽轮机油泡沫性（泡沫倾向/泡沫稳定性）/（mL/mL）：24℃，≤450/0；93.5℃，≤50/0；后 24℃，≤450/0；L/TSA 和 L/TSE B 级汽轮机油泡沫性（泡沫倾向/泡沫稳定性）/（mL/mL）：24℃，≤450/0；93.5℃，≤100/0；后 24℃，≤450/0。

L/TGA 和 L/TGE 汽轮机油泡沫性（泡沫倾向/泡沫稳定性）/（mL/mL）：24℃，≤450/0；93.5℃，≤50/0；后 24℃，≤450/0。

L/TGSB 和 L/TGSE A 级汽轮机油泡沫性（泡沫倾向/泡沫稳定性）/（mL/mL）：24℃，≤450/0；93.5℃，≤50/0；后 24℃，≤450/0；L/TGSB 和 L/TGSE B 级汽轮机油泡沫性（泡沫倾向/泡沫稳定性）/（mL/mL）：24℃，≤50/0；93.5℃，≤50/0；后 24℃，≤50/0。

GB/T 7595—2017《运行中涡轮机油质量标准》规定，泡沫性（泡沫倾向/泡沫稳定性）/（mL/mL）：24℃，≤500/10；93.5℃，≤100/10；后 24℃，≤500/10。在投运一年内，蒸汽轮机和燃气轮机的试验周期为 6 个月，水轮机的试验周期为 1 年；投运 1 年后，蒸汽轮机和燃气轮机的试验周期为 1 年，水轮机的试验周期为 2 年。

试验方法参照 GB/T 12579—2002《润滑油泡沫特性测定法》进行。

提高油品抗泡沫性质的途径如下：在油品中加入抗泡剂，二甲基硅油是目前使用最广泛的抗泡剂。

8. 空气释放值

雾沫空气是用空气释放值来衡量。空气释放值是润滑油分离雾沫空气的能力。特别对密封油系统，对油品的此项特性有较严格的要求。GB/T 11120—2011 规定新涡轮机油质量指标为：空气释放值（50℃）200MW≤5min；GB/T 7596—2017 规定运行中涡轮机油质量指标为：空气释放值（50℃）≤10min，必要时测定。

空气释放值是在规定的条件下，将试油加热到 25、50 或 75℃，对试油中通入过量的压缩空气，并使试样剧烈搅动，空气在油中形成小气泡，即雾沫空气。停气后记录试油中雾沫空气体积减少到 0.2％时（此为雾沫气泡）的时间，即此时间为雾沫气泡的分离时间，以 min 表示。

空气在矿物油中的溶解度一般为 10％左右。如果涡轮机油的空气释放值较差，油在运行中溶解的空气就不易释放出来，而滞留在油中，会增加油的可压缩性，影响调节系统的灵敏性，引起机组振动，降低泵的有效容积，降低泵的出口压力等。同时油中溶有空气，在运行中受温度、压力、金属催化等的影响，会加速油的老化，缩短油的使用寿命。

油品的放气性与油品组成有关。油中芳烃、环烷烃及氮、硫化合物均影响其放气性。添加剂如硅油及某些降凝剂对放气性影响较大。通常涡轮机油中加入酸性防锈剂

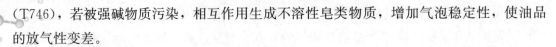

（T746），若被强碱物质污染，相互作用生成不溶性皂类物质，增加气泡稳定性，使油品的放气性变差。

二、化学特性

1. 抗氧化能力

润滑油循环时会吸收空气。油在紊流时及流向轴承、联轴器和排油口时，都会挟带空气。油能与氧反应形成溶解的或不溶解的氧化物。油的轻度氧化一般害处不大，这是由于最初的生成物是可溶性的，对油没有明显的影响。可是进一步氧化时，则会产生有害的不溶性产物。继续深度氧化将在轴承通道、冷油器、过滤器、主油箱和联轴器内，形成胶质状物质。这些物质的堆积，会形成绝热层限制了轴承部件的热传导。这些可溶性的氧化物，在低温时又会转化为不溶性的物质沉析出来，积累在润滑系统的较冷部位，特别是在冷油器内。油氧化后会使黏度增大，影响轴承的功能。氧化会生成有机酸，当有水分存在情况下这些氧化产物会加速腐蚀轴承和润滑系统的其他部件。

油的氧化速率取决于油的抗氧化能力。温度、氧气浓度、压力及氧化时间、金属及绝缘材料、电场、日光、水分、颗粒杂质的存在，都起着促进氧化的作用。质量差的油，抗氧化能力差，在恶劣条件下短期内就会产生沉淀。

油的抗氧化能力随着运行时间的延长而下降，这是由于添加的抗氧化剂在运行中被消耗，因此应及时进行抗氧化剂的补加，并进行氧化安定性试验，测定其效能。

新的涡轮机油按照 GB/T 12581—2006《加抑制剂矿物油氧化特性测定法》、SH/T 0565—2008《加抑制剂矿物油的油泥和腐蚀趋势测定法》进行，对于 L-TGSB 和 L/TG-SR 燃/汽轮机油不要求测试高温氧化安定性，按照 ASTM D4636—2017《液压油、飞机涡轮发动机润滑油和其他高精炼油的腐蚀性和氧化稳定性标准测试方法》进行；运行中的涡轮机油旋转氧弹值按照 SH/T 0193—2008《润滑油氧化安定性的测定旋转氧弹法》进行。

旋转氧弹法测定时间短（一般 4h 内即可完成），而且试验过程简便，不需要特殊的化学药品，没有测定酸值、沉淀物等繁琐的操作过程，可作为现场监控手段。目前，我国新油（包括涡轮机油、绝缘油）规定此项目为保证项目，不作出厂每批控制指标，而是每年至少测定 1～2 次旋转氧弹值。

油品的氧化安定性使用意义：

油品的氧化安定性是其最重要的化学性能之一，氧化安定性指标能估计油品使用寿命。油品的氧化安定性越好，则通过氧化试验后所测得的酸值、沉淀物含量就越小，此油品使用寿命就越长，对用油设备的危害也越小。

2. 抗乳化性

润滑系统中最常见的杂质是水。水可能由冷油器的渗漏、湿空气的凝结、汽轮机轴承的渗漏进入润滑系统。油中的水分促进部件生锈、形成乳化油和产生油泥。油品和水形成乳化液后再分成两相的能力称为破乳化性。油品的破乳化时间越短，它的抗乳化性越好，反之油品破乳化时间越长，它的抗乳化性就越差。

涡轮机油在使用过程中不可避免要与水或水蒸气相接触，为了避免油与水形成稳定的乳化液而破坏正常的润滑，所以要求涡轮机油应具有良好的与水分离的性能。

涡轮机油在生产过程中，由于精制程度不够、在使用过程中发生氧化变质、设备的腐蚀带来的金属物质和外来砂土尘埃等粉状物质及某些酸性物质都会导致油水分离，延长油品破乳化时间。油氧化生成的皂类物质是一种表面活性剂，再加上高速搅拌，在有水存在时，油品特别容易乳化，严重乳化的油里面会生成一些絮状的物质，破坏油的润滑功能，增大机械部件的摩擦，引起轴承过热，以致损坏机件。因此，对涡轮机油（对于单一燃气轮机用矿物涡轮机油可不用检测此项目）不但规定了新油的破乳化时间，而且对运行中油的破乳化时间也要加以控制。如果涡轮机油运行中的破乳化时间太长，所形成的乳化液不但能够破坏润滑油膜，增加润滑部件的磨损，还能腐蚀设备，加速油品氧化变质。抗乳化性是涡轮机油使用性能的一个重要指标。

3. 防锈性

润滑油中有水存在，不但能使运转部件金属表面产生锈蚀，同时还能加速润滑油的氧化变质。涡轮机油中若有大于 0.1% 的水存在就能产生锈蚀。如果油中同时还有水溶性酸存在，锈蚀的情况更为严重。所以防锈性是涡轮机油的一项重要性能。为此要提高涡轮机油的防锈性能，即需要往油中添加 T746 防锈剂。但添加防锈剂后，涡轮机油的防锈性能是否提高了，防锈剂添加多大的量，既经济、效果又好等，都需要通过液相锈蚀试验来确定。

T746 防锈剂，学名十二烯基丁二酸，是一种具有表面活性的有机化合物，对金属具有良好的防锈作用，在涡轮机油中添加量一般为 0.02%～0.03%。

添加防锈剂的作用机理为：

T746 防锈剂的分子是由能被金属表面吸附的极性基团（羧基—COOH）和亲油介质的非极性基因（烃基—R）两个部分组成，当防锈剂吸附在金属表面，形成致密薄膜后，就可以防止水、氧和其他浸蚀性介质的分子或离子渗入金属表面，从而起到防锈作用。十二烯基丁二酸的结构式，及其防锈机理示意图，如图 4-11 所示。

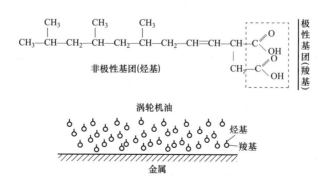

图 4-11　"T746"防锈剂的防锈机理示意图

T746 防锈剂也可与 T501 抗氧化剂复合配制，称为 1 号复合添加剂，专供涡轮机油用。

实践经验证明，漏水机组的涡轮机油中添加了 T746 防锈剂后，提高了涡轮机油的防锈性能，油系统的腐蚀情况有明显的好转了，或可不再继续腐蚀了。但防锈剂在运行中是要逐渐消耗的。为保持涡轮机油的防锈性能，就要定期往涡轮机油中补加防锈剂。通常也是通过液相锈蚀试验了解防锈剂的消耗情况，以确定防锈剂的补加量和补加时间。

坚膜试验是为了进一步考察防锈剂的效果，故添加防锈剂的涡轮机油，除了做液相锈蚀试验外，还应做坚膜试验，并要求坚膜试验也应是合格的。

4. 酸值

运行中涡轮机油如酸值增大，说明油已深度老化，油中所形成的环烷酸皂等老化产物，能降低油的破乳化性能，促使油质乳化（在有水的情况下），破坏油的润滑性能，引起机件磨损发热，造成机组腐蚀、振动，如运行中油的酸值接近运行指标时，应及时进行降低酸值的技术处理，如汽轮机投入运行中连续再生装置，或采用移动式吸附剂过滤器，进行运行中净化再生处理（如果汽轮机油中有水，应先除水），保证油的酸值在合格范围内。

对于涡轮机油，酸值不是一个主要的监控指标，因"T746"防锈剂就是酸性物质，酸性较强。一般可通过监控酸值来监测"746"防锈剂的消耗情况。

5. 水分

水分的危害对涡轮机油来说也是不可忽视的。新涡轮机油标准中要求水分（质量分数）不大于 2%。运行中涡轮机油在正常运行的情况下不应有水，油的外状也应是透明的。但如机组有缺陷，轴封不严密或汽压调节不当，容易将汽水漏入油系统中，将会引起以下危害。

（1）运行中涡轮机油遇水后，特别是已开始老化的油，长期与水混合循环，会使油质发生浑浊和乳化。因水是促成油质乳化的主要原因之一，标准要求运行中油外状是透明的，实际上是监督水分。GB/T 7596—2017 规定质量指标为：≤100mg/kg。投运一年内，1 个月测定 1 次；投运一年后，每 3 个月测定 1 次，采用 GB/T 7600 库仑法。

（2）涡轮机油因有水分而浑浊不清或乳化，将破坏油膜，影响油的润滑性能，严重者会引起机组磨损、振动。运行中油遇到水后，特别是开始老化的油，长期与水混合循环，会使油质发生浑浊和乳化；同时漏入机组的水分，如长期与金属部件接触，金属表面会产生不同程度的锈蚀，锈蚀产物可引起调速系统卡涩，甚至造成停机事故。

（3）油中因有水分而产生的锈蚀产物，如金属皂化物等，不但会影响油的破乳化度等，同时对油的加速老化起催化作用。

一般涡轮机油在注入机组之前，均通过净油机对油进行净化处理，以除掉水分、杂质等。发现运行油中有水分时，或外状不透明时，除了立即查找原因外，通常应采取以下措施：

（1）如油中水分较多时，特别含有乳化水时，应采用净油机进行净化脱水，一般汽轮机组都应配有净油机。

（2）一般只是油质发浑时，可通过压力式滤油机进行滤油，以清除水分、杂质等。

（3）定期从油箱底部放水。

（4）如因机组在运行中的缺陷，而使油中含水量增高时，应要求有关人员调正轴封汽压和轴封间隙，提高检修质量，尽量做到使机组不漏汽水，这是最根本的解决办法。

轻质燃料含有水分，会使油品的冰点、结晶点升高，导致起低温流动性变差，造成过滤器及油路的堵塞，使供油中断，酿成事故；喷气燃料中含水，会破坏燃料对发动机的润滑作用，同时会导致絮状物和微生物的生成。

6.汽轮机的严重度

汽轮机严重度是对汽轮机油运行寿命影响因素的综合评价，用来判断运行油的使用寿命。它不仅对燃气轮机油适用，同样对汽轮机油也适用。由于每台机组的润滑系统的特点各自不同，运行情况也各有差异，因此汽轮机油失去原有的抗氧化能力的速度也就各不相同。计算汽轮机油严重度时，必须强调新油原始数据的重要性，以及平时技术档案管理的真实性，如补油率、机组的总油量等。

（1）定义。汽轮机严重度：油每年丧失的抗氧化能力占原有新油抗氧化能力的百分率。

（2）汽轮机严重度要考虑以下因素：

1）为增加油的抗氧化能力每年注入系统的补充油量；

2）油的运行时间的长短；

3）用旋转氧弹（RBOT）试验方法测定的抗氧化能力。

（3）汽轮机严重度的计算公式如下：

$$B = M(1 - x/100)/(1 - e^{-Mt/100})$$

式中：B 为汽轮机严重度，以百分率表示；M 为每年注入系统的补充油率，以占初始装入系统新油总量的百分率表示；x 为油中残余抗氧化能力的数量，以占初始装入系统新油的抗氧化能力的百分率来表示；t 为最初装入系统中新油已使用了的年数。

（4）测定涡轮机油的抗氧化安定性方法很多，但这些方法用时较长，有的约需 2000h（约三个多月），而旋转氧弹（RBOT）方法只需几个小时就可得出结果。图 4-12 表示的是一台有每年为 25% 严重度的汽轮机，补充油率 M 对油变质 x 的影响关系曲线。

（5）对一个特定的润滑系统的严重度，

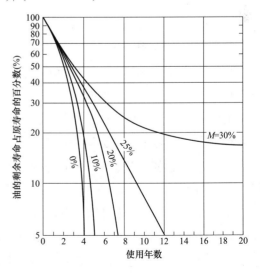

图 4-12　油补充率 M 对油变质的影响

（汽轮机严重度 $B=25\%$/每年）

从最初装入新油开始运行起，经过一段时间后，就应该进行测定。同时完整的保存补充油量的准确记录，是这一工作开展的重要环节。一般在运行的头一、二年内每隔3～12个月就进行一次旋转氧弹法试验。当知道了每年的补充油量和随运行时间而变化的油变质的程度后，则可从图4-13中查到该台汽轮机的严重度。图4-13中虚线表示查找汽轮机严重度 B 的数字顺序。

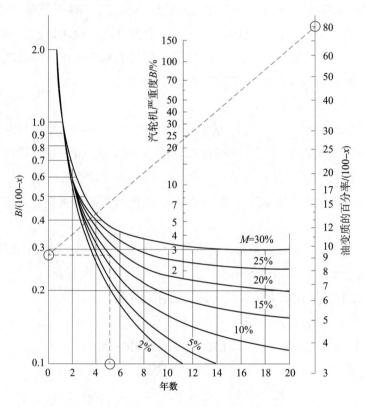

图4-13　汽轮机严重度 B 和油补充率 M 对油变质的影响

（6）在图4-13中汽轮机油已使用了5年，年补充油率为15%。油的变质的旋转氧弹试验从起始时的1700min降到350min，氧化寿命的丧失率为79.5%。从时间坐标轴上的第5年开始，向上与15%的补充油率的曲线相交于一点，再向左投影到 $B/(100-x)$ 坐标轴上的一点，从这点与油变质坐标轴线上的79.5连一直线，直线与汽轮机严重度 B 标尺线相交在22%点上，即为该台汽轮机严重度 B 值。

（7）一个有着高严重度的润滑油系统，需要经常补充油或更换油。反之，一个只有低严重度的系统，则只需作例行的油补充就可以了。

（8）现在设计的汽轮机组比以前安装的机组有较高的汽轮机严重度。润滑系统温度的增高被认为是汽轮机组存在较高严重度的原因。现在大容量机组的主轴、盘车齿轮和联轴器都大，主油箱的容量又较小，这些都增加了单位体积的油量每小时必须向冷油器传送的热量。另外，运行现场的环境影响也很大，如煤灰、粉尘侵入油系统，造成对油的污染变质也是一个因素。

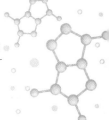

第四节　涡轮机油的油质监督管理

一、油质质量标准与试验监督周期

1. 新涡轮机油的质量标准

新涡轮机油的质量标准见表 4-12～表 4-14（即 GB/T 11120—2011《涡轮机油》）。

表 4-12　　　　　　　　　　　L-TSA 和 L-TSE 汽轮机油技术要求

项目		质量指标							试验方法
		A 级			B 级				
黏度等级（GB/T 3141）		32	46	68	32	46	68	100	
外观		透明			透明				目测
色度（号）		报告			报告				GB/T 6540
运动黏度（40℃，mm²/s）		28.8～35.2	41.4～50.6	61.2～74.8	28.8～35.2	41.4～50.6	61.2～74.8	90.0～110.0	GB/T 265
黏度指数（不小于）		90			85				GB/T 1995[a]
倾点[b]（不高于,℃）		—6			—6				GB/T 3535
密度（20℃，kg/m³）		报告			报告				GB/T 1884 和 GB/T 1885[c]
闪点（开口，不低于,℃）		186	195		186	195			GB/T 3536
酸值（以 KOH 计）（不大于，mg/g）		0.2			0.2				GB/T 4945[d]
水分（质量分数）（不大于,%）		0.02			0.02				GB/T 11133[e]
泡性试验（泡沫倾向/泡沫稳定性）[f]（不大于，mL/mL）	程序Ⅰ（24℃）	450/0			450/0				GB/T 12579
	程序Ⅱ（93℃）	50/0			100/0				
	程序Ⅲ（后 24℃）	450/0			450/0				
空气释放值（50℃）（不大于，min）		5	6		5	6	8	—	SH/T 0308
铜片腐蚀（100℃，3h）（不大于，级）		1			1				GB/T 5096
液相锈蚀（24h）		无锈			无锈				GB/T 11143（B 法）
抗乳化性（乳液达到 3mL 的时间）（不大于，min）	54℃	15	30		15	30	—		GB/T 7305
	82℃	—			—		30		
旋转氧弹[g]（min）		报告			报告				SH/T 0193
氧化安定性	1000h 后总酸值（以 KOH 计）/（mg/g）不大于	0.3	0.3	0.3	报告	报告	报告	—	GB/T 12581
	总酸值达 2.0mg/g（以 KOH 计）的时间（不小于，h）	3500	3000	2500	2000	2000	1500	1000	GB/T 12581
	1000h 后油泥（不大于，mg）	200	200	200	报告	报告	报告	—	SH/T 0565

项目		质量指标							试验方法
		A 级			B 级				
黏度等级（GB/T 3141）		32	46	68	32	46	68	100	
承载能力[h]	齿轮机试验/失效（不小于，级）	8	9	10	—				GB/T 19936.1
	过滤性干法（不小于，%）	85			报告				SH/T 0805
	湿法	通过			报告				
	清洁度[i]（不大于，级）	—/18/15			报告				GB/T 14039

注　L-TSA 类分 A 级和 B 级，B 级不适用于 L-TSE 类。
[a]　测定方法也包括 GB/T 2541，结果有争议时，以 GB/T 1995 为仲裁方法。
[b]　可与供货商协商较低的温度。
[c]　测定方法也包括 SH/T 0604。
[d]　测定方法也包括 GB/T 7304 和 SH/T 0163，结果有争议时，以 GB/T 4945 为仲裁方法。
[e]　测定方法也包括 GB/T 7600 和 SH/T 0207，结果有争议时，以 GB/T11133 为仲裁方法。
[f]　对于程序Ⅰ和程序Ⅲ，泡沫稳定性在 300s 时记录，对于程序Ⅱ在 60s 时记录。
[g]　该数值对使用中油品监控是有用的，低于 250min 属不正常。
[h]　仅适用于 TSE。测定方法也包括 SH/T 0306，结果有争议时，以 GB/T 19936.1 为仲裁方法。
[i]　按 GB/T 18854 校正自动粒子计数器（推荐采用 DL/T 432 方法计算和测量粒子）。

表 4-13　　　　　L-TGA 和 L-TGE 燃气机油技术要求

项目		质量指标						试验方法
		L-TGA			L-TGE			
黏度等级（GB/T 3141）		32	46	68	32	46	68	
外观		透明			透明			目测
色度（号）		报告			报告			GB/T 6540
运动黏度（40℃，mm²/s）		28.8～35.2	41.4～50.6	61.2～74.8	28.8～35.2	41.4～50.6	61.2～74.8	GB/T 265
黏度指数（不小于）		90			90			GB/T 1995[a]
倾点[b]（不高于，℃）		—6			—6			GB/T 3535
密度（20℃，kg/m³）		报告			报告			GB/T 1884 和 GB/T 1885[c]
闪点（不低于，℃）　开口　闭口		186 170			186 170			GB/T 3536 GB/T 261
酸值（以 KOH 计，不大于，mg/g）		0.2			0.2			GB/T 4945[d]
水分（质量分数，不大于，%）		0.02			0.02			GB/T 11133[e]
泡性试验（泡沫倾向/泡沫稳定性）[f]，（不大于，mL/mL）	程序Ⅰ（24℃）	450/0			450/0			GB/T 12579
	程序Ⅱ（93℃）	50/0			50/0			
	程序Ⅲ（后 24℃）	450/0			450/0			
空气释放值（50℃）（不大于，min）		5		6	5		6	SH/T 0308
铜片腐蚀（100℃，3h）（不大于，级）		1			1			GB/T 5096
液相锈蚀（24h）		无锈			无锈			GB/T 11143（B 法）
旋转氧弹[g]（min）		报告			报告			SH/T 0193

项目		质量指标						试验方法
		L-TGA			L-TGE			
黏度等级（GB/T 3141）		32	46	68	32	46	68	
氧化安定性	1000h 后总酸值（以 KOH 计）/（不大于，mg/g）	0.3	0.3	0.3	0.3	0.3	0.3	GB/T 12581
	总酸值达 2.0mg/g（以 KOH 计）的时间（不小于，h）	3500	3000	2500	3500	3500	3500	GB/T 12581
	1000h 后油泥（不大于，mg）	200	200	200	200	200	200	SH/T 0565
承载能力	齿轮机试验/失效（不小于，级）	—			8	9	10	GB/T 19936.1[h]
	过滤性干法（不小于，%）	85			85			SH/T 0805
	湿法	通过			通过			
清洁度[i]（不大于，级）		—/17/14			—/17/14			GB/T 14039

[a] 测定方法也包括 GB/T 2541，结果有争议时，以 GB/T 1995 为仲裁方法。
[b] 可与供货商协商较低的温度。
[c] 测定方法也包括 SH/T 0604。
[d] 测定方法也包括 GB/T 7304 和 SH/T 0163，结果有争议时，以 GB/T 4945 为仲裁方法。
[e] 测定方法也包括 GB/T 7600 和 SH/T 0207，结果有争议时，以 GB/T 11133 为仲裁方法。
[f] 对于程序Ⅰ和程序Ⅲ，泡沫稳定性在 300s 时记录，对于程序Ⅱ在 60s 时记录。
[g] 该数值对使用中油品监控是有用的。低于 250min 属不正常。
[h] 测定方法也包括 SH/T 0306，结果有争议时，以 GB/T 19936.1 为仲裁方法。
[i] 按 GB/T 18854 校正自动粒子计数器（推荐采用 DL/T 432 方法计算和测量粒子）。

表 4-14　L-TGSB 和 L-TGSE 燃气机油技术要求

项目		质量指标						试验方法
		L-TGSB			L-TGSE			
黏度等级（GB/T 3141）		32	46	68	32	46	68	
外观		透明			透明			目测
色度（号）		报告			报告			GB/T 6540
运动黏度（40℃，mm²/s）		28.8～35.2	41.4～50.6	61.2～74.8	28.8～35.2	41.4～50.6	61.2～74.8	GB/T 265
黏度指数（不小于）		90			90			GB/T 1995[a]
倾点[b]（不高于，℃）		—6			—6			GB/T 3535
密度（20℃，kg/m³）		报告			报告			GB/T 1884 和 GB/T 1885[c]
闪点（不低于，℃）	开口	200			200			GB/T 3536
	闭口	190			190			GB/T 261
酸值（以 KOH 计，不大于，mg/g）		0.2			0.2			GB/T 4945[d]
水分（质量分数，不大于，%）		0.02			0.02			GB/T 11133[e]
泡性试验（泡沫倾向/泡沫稳定性）[f]（不大于，mL/mL）	程序Ⅰ（24℃）	450/0			50/0			GB/T 12579
	程序Ⅱ（93℃）	50/0			50/0			
	程序Ⅲ（后 24℃）	450/0			50/0			

项目		质量指标						试验方法
		L-TGSB			L-TGSE			
黏度等级（GB/T 3141）		32	46	68	32	46	68	
空气释放值（50℃）（不大于，min）		5	6		5	6		SH/T 0308
铜片腐蚀（100℃，3h）（不大于，级）		1			1			GB/T 5096
液相锈蚀（24h）		无锈			无锈			GB/T 11143（B法）
抗乳化性（54℃，乳液达到3mL的时间）（不大于，min）		30			30			GB/T 7305
旋转氧弹（不小于，min）		750			750			SH/T 0193
改进旋转氧弹[g]（不小于，%）		85			85			SH/T 0193
氧化安定性，总酸值达 2.0mg/g（以 KOH 计）的时间（不小于，h）		3500	3000	2500	3500	3000	2500	GB/T 12581
高温氧化安定性（175℃，72h）	黏度变化（%）	报告			报告			
	酸值变化（以 KOH 计，mg/g）	报告			报告			
金属片重量变化（mg/cm²）	钢	±0.250			±0.250			ASTM D4636[h]
	铝	±0.250			±0.250			
	镉	±0.250			±0.250			
	铜	±0.250			±0.250			
	镁	±0.250			±0.250			
承载能力，齿轮机试验/失效（不小于，级）		—			8	9	10	GB/T 19936.1[i]
过滤性	干法（不小于，%）	85			85			SH/T 0805
	湿法	通过			通过			
清洁度[j]（不大于，级）		—/17/14			—/17/14			GB/T 14039

a 测定方法也包括 GB/T 2541，结果有争议时，以 GB/T 1995 为仲裁方法。

b 可与供货商协商较低的温度。

c 测定方法也包括 SH/T 0604。

d 测定方法也包括 GB/T 7304 和 SH/T 0163，结果有争议时，以 GB/T 4945 为仲裁方法。

e 测定方法也包括 GB/T 7600 和 SH/T 0207，结果有争议时，以 GB/T 11133 为仲裁方法。

f 对于程序Ⅰ和程序Ⅲ，泡沫稳定性在300s时记录，对于程序Ⅱ在60s时记录。

g 取 300mL 油样，在121℃下，以 3L/h 的速度通入清洁干燥的氮气，经48h后，按照 SH/T 0193 进行试验。用所得结果与未经处理的样品所得结果的比值的百分数表示。

h 测定方法也包括 GJB 563，结果有争议时，以 ASTM D4636 为仲裁方法。

i 测定方法也包括 SH/T 0306，结果有争议时，以 GB/T 19936.1 为仲裁方法。

j 按 GB/T 18854 校正自动粒子计数器（推荐采用 DL/T 432 方法计算和测量粒子）。

2. 运行中涡轮机油的质量标准

对运行油的检验间隔时间取决于设备的型式、用途、功率、结构和运行条件及气候条件。检验周期的确定主要考虑安全可靠性和经济性之间的必要平衡。正常的检验周期是基于保证机组安全运行而确定的，但对于机组检修后有补油、换油以后的试验则应另行增加检验次数；如果试验结果指出油已变坏或接近它的运行寿命终点时，则检验次数应增加。

表 4-15 运行中矿物涡轮机油质量（GB/T 7596—2017）

序号	项目		质量指标	检验方法
1	外状		透明、无杂质或悬浮物	DL/T 429.1
2	色度		≤5.5	GB/T 6540
3	运动黏度[a]（40℃，mm²/s）	32	不超过新油测定值±5%	GB/T 265
		46		
		68		
4	闪点（开口杯，℃）		≥180℃，且比前次测定值不低 10℃	GB/T 3536
5	颗粒污染度等级[b]（SAE AS4059F，级）		≤8	DL/T 432
6	酸值（以 KOH 计，mg/g）		≤0.3	GB/T 264
7	液相锈蚀[c]		无锈	GB/T 11143（A 法）
8	抗乳化性[c]（54℃，min）		≤30	GB/T 7605
9	水分[c]（mg/L）		≤100	GB/T 7600
10	泡沫性（泡沫倾向/泡沫稳定性）（不大于，mL/mL）	24℃	500/10	GB/T 12579
		93.5℃	100/10	
		后 24℃	500/10	
11	空气释放值（50℃，min）		≤10	SH/T 0308
12	旋转氧弹值（150℃，min）		不低于新油原始测定值的 25%，且汽轮机用油、水轮机用油不小于 100，燃气轮机用油不小于 200	SH/T 0193
13	抗氧剂含量（%）	T501 抗氧剂	不低于新油原始测定值的 25%	ASTM D6971
		受阻酚类或芳香胺类抗氧剂		

[a] 32、46、68 为 GB/T 3141 中规定的 ISO 黏度等级。

[b] 对于 100MW 及以上机组检测颗粒度，对于 100MW 以下机组目视检查机械杂质。
对于调速系统或润滑系统和调速系统共用油箱使用矿物涡轮机油的设备，油中颗粒污染等级指标应参考设备制造厂提出的指标执行，SAE AS4059F 颗粒污染分级标准参见 GB/T 7596—2017 附录 A。

[c] 对于单一燃气轮机用矿物涡轮机油，该项指标可不用检测。

油系统检修后机组启动前，涡轮机油的颗粒污染等级应不大于 SAE AS4059F 标准中 7 级的要求，运动黏度、酸值、水分、抗乳化性及泡沫性应符合 4-15 要求。

二、新油交货时的监督与验收

（1）在新油交货时，应对接收的油品进行监督，防止出现差错或交货时带入污染物。

（2）所有的油品应及时检查外观，新油交货时应按 GB 11120—2011 标准验收。此外，旋转氧弹还应符合表 4-16 的规定。

表 4-16 新涡轮机油旋转氧弹质量指标

项目		质量指标	试验方法
旋转氧弹（150℃，min）	溶剂精制矿物油	≥300	SH/T 0193
	加氢矿物质油	≥1000	

（3）检验项目至少包括：外观、色度、运动黏度、黏度指数、倾点、密度、闪点、酸值、水分、泡沫性、空气释放值、铜片腐蚀、液相锈蚀、抗乳化性、旋转氧弹和清洁

度。同时应向油品供应商索取氧化安定性、承载能力及过滤性的检测结果，并确保其符合 GB 11120 标准要求。

（4）应向油品供应商索取抗氧化剂的类型信息，并按照 GB/T 7596 或 ASTM D6971 中要求的试验方法进行抗氧化剂的含量的测试，以此作为基准值，指导运行中抗氧化剂的监督以及添加。

（5）可按照有关标准或双方合同约定的指标验收。

（6）所有样品应于取样后立即检查外观，验收试验应在设备注油前全部完成。

三、运行中涡轮机油的监督

1. 新油注入设备后的试验

因新油在储存、运输过程中不可避免受到温度、湿度等环境因素的影响，所以，一般在进入设备前，应进行过滤处理。以除去水分、气体和机械杂质。

（1）当新油注入设备后，应在油系统内进行油循环冲洗，并外加过滤装置过滤。

（2）在系统冲洗过滤过程中，应取样测试颗粒污染等级，直至测试结果达到 SAE AS4059F 标准中 7 级或设备制造厂的要求，方能停止油系统的连续循环。

（3）取样化验颗粒污染等级合格后停止过滤，取约 4L 样品进行油质全分析试验，试验结果应符合表 4-15 要求，如果新油和冲洗过滤后的样品之间存在较大的质量差异，应分析调查原因并消除。此次结果应作为以后的试验数据的比较基准。

2. 运行中油的检测项目及周期

（1）新机组投运 24h 后，应检测油品外观、色度、颗粒污染等级、水分、泡沫性及抗乳化性。

（2）油系统检修后应取样检测油品的运动黏度、酸值、颗粒污染等级、水分、抗乳化性及泡沫性。

（3）运行人员每天记录油品外观、油压、油温、油箱油位、定期记录油系统及过滤器的压差变化情况。

（4）正常运行中的试验项目及周期应符合表 4-17 的规定。

表 4-17　　　　　　　　　　　　　　试验室试验项目及周期

序号	试验项目	投运一年内			投运一年后		
		蒸汽轮机	燃气轮机	水轮机	蒸汽轮机	燃气轮机	水轮机
1	外观	1周		2周	1周		2周
2	色度	1周		2周	1周		2周
3	运动黏度	3个月		6个月	6个月		1年
4	酸值	3个月	1个月	6个月	3个月	2个月	1年
5	闪点	必要时			必要时		
6	颗粒污染等级	1个月			3个月		
7	泡沫性	6个月		1年	1年		2年
8	空气释放值	必要时			必要时		

序号	试验项目	投运一年内			投运一年后		
		蒸汽轮机	燃气轮机	水轮机	蒸汽轮机	燃气轮机	水轮机
9	水分	1个月			3个月		
10	抗乳化性	6个月			6个月		
11	液相锈蚀	6个月			6个月		
12	旋转氧弹	1年	6个月	1年	1年	6个月	1年
13	抗氧剂含量	1年	6个月	1年	1年	6个月	1年

注　1. 如发现外观不透明，则应检测水分和破乳化度。
　　2. 如怀疑有污染，则应测定闪点、抗乳化性能、泡沫性和空气释放值。

（5）补油后，应在油系统系统循环 24h 后进行油质全分析。

（6）运行中系统的磨损、油品污染和油中添加剂的损耗情况，可以结合油中元素分析进行综合判断。

（7）如果油质异常，应缩短试验周期，必要时取样进行全分析。

四、油的相溶性 （混油）

（1）需要补充油时，应补加经检验合格与原设备相同黏度等级及同一添加剂类型的涡轮机油。补油前应先对运行油、补充油和混合油进行油泥析出试验，混合油样无油泥析出或混合油样的油泥不多于运行油的油泥方可补加。

（2）不同牌号、不同质量等级或不同添加剂类型的涡轮机油不宜混用。当不得不补加时，应满足下列条件才能混用：

1）应对运行油、补充油和混合油进行质量全分析，试验结果合格，混合油样的质量应不低于未混合油中质量最差的一种油。

2）应对运行油、补充油和混合油样进行开口杯老化试验，混合油样无油泥析出或混合油样的油泥不多于运行油的油泥，酸值不高于混合油中质量最差的一种油。

（3）油泥析出试验应按照 DL/T 429.7 或 GB/T 8926（方法 A）进行测试。当无法用 DL/T 429.7 方法对比不同油样油泥析出量时，应按照 GB/T 8926（方法 A）进行油泥含量的测试。

（4）试验前，油样的混合比例应与实际的比例相同；如果无法确定混合比例时，则试验时宜采用 1∶1 比例进行混油。

（5）不同黏度等级的油不应混合使用。

（6）矿物涡轮机油与用作润滑、调速的合成液体（如磷酸酯抗燃油）有本质上的区别，切勿将两者混合使用。

五、换油

（1）涡轮机油运行中因油质劣化需要换油时，应提高油温至 60℃，进行油系统循环。循环 24h 后，停止油系统运行，并立即将油系统中的劣化油排放干净。

（2）检查油箱及油系统，应无杂质、油泥，必要时清理油箱。

（3）用冲洗油将油系统彻底冲洗，冲洗方法参见 GB/T 14541—2017 附录 D。

（4）冲洗过程中应取油样化验，冲洗后冲洗油质量不得低于运行油标准。

（5）将冲洗油排空，应更换油系统及旁路过滤装置的滤芯后再注入新油，进行油循环，直到油质符合表 4-15 的要求。

六、运行涡轮机油的维护和管理

运行油在运行过程中要受到温度、压力、湿度等环境因素的影响，其氧化安定性降低，使油的某些指标发生变化，影响其性能的发挥，所以对运行油要进行日常监督维护和管理。

（一）涡轮机油运行寿命的影响因素

1. 化学成分

除了油品的化学组成外，如添加剂选择不当，各种添加剂相互配合性不合理对油品氧化安定性有一定影响，反会导致油品的性能变坏。

2. 系统的设计和类型

（1）汽轮机润滑系统大多数型式是用主油泵直接将油压出进入润滑系统。其余组成部分为储油箱、油冷却器、滤网、油管道和旁路净化装置或过滤设备等。

（2）主油箱：①油箱用于储存系统全部用油。还起着分离油中空气，水分和各种杂质的作用，所以油箱结构设计对油品变质起着一定的作用。若油箱容量设计过小，增加油循环次数，油在油箱停留时间就会相应缩短，起不到水分的析出和乳化油的分离，加速油的劣化。油在主油箱内的滞留时间至少要有 8min。可用加隔板的办法在主油箱内形成一个狭长的通道，设计上还应尽量减小回油进口处的紊流。②油流速、油压对油品变坏都有关系。进油管中的油不但应有一定的油压，而且还应维持一定的流速（1.5～2m/s）。回油管中的油是没有压力的，但也应保持有一定的流速（0.5～1.5m/s）。若回油速度太大，到油箱冲力也大，会使油箱中的油飞溅，容易形成泡沫，造成油中存留气体而加速油品的变质。同时冲力造成激烈搅拌会使含水的油形成乳化。

（3）润滑油管道：润滑油管道必须严密、结实可靠。

（4）旁路净化装置：旁路净化装置应能连续运行，以减少油中杂质的积累和达到可接受的洁净度水平。

3. 油系统投运前的条件

新机组投运前，润滑系统存在的焊渣、碎片、砂粒等杂物，应彻底清除干净。机组启动前，应按要求，对油系统所有区域再次进行彻底检查与清理，然后对系统采用大流量油冲洗方式，使油系统洁净度达到规定要求。

4. 系统的运行条件

影响涡轮机油使用寿命的最重要因素之一是运行温度，特别在系统中一般是在轴承部位上有过热点出现时，会引起油的变质，此时应调节冷油器，控制油温。

（1）油箱油温应维持在较低温度（＜60℃）运行。

（2）在高温条件下，特别是燃气轮机中会加速热氧化裂解，生成各种树脂状物质并产生难溶的沉积物。应加强运行油的监督，减少局部过热点的存在。

5. 油系统检修

油系统检修质量好坏，对油品的物理化学性能有着直接关系。尤其是漏汽漏水的机组油系统比较脏，油中会有铁锈、乳化液沉淀物，若不能彻底清除干净，则会降低油品的性能，有时由于检修方法不当，如用洗衣粉等清洗剂，冲洗不净，就会造成油品被污染。检修时应尽量采用机械方法清除杂物，然后用油冲洗，循环过滤，并采用变温冲洗方式，变量范围在 $30 \sim 70 ℃$，冲洗过程应取样检验。油中杂质含量应达到规定要求。

6. 污染

在运行过程中，涡轮机油中污染物来自两个方面：一是系统外污染物通过轴封和各种孔隙进入；二是内部产生的污染物，包括水、金属磨损颗粒及油品氧化产物，这些污染物都会降低涡轮机油的润滑、抗泡沫等性能。所以涡轮机油运行中消除污染是必需进行的工作，否则不仅会加速油的变质，还会影响机组安全运行。

（1）在机组启动前或油系统检修时，应采用机械方法清除杂物，然后用大流量油冲洗方式，循环过滤，并采用变温冲洗方式使油中杂质含量达到规定要求。

（2）应使用旁路净化装置等过滤设备，将水分、金属锈蚀颗粒和油的劣化产物消除掉。

7. 补油率

正常情况下，涡轮机油的补油率每年应小于 10%。

8. 油的颗粒污染等级

油中不允许有磨损固体颗粒存在。运行中应定期的检查油中的洁净度，并严格控制在 SAE 分级标准等级中的 7 级及以下。

（二）油系统在基建安装阶段的维护

（1）对制造厂供货的油系统设备，交货前应加强对设备的监造，确保油系统设备尤其是具有套装式油管道内部的清洁。

（2）对油系统设备验收时，除制造厂有书面规定不允许有解体者外，都应解体检查其组装的清洁程度，包括有无残留的铸砂、杂质和其他污染物，对不清洁部件应一一进行彻底清理。清理常用方法有人工擦洗、压缩空气吹洗、高压水力冲洗、大流量油冲洗和化学清洁等。清理方法的选择应根据设备结构、材质、污染物成分、状态、分布情况而定。擦洗适用于清理能够达到的表面，对清除系统内分布较广的污染物常需用冲洗法；对牢固附着在局部受污表面的清漆、胶质或其他不溶解污垢的清除，需用有机溶剂或化学清洗法。如果用化学清洗法，事前应同制造厂商议，并做好相应措施准备。

（3）油系统设备验收时，应检查出厂时防护措施是否完好。在设备停放及安装阶段，出厂时有保护涂层的部件，如发现涂层起皮或脱落，应及时补涂；对无保护涂层的铁质部件，应采用喷枪喷涂防锈剂（油）保护。对于某些设备部件，如果采用防锈剂（油）

不能浸润到全部金属表面，可采用（或联合采用）气相防锈剂（油）保护。实施时，应事先将设备内部清理干净，放入的药剂应能浸润到全部且有足够余量，然后封存设备，防止药剂流失或进入污物。对实施防锈保护的设备部件，在停放期内每月应检查一次。

（4）油系统在清理保护时所用的有机溶剂、涂料、防锈剂（油）等，使用前应检验合格，不含对油系统与运行油有害成分，应与运行油有良好的相溶性，有机溶剂或防锈剂在使用后，其残留物应可被后续的油冲洗清除掉而不对运行油产生泡沫、乳化或破坏油中添加剂等不良后果。

（5）各部件验收时应注意下列问题：

1）油箱验收时，应检查内部结构是否符合要求，如隔板和滤网的设置是否合理、清洁、完好，滤网与框架是否结合严密，各油室间油流不短路等。油箱上的门盖和其他开口处应能关闭严密。油箱内壁应涂有防锈漆，漆膜如有破损或脱落，应补涂。油箱在安装时做注水试验后，并将残留水排尽并吹干，必要时用防锈剂（油）或气相防锈剂保护。

2）安装齿轮装置前，应检查其防护装置的密封情况，如有损坏应立即更换，如发现锈剂损失，应及时补加并保持良好密封。

3）阀门、滤油器、冷油器、油泵等验收检查时，如发现部件内表面有一层硬质的保护涂层或其他污物时，应解体用清洁（过滤）的石油溶剂清洗，禁用酸、碱清洗。清洗干净后应用干燥空气吹干，涂上防锈剂（油）后安装复原，并封闭存放。

（6）安装前应对轴承箱上的铸造油孔、加工油孔、盲孔、轴承箱内装配油管以及与油接触的所有表面进行清理，清理后用防锈油或气相防锈剂保护，并对开口处进行密封。

（7）对制造厂组装成件的套装油管，安装前仍应复查组件内部的清洁程度，有保护层者还应检查涂层的完好与牢固性。现场配制的管段与管件安装前应经化学清洗合格，并吹干密封。已经清理完毕的油管不得再在上面钻孔、气割或焊接。油系统管道未全部安装接通前，对油管敞开部分应临时密封。

（三）油系统的冲洗

（1）新机组在安装完成后、投运之前必须进行油系统冲洗。油系统冲洗技术要求参见 GB/T 14541—2017 附录 D，油系统全部设备和管道冲洗应达到合格的颗粒污染等级。

（2）运行机组油系统的冲洗，其冲洗操作与新机组基本相同。新机组应强调系统设备在制造、贮运和安装过程中进入污染物的清除，而运行机组油系统则应重视在运行和检修过程中产生或进入的污染物的清除。

（3）冲洗油应具有较高的流速，应不低于系统额定流速的两倍，并且在系统回路的所有区段内冲洗油流都应达到紊流状态。应提高冲洗油的温度，并适当采用升温与降温的变温操作方式。在大流量冲洗过程中，应按一定时间间隔从系统取油样进行油的颗粒污染等级分析，直到油系统冲洗油的颗粒污染度达到 SAE 分级标准的 7 级。

（4）对于油系统内某些装置，系统在出厂前已进行组装、清洁和密封的则不参与冲洗，冲洗前应将其隔离或旁路，直到其他系统部分达到清洁为止。

（5）检修工作完成后油系统是否进行全系统冲洗，应根据对油系统检查和油质分析后综合考虑而定。如油系统内存在一般清理方法不能除去的油溶性污染物及油或添加剂的降解产物时，宜采用全系统大流量冲洗。冲洗时，还应考虑污染物种类，更换部件自身的清洁程度以及检修中可能带入的某些杂质等。如果没有条件进行全系统冲洗，应采用热的干净运行油对检修过的部件及其连接管道进行冲洗，直至油的颗粒污染等级合格为止。

（四）　运行油系统的防污染控制

1. 运行中

对运行油油质进行定期检测的同时，应重点将汽轮机油封和油箱上的油气抽出器（抽油烟机）以及所有与大气相通的门、孔、盖等作为污染源来监督。当发现运行油受到水分、杂质污染时，应检查这些装置的运行状况或可能存在的缺陷，如有问题应及时处理。为防止外界污染物的侵入，在机组上或其周围进行工作或检查时，应做好防护措施，特别是在油系统上进行一些可能产生污染的作业时，要严格注意不让系统部件暴露在污染环境中。为保持运行油的洁净度，应对油净化装置进行监督，当运行油受到污染时，应采取措施提高净油装置的净化能力。

2. 油转移时

当油系统某部分检修、系统大修或因油质不合格换油，都需要进行油的转移。如果从系统内放出的油还需要再使用时，应将油转移至内部已彻底清除的临时油箱。当油从系统转移出来时，应尽可能将油放尽，特别是将油加热器、冷油器与油净化装置内等含有污染物的大量残油设法排尽。放出的全部油可用大型移动式净油机净化，待完成检修后，再将净化后的油返回到已清洁的油系统中。油系统所需的补充油也应净化合格后才能补入。

3. 检修时

对污染物凡能够达到的地方必须用适当的方法进行清理。清理时所用的擦拭物应干净、不起毛，清洗时所用有机溶剂应洁净，并注意对清洗后残留液的清除。清理后的部件应用洁净油冲洗，必要时需用防剂（油）保护。清理时不宜使用化学清洗法，也不宜用热水或蒸汽清洗。

4. 油处理

（1）油净化处理在于除去油中颗粒杂质和水分等污染物，保持运行油的颗粒污染等级及水分含量符合油的有关标准要求。油处理方法有：机械过滤、重力沉降、离心分离、聚结分离和真空过滤。机械过滤用于滤除油中的机械杂质，其截污能力决定于过滤介质的材质及其过滤孔径。聚结分离和真空过滤用于除去油中的水分，一般与机械过滤联合使用，其中真空脱水方式因脱水效率低适用于油含水量较少的情况。重力沉降和离心分离可同时除去油中的机械杂质和水分，重力沉降特别适合运行系统采用。

1）机械过滤器（滤油器）包括滤网式、缝隙式、滤芯式和铁磁式等类型，其截污能力决定于过滤介质的材质及其过滤孔径。金属质滤材包括筛网、缝隙板、金属颗粒或细丝烧结板（筒）等，其截留颗粒的最小直径在 $20\sim1500\mu m$，其过滤作用是对机械杂质的表面截留。非金属滤料包括滤纸、编织物、毛毡、纤维板压制品等，其截留颗粒的最小直径为 $1\sim50\mu m$，对清除机械杂质兼有表面和深层截留作用，还对水分与酸类有一定吸收或吸附作用。但非金属滤元的机械强度不及金属滤元，只能一次性使用，用后废弃换新。国际上，常用 β 值（μm）评价过滤器的截污能力。β 值愈高净化效率愈好，一般要求不同精度过滤器 β 值应大于 75，它对于精密滤元的选用尤为重要。

注：β 值（μm）表示过滤器进油处油中某一尺寸颗粒数目与出口处油中同样尺寸颗粒数目之比。

2）重力沉降净油器主要由沉淀箱、过滤箱、贮油箱、排油烟机、自动抽水器和精密滤油器等组成。这种净油器由于具有较大油容积，对油中水分、杂质兼有重力分离和过滤净化作用，因此特别适合运行系统采用，也可用于离线处理，可减轻其他净油装置的除污负担。

3）离心分离式净油机是借具有碟形金属片的转鼓，在高速旋转（$6000\sim9600r/min$）下产生的离心力，使油中水分、杂质与油分开而被清除掉。对于油中悬浮杂质，其分离程度与油的黏度、油与杂质的密度差等因素有关。当运行条件良好时，可除去油中部分的颗粒杂质和大部分水分。

使用中为防止油氧化，油温应不大于 60℃，但当油温过低时（低于 15℃）则应适当提高油温。

4）水分聚集/分离净油器是采用特制纤维滤芯，可将油中分散的细水滴凝聚成大水滴，油则通过一特制的憎水性隔膜而将水滴阻挡在外，使水滴落到净油器底部排出。为防止颗粒物被截流在聚集器滤芯影响水的聚集，装置的进口处设有颗粒预滤器。

5）真空滤油机。由过滤器、加热器、真空室等组成。将湿油（油温 $38\sim82$℃）在真空度为 $33\sim16kPa$ 的真空室内进行喷射或淋洒，借真空作用将油中水分蒸发、抽出、凝结而脱除。在运行条件良好时，可将油中水分降低，其中油中溶解水分可得到部分清除。但油中组分（包括添加剂）会有所损失。

（2）油再生处理是采用吸附剂，借净油器的渗滤吸附作用，除去油中老化产物，恢复并保持油品老化性能的措施，常用吸附剂的性能参见 GB/T 14541—2017 附录 E。这种处理可能会除去油中某些添加剂，处理后应及时检测并进行补加。

吸附净油器一般采用活性的过滤介质，如硅胶、活性氧化铝、高岭土等，借净油器的渗滤吸附作用，可除去油中氧化产物，但也会同时除去油中某些添加剂，甚至会改变基础油的化学组成。对使用磷酸酯抗燃油的液压调节系统，常采用有吸附净油器的旁路净化系统进行除酸，同时油中游离水分可得到部分清除。

不同型式的油净化装置都有各自的局限性。因此，大容量机组油净化系统常选用具有综合功能的净油装置，且要求所用的油净化装置与油系统及其运行油应有良好的相容性。

（3）油净化系统的配置方式常用的有全流量净化、旁路净化和油槽净化三种。全流量净化是获得与维持油颗粒污染等级最有效的方式，但常会受到过滤工序的制约。对于旁路净化，虽其效率不如全流量净化，但易于安装，可连续使用，不会受到运行限制。旁路净化效率与旁路分流流量比率有关，分流比越高，对污染物清除效率越高。旁路分流比率一般为 10％～75％。油槽净化方式不适用于运行系统。但当运行油在主油箱与贮油系统之间进行转移时，常需要油槽净化方式。

（4）油净化系统与油系统的连接方式，应考虑有利于向机组提供最纯净的油；当油净化系统或管路事故可能危及机组安全时，能提供最大的保护。

5. 油品添加剂

（1）添加油品添加剂是油质防劣化的一项重要措施。对于矿物涡轮机油，适合运行油使用的有抗氧化剂和金属防锈剂两类。

（2）添加剂对运行油和油系统应有良好的相容性，对油的其他使用性能无不良影响；对油系统金属及其他材质无侵蚀性。

（3）新涡轮机油应检测 T501 抗氧化剂、芳香胺类或其他酚类抗氧化剂的类型及含量，并以此作为添加依据。含有不同类型抗氧化剂的涡轮机油添加应按下述要求进行：

1）仅含有 T501 抗氧化剂的新涡轮机油或再生油，其中 T501 含量不应低于 0.3％～0.5％，运行中应不低于 0.15％，否则应该补加。

2）含有其他氧化剂或与 T501 复合抗氧化剂的新涡轮机油，如果抗氧化剂含量低于新油的 30％，则应进行补加。补加的抗氧化剂的类型与数量应咨询油品供应商或生产商。

（4）T746 防锈剂是常用的一种金属防锈剂，如油质检测液相锈蚀不合格，则应进行补加，对矿物涡轮机油的补加剂量一般为 0.02％～0.03％。

（5）补加添加剂时，用待补加添加剂的油将添加剂配成 5％～10％的母液通过滤油机加入油中。添加后应对运行油循环过滤，使添加剂与油混合均匀，并对运行油的油质进行检测。

（6）T501 抗氧化剂与 T746 防锈剂的药剂质量应按 GB/T 14541—2017 附录 E 进行验收合格，并注意药剂的保管，以防变质。

七、技术管理和安全要求

1. 应根据实际情况建立有关技术管理档案

（1）主要用油设备台账：包括设备铭牌上的主要规范、油种、油量、油净化装置配备情况、设备投运日期等记录。

（2）主要用油设备运行油的质量检查台账：包括换油、补油和防劣措施、运行油处理等情况记录。

（3）主要用油设备大修检查情况记录。

（4）旧油、废油回收处置或再生处理记录。

（5）库存备用油及油质检验台账：包括油种、牌号、油量及油品转移等情况记录。

（6）汽（水）轮机油系统、油库、油处理站设备系统图等。

2. 安全与卫生

（1）油库、油处理站设计应符合消防与工业卫生、环境保护等有关要求。油罐安装间距及油罐与周围建筑物的距离，应符合相关防火标准的规定，且应设置油罐防护堤。为防止雷击和静电放电，油罐及其连接管线，应装设良好的接地装置，必需的消防器材和通风、照明、含油污的废水处理等设施均应合格齐全。油再生处理站还应根据环境保护规定，妥善处理油再生时的废渣、废气、残油和污水等。

（2）油库、油处理站及其所辖储油区，应严格执行防火防爆制度。杜绝油的渗漏和泼洒，地面油污应及时清除，严禁烟火。对使用过的沾油棉织物及一切易燃易爆物品均应清除干净。油罐输油操作应注意防止静电放电。查看油罐油箱时，应使用低压安全行灯并注意通风等。

（3）从事接触油料工作时，应注意采取有关保健防护措施，尽量避免吸入油雾或油蒸气；避免皮肤长时间过多地与油接触，必要时需戴防护手套、穿防护服，操作完后应将皮肤上的油污清洗干净，油污衣物应及时清洗等。

八、现场巡回检查和设备检修时的验收

为保证涡轮机油用油设备的安全运行，通过现场巡回检查及时发现运行油存在的问题，掌握运行情况，督促油务管理制度的贯彻执行，及时采取措施，确保运行油正常运行。

1. 巡回检查的项目和周期

巡回检查由化验专责，按照下列规定进行。

（1）汽轮机组，每周检查一次，主要检查：①各轴瓦回油窥视镜上是否有水珠；②净油器投运情况；③油箱底部放水情况及油箱油位及补油情况；④油系统漏汽漏水及漏油情况；⑤给水泵油中水分、泡沫。

（2）风机检查情况，每一个月检查一次，主要检查：①一次风机联轴器用油的外观，冷油器的漏水情况；②二次风机的油质情况；③高低压泵站的油质情况（一个月一次）。

2. 设备检修时的油务监督

（1）应根据日常掌握的油转情况，事先向有关部门提出油系统和用油设备内部的清洗方法，和油的处理意见。

（2）应建立检修记录台账，并做好记录。

（3）应从退油、清洗、油处理、补油及油循环等几个环节入手，详细记录补油量等有关数据（计算汽轮机严重度时用），坚持全过程监督。

3. 设备检修时的检查验收

（1）检修前的检查：①检查内容：深入地检查设备内部情况。检查油系统中是否有

油泥沉淀物，是否有金属或纤维等杂质，何处有，何处最多，都是什么成分，检查设备金属表面是否遭受腐蚀等，并将这些情况详细记录，画图和分析成分，再研究分析找出原因，总结运行中的经验教训，提出改进的办法。②检查部位：包括油箱、冷油器、轴瓦、推力轴承、滤网和油系统管道等。

（2）对检修后的验收：①油系统和用油设备内清洗完后，油务专责人应和检修负责人共同检查，看是否清洗与擦拭干净，如不干净则需继续，直到干净为止。②检修清洗后，未检查前，不可将油系统和设备正式封盖，在验收工作中，应做好详细的记录，以备考察。③验收合格后，应将油系统封闭盖好，不准随意打开，同时须采取防止尘埃、污物、水分等进入措施。

（3）对油系统清洗的要求：①清洗后，在油系统中，应无油泥沉淀物和坚硬的油垢，应无金属屑和腐蚀产物，应无机械杂质和纤维质，以及残留的清洗溶液和水分。②要保证油系统无漏油或渗油现象。

第五节　磷酸酯抗燃油

一、磷酸酯抗燃油的基本概念

磷酸酯抗燃油是一种合成的液压液，一般为三芳基磷酸酯为基础的油，并加有少量抗氧化剂、抗腐蚀剂、酸性吸收剂及抗泡沫剂。它的某些特性与矿物油截然不同。根据国际标准化组织（ISO）对抗燃液压液进行的分类，磷酸酯抗燃油属于 H（F）-DR 类。

抗燃油必须具备难燃性、抗压性能，但也要有良好的氧化安定性、低挥发性和良好的添加剂感受性。磷酸酯抗燃液的突出特点是比石油基液压油的蒸汽压低，没有易燃和维持燃烧的分解产物，而且不沿油流传递火焰，甚至由分解产物构成的气体燃烧后也不会引起整个液体着火。部分抗燃液压液与矿物油的特性对比见表4-18。

表 4-18　　　　　　　　抗燃液压油和矿物油的特性对比

油品名称	黏温性	挥发性	热安定性	氧化安定性	水解安定性	难燃性	润滑性	添加剂感受性
石油基油	好	差	好	可	优	差	可	优
磷酸酯	较好	可	可	好	可	优	优	好

二、磷酸酯抗燃油的合成

1. 电力系统主要采用三芳基磷酸酯。目前常用的热法合成反应如下：

$$3ArOH+POCl_3 \xrightarrow{\Delta} Ar-O-P(OAr)_2=O+3HCl$$

反应式中 ArOH 代表甲酚、二甲酚、异丙酚等酚类同系物，和三氯氧磷反应。

该方法是热法合成工艺，在生产磷酸酯抗燃油过程中无游离氯参加反应，反应产生

HCl 可以通过碱洗的方法除去，因此产品中氯含量均小于 0.005%，符合抗燃油质量标准要求。

2. 热法合成工艺生产过程

其中 R 可以相同，也可不同，侧链上 R 的数目也不同。其工艺过程如图 4-14 所示。

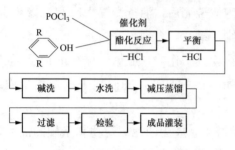

图 4-14 热法合成工艺流程图

其中 ArOH 的结构和苯环上的侧链位置、纯度，对合成的三芳基磷酸酯抗燃油性能有影响。采用合成酚为原料，其纯度高，邻位取代酚含量小（≤3%），生产的抗燃油（简称 EHC-S），属于基本无毒类；而用煤焦油提炼的酚为原料合成的抗燃油（简称 EHC-N），毒性视邻位基团含量大小而定。从煤焦油提炼的酚，其邻位取代酚的含量太高时，不能作为合成抗燃油的原料。

抗燃油的性质与其合成原料的化学结构有很大的关系。例如：增加苯环的数量，会提高热稳定性和抗燃性；而烷基的引入可改善油品的黏温特性和电阻率。因此，在磷酸酯抗燃油的生产过程中，选择合适的芳环数目及其烷基侧键是十分重要的。

汽轮机组调节系统压力不同，结构不同，对抗燃油的黏度要求不同。改变油黏度方法：其一添加增黏剂，可能产生黏滞物；其二是生产不同结构、不同黏度的磷酸酯进行混配。我国生产磷酸酯抗燃油即是根据用户要求，用不同黏度的磷酸酯按比例进行混配，添加复合剂，然后通过精密过滤制得成品油。

三、磷酸酯抗燃油的性能

磷酸酯作为一种合成油，它的某些特性与矿物油的差别是很大的。它是一种淡黄色的黏稠、透明状的液体，饱和蒸汽压为 $3.8×10^{-3}$Pa，沸点为 410℃。

1. 工作压力高

EH 油系统的工作压力一般在 12.41～14.48MPa，而低压调节系统的工作压力一般只有 2MPa。由于工作压力高，大大减少了液压部件的尺寸，改善了汽轮机调节系统的动态特性。

2. 采用流量控制形式

EH 油系统采用电液转换器（又称伺服阀），直接将电信号控制油动机油缸的进出油压力，从而控制油动机的行程，提高了调节精度。

3. 具有在线检修特点

EH 油系统设有双通道，部件有故障时可以从系统中隔离进行在线检修。

4. 对油质要求特别高

电液转换器最小通流线性尺寸为 0.03～0.05mm，一般节流孔径为 0.4～0.8mm，故对抗燃油中颗粒含量要求特别高。

5. 密度

密度是磷酸酯抗燃油与石油基涡轮机油主要区别之一。磷酸酯抗燃油的密度大于 1，

一般为 $1.11\sim1.17g/cm^3$。而石油基涡轮机油的密度小于 1，一般为 0.87 左右。由于抗燃油的密度大，因而有可能使管道中的污染物悬浮在液面而在系统中循环，造成某些部件堵塞与磨损。如果系统进水，水会浮在抗燃油的液面上而排除较为困难。按 GB/T 1884 方法试验，测定密度可判断补油是否正确及油品中是否混入其他液体或过量空气。

6. 运动黏度

芳基结构对磷酸酯的黏度影响较大，随芳基上侧键的数目、位置和长度的不同而异。三芳基磷酸酯的黏度大于相同分子量的三烷基磷酸酯。磷酸酯抗燃油的黏度范围一般在 $28\sim45mm^2/s$，按 GB 265 方法试验，测定运动黏度可鉴别补油是否正确及油品是否被其他液体污染。

7. 酸值

新油的酸值与含不完全酯化产物的量有关，它具有酸的作用，部分溶解于水，它能引起油系统金属表面腐蚀。酸值高还能加速磷酸酯的水解，其水解反应是自催化反应，反应一旦发生，反应速度将逐渐增加，水解反应的产物为二芳基磷酸酯，酸性较强，从而缩短油的寿命，故酸值愈小愈好。运行中酸值接近或超过 0.15mgKOH/g，颜色逐渐变为绿色，甚至接近黑色。

按 GB 264 方法试验。酸值是重要的控制指标，如果运行中抗燃油酸值升高得快，表明抗燃油老化变质或水解。必须查明酸值升高的原因，采取措施，防止油质进一步劣化。

8. 优良的抗燃性能

磷酸酯的抗燃性可用自燃点来衡量。三芳基磷酸酯的闪点和自燃点都很高，新油闪点一般高于 240℃，自燃点一般在 530℃以上（热板试验在 700℃以上），而矿物油的自燃点在 350 左右。磷酸酯的抗燃作用在于其火焰切断火源后，会自动熄灭，不再继续燃烧，这也是和矿物涡轮机油最大区别之一。

闪点按 GB 3536 方法试验，闪点降低，说明抗燃油中产生或混入了易挥发可燃性组分，应采取适当措施，保证机组安全运行；抗燃油的自燃点是保证机组安全运行的一项主要指标，如果运行中自燃点降低，说明抗燃油被矿物油或其他易燃液体污染，应迅速查明原因。

9. 氯含量

磷酸酯抗燃油对氯的含量要求很严格。因为氯离子超标会加速磷酸酯的降解，并导致伺服阀的腐蚀，并会损坏某些密封衬垫材料。氯离子含量高一是来源于合成中的副产物，其二是系统清洗时使用含氯溶剂。而普通的矿物基涡轮机油则没有这方面的要求。

当 EH 油中的 Cl^- 含量较高时，大量的 Cl^- 会聚集在伺服阀的阀口处形成电化学腐蚀，造成伺服阀内漏，EH 油压力降低，回油温度、压力升高。若 Cl^- 含量超标，要对 EH 油系统进行彻底清洗并换油。

按 DL433 或 DL1206 方法试验，若发现氯含量超标，应分析原因，采取措施。

10. 挥发性

三芳基磷酸酯有低的挥发性，有侧链时更低。在 90℃、6.5h 的动态蒸发试验中，三甲基磷酸酯失重为 0.22%，而 32 号涡轮机油失重为 0.36%。说明抗燃油挥发性能比涡轮机油好。

11. 介电性

磷酸酯抗燃油的介电性能比矿物涡轮机油要差得多，介电性能主要是以电阻率指标表征的。电阻率是高压抗燃油的一项主要指标，所以对抗燃油必须测体积电阻率，若体积电阻率低，会造成伺服阀腐蚀，调速系统卡涩。对矿物涡轮机油，并没有这方面的指标规定。

抗燃油电阻率降低的因素主要包括以下几个方面：

（1）极性污染物：如氯离子、水或油的酸性降解物（如酸式磷酸一酯、二酯或磷酸盐）。

（2）脏物或颗粒杂质：如磨损的金属碎屑、空气中灰尘污染等。

（3）添加剂：添加了防锈剂、金属钝化剂等极性物质，会降低抗燃油的电阻率。

（4）油的温度：虽然系统中的油温一般控制在 40~60℃，但伺服阀中的油温可能高得多。其电阻率随着温度的上升下降很快。而压力和黏度的变化对电阻率的降低不会起很大作用。

（5）补加了不合格的抗燃油所引起油的电阻率下降。油的电阻率与温度、酸值、氯含量及含水量的关系如图 4-15 所示。

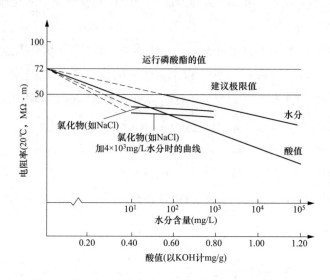

图 4-15 电阻率、水分含量、酸值和氯化物之间的关系曲线

（6）新油的电阻率水平：新油注入系统前应严格控制油的电阻率。

（7）新油注入系统前的系统清洁状况：注入前的油系统应认真进行清洗过滤。

（8）抗燃油在运行过程中，油的老化、水解及可导电物质的污染都会导致电阻率降低。

抗燃油在运行过程中，应投入旁路再生装置，及时将油老化产生的极性物质和外来污染物除去，使油的电阻率控制在较高水平。

如果油的电阻率低于运行油标准，通过旁路再生装置还不能恢复到合格范围，应采取换油措施，以免引起伺服阀等系统的精密金属部件被腐蚀而危及发电机组的安全运行。

12. 润滑性

磷酸酯具有优良的润滑性，它常用作矿物润滑油的极压抗磨添加剂，故磷酸酯用作抗燃液压油时，不需添加其他极压抗磨剂。磷酸酯的抗磨性能在于它在金属表面能形成良好的油膜，当金属间产生摩擦时会对金属表面起化学抛光作用；并且因摩擦而引起局部过热时，磷酸酯还会和金属表面发生作用，形成磷酸盐膜，进一步分解为磷酸铁极压润滑膜，从而避免擦伤和烧（黏）结。

磷酸酯的润滑性能优于矿物油，与抗磨型矿物油相当。

13. 热稳定性和氧化安定性

磷酸酯的热稳定性和氧化安定性与其结构有关。三芳基磷酸酯的热稳定性和氧化安定性最好，烷基芳基磷酸酯次之，三烷基磷酸酯最差。

虽然磷酸酯具有较好的热稳定性和氧化安定性，但在运行过程中，不可避免地与空气接触而发生氧化，并且在水分、高温、金属及油中杂质的存在下加速氧化。因此，严格控制运行条件，保持油质清洁，可以延长运行油的使用寿命。

14. 腐蚀性

三芳基磷酸酯对金属不具有腐蚀性。尤其中性酯不腐蚀黑色金属和有色金属。磷酸酯在金属表面上形成的膜还能保护金属表面不受水的腐蚀。但是，磷酸酯的热氧化分解产物和水解产物对某些金属有腐蚀作用，特别是对铜和铜合金。

15. 空气释放性和泡沫特性

如果空气进入油中后不能及时得到分离，会造成油的操作性能变差，从而对机组的安全运行构成较大的危害。

（1）改变了油的可压缩性。因为油系统运行压力较高，油中空气的溶解度随压力升高而增加，当油通过动作元件（如伺服阀或转向阀）时，由于节流所造成的局部区域内的油压下降或油压不稳，都会使电流控制信号不准确，影响操作和控制的准确性。

（2）在高压下，油中空气发生破裂，造成油系统压力波动，引起噪声和气蚀振动而损坏设备。

（3）空气会破坏润滑油膜，可能会产生机械的干摩擦。

（4）在高压下，气泡破裂产生的瞬间高能量及气泡中的氧气会造成油的氧化劣化。

（5）泡沫会使油箱中出现假油位，造成供油不足，有时甚至会造成跑油事故。

抗燃油的空气释放性和泡沫特性变差一般是由于油的劣化、水解变质或油被污染造成的。运行中应避免在油中引入含有钙、镁离子的化合物，因为钙、镁离子与油劣化产生的酸性产物作用生成的皂化物会严重影响油的空气释放性和泡沫特性。

油系统的回油管路压力对泡沫的稳定性和微细空气泡从油中释放出来的速度有明显影响（特别是脱气速度）。压力降为 2～0.1MPa 时，泡沫破裂速度比压力降大于 2.0MPa

时大得多。采用空气分离器可以提高脱气速度。

泡沫特性按 GB/T 12579—2002《润滑油泡沫特性测定法》进行，此试验用来评价油中形成泡沫的倾向及形成泡沫的稳定性。空气释放值按 SH/T 0308—1992《润滑油空气释放值测定法》进行。空气释放值表示油中空气析出的能力，油中含有空气量愈少愈好。

16. 水解安定性

磷酸酯抗燃油具有较强的极性，在空气中容易吸潮。如有酸性物质存在和剧烈搅拌等条件下，磷酸酯分子会与水分子作用发生水解。

磷酸酯水解后产生的酸性磷酸酯氧化后不但会产生油泥，而且还会促使磷酸酯进一步水解，导致酸值升高，引起金属部件的腐蚀，严重水解会使油质变质，直接危及电液调节系统的安全运行。故良好的水解安定性对于保持运行中抗燃油的油质稳定和机组安全运行是非常重要的。所以在抗燃油运行过程中应尽量避免油的酸值升高。

17. 辐射安定性

三芳基磷酸酯的辐射安定性比矿物油差，在许多不同类型的射线照射下，磷酸酯均会分解。因此，它不宜用在受辐射的设备上。

18. 颗粒污染度

按 DL/T 432—2018《电力用油中颗粒度测定方法》进行，抗燃油中颗粒污染度的测定，是保证机组安全运行的重要措施，特别是对新机组启动前或检修后的调速系统，必须进行严格的冲洗过滤。运行中颗粒污染度值增大，应迅速查明污染源，必要时停机检查，消除隐患。

在线过滤装置的投入使用对油质能起到良好的保护作用，但必须经常检查过滤器进出口压差变化，其过小时造成过滤器破裂，阻力变小；若过大时过滤器有可能失效。

颗粒污染度等级，新油和运行油均要求（SAE AS4059F）不大于 6 级。

SAE AS4059F 是美国汽车工程师协会提出的颗粒度分级标准，在标准中说明该颗粒度分级是 NAS1638 的扩展和简化，而且 ISO 事实上也是采用该分级标准。

19. 与非金属材料的相容性

磷酸酯有很强的溶解能力，在使用磷酸酯时要慎重选择与其接触的非金属材料，包括密封垫圈、油漆涂料、绝缘材料及过滤装置等。一般用于矿物油的橡胶、涂料如氯丁橡胶、丁腈橡胶、普通油漆和聚氯乙烯塑料等往往不适用于磷酸酯系统。而丁基橡胶、氟橡胶、聚四氟乙烯、环氧和酚醛涂料等可以与磷酸酯相适应。

与磷酯酯相容的密封材料有乙丙橡胶、丁基橡胶、尼龙、氟橡胶和聚四氟乙烯等，从与矿物油互换性考虑，一般使用氟橡胶和聚四氟乙烯。

磷酸酯能软化、溶胀并最终溶解某些绝缘材料，如电缆常用的绝缘材料聚氯乙烯（PVC，常用作磷酸酯的增塑剂），磷酸酯会使其绝缘性能变差。因此，可能与磷酸酯接触的电缆绝缘材料不推荐使用 PVC。适用于矿物油的 PVC 软管不能用于输送磷酸酯抗燃油。因为溶胀或溶解的 PVC 进入油中会使油的氯含量升高，泡沫特性、空气释放值和电阻率变差。

磷酸酯与大多数油漆是不相容的。推荐使用的油漆为环氧树脂漆、聚氨酯漆、酚醛树脂漆等高交联聚合物。

天然硅藻土是常见的过滤介质，其含有钙、镁、铝离子能与磷酸酯水解产物发生反应，尤其在高酸值下，易生成胶状物和金属盐从而影响油的性能。合成的活性氧化铝和极性硅铝吸附剂不含镁和钙，并且其他的金属离子也很低，不会对油产生不利影响。故不论使用何种过滤材料，尽量在磷酸酯处于低酸值下使用，以免高酸值的油与金属离子反应产生不良产物。

磷酸酯还对天然纤维（如棉、毛、麻）及其织品有良好的相容性；对合成纤维中的尼龙、丙烯腈及其织品也有良好的相容性。

抗燃油及矿物油与一些常用的非金属材料的相容性见表 4-19。

对于不明性质的非金属材料，在使用前必须测定其与抗燃油的相容性。试验方法为 ISO 6072—2002《液压传动、流体和标准合成橡胶材料的兼容性》，试验条件为 $150℃/168h$（FKM2）或 $130℃/168h$（EPDM1）：取适当体积的材料浸入磷酸酯抗燃油中，在 $150℃±1℃$ 下的烘箱中保持 168h，试验结束后，取出材料测其体积的变化和硬度变化。如果体积变化在 $-4\%～+15\%$，硬度变化最大为 $±8\%$（IRHD），拉伸强度变化最大为 -20%，断裂伸长度最大变化为 -20%，则认为该材料与磷酸酯相容。

磷酸酯具有较强溶剂效能溶解系统中的污垢。被溶解部分留在液体中，未溶解的污染物则变松散，悬浮在整个系统中。因此，在使用磷酸酯作循环液的系统中要采用精滤装置，以除去不溶物。

表 4-19　　　　　　　　　　抗燃油及矿物油与一些常用的非金属材料的相容性

材料名称	磷酸酯抗燃油	矿物油
氯丁橡胶	不适应	适应
丁腈橡胶（耐油橡胶）	不适应	适应
皮革	不适应	适应
橡胶石棉	不适应	适应
硅橡胶	适应	适应
乙丙橡胶	适应	不适应
氟橡胶	适应	适应
聚四氟乙烯	适应	适应
聚乙烯	适应	适应
聚丙烯	适应	适应
聚氯乙烯	不适应	适应
聚苯乙烯	适应	不适应
尼龙	适应	适应
丁基橡胶	适应	不适应
环氧树脂漆	适应	适应

第六节　抗燃油的油质监督管理

一、油质量标准与试验监督周期

（1）新抗燃油质量标准见表 4-20。

表 4-20　　　　　　　新磷酸酯抗燃油质量标准（DL/T 571—2014）

序号	项目		指标	试验方法
1	外观		透明，无杂质或悬浮物	DL/T 429.1
2	颜色		无色或淡黄	DL/T 429.2
3	密度（20℃，kg/m³）		1130～1170	GB/T 1884
4	运动黏度（40℃，mm²/s）	ISO VG32	28.8～35.2	GB/T 265
		ISO VG46	41.4～50.6	
5	倾点（℃）		≤-18	GB/T 3535
6	闪点（开口，℃）		≥240	GB 3536
7	自燃点（℃）		≥530	DL/T 706
8	颗粒度污染（SAE AS4059F，级）		≤6	DL/T 432
9	水分（mg/L）		≤600	GB/T 7600
10	酸值（mgKOH/g）		≤0.05	GB/T 264
11	氯含量（mg/kg）		≤50	DL/T 433 或 DL/T 1206
12	泡沫特性（mL/mL）	24℃	≤50/0	GB/T 12579
		93.5℃	≤10/0	
		后 24℃	≤50/0	
13	电阻率（20℃，Ω·cm）		≥1×10¹⁰	DL/T 421
14	空气释放值（50℃，min）		≤6	SH/T 0308
15	水解安定性（以 KOH 计，mg/g）		≤0.5	EN 14833
16	氧化安定性	酸值（以 KOH 计，mg/g）	≤1.5	EN 14832
		铁片质量变化（mg）	≤1.0	
		铜片质量变化（mg）	≤2.0	

对新油的验收应按表 4-20 新抗燃油质量标准进行，保证数据的真实性和可靠性；对进口抗燃油，按合同规定的新油标准验收。

（2）运行抗燃油质量标准见表 4-21。

表 4-21　　　　　　运行中磷酸酯抗燃油质量标准（DL/T 571—2014）

序号	项目		指标	试验方法
1	外观		透明，无杂质或悬浮物	DL 429.1
2	颜色		橘红	DL 429.2
3	密度（20℃，kg/m³）		1130～1170	GB/T 1884
4	运动黏度（40℃，mm²/s）	ISO VG32	27.2～36.8	GB/T 265
		ISO VG46	39.1～52.9	

序号	项目		指标	试验方法
5	倾点（℃）		≤-18	GB/T 3535
6	闪点（开口，℃）		≥235	GB 3536
7	自燃点（℃）		≥530	DL/T 706
8	颗粒度污染 SAE AS4059F（级）		≤6	DL/T 432
9	水分（mg/L）		≤1000	GB/T 7600
10	酸值（以 KOH 计，mg/g）		≤0.15	GB/T 264
11	氯含量（mg/kg）		≤100	DL/T 433
12	泡沫特性（mL/mL）	24℃	≤200/0	GB/T 12579
		93.5℃	≤40/0	
		24℃	≤200/0	
13	电阻率（20℃，Ω·cm）		≥6×10⁹	DL/T 421
14	空气释放值（50℃，min）		≤10	SH/T 0308
15	矿物油含量（%）		≤4	DL/T 571—2014 附录 C

二、取样

1. 容器

（1）取样容器宜为 500～1000mL 磨口具塞玻璃瓶，参照 GB/T 7597 要求准备。

（2）颗粒污染度取样容器应使用 250mL 专用取样瓶，参照 DL/T 432 要求准备。

2. 取样

（1）磷酸酯抗燃油新油取样应按 GB/T 7597 的规定进行，用于颗粒度测试的样品不得进行混合，应对单一油样分别进行测试。

（2）油系统取样应符合下列规定：

1）常规监督测试的油样应从油箱底部的取样口取样。

2）如发现油质被污染，必要时可增加取样点（如油箱内油液的上部、过滤器或再生装置出口等）取样。

3）取样前油箱中的油应在电液调节系统内至少正常循环 24h，常规试验应按 GB/T 7597 要求取样；颗粒污染度测试取样应按 DL/T 432 要求进行。

4）油箱内油液上部取样，应先将人孔法兰或呼吸器接口四周清理干净后再打开，应按 GB/T 7597 的规定用专用取样器从存油的上部取样，取样后应将人孔法兰或呼吸器恢复。

3. 样品标记

取样瓶上应贴好标签，标签至少应包含下列内容：电厂名称、设备名称及编号、磷酸酯抗燃油牌号、测试项目、取样部位、取样日期、取样人。

三、运行中磷酸酯抗燃油的监督

对运行中抗燃油，除定期进行全面检测外，平时应注意有关项目的检测，以便随时了解调速系统抗燃油运行情况，如发现问题，迅速采取处理措施，保证机组安全运行。

1. 新机组投运前的试验

（1）新油注入油箱后应在油系统内进行油循环冲洗，并外加过滤装置过滤。

（2）在系统冲洗过滤过程中，应取样测试颗粒污染度，直至测定结果达到设备制造厂要求的颗粒污染度等级后，再进行油动机等部件的动作试验。

（3）外加过滤装置继续过滤，直至油动机等动作试验完毕，取样化验颗粒污染度合格后停止过滤，同时取样进行油质全分析试验，试验结果应符合表4-20要求。

2. 定期巡检

运行人员至少应定期对下列项目进行巡检：

（1）定期记录油压、油温、油箱油位；

（2）记录油系统及旁路再生装置精密过滤器的压差变化情况。

3. 试验室试验项目及周期

（1）机组正常运行情况下，试验室试验项目及周期见表4-22的规定。

（2）如果油质异常，应缩短试验周期，必要时取样进行全分析。

表 4-22　　　　　　　　试验室试验项目及周期（DL/T 571—2014）

序号	试验项目	第一个月	第二个月后
1	外观、颜色、水分、酸值、电阻率	两周一次	每月一次
2	运动黏度、颗粒污染度	—	三个月一次
3	泡沫特性、空气释放值、矿物油含量	—	六个月一次
4	外观、颜色、密度、运动黏度、倾点、闪点、自燃点、颗粒污染度、水分、酸值、氯含量、泡沫特性、电阻率、空气释放值和矿物油含量	—	机组检修重新启动前、每年至少一次
5	颗粒污染度	—	机组启动24h后复查
6	运动黏度、密度、闪点和颗粒污染度	—	补油后
7	倾点、闪点、自燃点、氯含量、密度	—	必要时

四、设备的验收清洗

调速系统设备到货后，应严格进行检查，首先应将各部件拆开，逐一清洗干净。若有残留焊渣、污染物、铁锈应全部清理干净，特别是错油门、伺服阀、滑块等部件，表面如有锈蚀一定要擦掉，使其原来光洁面得以暴露；油箱及油管路也应清理干净，油箱要用面沾。有些部件擦洗干净后，还要用抗燃油浸泡，如当时不能组装，一定要用塑料薄膜密封保存好，使其免受外界污染。

上述工作程序对油系统运行后抗燃油质量稳定有很大的影响，因一些残渣、污染物起到催化剂的作用使油质老化速度加快，短时间内油质颜色急剧加深，酸值迅速上升。迫使机组停机换油，直接影响电厂的经济效益。

五、系统的冲洗

（一）准备工作

调节系统在组装后应进行全面的清洗，以清除污染物。应严格按照汽轮机操作规程要求进行。

系统中对污染敏感的元件或对流速有限制的元件，在清洗时应用相应的管件旁路代替；同时永久性金属网过滤器应换上冲洗过滤器。

（二）　系统的冲洗

（1）将油注满连接管路和系统，并检查油箱内的液位，切断通往冷油器的循环冷却水；检查整个系统是否泄漏，如有泄漏立即检修。

（2）启动泵进行冲洗，加热抗燃油，在冲洗阶段使其维持在 41～46℃ 范围内，为了加强循环冲洗的效果，应尽可能采用高流速，一般不低于额定流速的两倍。在清洗过程中，需要用铜锤敲打管道的焊口、法兰、接头等部位，敲打时应沿管道上游端逐渐移向下游端。

（3）在清洗过程中应注意过滤器压差指示器，当滤芯堵塞超过极限值时，应立即换滤芯。

（4）在最初冲洗时，油不通过吸附剂过滤器而流过精密过滤器，经过一定时间再流过吸附剂过滤器。

（三）　系统内抗燃油颗粒污染度的确定

用标准取样瓶从主回油管处取样，进行测定，高压抗燃油系统冲洗油颗粒污染度应达到 SAE AS749F 中不大于 5 级要求，同时还要注意在冲洗过程中应使酸值保持不变，最大不超过 0.1mg/g（以 KOH 计），才可结束冲洗。

清洗结束后，排尽系统内全部油，将系统恢复到正常的运行工况，所有的部件复位，然后注入清洁的抗燃油。检查液-气蓄能器充氮压力是否正常；检查油箱顶部空气滤清器干燥剂是否受潮，如潮湿应立即更换；此时，旁路再生装置阀应全打开。

六、运行中磷酸酯抗燃油的维护

（一）　影响磷酸酯抗燃油变质的因素及防护措施

（1）三芳基磷酸酯的劣化机理。磷酸酯使用过程中劣化变质，其机理不同于矿物涡轮机油，一般矿物涡轮机油由于加了抗氧化剂具有较长的使用寿命，其裂解主要是热与氧作用下的自由基机理。而磷酸酯则不然，在有污染源如水分的存在下，加速了磷酸酯的自动催化裂解反应，使得它的劣化机理更加复杂，需进一步探讨。

（2）汽轮机电液调节系统的结构对磷酸酯抗燃油的使用寿命有着直接的影响，因此电液调节系统的设计安装应考虑下列因素：

1）系统应安全可靠，磷酸酯抗燃油应采用独立的管路系统，以免矿物油、水分等泄漏至抗燃油中造成污染，管路中应减少死角，便于冲洗系统。

2）油箱容量大小适宜，油箱用于储存系统的全部用油，同时还起着分离空气和机械杂质的作用。如果油箱容量设计过小，抗燃油在油箱中停留时间短，起不到分离作用，会加速油质劣化，缩短抗燃油的使用寿命。

3）回油速度不宜过高，回流管路出口应位于油箱液面以下，以免油回到油箱时产生冲击、飞溅形成泡沫，影响杂质和空气的分离。

4）油系统应安装精密过滤器、磁性过滤器，随时除去油中的颗粒杂质。

5）抗燃油系统的安装布置应远离过热蒸汽管道，应避免对抗燃油系统部件产生热辐射，引起局部过热，加速油的老化。

6）应选择高效的旁路再生系统，可随时将油质劣化产生的有害物质除去，保持运行油的酸值、电阻率等指标符合标准要求。

（3）启动前的颗粒污染度应符合下列要求：

1）设备出厂前，制造厂应严格检查各部件的清洁度，去掉焊渣、污垢、型砂等杂物，并用抗燃油冲洗至颗粒污染度应达到 SAE AS4059F 中 5 级以内后密封。安装前应确认所有零部件经过冲洗，清洁无异物污染后方可安装。

如果不彻底解体清洗，结果造成严重污染，在短期内油的颜色加深，酸值急剧增加。

2）设备安装完毕后，应按照 DL 5190.3—2012《电力建设施工技术规范 第 3 部分：汽轮发电机组》及制造厂编写的冲洗规程制订冲洗方案，用抗燃油对系统进行循环冲洗过滤。冲洗后，电液调节系统磷酯抗燃油的颗粒污染度应符合 SAE AS4059F 中不大于 5 级的要求，再启动运行。

（4）机组启动运行 24h 后应进行试验，从设备中取两份油样，一份作全分析，另一份保存备查。油质全分析应符合表 4-21 的运行油质量标准要求。

（5）运行油温过高，会加速抗燃油老化，因此必须防止油系统局部过热或油管路距蒸汽管道太近时，油受到热辐射，使抗燃油劣化加剧。磷酸酯抗燃油正常运行温度控制在 35～55℃，当油温超过正常温度时，应查明原因，同时调节冷油器阀门等措施控制油温。

（6）对油系统检修，除应严格保证检修质量外，还应注意以下问题：

1）不能用含氯的溶剂清洗系统部件；

2）更换密封材料时采用制造厂规定的材料。

3）检修结束后，应进行油循环冲洗过滤，颗粒污染度指标应符合表 4-21 的规定。

（7）运行抗燃油中需加添加剂时，应进行添加效果的评价试验，并对油质进行全分析；必要时征求供应商的意见，添加剂不应对油品的理化性能造成不良影响。

（8）系统的污染：

1）水分：会使磷酸酯水解产生酸性物质，并且酸性产物又有自催化作用，酸值升高能导致设备腐蚀。如发现超过标准时，应立即查明原因，妥善处理。

2）固体颗粒：由于某些部件仅有很小的公差，如伺服机构间隙很小，液压控制系统对油颗粒含量非常敏感，当液体以高速流动时，颗粒对系统造成磨损，同时在一些关键部位沉积，使其动作失灵。为了减少颗粒含量，系统在启动前必须彻底清洗和过滤，合格后方可启动运行。

3）氯含量：氯污染通常由于使用含氯清洁剂，即使含氯的化合物量很少，也会导致伺服阀腐蚀。

4）矿物油污染：抗燃油中混入矿物油会影响其抗燃性能，同时抗燃油与矿物油中添加剂作用可能产生沉淀，并导致系统中伺服阀腐蚀。

（二）补油

（1）运行中的电液调节系统需要补加磷酸酯抗燃油时，应补加经检验合格的相同品牌、相同牌号规格的磷酸酯抗燃油。补油前应对混合油样进行油泥析出试验，油样的配比应与实际使用的比例相同，试验合格后方可补入。

（2）不同品牌、规格的抗燃油不宜混用，当不得不补加不同品牌的抗燃油时，应满足下列条件才能混用：

1）应对运行油、补充油和混合油进行质量全分析，试验结果合格，混合油样的质量应不低于运行油的质量；

2）应对运行油、补充油和混合油进行开口杯老化试验，混合油样无油泥析出，老化后补充油、混合油样的酸值、电阻率质量指标不低于运行油老化后的测定结果。

（3）补油时，应通过抗燃油专用补油设备补入，补入油的颗粒污染度应合格；补油后应从油系统取样进行颗粒污染度分析，确保油系统颗粒污染度合格。

（4）抗燃油与矿物油有本质的区别，严禁混合使用。

（三）换油

（1）磷酸酯抗燃油运行中因油质劣化需要换油时，应将油系统中的劣化油全部排放干净。

（2）应检查油箱及油系统，应无杂质、油泥，必要时清理油箱，用冲洗油将油系统彻底冲洗。

（3）冲洗过程中应取样化验，冲洗后运行油质量不低于运行油标准。

（4）将冲洗油排空，应更换油系统及旁路再生装置的滤芯后再注入新油，进行油循环，直到油质符合表4-21的要求。

（四）运行中抗燃油的防劣措施

为了延长抗燃油的使用寿命，对运行中的抗燃油必须进行精密过滤以及旁路再生。

（1）系统中精密过滤器的过滤精度应在 $3\mu m$ 以上，以除去运行中由于磨损等原因产生的机械杂质，保证运行油的颗粒污染度不大于 SAE AS4059F 6 级的标准。

（2）对油系统进行定期检查，如发现精密过滤器压差异常，说明滤芯堵塞或破损，应及时查明原因，及时更换滤芯。

（3）应定期检查油箱呼吸器的干燥剂，如发现干燥剂失效，应及时更换，避免空气中水分进入油中。

（4）在机组启动的同时，应开启旁路再生装置，该装置是利用硅藻土、分子筛等吸附剂的吸附作用，除去运行油老化产生的酸性物质、油泥、水分等有害物质的，是防止油质劣化的有效措施。

（5）在机组运行的同时应投入抗燃油在线再生脱水装置，除去抗燃油老化产生的酸性物质、油泥、杂质颗粒以及油中水分等有害物质。

（6）在进行在线过滤和旁路再生处理时应避免向油中引入含有 Ca、Mg 离子的污染物（如使用硅藻土再生系统等）。

（7）在旁路再生装置投运期间，应定期取样分析油的酸值、电阻率，如果油的酸值升高或电阻率降低，应及时更换再生滤芯或吸附剂。

（8）在注油过程中，潮气可从泵的入口进入，密封不严，冷油器漏水也可使水分进入液压系统，如发现空气湿度较大，就应检查抗燃油中水分含量并采取如下措施：

1）检查空气滤清器中的干燥剂是否泄漏或失效，如失效应及时更换。

2）检查冷油器是否渗漏。

3）旁路再生装置更换吸附剂或换再生滤芯。

4）当抗燃油被水严重污染时，真空脱水装置是快速干燥的最好方法但是如果进入大量水，应更换油或用虹吸方法将油箱上面的油吸出。

（9）严格控制氯含量。

（10）防止有矿物油混入。

（11）密切注意颗粒污染物。

七、技术管理及安全要求

（一）库存抗燃油的管理

对库存抗燃油，应认真做好油品入库、储存、发放工作，防止油的错用、混用及油质劣化，库存抗燃油应进行下列管理：

（1）对新购抗燃油验收合格方可入库。

（2）对库存油应分类存放，油桶标记清楚。

（3）库房应清洁、阴凉干燥，通风良好。

（二）建立技术管理档案

1. 设备卡

应设立设备卡，设备卡包括机组编号、容量、电液调节系统装置型号、工作油压、油箱容积、用油量、油品牌号、设备投运日期等。

2. 设备检修台账

应建立检修台账，台账应包括下列内容：

（1）油箱、冷油器、油泵、伺服阀、油动机等油系统部件的检查结果、处理措施、调试试验记录、检修日期、累计运行时间等。

（2）记录每次补油量、油系统的滤网及旁路再生装置的过滤滤芯、再生滤芯或吸附剂的更换情况。

3. 抗燃油质量台账

应建立抗燃油质量台账，抗燃油质量台账包括新油、补充油、运行油检验报告，检修中油系统的检查报告及退出油的处理措施、结果等。

（三）　安全防火措施

（1）实验室应有良好的通风条件，加热应在通风橱中进行。

（2）从事抗燃油工作的人员，在工作时应穿工作服，戴手套及口罩调试、试验，在现场不允许吸烟、饮食。

（3）人体接触抗燃油后的处理措施如下：

1）误食处理：一旦吞进抗燃油，应立即采取措施将其呕吐出来，然后到医院进一步诊治。

2）误入眼内：立即用大量清水冲洗，再到医院治疗。

3）皮肤沾染：立即用水、肥皂清洗干净。

4）吸入大量蒸汽：立即脱离污染气源，如有呼吸困难，立即送往医院诊治。

（4）抗燃油具有良好的抗燃性，但不等于不燃烧，如有泄漏迹象，应采取以下措施：

1）消除泄漏点。

2）采取包裹或涂敷措施，覆盖绝热层，消除多孔性表面，以免抗燃油渗入保温层中。

3）将泄漏的抗燃油通过导流沟收集。

4）如果抗燃油渗入保温层并着了火，使用二氧化碳及干粉灭火器灭火，不宜用水灭火，冷水会使热的钢部件变形或破裂。

5）抗燃油燃烧会产生有刺激性的气体，除产生二氧化碳、水蒸气外，还可能产生一氧化碳、五氧化二磷等有毒气体。因此，现场应配备防毒面具，防止吸入对身体有害的烟雾。

第七节　油质结果分析与试验数据管理

一、试验数据分析及处理要求

（一）　变压器油试验数据分析及处理要求

1. 外观

运行油外观检查，可以直观目视，变压器油通过观测外观可初步判断油中含水和游离碳情况，判断击穿电压合格情况。油氧化后由透明变为浑浊。根据分析，消除设备缺陷，进行滤油。

2. 颜色

新油一般呈浅黄色的，超高压变压器油接近无色，催化加氢精制的油呈淡蓝色。在运行中颜色会逐渐变深，氧化后的油最明显的是油的颜色由浅黄色变为深暗红色，但这种变化是缓慢的。若油品颜色急剧加深，可以分析设备运行中是否有过热点或油中溶进其他物质。必须进行其他试验项目加以证明油质变坏的程度。油中颜色加深是油质老化的象征。运行中油可由油的透明度来判断机械杂质、游离碳和水的存在。

3. 水分

油中水分的存在会加速油质的老化及产生乳化，同时会与油中添加剂作用，促使其分解，导致设备锈蚀。水分对绝缘介质的电气性能和理化性能均有很大的危害性，它使油的击穿电压降低和介质损耗因数增大，使纸绝缘遭到永久的破坏。如果水分含量超标，应查明原因，进行处理。

4. 闪点

是机组运行的安全性指标。因机组过热，造成油品热裂解产生低分子烃类或混入轻质油品，均可使闪点降低。若闪点低于标准值，应采取措施，查明原因，一般用真空滤油的方法可恢复闪点（抗燃油中混入矿物油例外）。对于新油、新充入设备及检修处理后的油，测定其闪点可防止或发现是否混入轻质馏分的油品，确保充油设备安全运行。

5. 酸值

酸值反映油品的氧化程度。酸值的升高是油初始氧化的标志。正常情况下，酸值上升比较缓慢，若酸值增加过快，说明油品发生氧化反应激烈，产生多种酸性物质，而酸性物质的存在将不可避免地产生油泥。如果油中同时存在水分的话，可使铁生锈，并加速油质劣化。当酸值接近运行油指标时，应采取正确的维护措施，如用吸附剂再生或补加抗氧化剂。

6. 黏度

若油中存在乳化物或氧化物都会增大油的黏度。检查油的黏度，还会发现补加油的牌号是否是同牌号或油中是否有污染物存在。

7. 击穿电压

该试验可以判断油中含有自由水分、杂质和导电固形微粒，而不能判断油品是否存在酸性物质和油泥。水对击穿电压的影响最大，温度次之。同时乳化水比溶解水对击穿电压的影响大。试验中发现击穿电压值随次数增加而增高，这是由于油中混入不同性质的杂质而引起的。若混入的主要是纤维素杂质和水分，在击穿过程中水分被蒸发，所以试验数据越来越高；但也有降低的情况出现，这就要考虑周围环境的湿度等。

平板电极对水分含量的反映不如球形或半球形电极敏感，一般在水分含量高于30mg/kg时就不灵敏。

8. 界面张力

该试验对油劣化产物和从固体绝缘材料中产生的可溶性极性杂质是相当灵敏的。油中氧化产物含量越大，则界面张力愈小。如果油中界面张力值在27~30mN/m时，则表明油中已有油泥生成的趋势；如果界面张力值达25mN/m以下，则表明油已严重老化，应予以再生处理或更换。

9. 介质损耗因数

该试验主要用于判断油是否劣化，它只能判断油中是否含有极性物质，而不能确定是何种极性物质。油老化后的氧化物是有极性的，胶体物质对介质损耗因数相当敏感，油中微生物的生物氧化产物也会使油的介质损耗因数增大，这仅只是理论的探讨。介质损耗因数增大不能用滤纸，必须用吸附过滤的方法，一般用多孔微球来处理。

10. 体积电阻率

投运前或大修后以及必要时进行油品体积电阻率试验，该试验对油的离子传导损耗反映敏感，无论是酸性或中性的氧化产物，还是油品受潮或者混有其他杂质时，都会引起电阻率的显著下降。测试油品的体积电阻率可以推算绝缘油的介质损耗因数和击穿电压，一般来说，绝缘油的体积电阻率越高，其油品的介质损耗因数越小，击穿电压越高。

11. 运行中变压器油 T501 抗氧化剂含量测定

T501 抗氧化剂，学名 2，6-二叔丁基对甲酚，适合在新油（包括再生油）或轻度老化的油中添加，国产新油一般都加有这种抗氧化剂。按照 GB/T 7602.1—2008《变压器油、汽轮机油中 T501 抗氧化剂含量测定法　第 1 部分：分光光度法》、GB/T 7602.2—2008《变压器油、汽轮机油中 T501 抗氧化剂含量测定法　第 2 部分：液相色谱法》及 GB/T 7602.3—2008《变压器油、汽轮机油中 T501 抗氧化剂含量测定法　第 3 部分：红外光谱法》测定。一般新油中 T501 的含量为 $0.08\%\sim0.40\%$，运行油中的含量应不低于新油原始值 60%，若低于新油原始值 60% 应及时进行补加。

12. 腐蚀性硫

按照 SH/T 0304—1999《电气绝缘油腐蚀性硫试验法》测定。绝缘油中不允许有活性硫，只要含有十万分之一，就会对导线绝缘发生腐蚀作用。尤其对于经硫酸-白土再生的油，必须测定此项指标，合格后方能使用。

13. 固体绝缘的化学监督

变压器的寿命实质就是固体绝缘材料的寿命。对于固体绝缘的监督，随着技术的进步已形成了多层面的监督内容，现仅限于除色谱分析诊断以外的化学方法进行简单介绍。

（1）固体绝缘材料的组成。油纸绝缘材料包括绝缘纸和绝缘纸板，它们的主要成分是纤维素。它是由未漂硫酸盐纤维经造纸而成。其化学式为 $(C_6H_{10}O_5)n$，n 代表长链并联的个数，称为聚合度。

（2）油中糠醛含量。用色谱分析判断设备内部故障时，CO 和 CO_2 可作为固体绝缘材料分解产生的特征气体，但是绝缘油的氧化分解产物中也含有这两种气体，并且分散性较大，所以作为固体绝缘的判断依据，就不一定确切。

值得注意的是，国产变压器中所使用的 1031 号或 1032 号绝缘漆在运行温度下都会自然分解出 CO 和 CO_2。目前还无法判明分析所得的 CO 和 CO_2 含量是因绝缘纸正常老化产生，还是采用的绝缘漆分解产生。这就给分析带来一定的困难，有时得不到明确的结论。

研究表明，测定油中糠醛含量，可在一定程度上解决上述难题。它是基于纤维素老化会降解出 D-葡萄糖单糖，易分解出呋喃衍生物，糠醛（C_4H_3OCHO）为其中的一种最主要的特征液体分子，利用高效液相色谱分析技术 [NB/SH/T 0812—2010《矿物绝缘油中 2-糠醛及相关组分测定法》或 DL/T 1355—2014《变压器油中糠醛含量的测定液相色谱法》（分光光度法）] 测定油中的糠醛含量。

为了判断变压器固体绝缘的整体老化情况，DL/T 984—2005《油浸式变压器绝缘老化判断导则》规定定期对运行中后期变压器油进行油中糠醛含量的测定，并给出了相应的不同运行年限变压器油中糠醛含量的注意值，见表 4-23。500kV 变压器和电抗器以及 150MVA 以上的升压变压器一般投运 3～5 年后需做油中糠醛测定，220kV 变压器一般运行 10 年后进行糠醛测定，当油中总烃超标或 CO、CO_2 含量过高时要进行糠醛测定。

表 4-23　　　　　　　　　　**设备运行年限与油中糠醛含量注意值**

运行年限	1～5	5～10	10～15	15～20
糠醛含量（mg/L）	0.1	0.2	0.4	0.75

注　对表中年限界定应明确区分，去掉时间重叠死点，如 1～5、5～10 应表示为 1～5、6～10，否则在 5、10、15 年限上没有明确分界点但注意值成倍变化对判断不利。

（3）绝缘纸（板）聚合度。直接测量变压器绝缘纸的聚合度是判断变压器绝缘老化程度的一种可靠手段，纸的聚合度的大小直接地反映了绝缘的劣化程度。一般新纸（板）的聚合度都在 1300 以上，但当运行后，由于受到温度、水分、氧的作用后，纤维素发生降解，聚合度降低。

DL/T 984—2005《油浸式变压器绝缘老化判断导则》规定，变压器绝缘纸老化寿命的判断标准大致为：当平均聚合度下降到 500 时，变压器整体绝缘处于寿命中期，当平均聚合度下降到 250 时，认为变压器绝缘寿命终止，当平均聚合度下降到 150 时，认为绝缘纸的机械强度几乎为零，变压器应退出运行。

14. 油中溶解气体组分含量的色谱分析

详见本书内容。

（二）　涡轮机油试验数据分析及处理要求

1. 外观

运行油应检查外观，可以直观目测：油质混浊、游离水或乳化物、不溶性油泥、纤维和固体颗粒等杂质。通过目测可以初步分析出机组漏水程度；杂质说明油系统清洁度，再进一步分析杂质的性质，查找其来源。

2. 颜色

新涡轮机油一般是浅黄色的，在运行中颜色会逐渐变深。油品颜色的色度按照 DL/T 429.1—2017《电力用油透明度测定法》和 DL/T 429.2—2016《电力用油颜色测定法》进行。一般来说，原馏分油中沥青质、树脂质越少，轻馏分越多，颜色就越淡，也越透明。油在运行中颜色的迅速变化，是油质变坏或设备存在内部故障的表现。运行中油可由油的透明度来判断机械杂质和水的存在。

3. 水分

涡轮机油中水分的存在会加速油质的老化及产生乳化，同时会与油中添加剂作用，促使其分解，导致设备锈蚀。水分存在的原因可能是冷油器泄漏、大气中湿气进入油箱或轴封部件密封不严，蒸汽进入油中所致。游离水可通过物理方法加热沉降，溶解水一般要通过"真空"法去除，乳化水最难去除，一般用综合法去除。

4. 运动黏度

若油中存在乳化物或氧化产物、油泥等，都会改变油的黏度。涡轮机油、抗燃油等润滑油是按油品 40℃ 的运动黏度的中心值来划分牌号的。标准规定：黏度变化范围不应超过新油黏度的 ±5%。

5. 酸值

酸值是评定新油品质和判断运行中油质氧化的重要化学指标之一，对于涡轮机油的酸值，它不但能反映油质的氧化程度，而且能监测 T746 防锈剂的消耗情况。因 T746 防锈剂的酸性很强，一旦发现运行中涡轮机油的酸值突然降低，有可能是机组大量进水造成 T746 防锈剂消耗所致。

6. 防锈性能

润滑油系统内黑色金属部件大多数需要防锈保护。通常是在油内添加防锈剂。通过液相锈蚀试验，确定油品是否有防锈性能。由于运行中随着水和杂质的排除，均会使防锈剂量减少而导致防锈性能下降，所以在适当时应考虑补加防锈剂。

7. 破乳化性能

运行中涡轮机油乳化必须具有三个条件：油中有水，由轴承回到油箱的油冲力造成激烈的搅拌，油质老化后产生的环烷酸皂类，即乳化剂。涡轮机油的破乳化性能良好，就能使乳化液在油箱中很快分离，对设备不会有影响。如果涡轮机油的破乳化时间很长，乳化液就不能在油箱中产生有效的分离，乳化油在润滑系统中就可能引起油膜的破坏，金属部件的腐蚀，加速油质的劣化，产生沉淀、油泥等，增加各部件摩擦，引起轴承过热。对调速系统造成卡涩、失灵、严重时引起设备损坏。

8. 起泡沫性

混有空气的油经摇动搅拌彻底混合应会形成泡沫。高质量的涡轮机油有一定的抗拒形成泡沫的能力，油表面上的气泡也能很快破裂。泡沫会增加油的氧化速度，这是由于有更多的油暴露在被油夹带的空气中。同时氧化产物本身也能促进泡沫的形成和稳定。油中污染物质会降低油抗拒发生泡沫的能力。泡沫的积累会造成油的溢流和渗漏。故起泡性超过规定值应进行处理和添加抗泡剂。

9. 空气释放值

该项目是表示油中存留空气（气体）的性能。特别对于大容量机组的调速系统空气释放值愈小愈好，有利于润滑和调节作用。若空气释放值大，油中空气不能较快释放出来，会影响机组运行的稳定。

10. 颗粒污染度

油中颗粒污染度的规定分为润滑油系统和液压调速系统两种指标。大容量的汽轮发电机组对油中的颗粒污染度要求是非常严格的。特别应强调的是对新机组启动前或检修后的润滑油系统及调速系统，必须进行认真清洗和冲洗，以确保颗粒污染度达标。GB/T 14541—2017 规定，油系统检修后机组启动前，涡轮机油的颗粒污染度等级应不大于 SAE AS4059F

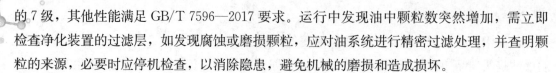

的 7 级，其他性能满足 GB/T 7596—2017 要求。运行中发现油中颗粒数突然增加，需立即检查净化装置的过滤层，如发现腐蚀或磨损颗粒，应对油系统进行精密过滤处理，并查明颗粒的来源，必要时应停机检查，以消除隐患，避免机械的磨损和造成损坏。

11. 氧化安定性

氧化安定性是用来评价涡轮机油使用寿命长短的一种手段。国产新涡轮机油出厂时，氧化安定性属于保证项目。其他试验项目合格，但氧化安定性试验如达不到要求，则此类油属于次品油，是不能用于涡轮机油系统中的。一旦使用了此类油，就可能有大量絮状物析出，最终会酿成设备事故。

运行中涡轮机油处于强迫循环，不可避免地接触大量空气而被氧化，另外温度、水分、金属催化剂和其他各种杂质都会加速油品氧化，同时也与油品的化学组成有关，不同的烃类具有不同的氧化历程（倾向），其氧化产物也不同。但是烃类氧化初期大多是烃基化合物，而后分解为酸、醇、酮等，继续氧化则生成树脂质、沥青质等。进一步氧化则会生成不溶于油的油泥，这些物质影响油品其他性能的降低。

（三）抗燃油试验数据分析及处理要求

1. 外观检查

抗燃油颜色的变化是油质改变的综合反映，当油液出现老化、水解、沉淀等现象时，油液的颜色会变深。新油表现为浅黄色，并澄清透明，当颜色表现为深棕色时，可能表示油质已经老化。

2. 氯离子

氯离子超标时，会加速伺服阀电化学腐蚀。要防止氯污染，需做到：

（1）使用高品质的抗燃油；

（2）用高纯度不含氯的有机溶剂清洗系统部件，如酒精等；

（3）无论何时在可能的情况下用抗燃油，需冲洗新的或重新改造的部件。

3. 电阻率

抗燃油高电阻率可防止由电化学腐蚀引起的伺服阀损坏。电阻率的超标会加速油质劣化，引起抗燃油对调节部套的化学腐蚀和电化学腐蚀，影响调节性能和调节部套的使用寿命，严重时可能引起部套卡涩，造成重大事故。要保持高的电阻率，需做到：

（1）保持抗燃油在好的工作环境中运行；

（2）经常更换滤芯；

（3）防止矿物油和冷却水对抗燃油的污染。

4. 颗粒污染度

抗燃油中的固体颗粒主要来源于外部污染及内部零件的磨损，包括不正确的冲洗和经常更换过滤滤芯。抗燃油中颗粒度指标过高，会引起控制元件卡涩、节流孔堵塞及加速液压元件的磨损等，油中的固体颗粒还会加快抗燃油的老化。所以说，油中的颗粒度指标对整个系统影响很大，应严格加以控制。通常采取如下措施来控制抗燃油的颗粒污染：

（1）在系统中合理地布置过滤器；

（2）新油过滤合格后才能加入到系统中；

（3）经常开起滤油泵旁路滤油。

注意：每次更换过滤器滤芯后应装上冲洗板进行油冲洗。

5. 含水量

抗燃油与润滑油有很大的区别，抗燃油系统中水分主要来源于空气，冷油器泄露造成水分大的可能性较小，因此，防止抗燃油水分大的有效方法是在油箱呼吸器处加装干燥剂，并经常检查干燥剂是否失效，发现失效要及时更换。

由于磷酸酯的水解趋势，水是引起它分解的最主要的原因。水解所产生的酸性产物又催化产生进一步的水解，促进敏感部件的腐蚀或侵蚀。当含水量不是很大（<1000mg/L）时，可使用过滤介质吸附或在油箱的通气孔上装带干燥剂的过滤器。硅藻土滤芯有一定的吸水作用，需在使用前于110℃烘干12h，并在干燥箱中冷却到20～30℃后，立即装入过滤筒中。当抗燃油中含水量很大时，需使用专用真空滤油机脱水。

6. 黏度

抗燃油的黏度指标是比较稳定的，只有当抗燃油中混入了其他液体，它的黏度才发生变化。所以说，监视抗燃油的黏度是为了监视污染。

7. 酸值

抗燃油酸值的增高会对伺服阀及其他液压机构产生腐蚀，特别是对伺服阀阀芯和阀套锐边的腐蚀，直接导致伺服阀泄漏的增加或卡涩。油变质是造成伺服阀故障的主要原因。

高酸值会导致抗燃油产生沉淀、起泡以及空气间隔等问题。应严密监视抗燃油酸度指标。当酸值达到 0.08～0.1mg/g（以 KOH 计）时，投再生装置（按再生装置投运规程进行）；当酸值超过 0.4mg/g（以 KOH 计）时，使用再生装置（硅藻土滤芯）很难使酸值下降到正常值，建议更换新油。

8. 抗泡沫特性和空气释放值

泡沫特性是在规定条件下对油鼓气后产生泡沫量大小的一个条件值。空气释放值是表示油中析出空气能力的条件值。油中泡沫特性和空气释放值的变化，同受抗燃油表面活性物质的影响。特别是抗燃油中水分含量超标及电阻率较低时，这种情况更为突出。

有实例证明，运行中抗燃油在补油之后出现抗泡沫特性和空气释放值恶化的现象，原因是补油前腐蚀产生的金属皂化物均匀分散于抗燃油中，油—空气界面张力较大，此时不易形成气泡。当有新的抗燃油补入时，腐蚀产物在抗燃油中的溶解度达到过饱和形成油泥析出，由于油泥的密度低于抗燃油，其漂浮在油的液面上，改变了油气界面的表面活性，使抗燃油产生严重起泡现象，使油—空气的界面张力下降，造成空气在油流的搅动下很容易形成气泡，而且由于腐蚀产物分子两端极性的差别而被定向地吸附在气—液界面上，形成牢固的液膜，这个较牢固的液膜对泡沫具有保护作用，使抗燃油的泡沫破灭速度小于生长的速度，造成抗燃油泡沫特性、空放值超标，油箱油位下降，影响安全运行。抗燃油中抗泡沫特性和空气释放值超标的原因如下：

（1）与油接触的某些材料或介质的某些化学成分被溶入油中。

（2）油中含有少量矿物油。

（3）油中含抗泡沫的化学成分被再生剂吸附除去。

（4）管道腐蚀劣化产生的劣化产物。

（5）外来表面活性剂的污染。

二、数据上报及处理

油质每项试验的数据应与上次试验数据进行比较，如变化大，接近或超过指标，此时应检查试验过程是否有意外情况，经检查都正常，还应再取样进行重复试验，若试验结果与第一次的试验结果相同，确定油质突然变化很快，应及时将情况上报有关领导（最好有书面报告）并与相关的人员共同研究设备运行情况，查明油质变化原因，以便及时采取处理措施。

第八节　油质异常分析、判断及处理

一、油质异常分析、判断及处理

（一）变压器油油质异常分析、判断及处理

对于运行中变压器油检验项目超出质量标准的原因分析及应采取的措施见表 4-24，同时遇有下述情况应引起注意：

（1）当试验结果超出运行中变压器油的质量标准时，应与以前的试验结果进行比较，如情况许可时，在进行任何措施之前，应重新取样分析以确认试验结果无误。

（2）如果油质快速劣化，则应缩短周期进行跟踪试验，必要时检测油中抗氧化剂含量，结合油温、负荷及色谱分析结果采取相应措施。

（3）某些特殊试验项目，如击穿电压低于运行油标准要求，或是色谱检测发现有故障存在，则可以不考虑其他特性项目，应果断采取措施以保证设备安全。

（4）如检测变压器油的介质损耗因数、颗粒污染度等指标异常时，可关注并检测油中铜、铁等金属含量。

表 4-24　　　　运行中变压器油超限值原因及对策（GB/T 14542—2017）

序号	项目	超限值		可能原因	采取对策
1	外观	不透明，有可见杂质或油泥沉淀物		油中含有水分或纤维、碳黑及其他固形物	脱气脱水过滤或再生处理
2	色度（号）	＞2.0		可能过度劣化或污染	再生处理或换油
3	水分（mg/L）	330～1000kV	＞15	（1）密封不严、潮气侵入；（2）运行温度过高，导致固体绝缘老化或油质劣化	（1）检查密封胶囊有无破损，呼吸器吸附剂是否失效，潜油泵管路系统是否漏气；（2）降低运行温度；（3）采用真空过滤处理
		220kV	＞25		
		≤110kV	＞35		

续表

序号	项目	超限值		可能原因	采取对策
4	酸值（以 KOH 计，mg/g）	>0.1		（1）超负荷运行； （2）抗氧剂消耗； （3）补错了油； （4）油被污染	再生处理，补加抗氧剂
5	击穿电压（kV）	500～1000kV	<65	（1）油中水分含量过大； （2）杂质颗粒污染； （3）有油泥产生	（1）真空脱气处理； （2）精密过滤； （3）再生处理
		500kV	<55		
		330kV	<50		
		66～220kV	<40		
		≤35kV	<35		
6	介质损耗因数（90℃）	500～1000kV	>0.020	（1）油质老化程度较深； （2）杂质颗粒污染； （3）油中含有极性胶体物质	再生处理或换油
		≤330kV	>0.040		
7	界面张力（25℃，mN/m）	<25		（1）油质老化，油中有可溶性或沉析性油泥； （2）油质污染	再生处理或换油
8	体积电阻率（90℃，Ω·m）	500～1000kV	<1×10^{10}	同介质损耗因数原因	再生处理或换油
		≤330kV	<5×10^{9}		
9	闪点（闭口，℃）	<135 并低于新油原始值10℃以上		（1）设备存在严重过热或电性故障； （2）补错了油	查明原因，消除故障，进行真空脱气处理或换油
10	油泥与沉淀物[a]（质量分数，%）	>0.02		（1）油质深度老化； （2）杂质污染	再生处理或换油
11	油中溶解气体组分含量（μL/L）	见 DL/T 722—2014		设备存在局部过热或放电性故障	进行跟踪分析，彻底检查设备，找出故障点并消除隐患，进行真空脱气处理
12	油中总含气量（体积分数，%）	750～1000kV	>2	设备密封不严	与制造厂联系，进行设备的严密性处理
		330～500kV	>3		
		电抗器	>5		
13	水溶性酸（pH 值）	<4.2		（1）油质老化； （2）油被污染	（1）与酸值比较，查明原因； （2）再生处理或换油
14	腐蚀性硫	腐蚀性		（1）精制程度不够； （2）污染	再生处理、添加金属钝化剂或换油
15	颗粒污染度/粒[b]	750～1000kV	>3000	（1）油质老化； （2）杂质污染； （3）油泵磨损	（1）再生处理； （2）精密过滤； （3）换泵
16	糠醛含量（质量分数，mg/kg）	—		纸绝缘热老化	做聚合度试验，考虑降负荷运行或更换变压器
17	二苄基二硫醚（DBDS）含量（质量分数，mg/kg）	—		腐蚀性硫	再生处理、添加金属钝化剂或换油

a 按照 GB/T 8926—2012（方法 A）对"正戊烷不溶物"进行检测。

b 100mL 油中大于 5μm 的颗粒数。

（二）涡轮机油油质异常分析、判断及处理

运行油质量随老化程度和所含杂质等条件的不同而变化很大，通常不能单凭一种试验项目作为评价油质的依据，而应根据所测定的几种主要特性指标进行综合分析，并且随设备种类不同而有所区别，但评价油品质量的前提是考虑安全第一的方针，其次才是考虑各地的具体情况和经济因素。要保存试验数据和准确记录，便于同以前的结果进行比较。试验数据的解释还应考虑到补油（注油）或补加防锈剂等因素及可能发生的混油等情况。对运行中涡轮机油油质异常原因分析和处理措施见表4-25。

表 4-25　　运行中涡轮机油油质异常原因及处理措施（GB/T 14541—2017）

序号	项目	警戒极限		异常原因	处理措施
1	外观	（1）乳化不透明； （2）有颗粒悬浮物； （3）有油泥		（1）油中含水或被其他液体污染； （2）油被杂质污染； （3）油质深度劣化	（1）脱水处理或换油； （2）过滤处理； （3）投入油再生装置或必要时换油
2	颜色	（1）迅速变深； （2）颜色异常		（1）有其他污染物； （2）油质深度老化； （3）添加剂氧化变色	（1）换油； （2）投入油再生装置
3	运动黏度 （40℃，mm^2/s）	比新油原始值相差±5%以上		（1）油被污染； （2）油质已严重劣化； （3）加入高或低黏度的油	如果黏度低，测定闪点，必要时进行换油
4	闪点（开口，℃）	比新油高或低出15℃以上		油被污染或过热	查明原因，结合其他试验结果比较，考虑处理或换油
5	颗粒污染等级 （SAE AS4059，级）	>8		（1）补油时带入颗粒； （2）系统中进入灰尘； （3）系统中锈蚀或磨损颗粒； （4）精密过滤器未投运或失效； （5）油质老化产生软质颗粒	查明和消除颗粒来源，检查并启动精密过滤装置、清洁油系统，必要时投入油再生装置
6	酸值（以KOH计， mg/g）	增加值超过新油0.1以上		（1）油温高或局部过热； （2）抗氧化剂耗尽； （3）油质劣化； （4）油被污染	（1）采取措施控制油温并消除局部过热； （2）补加抗氧化剂； （3）投入油再生装置； （4）结合旋转氧弹结果，必要时考虑换油
7	液相锈蚀[a]	有锈蚀		防锈剂消耗	添加防锈剂
8	抗乳化性[a] （54℃，min）	>30		油污染或劣化变质	进行再生处理，必要时换油
9	水分[a]（mg/L）	>100		（1）冷油器泄漏； （2）油封不严； （3）油箱未及时排水	检查破乳化度，启用过滤设备，排出水分，并注意观察系统情况消除设备缺陷
10	泡沫性（mL）	24℃及后24℃	倾向性>500 稳定性>10	（1）油质老化； （2）消泡剂缺失； （3）油质被污染	（1）投入油再生装置； （2）添加消泡剂； （3）必要时换油
		93.5℃	倾向性>500 稳定性>10		

序号	项目	警戒极限	异常原因	处理措施
11	空气释放值（min）	＞10	油污染或劣化变质	必要时考虑换油
12	旋转氧弹（150℃，min）	小于新油原始测定值的25%，或小于100min	（1）抗氧化剂消耗；（2）油质老化	（1）添加抗氧化剂；（2）再生处理，必要时换油
13	抗氧剂含量	小于新油原始测定值的25%	（1）抗氧化剂消耗；（2）错误补油	（1）添加抗氧化剂；（2）检测其他项目，必要时换油

a 表中除水分、液相锈蚀和抗乳化性试验项目外，其余项目均适用于燃气涡轮机油。

（三）抗燃油油质异常分析

根据运行抗燃油质量标准，分析实验结果。如果超标，应查明原因，采取相应处理措施。运行中抗燃油油质指标超标的可能原因及参考处理方法见表4-26。

表4-26　　运行中磷酸酯抗燃油油质异常原因及处理措施　（DL/T 571—2014）

项目	异常极限值	异常原因	处理措施
外观	混浊、有悬浮物	（1）油中进水；（2）被其他液体或杂质污染	（1）脱水过滤处理或；（2）考虑换油
颜色	迅速加深	（1）油品严重劣化；（2）油温升高，局部过热；（3）磨损的密封材料污染	（1）更换旁路吸附再生滤芯或吸附剂；（2）采取措施控制油温；（3）消除油系统存在的过热点；（4）检修中对油动机等解体检查、更换密封圈
密度（20℃，kg/m³）	＜1130 或＞1170	被矿物油或其他液体污染	换油
倾点（℃）	＞−15		
运动黏度（40℃，mm²/s）	与新油同牌号代表的运动黏度中心值相差超过±20%		
矿物油含量（%）	＞4		
闪点（℃）	＜220		
自燃点（℃）	＜500		
酸值（以KOH计，mg/g）	＞0.15	（1）运行油温高，导致老化；（2）油系统存在局部过热；（3）油中含水量大，发生水解	（1）采取措施控制油温；（2）消除局部过热；（3）更换吸附再生滤芯，每隔48h取样分析，直至正常；（4）如果更换系统的旁路再生滤芯还不能解决问题，可考虑采用外接带再生功能的抗燃油滤油机滤油；（5）如果经处理仍不能合格，考虑换油
水分（mg/L）	＞1000	（1）冷油器泄漏；（2）油箱呼吸器的干燥剂失效，空气中水分进入；（3）投用了离子交换树脂再生滤芯	（1）消除冷油器泄漏；（2）更换呼吸器的干燥剂；（3）进行脱水处理

续表

项目	异常极限值	异常原因	处理措施
氯含量（mg/kg）	>100	含氯杂质污染	（1）检查是否在检修或维护中用过含氯的材料或清洗剂等； （2）换油
电阻率 （20℃，Ω·cm）	<6×10⁹	（1）油质老化； （2）可导电物质污染	（1）更换旁路再生装置的再生滤芯或吸附剂； （2）如果更换系统的旁路再生滤芯还不能解决问题，可考虑采用外接带再生功能的抗燃油滤油机滤油； （3）换油
颗粒度污染 （SAE AS4059F，级）	>6	（1）被机械杂质污染； （2）精密过滤器失效； （3）油系统部件有磨损	（1）检查精密过滤器是否破损、失效，必要时更换滤芯； （2）检修时检查油箱密封及系统部件是否有腐蚀、磨损； （3）消除污染源，进行旁路过滤，必要时增加外置过滤系统过滤，直至合格
泡沫特性 （mL/mL） 24℃	>250/50	（1）油老化或被污染； （2）添加剂不合适	（1）消除污染源； （2）更换旁路再生装置的再生滤芯或吸附剂； （3）添加消泡剂； （4）考虑换油
93.5℃	>50/10		
后24℃	>250/50		
空气释放值 （50℃，min）	>10	（1）油质劣化； （2）油质污染	（1）更换旁路再生滤芯或吸附剂； （2）考虑换油

二、异常油质跟踪

对油质异常的设备，应建立技术档案。包括换油、补油、防劣化措施执行情况，运行油处理情况等记录，并进行结果比较，分析原因，采取相应的处理措施。

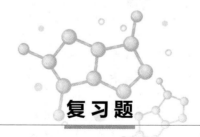

复习题

1. 简述油品中水分的来源。

2. 影响介质损耗因数的因素有哪些？

3. 变压器油的防劣措施有哪些？目前使用较普遍的措施有几种？

4. T$_{501}$抗氧化剂为什么能延缓油的老化？

5. 变压器混油时应注意些什么？

6. 简述"T746"防锈剂的防锈机理。

7. 什么是汽轮机严重度？测定汽轮机严重度对生产实际有何指导意义？

8. 涡轮机油的防劣措施有哪些？目前使用较普遍的措施有几种？

9. 涡轮机油混油时应注意些什么？

10. 如何对涡轮机油用油设备进行现场巡回检查和设备检修时的验收？

11. 为什么大容量、高参数机组的调速系统要采用磷酸酯抗燃油？

12. 抗燃油有哪些主要特点？

13. 抗燃油和涡轮机油的性能有哪些不同之处？

14. 抗燃油的防劣措施有哪些？

15. 抗燃油补油时有哪些注意事项？

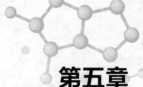

第五章

电厂辅机用油的监督与维护

第一节　电厂辅机用油的质量标准

电厂中的水泵、风机、磨煤机、空气压缩机、空气预热器等各种辅机用油规格，可根据 DL/T 290—2012《电厂辅机用油运行及维护管理导则》规定，见表 5-1。

表 5-1　　　　　　　　　　　　电厂辅机及用油规格

序号	辅机名称	用油名称	用油黏度等级（40℃）
1	水泵	汽轮机油	32、46
		液压油	32、46
		6 号液力传动油	6（100℃）
2	风机	汽轮机油	32、46、68、100
		液压油	22、46、68
3	磨煤机 湿磨机	齿轮油	150、220、320、460、680
		液压油	46、100
4	空气预热器	齿轮油	100、150、320、680
5	空气压缩机	空气压缩机油	32、46

一、液压油

液压油包括抗磨液压油、低温抗磨液压油、低凝抗磨液压油、高压抗磨液压油等适用于高温、高压、高速、高负荷的叶片泵和柱塞泵的液压系统。其具有较好的抗磨性和抗乳化性，有较好的氧化安定性及空气释放性，过滤性好，消泡性好，能够有效地延长设备系统运转寿命。

（一）液压油的性能要求

液压油必须适应液压系统的设计规范，一般应具备下列性能：

（1）有适宜的黏度及良好的黏温性能；

（2）润滑性好；

（3）具有良好的氧化安定性；

（4）防腐防锈性好；

（5）具有良好的消泡性；

（6）空气释放性良好；

（7）对水具有良好的分离性，不易乳化；

（8）与密封材料的适应性好；

（9）抗燃性高；

（10）剪切安定性好；

（11）蒸气压低；

（12）热胀系数低。

（二）抗磨液压油的组成

抗磨液压油的组成比较复杂，除加有防锈、抗氧剂外，还需加入抗磨、极压、金属减活、破乳、抗泡等添加剂。从抗磨剂组成来看，抗磨液压油分为两种：一是以二烷基二硫代磷酸锌为主剂的含锌抗磨液压油；另一种是不含金属盐（简称无灰型），以硫化物和磷化物为主要极压抗磨剂的抗磨液压油。

与含锌抗磨液压油相比，无灰抗磨液压油在水解安定性、破乳化、油品可过滤性及氧化安定性方面，明显占优势。

液压油品中使用了甲基硅油抗泡剂，对油品表面泡沫的消除特别有效，但却抑制了油中小气泡的上升和释放。近年来，发展了非硅抗泡剂，不仅能消除油品表面的泡沫，而且对油中小气泡的上升和释放影响很小。

（三）液压油的分类及技术要求

按照液压油的组成和特性不同，液压油可归纳为易燃和难燃两大类。其中易燃类包括合成烃和矿油型液压油。难燃类有磷酸酯等。

按照 GB 11118.1—2011《液压油》标准规定，液压油分为五个品种，分别为 L-HL 抗氧防锈液压油、L-HM 抗磨液压油（高压、普通）、L-HV 低温液压油、L-HS 超低温液压油，L-HG 液压导轨油。本书主要介绍 L-HL 抗氧防锈液压油的质量标准，其他液压油品种参见 GB 11118.1—2011 标准。L-HL 抗氧防锈液压油的技术条件和试验方法见表 5-2。

表 5-2　　L-HL 抗氧防锈液压油的技术条件和试验方法（GB 11118.1—2011）

项目		质量指标							试验方法
黏度等级（GB/T 3141）		15	22	32	46	68	100	150	
密度[a]（20℃，kg/m³）		报告							GB/T 1884 和 GB/T1885
色度（号）		报告							GB/T 6540
外观		透明							目测
开口闪点（不低于,℃）		140	165	175	185	195	205	215	GB/T 3536
运动黏度（不大于，mm²/s）	40℃	13.6~16.5	19.8~24.2	28.8~35.2	41.4~50.6	61.2~74.8	90~110	135~165	B/T 265
	0℃	140	300	420	780	1400	2560	—	
黏度指数[b]（不小于）		80							GB/T 1995
倾点[c]（不高于,℃）		−12	−9	−6	−6	−6	−6	−6	GB/T 3535
酸值[d]（以 KOH 计，mg/g）		报告							GB/T 4945
水分（质量分数）（不大于,%）		痕迹							GB/T 260
机械杂质		无							GB/T 511
清洁度		e							DL/T 432 和 GB/T 14039

续表

项目	质量指标							试验方法
黏度等级（GB/T 3141）	15	22	32	46	68	100	150	
铜片腐蚀（100℃，3h）（不大于，级）	1							GB/T 5096
液相腐蚀（24h）	无锈							GB/T 11143（A法）
泡沫性（泡沫倾向/泡沫稳定性，不大于，mL/mL） 程序Ⅰ（24℃）	150/0							GB/T 12579
程序Ⅱ（93.5℃）	75/0							
程序Ⅲ（后24℃）	150/0							
空气释放值（50℃，不大于，min）	5	7	7	10	12	15	25	SH/T 0308
密封适应性指数（不大于）	14	12	10	9	7	6	报告	SH/T 0305
抗乳化性（乳化液达到 3mL 的时间，不大于，min） 54℃	30	30	30	30	30	30	30	GB/T 7305
82℃	—	—	—	—	—	—	—	
氧化安定性 1000h 后总酸值[f]（以 KOH 计，不大于，mg/g）	—	2.0						GB/T 12581 SH/T 0565
1000h 后油泥（mg）	—	报告						
旋转氧弹（150℃，min）	报告	报告						SH/T 0193
磨斑直径（392N，60min，75℃，1200r/min，mm）	报告							SH/T 0189

[a] 测定方法也包括 SH/T 0604。
[b] 测定方法也包括 GB/T 2541，结果有争议时，以 GB/T 1995 为仲裁方法。
[c] 用户有特殊要求时可与生产单位协商。
[d] 测定方法也包括 GB/T 264。
[e] 由供需双方协商确定，也包括 NAS 1638 分级。
[f] 黏度等级为 15 的油不测定，但所含抗氧化剂类型和量应与产品定型时黏度等级为 22 的试验油样相同。

（四）运行液压油的质量标准

运行液压油的质量指标及检验周期见表 5-3。

表 5-3　　　运行液压油的质量指标及检验周期（DL/T 290—2012）

序号	项目	质量指标	检验周期	试验方法
1	外观	透明，无机械杂质	1 年或必要时	外观目测
2	颜色	无明显变化	1 年或必要时	外观目测
3	运动黏度（40℃，mm²/s）	与新油原始值相差小于±10%	1 年，必要时	GB/T 265
4	闪点（开口杯，℃）	与新油原始值比不低于 15℃	必要时	GB/T 267 GB/T 3536
5	洁净度（NAS 1638，级）	报告	1 年或必要时	DL/432
6	酸值（以 KOH 计，mg/g）	报告	1 年或必要时	GB/T 264
7	液相锈蚀（蒸馏水）	无锈	必要时	GB/T 11143
8	水分	无	1 年或必要时	SH/T 0257
9	铜片腐蚀试验（100℃，3h，级）	≤2a	必要时	GB/T 5096

（五）液压油的更换

在大多数情况下，液压油可使用多年。但是，其他油品的混入，以及外界尘土、金属碎末、锈蚀粒子和水的污染等，都可以急剧地降低液压油的使用寿命。液压装置不同，其污染度的等级要求也不同。

1. L-HL 液压油换油指标

SH/T 0476—1992（2003）《L-HL 液压油换油指标》规定，我国 HL 液压油的换油指标见表 5-4。当使用中的油品有一项达到换油指标时，应采取相应的维护措施或更换新油。

表 5-4　　　L-HL 液压油的换油指标的技术要求和试验方法（SH/T 0476—1992）

项目	换油指标	试验方法
外观	不透明或浑浊	目测
40℃运动黏度变化率（超过,%）	±10	GB 111181—1994
色度变化（比新油）（大于等于，号）	3	GB/T 6540
酸值（以 KOH 计，大于，mg/g）	0.3	GB/T 264
水分（大于,%）	0.1	GB/T 260
机械杂质（大于,%）	0.1	GB/T 511
铜片腐蚀（100℃，3h，大于等于，级）	2	GB/T 5096

2. L-HM 液压油换油指标

NB/SH/T 0599—2013《L-HM 液压油换油指标》规定，见表 5-5，使用中的 L-HM 液压油有一项达到换油指标时，应采取相应的维护措施或更换新油。

表 5-5　　　L-HM 液压油换油指标的技术要求和试验方法（NB/SH/T 0599—2013）

项目	换油指标	试验方法
40℃运动黏度变化率（超过,%）	±10	GB/T 265 及 NB/SH/T 0599—2013 标准 3.2 条
水分（大于,%）	0.1	GB/T 260
色度增加（大于，号）	2	GB/T 6540
酸值增加[a]（以 KOH 计算，大于，mg/g）	0.3	GB/T 264、GB/T 7304
正戊烷不溶物[b]（大于,%）	0.10	GB/T 8926 A 法
铜片腐蚀（100℃，3h，大于，级）	2a	GB/T 5096
泡沫特性（24℃，泡沫倾向/泡沫稳定性，大于，mL/mL）	450/10	GB/T 12579
清洁度[c]（大于）	−18/15 或 NAS 9	GB/T 14039 或 NAS 1638

[a]　结果有争议时以 GB/T 7304 为仲裁方法。
[b]　允许采用 GB/T 511 方法，使用 60～90℃石油醚作溶剂，测定试样机械杂质。
[c]　根据设备制造商的要求适当调整。

二、齿轮油

齿轮油是一种较高黏度的润滑油，专供保护传动动力零件，通常伴随着强烈的硫磺气味。齿轮油分为车用齿轮油和工业齿轮油两类。车用齿轮油用于润滑各种汽车手动变速箱和齿轮传动轴；工业齿轮油用于润滑冶金、煤炭、水泥和化工等各种工业的齿轮装置。齿轮油的功能要求如下：

（1）有适当的黏度和良好的黏温性能。

（2）热氧化安定性良好。

（3）极压要求没有车辆齿轮油高，但抗乳化性、抗腐蚀性要求高。

（4）抗泡性好。

（5）对于开式齿轮油来说，还要求黏附性和抗水性好。

（一）工业齿轮油的分类

GB 5903—2011《工业闭式齿轮油》规定了以深度精制矿物油或合成油馏分为基础

油，加入功能添加剂调制而成的，在工业闭式齿轮传动装置中使用的工业闭式齿轮油。该标准包括 L-CKB（抗氧防锈型，普通工业齿轮油）、L-CKC（极压型，中负荷工业齿轮油）和 L-CKD（极压型，重负荷工业齿轮油）三个工业闭式齿轮油品种。

（二） CKB 抗氧防锈工业闭式齿轮油的选用

1. 特性

采用精制的基础油，加入极压、抗磨、抗氧、防锈、抗泡等添加剂调制而成。具有良好的抗氧、防锈、抗乳化和抗泡沫性。

2. 规格

GB 5903—2011《工业闭式齿轮油》中规定的技术指标见表 5-6。

表 5-6　L-CKB 抗氧防锈工业闭式齿轮油的技术指标和试验方法（GB 5903—2011）

项目		质量指标				试验方法
黏度等级（GB/T 3143）		100	150	220	320	
运动黏度（40℃，mm²/s）		90.1～110	135～165	198～242	288～352	GB/T 265
黏度指数（不小于）		90				GB/T 1995[a]
闪点（开口，不低于，℃）		180	200			GB/T 3536
倾点（不高于，℃）		−8				GB/T 3535
水分（质量分数，不大于，%）		痕迹				GB/T 260
机械杂质（质量分数，%）		0.01				GB/T 511
腐蚀试验（铜片，100℃，3h，不大于，级）		1				GB/T 5096
液相锈蚀（24h）		无锈				GB/T 11143（B 法）
氧化安定性，总酸值达 2.0mg/g（以 KOH 计）的时间（不小于，h）		750		500		GB/T 12581
旋转氧弹（150℃，min）		报告				SH/T 0193
泡沫性（泡沫倾向/泡沫稳定性，mL/mL）	24℃（不大于）	75/10				GB/T 8022
	93.5℃（不大于）	75/10				
	后 24℃（不大于）	75/10				
抗乳化性（82℃）	油中水（体积分数）（不大于，%）	0.5				GB/T 12579
	乳化层（不大于，mL）	2.0				
	总分离水（不小于，mL）	30				

[a]　测定方法也包括 GB/T 2541。结果有争议时，以 GB/T 1995 为仲裁方法。

（三） CKC 中负荷工业闭式齿轮油的选用

1. 特性

采用制精基础油，加入极压、抗磨、抗氧、防锈、抗泡等多种添加剂调制而成。具有良好的抗氧、防锈、抗乳化和极压抗磨性，比 CKB 油极压抗磨性明显提高。

2. 规格

CKC 中负荷工业闭式齿轮油 GB 5903—2011 规定的技术指标见表 5-7。

（四） CKD 中负荷工业闭式齿轮油的选用

CKD 中负荷工业闭式齿轮油 GB 5903—2011 规定的技术指标见表 5-8。

表5-7　　L-CKC工业闭式齿轮油的技术指标和试验方法（GB 5903—2011）

项目		质量指标											试验方法
黏度等级（GB/T 3143）		32	46	68	100	150	220	320	460	680	1000	1500	
运动黏度（40℃，mm²/s）		28.8~35.2	41.4~50.6	61.2~74.8	90.0~110	135~165	198~242	288~352	414~506	612~748	900~1100	1350~1650	GB/T 265
外观		透明											目测[a]
运动黏度（100℃，mm²/s）		报告											GB/T 265
黏度指数（不小于）		90								85			GB/T 1995[b]
表观黏度达15000mPa·s时的温度[c]（℃）													GB/T 11145
倾点（开口，不高于，℃）		−12					−9				−5		GB/T3535
闪点（开口，不低于，℃）		180					200						GB/T 3536
水分（质量分数，不大于，%）		痕迹											GB/T 260
机械杂质（质量分数，不大于，%）		0.02											GB/T 511
泡沫性（泡沫倾向/泡沫稳定性，不大于，mL/mL）	程序Ⅰ（24℃）	50/0							75/10				GB/T 12579
	程序Ⅱ（93.5℃）	50/0							75/10				
	程序Ⅲ（后24℃）	50/0							75/10				
铜片腐蚀（100℃，3h，不大于，级）		1											GB/T 5096
抗乳化性（82℃）	油中水（体积分数，不大于，%）	2.0							2.0				GB/T 8022
	乳化层（不大于，mL）	1.0							4.0				
	总分离水（不小于，mL）	80.0							50.0				
液相锈蚀（24h）		无锈											GB/T 11143（B法）
氧化安定性（95℃，312h）	100℃运动黏度增长（不大于，%）	6											SH/T 0123
	沉淀值（不大于，mL）	0.1											
极压性能（梯姆肯试验机法）OK负荷值（1b）（不小于，N）		200（45）											GB/T 11144
承载能力，齿轮机试验/失效（级）（齿轮机法）		10					12				>12		SHT/0306
剪切安定性 剪切后40℃运动黏度（mm²/s）		等级黏度范围											SH/T 0200

a　取30~50mL样品，倒入洁净的量筒中，室温中静置10min后，在常温光下观察。

b　测定方法也包括GB/T 2541，结果有争议时以GB/T 1995为仲裁标准。

c　此项目可根据客户要求进行检测。

表5-8　L-CKD工业闭式齿轮油的技术指标和试验方法（GB 5903—2011）

项目		68	100	150	220	320	460	680	1000	试验方法
黏度等级（GB/T 3143）		68	100	150	220	320	460	680	1000	
运动黏度（40℃，mm²/s）		61.2~74.8	90.0~110	135~165	198~242	288~352	414~506	612~748	900~1100	GB/T 265
外观					透明					目测a
运动黏度（100℃，mm²/s）					报告					GB/T 265
黏度指数（不小于）					90					GB/T 1995b
表观黏度达150000mPa·s时的温度c（℃）										GB/T 11145
倾点（不高于，℃）			−12			−9			−5	GB/T 3535
闪点（开口，不低于，℃）			180				200			GB/T 3536
水分（质量分数，不大于，%）					痕迹					GB/T 260
机械杂质（质量分数，不大于，%）					0.02					GB/T 511
泡沫性（泡沫倾向/泡沫稳定性，不大于，mL/mL）	程序I（24℃）		50/0				75/10			GB/T 12579
	程序II（93.5℃）		50/0				75/10			
	程序III（后 24℃）		50/0				75/10			
铜片腐蚀（100℃，3h，不大于，级）					1					GB/T 5096
抗乳化性（82℃）	油中水（体积分数，不大于，%）				2.0			2.0		GB/T 8022
	乳化层（不大于，mL）				1.0			4.0		
	总分离水（不小于，mL）				80.0			50.0		
液相锈蚀（24h）					无锈					GB/T 11143（B法）
氧化安定性（95℃，312h）	100℃运动黏度增长（不大于，%）				6			报告		SH/T 0123
	沉淀值（不大于，mL）				0.1			报告		
极压性能（梯姆肯试验机法）OK 负荷值（1b）（不小于，N）						267（60）				GB/T 11144
承载能力，齿轮机试验/失效（齿轮机法）（级）					12			>12		SH/T 0306
剪切安定性（齿轮机法），剪切后 40℃运动黏度（mm²/s）					等级黏度范围					SH/T 0200
四球机试验	烧结负荷 PD［不小于，N（kgf）］					2450（250）				GB/T 3142
	综合磨损指数［不小于，N（kgf）］					441（45）				
	磨斑直径（196N，60min，54℃，1800r/min，不大于，mm）					0.35				SH/T 0189

a　取30~50mL样品，倒入洁净的量筒中，室温中静置10min后，在常温光下观察。

b　测定方法也包括 GB/T 2541。结果有争议时以 GB/T 1995 为仲裁标准。

c　此项目根据客户要求进行检测。

（五）L-CKB、L-CKC、L-CKD 的出厂检验和型式检验

L-CKB、L-CKC 和 L-CKD 的检验分出厂检验和型式检验，其出厂批次检验项目见表 5-9，出厂周期检验项目见表 5-10。

表 5-9　　　　　　　　　　L-CKB、L-CKC 和 L-CKD 的出厂批次检验项目

项目	L-CKB	L-CKC	L-CKD
外观		•	•
运动黏度（40℃）	•	•	•
运动黏度（100℃）		•	•
黏度指数	•	•	•
倾点	•	•	•
闪点（开口）	•	•	•
水分	•	•	•
机械杂质	•	•	•
抗泡沫性	•	•	•
铜片腐蚀	•	•	•
抗乳化性（82℃）	•	•	•
液相锈蚀（B 法）	•	•	•
氧化安定性（GB/T 12581） 酸值达 2.0mg/g（以 KOH 计）	•		
氧化安定性（SH/T 0123） 100℃运动黏度增长沉淀值		•	•
承载能力（齿轮机试验）		•	•
剪切安定性（齿轮机法）		•	•
极压性能（梯姆肯试验机法）		•	•
四球机试验			•

表 5-10　　　　　　　　　　L-CKB、L-CKC 和 L-CKD 的出厂周期检验项目

项目	L-CKB	L-CKC	L-CKD
氧化安定性（GB/T 12581） 酸值达 2.0mg/g（以 KOH 计）	•		
氧化安定性（SH/T 0123） 100℃运动黏度增长沉淀值		•	•
承载能力（齿轮机试验）		•	•
剪切安定性（齿轮机法）		•	•
极压性能（梯姆肯试验机法）		•	•
四球机试验			•

（六）运行齿轮油的质量标准

运行齿轮油的质量指标及检验周期见表 5-11。

表 5-11 运行齿轮油的质量指标及检验周期 （DL/T 290—2012）

序号	项目	质量指标	检验周期	试验方法
1	外观	透明，无机械杂质	1年或必要时	外观目测
2	颜色	无明显变化	1年或必要时	外观目测
3	运动黏度（40℃，mm^2/s）	与新油原始值相差小于±10%	1年，必要时	GB/T 265
4	闪点（开口杯，℃）	与新油原始值比不低于15℃	必要时	GB/T 267 GB/T 3536
5	机械杂质（%）	≤0.2	1年或必要时	DL/432
6	液相锈蚀（蒸馏水）	无锈	必要时	GB/T 11143
7	水分	无	1年或必要时	SH/T 0257
8	铜片腐蚀试验（100℃，3h，级）	≤2b	必要时	GB/T 5096
9	Timken机试验［OK负荷（1b）（N）	报告	必要时	GB/T 11144

（七） 工业齿轮油的更换

在通常情况下，工业齿轮油使用者主要根据腐蚀、锈蚀、沉淀、油泥、黏度变化和污染程度等情况，决定是否更换新油。为了定期进行质量监控，我国制订了CKC、CKD工业齿轮油换油指标NB/SH/T 0586—2010，见表5-12。当有一项指标达到换油指标时，应更换新油。

表 5-12 工业闭式齿轮油换油指标的技术要求和试验方法 （NB/SH/T 0586—2010）

项目	L-CKC 换油指标	L-CKD 换油指标	试验方法
外观	异常[a]	目测[a]	目测
运动黏度（40℃）变化率（超过，%）	±15	±15	GB/T 265
水分（质量分数，大于，%）	0.5	0.5	GB/T 260
机械杂质（质量分数，大于等于，%）	0.5	0.5	GB/T 511
铜片腐蚀（100℃，3h，大于等于，级）	3b	3b	GB/T 5096
梯姆肯OK值（小于等于，N）	133.4	178	GB/T 11144
酸值增值（以KOH计，大于等于，mg/g）	—	1.0	GB/T 7304
铁含量（大于等于，mg/kg）	—	200	GB/T 17476

[a] 外观异常是指使用后油品颜色与新油相比变化非常明显（如由新油的黄色或棕黄色等变为黑色）或油中能观察到明显的油泥态或颗粒状物质等。

三、液力传动油

由于液力传动油的检测项目和试验方法和涡轮机油及变压器油相差很大，价格又贵，液力传动油在电厂实际应用受到限制。液力耦合器用油、给水泵用油一般选用涡轮机油。液力传动油技术标准见表5-13。

表 5-13　　内燃机车液力传动油技术要求和试验方法（TB/T 2957—1999）

项目		质量指标	试验方法
运动黏度（100℃，mm²/s）		5.5～7	GB/T 265
黏度指数（不小于）		110	GB/T 2541
凝点（不高于,℃）		−25	GB/T 510
倾点（不高于,℃）		−23	GB/T 3535
闪点（开口，不低于,℃）		180	GB/T267 或 GB/T 3536
机械杂质（不大于,%）		0.01	GB/T 511
水分（不大于,%）		痕迹	GB/T 260
泡沫性（泡沫倾向/泡沫稳定性，不大于，mL/mL）	程序Ⅰ（24℃）	10/0	GB/T 12579
	程序Ⅱ（93.5℃）	20/0	
	程序Ⅲ（后24℃）	10/0	
抗氧化性能（不小于，min）		240	SH/T 0193
四球试验	P_B（不小于，N）	784	GB/T 3142
	D_{60}^{40}（不大于，mm）	0.05	SH/T 0189
腐蚀试验（A法）		无锈	GB/T 11143
剪切安定性能 40℃黏降（不大于,%）		18	SH/T 0505

第二节　电厂辅机用油的监督与维护

一、运行油的监督

1. 用油量大于 100L 的辅机用油在新油注入设备后的监督

当新油注入设备后进行系统冲洗时，应在连续循环中定期进行取样分析，直至油的颗粒污染度达到运行标准要求，且循环时间大于 24h 后，方能停止油系统的连续循环。

在新油注入设备或换油后，应在经过 24h 循环后，取油样按照运行油的检测项目进行检验。

2. 正常运行期间的监督

定期记录油温、油箱油位；记录每次补油量、补油日期以及油系统各部件的更换情况。

用油量大于 100L 的辅机用油按照表 5-3（液压油）、表 5-11（齿轮油）中的检验项目和周期进行检验。涡轮机油按照 GB/T 7596—2017 执行。

用油量小于 100L 的辅机用油，运行中只需现场观察油的外观、颜色和机械杂质。如外观异常或有较多肉眼可见的机械杂质应进行换油处理；若无异常变化，每次大修时或按照设备制造商要求做换油处理。

正常的检验周期是基于保证机组安全运行而制订的，但对于机组补油或换油以后的检测应另行增加检验次数。

二、运行油的监督管理

（一）液压油的油务监督管理

1. 液压油的技术条件

液压油的技术要求按照 GB 11118.1—2011《液压油》标准规定进行。

液压油的出厂检验、型式检验按照 GB 11118.1—2011《液压油》规定执行，满足液压油的技术要求，则判定该批产品合格。如出厂检验或型式检验结果中有不符合 GB 11118.1—2011 标准规定时，按 GB/T 4756—2015《石油液体手工取样法》的规定自同批产品中重新抽取双倍量样品，对不符合项目进行复验，复验结果如仍不符合技术要求时，则判定该产品为不合格。

必要时可按有关国际标准或双方合同约定的指标验收。

2. 标志、包装、运输、贮存

标志、包装、运输、贮存及交货验收按 SH 0164—1992《石油产品包装、贮运及交货验收规则》进行。

3. 取样

（1）新油的取样按 GB/T 4756—2015 进行，一般取 3L 作检验和留样用，满足出厂检验、型式检验和留样所需数量。

（2）对于运行中的液压油，液压系统油液取样首选管路取样，管路取样应按 GB/T 17489—1998《液压颗粒污染分析 从工作系统管路中提取液样》中 4.1 条规定的程序进行，取样时做好安全防护，防止人身受到伤害或油液大量外泄。

（3）在液压系统管路上无法安装取样器或取样有危险时的情况下采用油箱取样，油箱取样应按 GB/T 17489—1998 中 4.2 条规定的程序进行，取样时应避免二次污染。

（4）为了防止取样器及取样容器对检测样品造成二次污染，应按 GB/T 17484—1998《液压油液取样容器 净化方法的鉴定和控制》的规定进行器具净化。

4. 检测项目和检测周期

（1）40℃运动黏度、水分、色度、酸值、清洁度每月测试一次，正戊烷不溶物、铜片腐蚀、泡沫特性每季测试一次。

（2）当液压系统维修或更换元件后应即时进行清洁度检测。

5. 产品标记

标记示例：液压油 L-HL 46 抗氧防锈液压油 GB 11118.1。

（二）齿轮油的油务监督管理

1. 齿轮油的技术条件

齿轮油的技术要求按照 GB 5903—2011《工业闭式齿轮油》标准规定进行。

齿轮油的出厂检验、型式检验按照 GB 5903—2011 规定执行，满足齿轮油的技术要求，则判定该批产品合格。如出厂检验或型式检验结果中有不符合 GB 5903—2011 标准规定时，按 GB/T 4756—2015《石油液体手工取样法》的规定自同批产品中重新抽取双倍量样品，对不符合项目进行复验，复验结果如仍不符合技术要求时，则判定该产品为不合格。

必要时可按有关国际标准或双方合同约定的指标验收。

2. 标志、包装、运输、贮存

标志、包装、运输、贮存及交货验收按 SH 0164—1992《石油产品包装、贮运及交货验收规则》进行。

3. 取样

新油的取样按 GB/T 4756—2015 进行，一般取 3L 作检验和留样用，满足出厂检验和型式检验和留样所需数量。

运行油的取样一般按照 GB/T 7597—2007 的要求进行。

4. 检测项目和检测周期

按照表 5-11 进行齿轮油油质检测。

5. 产品标记

标记示例：L-CKC 100 工业闭式齿轮油 GB 5903

三、运行油的维护

（一）油系统冲洗

新装辅机设备和检修后的辅机设备在投运之前必须进行油系统冲洗，将油系统全部设备及管道冲洗达到合格的颗粒污染度。

（二）运行油系统的污染控制

1. 运行期间

运行中应加强监督所有与大气相通的门、孔、盖等部位，防止污染物直接侵入。若发现运行油受到水分、杂质等污染时，应及时采取有效措施予以解决。

2. 油转移过程中

当油系统检修或因油质不合格换油时，需要进行油的转移。如果从系统内放出的油还需要使用时，应将油转移至内部已彻底清理干净的临时油箱。当油从系统转移出来时，应尽可能将油放尽，特别是将加热器、冷油器内等含有污染物的残油设法排尽。放出的油用滤油机净化处理至合格。油系统的补充油也应净化合格后才能补入。

3. 检修前油系统污染检查

油系统放油后应对油箱、油泵、过滤器等重要部件进行检查，并分析污染物的可能来源，采取相应措施。

4. 检修中油系统清洗

对油系统解体后的部件及管道进行清理。清理时所用的擦拭物品应不起毛、干净，清洗时所用的有机溶剂应洁净，和部件及密封材料等不相溶，并对清洗后的残留液进行清除。清理后的部件应用洁净油冲洗，必要时用防锈剂（油）保护。清洗时不宜使用化学清洗法、热水或蒸汽清洗。

（三） 油净化处理

电厂辅机用油的品种和规格较多，在净化处理时，同品种、同规格的油宜使用同一台滤油机净化处理。如果混用，会造成不同油品相互污染。

对于用油量较大的辅机设备，运行中的油可以采用旁路油处理设备净化处理。当油中的水分超标时，可采用带精密过滤器的真空滤油机处理；当颗粒杂质含量超标时，可采用精密滤油机进行过滤；当油的酸值和破乳化度超标时，可以采用具有吸附再生功能的设备进行处理，也可采用具有脱水、再生和净化功能的综合性油处理设备进行处理。

辅机设备检修时，应将油系统中的油排出，检修结束清理完油箱后，将经过净化处理合格的油注入油箱，进行油循环净化处理，使油系统颗粒污染度达到油质要求。

（四） 补油

运行中需要补加油时，应补加经检验合格的相同品牌、相同规格的油。补油前应根据混油试验，油样的配比应与实际使用的比例相同，试验合格后方可补加。

当需要补加不同品牌的油时，除进行混油试验外，还应对混合油样进行全分析试验，混合油样的质量应不低于运行油的质量标准。

（五） 换油

由于油质劣化，达到表 5-5（液压油）、表 5-12（齿轮油）的换油指标需要换油时，应将油系统中的劣化油排放干净，用冲洗油将油系统彻底冲洗后排空，注入新油，进行油循环，直到油质符合运行油的质量标准。

（六） 油质异常原因及处理措施

根据运行油质量标准，对油质检验结果进行分析，如果油质指标超标，应查明原因并采取相应处理措施。油质异常原因及处理措施见表 5-14。

表 5-14　　　　　　　　　　　辅机运行油油质异常原因及处理措施

异常项目	异常原因	处理措施
外观	油中进水或被其他液体污染	脱水处理或换油
颜色	油温升高或局部过热，油品严重劣化	控制油温、消除油系统存在的过热点，必要时滤油
运动黏度（40℃）	油被污染或过热	查明原因，结合其他试验结果考虑处理或换油
闪点	油被污染或过热	查明原因。结合其他试验结果考虑处理或换油
酸值	运行油温高或油系统存在局部过热导致老化，油被污染或抗氧化剂消耗	控制油温、消除局部过热点、更换吸附再生滤芯作再生处理，每隔48h进行取样分析，直至正常
水分	密封不严，潮气进入	更换呼吸器的干燥剂、脱水处理、滤油
清洁度	被机械杂质污染、精密过滤器失效或油系统部件有磨损	检查精密过滤器是否破损、失效，必要时更换滤芯、检查油箱密封及系统部件是否有腐蚀、磨损，消除污染源，进行旁路过滤，必要时增加外置过滤系统过滤，直至合格

异常项目		异常原因	处理措施
泡沫特性	24℃	油老化或被污染，添加剂不合适	消除污染源、添加消泡剂、滤油或换油
	93.5℃		
	后24℃		
液相锈蚀		油中有水或防锈剂消耗	加强系统维护，进行脱水处理并考虑添加防锈剂
破乳化度		油被污染或劣化变质	如果油呈乳化状态，应采取脱水或吸附处理措施

复习题

1. 电厂辅机用油有哪些？其作用是什么？

2. 对辅机用油在新油注入设备后的监督有哪些规定？

3. 液压油换油指标的技术要求有哪些？

4. 工业闭式齿轮油换油指标的技术要求有哪些？

5. 辅机运行油油质异常原因及处理措施有哪些？

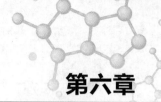

第六章

油品净化与再生

第一节 油的净化处理

油品的净化与再生，就是通过简单的物理（如沉降、过滤、吸附等）清除油中存在的水分、溶解气体、机械杂质和其他老化产物，使油品部分性能指标（如油品的击穿电压、油中含水量和介质损耗因数等）达到要求。

根据油品的污染程度和质量要求选择适当的净化方法，油品的净化方法见表 6-1。

表 6-1 油品的净化方法

净化方法	原理	应用
过滤	利用多孔可渗透介质滤除油液中的不溶性物质	分离固体（1μm 以上）
真空	利用负压下饱和蒸汽压的不同，从油液中分离其他的液体和气体	分离水、空气和其他挥发性物质
吸附	利用分离附着力分离油液中的可溶性物质和不可溶性物质	分离固体颗粒、水和胶状物等于
磁性	利用磁场力吸附油中的铁磁性颗粒	分离铁磁性颗粒（金属屑）
离心	通过机械能使油液作环形运动，利用产生的径向加速度分离与油液密度不同的不溶性物质	分离固体颗粒和游离水（离心机）
惯性	综合考察液压能使油液作环形运动，利用产生的径向加速度分离与油液密度不同的不溶性物质	分离固体颗粒和游离水（旋流器）
静电	利用静电场力使绝缘油中非溶性污染物吸附在静电场内的集尘体上	分离固体颗粒和胶状物质等
聚结	利用两种液体对某一多孔介质湿润性（或亲和作用）的差异，分离两种不溶性液体的混合液	从油液中分离水

一、吸附处理的机理

1. 吸附机理

吸附处理是利用吸附剂具有较大的活性表面对油中的酸性组分、树脂、沥青质、不饱和烃和水分等有较强的吸附能力，使吸附剂与油充分接触，达到除去上述物质从而净化油的目的。

吸附剂表面之所以具有将油中杂质分子或离子吸附到自己表面上的能力，是由于吸附剂表面上的质点，受到相内质点的拉力，所处的力场是不平衡的，具有过剩的能量，即表面自由焓。这不平衡力场由于吸附作用可得到某种程度的补偿，从而使吸附剂表面自由焓降低。

吸附分物理吸附和化学吸附。产生物理吸附的力是范德华力。由于分子间引力普遍存在于吸附剂和吸附质之间，所以物理吸附一般没有选择性。但随着吸附剂和吸附质种类不同，分子间吸引力大小各不相同，其吸附量也有差异。物理吸附速度较快，容易趋向吸附平衡。产生化学吸附的力是化学键力，此类吸附有明显的选择性并且吸附速度较慢。

2. 吸附作用的特点

变压器油吸附处理是一种物理—化学方法。根据单分子层吸附理论，吸附剂表面吸附力场作用范围很小，所以吸附作用具有以下特点：

（1）杂质分子只有碰到吸附剂空白表面才可能被吸附。

（2）被吸附分子之间相互无作用力，吸附平衡是动态平衡，吸附和解吸过程同时存在。

（3）当吸附速度大于脱附速度时，吸附起主导作用，两者速度相等时，达到了吸附平衡。

二、油处理专用材料

1. 常用吸附剂性能

常用吸附剂及其性能见表 6-2。

表 6-2　　　　　　常用吸附剂及其性能（GB/T 14542—2017）

名称	型号	化学成分	形状	孔径（nm）	活性表面积（m^2/g）	活化温度	最佳工作温度	能吸附的组分
硅胶	细孔、粗孔、变色	$mSiO_2 \cdot xH_2O$［变色硅胶浸有氯化钴（蓝色变粉红，有毒）；无钴橙色硅胶浸有甲基紫，甲基紫会因 pH 值改变而变色，未受潮前为黄色，受潮后为绿色；无钴蓝色硅胶浸有刚果红，刚果红会因 pH 值改变而变色，未受潮前为黄色，受潮后为红色］	干燥时呈乳白色块状或球形晶状	粗孔胶：8～10；细孔胶：2	300～500	450～600 变色硅胶 120	30～50	水分、气体及有机氧化物（细孔硅胶多用于除水，粗孔硅胶多用于油处理，变色硅胶做吸附剂吸水性指示剂用）
活性氧化铝	改性氧化铝	$mAl_2O_3 \cdot xH_2O$	块状、球状或粉状结晶	2.5～5.5	180～370	300	50～70	有机酸及其他氧化产物，可用于油处理
分子筛（沸石）	A 型（常用）、X 型、Y 型	$aM_{2/n}O \cdot Al_2O_3 \cdot b(SiO_2) \cdot c(H_2O)$，M 一般为 K、Na、Ca，$n$ 为阳离子系数，a、b、c 均为系数	条状或球状	0.3～1.0	300～400	450～550	25～150	水、气体、不饱和烃、有机酸等氧化物
活性白土（硅藻土）		主要成分为 SiO_2，另含少量 Fe、Al、Mg 等金属氧化物	无定型或结晶状的白色粉末或粒状	50～80	100～300	450～600	100～150	不饱和烃、树脂及沥青质有机酸、水分等

名称	型号	化学成分	形状	孔径 (nm)	活性表面积 (m^2/g)	活化温度	最佳工作温度	能吸附的组分
高铝微球		$Al_2O_3 \cdot SiO_2$ 单体为稀土 Y 型分子筛	微球状	0.8～0.9	530	120	50～60	酸性组分及其氧化产物 $Al_2O_3 \cdot xSiO_2$

2. 吸附剂的选择方法

应根据需吸附的对象来选择吸附剂的种类，如几种都可使用，应选择活性表面积大的。然后按要采用的吸附方式来选择粉状的，还是颗粒状的吸附剂。吸附剂在使用前应根据其活化温度充分活化。在使用过程中应使油温保持在该吸附剂要求的最佳温度范围之内。

3. 滤油纸的使用注意事项

滤纸一般采用工业用吸附纸，由于它的纤维结构组织稀松，形成纵横交错的多孔状，水分就可能渗入滤纸孔内。

滤纸使用前，应先用专用打空机打孔，然后放在专用的烘箱内烘干。当干燥温度为 80℃时，干燥 8～16h；当烘干温度为 100℃时，时间为 2～4h。如果油中水分多，还应适当降低压力，否则容易使滤纸破损。

有些单位根据实验，选择合适的油温、流量，采用专用滤纸，在滤纸中间夹层吸附剂，效果很好。

三、吸附处理方法

吸附法有两种：一种是接触法，这种方法吸附剂为粉末状（如白土、粉状 801 等），油和吸附剂直接接触并充分搅拌后，使油获得再生。另一种是渗滤法，此法采用的吸附剂为颗粒状（如硅胶、粒状 802 等），是将吸附剂装在柱形的吸附罐，油通过吸附罐而获得再生。下面分别予以介绍。

1. 接触法

采用粉状或微球状的吸附剂（如白土、粉状 801 和 XDK 吸附剂等）和油搅拌、混合。并在一定温度下保持一定时间，以达到净化目的。接触法再生效果与吸附剂种类、用量、接触温度、搅拌时间等因素有关，特别是与接触搅拌时间有关，故用白土再生时，必须保证有足够的接触时间。因此，需要根据油质劣化或污染程度通过小型试验确定最佳工艺条件。接触法仅适用于净化从设备内换下来的油。废绝缘油污染和劣化不太严重，油色不深，酸值在 0.1mg/g（以 KOH 计）以下，油中出现水溶性酸或介质损耗明显升高的油，可采用此种方法进行再生。

2. 渗滤法

强迫油通过装有颗粒状吸附剂（如硅胶、活性氧化铝、颗粒状 801、802、XDK 系列吸附剂等）的吸附罐，进行渗滤处理。应根据吸附剂种类来选择最佳工作油温，硅胶吸附柱的温度为 30~50℃，801 或活性氧化铝的温度为 50~70℃，XDK 系列温度为 50~55℃。渗滤法既适用于净化从设备内换下来的油，也适用于净化运行中的油。特殊情况下也可对运行中的油进行带电处理。

四、油的净化处理

油的净化处理就是通过简单的物理方法除去油中的污染物，使油品某些性能指标达到要求。经常采用以下几种净化方式：沉降法、板框（压力）过滤法、真空过滤法、离心过滤法及综合滤油法。

（一）沉降法净化油

沉降法也称重力沉降法，是利用在浊液中，固体或液体的颗粒受其本身的重力作用而沉降的原理，除去油中悬浮混杂物和水分等，如图 6-1 所示。

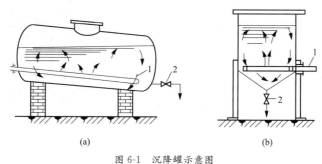

(a)　　　　　　　　　　　(b)

图 6-1　沉降罐示意图

（a）卧式罐；（b）立式罐

1—加热蒸汽盘管；2—排污管

如果颗粒直径小于 $100\mu m$ 时则成为胶体溶液，分子的布朗运动阻碍了颗粒的沉降，在该情况下，也可能生成较稳定的乳化液，此时就应加破乳化剂，否则无法沉降。

沉降与油的温度有关：绝缘油最好在 25~35℃，涡轮机油在 40~50℃ 的范围内；沉降的速度与油层的高度有关，沉降槽直径与高度之比，最好为 1.5~2 倍，为了减少占地面积，一般采用 1：1 为好。

此法比较简单，但不彻底。

图 6-2 是使用重力沉淀油处理设备的工作原理图，常用于运行中涡轮机油的净化处理。以清除油内的游离水分和杂质。

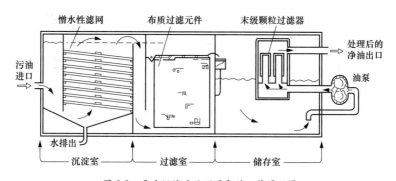

图 6-2　重力沉淀油处理设备的工作原理图

（二）板框（压力）过滤法净化油

1. 板框（压力）式滤油机的工作原理

利用油泵将油通过具有吸附及过滤作用的滤纸（或其他滤料），除去油中机械杂质、水分等混杂物，使油得以净化，称为压力式过滤净化。如图 6-3、图 6-4 所示。

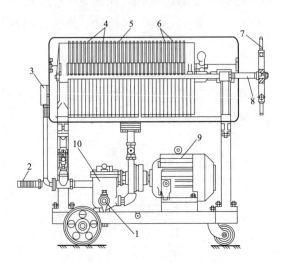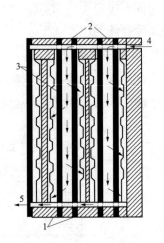

图 6-3　典型压力滤油机的结构

1—污油进口；2—净油出口；3—压力表；4—滤板；

5—滤纸；6—滤框；7—摇柄；8—丝杆；9—电动机；

10—网状过滤器

图 6-4　油在滤油器内的流动情况

1—铸铁滤板；2—滤框；3—滤纸；

4—污油进油孔；5—净油出油孔

过滤材料有滤纸（粗孔、细孔和碱性）、致密的毛织物、钛板和树脂微孔滤膜等。这些过滤材料的毛细孔必须小于油中颗粒的直径。压力式滤油多采用滤纸作过滤材料，它不仅能除去机械杂质，而且吸水性强，能除去油中少量水分。若采用碱性滤纸还能中和油中微量酸性物质。

钛板和树脂微孔滤膜是新型的过滤材料，对除去油中微细混杂物（过滤精度为 $0.8\sim5\mu m$）和游离碳有明显效果。

滤纸一般采用工业用吸附纸。因为它的纤维结构组织疏松，形成纵横交错的多孔状，水分就可渗透入滤纸孔内。在 $0.15\sim0.3MPa$ 的压力下，以毛细作用附着于孔内。

当油通过滤纸时，既滤除掉水分，又滤除了油中固体污染物，如油泥、游离碳、机械杂质等。

一般地，根据油品差异和温度不同，压力式滤油机的正常工作压力为 $0.1\sim0.4MPa$。在过滤过程中，如果压力逐渐升高，当超过 $0.5\sim0.6MPa$ 时，说明油内污染物过多填满了滤纸空隙，此时，需要更换新的干燥滤纸。

滤纸的厚度一般为 $0.5\sim2.0mm$。在滤纸和滤框之间通常放置 2～4 张滤纸。因此更换滤纸时，最好从滤框两侧的第一张换起，在滤纸抽出一张的同时，将新的一张滤纸放入靠近滤板的一面。

压力式滤油机不能有效地除去油中溶解的或呈胶态的杂质，也不能脱除气体。油温最好在 35～50℃ 之间，此时滤纸的滤除效果比较好。滤纸在用前要干燥处理。

2. 启动

（1）启动前的准备。

1）连接好有关各进出油管路，并与油桶或油箱连接好。

2）检查电动机的电源线路和开关、接地线是否良好，如破损或没有则禁止启动。

3）检查各部件的螺钉是否拧紧。

4）检查各有关阀门的状态，并打开除滤油机进口以外的其他有关阀门。

5）充油和排空。

（2）启动。

1）经小盘车正常后，合上电动机，并注意有无摩擦和不正常的声音。

2）当各部件正常时，打开进口阀门，并调整给油量，使压力维持在 0.15～0.25MPa，如框架和滤板间夹有帆布或呢子，压力则可达到 0.35～0.4MPa。

3）取油样。在滤油过程中，从油罐的取样阀门处取样，若油质符合标准，工作结束。

3. 停机

（1）关闭进口阀门。

（2）拉下电动机开关。

（3）关闭出口阀门。

（4）关闭所有有关阀门。

（5）清洗滤油机。

1）过滤完毕，松开压紧装置，逐片的取出滤纸，清洗框板和油箱内的滤渣，更换滤纸重新夹好、压紧，盖上滤油机盖。

2）最后清洗粗滤器，清洗后重新盖好，拧紧螺栓，待下次再用。

4. 维护与保养

（1）经常检查电动机的温度，不得超过 45℃。

（2）经常检查油泵的温度，不得高于进油温度。

（3）空负荷下，不得长期运转。

（4）在夹用毡子、呢子等的情况下，工作压力不可超过 0.5MPa；在仅用滤油纸的情况下，工作压力不可超过 0.4MPa。

（5）经常注意泵及电动机的运转情况，倾听有无摩擦及撞击声。

（6）当压力机任一部件的温度超过定额温度，机组剧烈振动，机组各部件有摩擦、撞击声音，泵及电动机有异常声音以及电动机冒烟时，应立即停机检查并查明原因。

（7）定期清洗过滤网，经常排除空气分离器中的空气。

（8）运行中，应注意观察滤油机的运行压力，压力忽然变大或减小，应查明原因并及时采取措施。

（9）经常检查吸入管、粗滤器、油样阀、回油管及接头等处是否漏气。

（10）经常检查齿轮泵，安全阀是否松动或不严。

5. 注意事项

（1）压力式滤油机主要用来滤去油中的水分及污染物，但对超高压用油的绝缘强度、水分、含气量、介质损耗因数有更高的要求，单靠压力式滤油机远不能满足要求，可和真空过滤配合使用。

（2）滤油效果好坏与空气湿度有关，湿度大，滤油效果不好，最好在晴天和湿度不大的情况下滤油。

（3）当过滤较多油泥或其他固体杂质时，应增加更换滤纸的次数。必要时，可采用滤网预滤装置。

（4）当发现过滤器油压增加，滤出油的水分含量增加或击穿电压降低时，应采取更换滤纸等措施。

（三） 真空过滤法净化油

1. 真空式滤油机的工作原理

油在高真空和不太高的温度下雾化，油中水分和气体便在真空状态下因蒸发而被负压抽出，而油滴落下回到油室。因为真空滤油机也带有滤网，所以也能去除杂质污染物（真空机的构造和流程如图 6-5 所示，配有两个真空罐的真空滤油机，称二级真空滤油机，其脱水和脱气效果更好）。油中水分汽化和气体的脱除效果，取决于真空度和油温，真空度越高，水的汽化温度越低，脱水效果越好。

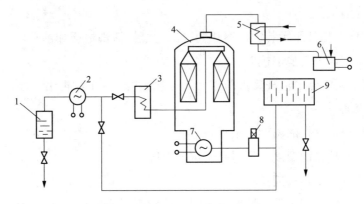

图 6-5 真空滤油机的构造和流程图

1——一级滤器；2——进油泵；3——加热器；4——真空罐；5——冷却器；

6—真空泵；7—出油泵；8—电磁阀；9—二级滤器

真空净化法处理适用范围广，能满足一般电气设备用油的需要，绝缘油真空滤油机对水分和击穿电压要求较高。还可应用到涡轮机油的处理过程中，涡轮机油真空滤油机对油的清洁度要求较高，相对于绝缘油真空滤油机，水分的要求降低很多。

2. 启动

（1）启动前的准备。

1）将设备安装平稳。

2）接好电源线。

3）紧固所有的接线端子。

4）转动油泵、真空泵，检查无阻滞现象。

5）试电源相序。点动真空泵或油泵，要求转向与标识方向一致，如不一致，调换进线任意两相。

6）将进出油管与待处理的油箱可靠相连。

（2）启动。

1）用抽气管将抽气容器与抽气辅助阀门连接牢固。

2）关闭进油阀门、出油主阀门；打开回油阀门、抽气辅助阀门。

3）将进线处的空气开关闭合。

4）闭合整机启动旋钮。

5）按下真空泵控制按钮。

6）待真空度达到 5000Pa（参考设备说明要求），按下罗茨泵控制按钮。

7）逆时针旋转进出油阀门手柄。

8）观察镜液位在中线附近时，按下油泵控制按钮。

9）将进油阀门关小约 1/4，观察进出油情况，使进油略大于出油即可（主要是为了提高脱水效率）。

10）待液面平衡后，开启加热旋钮。

11）按"温控仪的使用说明"所述调节好控制温度和"回"差温度。

12）根据油处理情况，温度达 60℃后，处理 5 遍左右时（可根据油质劣化情况），在取样口进行取油样检查，待油处理合格后滤油结束。

3. 停机

（1）关闭加热器控制旋钮。

（2）运行状态下滤油 5～10min。

（3）按下真空泵、罗茨泵的停止按钮。

（4）待真空分离室内油液输送完毕后，按下输油泵停止按钮。

（5）关闭整机旋钮。

（6）断开总电源空气开关。

（7）关闭进出油阀门、回油阀门、切换阀门。

（8）拆除进出油管、抽气管。

4. 停用保养注意事项

（1）在运转的真空滤油机需要中断时，应在断开加热电源 5min 后才能停止油泵运转，以防油路中局部油品受热分解产生烃类气体。

（2）用冷态机械过滤处理方式除去油泥和游离水效果好，而用热态真空处理除去溶解水和悬浮水的效果好。

（3）油温应控制在 70℃以下，防止油质氧化或引起油中 T501 和油中某些轻质组分的损失。

（4）室外低温环境工作结束后，必须将真空泵至冷凝器中的存水放干净，以防低温结冰损坏设备。

（5）滤油机停置不用时，应将真空泵内的污油放尽并注入新油。

（6）处理含有大量水分或固体物质的油时，在用真空滤油机处理之前，应使用离心分离或机械过滤，这样能提高油的净化效率。

（7）真空滤油机的冷凝器、加热器应定期清洁，否则会影响效率，缩短寿命。

（8）因 GB/T 2536—2011 标准要求处理后的新油击穿电压大于等于 70kV，这对滤油机有很高的质量和精度要求（有的滤油机技术参数如下：过滤精度：0.3μm；油处理后的微水含量：一个过程后小于等于 5mg/L，三个过程后小于等于 3mg/L；油中含气量：一个过程后小于等于 0.1%，三个过程后小于等于 0.05%；油的击穿电压：一个过程后大于等于 65kV，三个过程后大于等于 75kV 等）。一般采用二级真空滤油机，真空度保持在 133Pa，对油质进行尝试脱水和脱气处理。

（9）在真空过滤过程中，应定期测定滤油机的进、出口油的含气量、水分含量或击穿电压，以监督滤油机的净化效率。

（四）离心分离法净化油

油的离心分离法净化是基于油、水及固体杂质三者密度不同，在离心力的作用下，其运动速度和距离也各不相同的原理。油最轻，聚集在旋转鼓的中心；水的密度稍大被甩在油质的外层；油中固体杂质最重被甩在最外层；并在鼓中不同分层处被抽出。

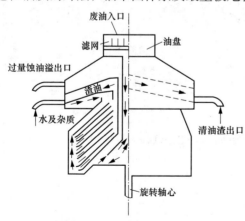

图 6-6　废油在离心式滤油机流动情况

离心式滤油机主要靠高速旋转的鼓体来工作；它是一些碗形的金属片，上下叠置，中间有薄层空隙，金属片装在一根主轴上。操作时，由电动机带动主轴，主轴高速旋转（3000～40000r/min），产生离心力，使油、水和杂质分开。如图 6-6 所示。

此种方法对含有大量水分、固体颗粒、油泥等悬浮物的油时（如涡轮机油），应先离心分离方式进行分离。特别对含有乳化水的油品效果更显著，但不能除去油中的溶解水分。

（五）联合方法净化油

对大型变压器用绝缘油，对油中含水量、含气量要求严格，可采用压力过滤法和真空过滤法联合净化，若有沉淀罐，可配合使用。具体步骤如下：

净化前先做油品试验，清洗管路和油罐，按滤油方案，连接相应油管线。

打开压力式滤油机，将污油打入污油沉淀罐，在沉淀罐内加热到40~50℃且沉淀48h以上，经加热器加热到50℃±5℃的油，用压力滤油机打入到过渡罐（为了防止污油直接进入变压器本体内），再由油泵通过加热器打入真空滤油机处理。此过程每小时更换滤纸一次，当固体杂质清除后，脱离压力式滤油机，反复脱气过滤，直到合格。将合格油送入净油罐储存。

对于涡轮机油含水量较多时，可采用离心分离净化法和压力过滤法联合使用。

第二节　油　品　防　劣

一、油品添加剂的使用、注意事项及监督维护

（一）T501抗氧化剂的使用、注意事项及监督维护

1. 抗氧化剂的质量标准

抗氧化剂的质量标准见表6-3。

表6-3　　　　　　　　抗氧化剂的质量（GB/T 14542—2017）

项目	专业标准 SH 0015		试验方法
	一级品	合格品	
外观	白色结晶[a]		目测
初熔点（℃）	69.0~70.0	68.5~70.0	GB/T 617
游离甲酚（不大于，%）	0.015	0.03	附录
灰分（不大于，%）	0.01	0.03	GB/T 508
水分（不大于，%）	0.06	—	GB/T 606[b]
闭口闪点（℃）	报告	—	GB/T 261

[a] 贮存后允许变为淡黄色但仍可使用。

[b] 测定水分时，操作手续改为取3~4mL溶液甲，以溶液乙滴定至终点不记录计数，然后迅速加入试样1g（称准至0.01g）在不断搅拌下使之溶解，用溶液乙滴定至终点。

2. 使用及注意事项

油中添加抗氧化剂，一般要经过以下步骤：

（1）抗氧化剂的效果试验，又称感受性试验。国产油对T501的感受性一般较好，且出厂时厂家都加抗氧化剂，所以添加时可以不做此项试验。但对于不明牌号的进口油（有些进口油没有添加T501），必须进行此项试验。

（2）抗氧化剂有效剂量的确定。一般按要求添加，对于不同质量和不同氧化程度的油品，要具体确定。

（3）添加抗氧化剂的方法。添加前，应先清除设备和油内的油泥、水分和杂质，绝缘油击穿电压合格，涡轮机油破乳化度应合格。

采用热溶法。具体步骤为按5%的浓度配成浓溶液，取部分油，加温到55~65℃，再

将所需的 T501 量加入油中，并不断搅拌均匀，使其完全溶解，溶后放置待油温降至室温时，混入油箱或油罐内，并循环过滤使其混合均匀。装有热虹吸器的变压器，可在换吸附剂时，将所要补加的 T501 抗氧化剂铺在吸附剂较上层内，利用热虹吸器上部温度较高而使 T501 溶解，并随油流自然循环而进入本体油内。

3. 监督维护

（1）每次添加前后，均需按运行油质量指标对油质进行试验，必要时还需做开口杯老化试验，以做原始记录，供在异常情况时查对、分析用。

（2）运行中抗氧化剂的含量一般低于 50% 时，要及时补加。

（二）防锈剂"T746"的使用、注意事项及监督维护

1. 防锈剂的质量标准

防锈剂的质量标准见表 6-4。

表 6-4　　　　　　　　　防锈剂的质量标准（GB/T 14541—2017）

项目		专业标准 SH0043		试验方法
		一级品	合格品	
外观		琥珀色黏稠液体	琥珀色黏稠液体	目测
密度（50℃，kg/m^3）		报告	报告	GB/T 2540
黏度（100℃，mm^2/s）		40～60	40～100	GB/T 265
闪点（开口杯，不低于，℃）		150	100	GB/T 267
酸值（以 KOH 计，mg/g）		235～280	235～340	GB/T 264
pH 值[a]≥		4.2	4.2	SY 2679
碘值（以 I_2 计，g/100g）		50～80	50～90	SY 2301
铜片腐蚀[a]（100℃，3h）		1 级	1 级	GB/T 5090
液相锈蚀[a]	蒸馏水	无锈	无锈	GB/T 11143
	合成海水	无锈	无锈	
	坚膜韧性	通过	通过	

[a]　试验用油均为 32 号或 46 号油，未加添加剂的汽轮机油其防锈剂的添加量为 0.03%±0.01%。

2. 使用及注意事项

油中添加防锈剂一般要经过以下步骤：

（1）小型试验。按照液相锈蚀小型试验，以确定无锈时的适宜剂量。同时进行其他理化指标试验，均无不良影响，此时才能大型添加。

（2）添加方法。添加前，必须对油进行过滤等净化处理，清除掉油中的水分、杂质等。

用热溶法。具体步骤为：根据小型试验确定的添加量，可先配制 5%～10% 的浓溶液，油温控制在 60～70℃，容器最好用搪瓷桶，待药品完全溶解后，通过滤油机打入主油箱，应继续循环过滤均匀，在机组启动前打入油系统，继续循环过滤至少 24h，调速器部件可在安装前，放入 T746 的浓液中，浸泡 24h，这样运行后防锈效果较好。

3. 监督维护

（1）通过定期进行液相锈蚀试验来确定 T746 的补加量。当发现试棒上出现锈蚀现象

时，就应及时补加，补加量控制在 0.02％左右，补加方法与添加时相同。

（2）加防锈剂前后要进行油品有关项目的分析，并做好记录。加剂后的油，除按要求进行常规检测外，应根据运行情况的需要或发现异常时，应增加检验次数和项目。

（三）破乳化剂的使用、注意事项及监督维护

破乳化剂的质量要符合标准要求。添加前要做小型试验和感受性试验。确定最佳添加量。添加前要对油系统进行彻底清洁，同时清除油中的水分和杂质。加入破乳化剂后，油品要加强过滤，及时清除沉淀物。补加前后应对油质进行全面检测，并做好记录。运行中当破乳化时间大于 30min 要进行补加。油质有异常情况应增加试验次数和缩短试验周期。

（四）抗泡沫添加剂的使用、注意事项及监督维护

抗泡沫添加剂的质量要符合标准要求。T201 甲基硅油主要用于涡轮机油、机械油中，用量很少，一般为 0.001％左右。因它难溶于油中，在加入油品前，可先用煤油和柴油进行稀释，混合均匀以喷雾状加入油中。运行油中泡沫超出指标要求，并影响油质润滑性能时要补加。

二、降凝剂和黏度添加剂的使用、注意事项及监督维护

降凝剂和黏度添加剂一般是油品制造厂家出厂时已添加好，且在运行中不容易消耗，一般不进行添加。若因特殊原因需要添加，一定要在油品制造厂家的指导下进行。

第三节 废油的再生处理

通常把氧化变质的油称为废油。在废油中一般氧化产物所占比例很少，为 1％～25％，其余 75％～99％都是理想成分。废油再生就是利用简单的工艺方法去掉油中的氧化产物，恢复油品的优良性能。废油再生既节省能源，降低成本，提高经济效益，又有利于环境保护。

废油再生前一般要经过物理净化，即沉降、过滤、离心分离和水洗等预处理（选择其中的一种或几种）。废油再生一般有物理净化法、物理-化学法和化学再生法三种。

1. 再生方法的选择

合理再生废油是选择再生方法的基本原则，根据废油的劣化程度、含杂质情况和再生油的质量要求，本着操作简便、节省耗材、提高质量和提高经济效益的目的，一般原则是：

（1）油的氧化不严重，仅出现酸性和极少的沉淀物等，以及某一项指标变坏如介质损耗因数、破乳化度等，可选用过滤和吸附处理等方法。

（2）油的氧化较严重，杂质较多，酸值较高时，采用吸附处理方法无效时，可采用化学再生法中的硫酸-白土法处理。

（3）酸值很高、颜色较深、沉淀物多、劣化严重的油品，可采用化学再生法。

2. 物理-化学法

电力系统中常用的是吸附剂再生法，主要包括凝聚、吸附等单元操作。此法是利用吸附剂有较大的活性表面积，对废油中的氧化产物如酸和水有较强的吸附能力，使吸附剂与废油充分接触，从而除去油中有害物质，达到净化再生的目的。

此种方式多用于设备不停电的情况，如变压器带电过滤吸附处理油，热虹吸器、涡轮机油和抗燃油运行中旁路再生均属此种类型。也可用于停电的设备，如把变压器油打入油罐，在油罐内码放吸附剂，吸附剂的量根据小型试验的结果，如分别用劣化油配制吸附剂浓度 1.0%、1.5%、2.0%，加热搅拌后，用干燥滤纸过滤，分别测酸值、pH 值和界面张力，选择合适的吸附剂用量。然后用压力式滤油机连接油罐进行过滤，最后用真空滤油机进行过滤，并进行油质试验，必要时添加抗氧化剂。

3. 化学法

主要包括硫酸-白土再生油和硫酸-碱-白土再生油。

（1）硫酸-白土再生油。此法是目前处理废油再生比较普遍的一种方法，当酸值在 0.5mg/g（以 KOH 计）左右时可采用此法。作用机理是：硫酸与油品中的某些成分极易发生反应，而在常温下不与烷烃、环烷烃起作用，与芳烃作用也很缓慢，因此酸处理如果条件控制得好，基本不会除去油中理想组分。硫酸的作用：对油中含氧、硫和氮起磺化、氧化、酯化和溶解作用生成沉淀的酸渣；对油中的沥青和胶质等氧化产物主要起溶解作用；对油中各种悬浮的固体杂质起凝聚作用；与不饱和烃发生酯化、叠合等反应。白土能吸附硫酸处理后残留于油中硫酸、磺酸、酚类、酸渣及其他悬浮的固体杂质等，并能脱色。

（2）硫酸-碱-白土再生油。此法适用于劣化特别严重的废油，酸值在 0.5mg/g（以 KOH 计）以上，用以上的再生方法得不到满意的效果时，可采用这种方法再生。

碱的作用是一方面与油中环烷酸、低分子有机酸反应，另一方面与硫酸、磺酸和酸性硫酸酯反应，生成可溶性的盐和皂。

（3）油品的脱硫处理。

1）油中 H_2S 气体可用加热的方法或 5% 的苛性钠溶液碱洗除掉。

2）油中的硫醇（RSH）可用 20% 以上的浓碱液除掉。

3）油中硫醚（RSR）等，能溶于浓硫酸被除掉。

4）元素硫可通过加热的方法除掉。

4. 废油处理新技术

目前，新的废油处理技术有振动膜处理工艺、分子蒸馏处理技术和水击谐波破乳技术等。

（1）振动膜处理。振动膜处理工艺的原理是利用超频振动在振动膜表面产生剪切力，从而减少淤塞，提高浓缩比。根据膜的选择透过性和膜的孔径大小不同，可以将不同粒径的轻油、重油分开，轻油得到分离，重油则被浓缩，在废油分离浓缩过程中不发生相变和化学反应。

（2）分子蒸馏处理。分子蒸馏处理技术采用短程蒸馏加白土补充精制工艺对废润滑油再生进行实验，蒸馏后的再生润滑油达到了新润滑油技术指标。分子蒸馏工艺是目前运用在废油处理中最新的技术，回收率高，再生周期短，清洁环保，不产生二次污染，具有很好的经济效益和社会效益。

（3）水击谐波破乳技术处理。水击谐波破乳技术利用油液系统内部的能量进行油水乳化液的破乳，在特定的管段形成水击驻波场，根据油中水滴所受浮升力、拖曳力、重力和驻波强迫振动力以及分散间隔作用力（连续运动阻力、范德华力等），在重力作用下水滴相互接近，共同于最近的波腹（或波节）处聚集，水滴间的聚结力使其产生碰撞和变形，最终出现回弹、稳定聚结、瞬态聚结。

这三种废油处理新技术虽然达到了无污染、低能耗的要求，但这只是废油处理的单一环节。从环境保护的角度出发，更应科学合理地对废油处理产业进行绿色的集群规化，形成废油收集、储运、处理一体的产业模式，最终达到废油处理的绿色低碳化要求，实现可持续发展。

5. 废油再生的安全防护及回收处理

电力用油是一种可燃性石油产品，在废油处理中和废油存放场所，存有较多的油品，空间还扩散有石油蒸汽；石油蒸汽与空气接触其混合比达到一定比例时，会引起燃烧和爆炸，这种危险性必须提高警惕，注意防止。

（1）废油再生场所周围严禁存放易燃物品，断绝一切火种。

（2）再生场所应备有完善的消防措施。工作人员要熟练掌握易燃品着火时的扑救方法。

（3）室内通风良好，及时排除废油处理场所的有毒及易燃易爆气体。

（4）严格遵守有关的安全规程。

废油经处理后，油中抗氧化剂含量减少，要对再生油作"T501"含量测定：一般新油"T501"含量为 $0.3\%\sim0.5\%$；若再生油低于这个值，应予补加，以提高油的抗氧化安定性，延长油的使用寿命。

废油处理中的废物主要有废渣（酸和白土）、残油、污水等。需要对这些废物进行处理回收，不能随意排放。

6. 吸附剂的回收处理

使用过的硅胶、活性氧化铝和801、802吸附剂等，应放置在废油中保存，严禁光照和雨淋，应通过适当的方法回收利用。

废硅胶或活性氧化铝，放入回收炉中，在 $500\sim600℃$ 下燃烧，控制好时间和温度，一般烧制吸附剂颜色变白。回收后的吸附剂可重复使用。

801、802吸附剂等也可回收利用，目前方法还处在研究之中。

7. 污水的处理

一般用隔油槽将上部漂浮的杂质、油除去，若除不净时，再经生化处理，必须达到排放标准。

8. 酸渣处理

酸渣加 20%～40%水后用热蒸汽吹，把酸渣加热到 80～90℃，再进行沉降分离，分离后酸渣呈现三层，上层为褐色残油，收集起来，用热水洗 2～3 次，作为废油重新再生。中层是酸渣，用于铺设路面等。下层是棕色浓度为 20%～60%的稀硫酸，用来清洗再生罐等，再用水冲稀，排放地沟。

9. 白土渣的处理

一般白土渣中含有 10%～20%的油，其余为胶质、沥青质和白土等混合物，呈黑色。

首先用压榨机进行回收处理。用厚布将白土渣包好，放进漏斗中，扳动上部的螺旋压杆，即可把残油挤压出来，这些残油可再生使用或作为废油用。

剩余的干白土渣，用干净的沸腾水进行搅拌、清洗，然后沉淀几小时，将上层黑色泥浆水倒出，再次用沸腾水清洗白土渣至到洗成白色为止。再用 500～600℃的温度烘烤，时间不能超过 6h，回收的白土可以再用。回收时间不能太长，否则白土活性减退。

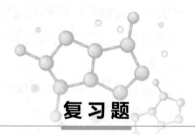

复习题

1. 常用油的净化方法有几种？如何选择油的净化方法？
2. 叙述用压力过滤法滤油的启停步骤。
3. 叙述用真空滤油法的启停操作及维护保养。
4. 抗氧化剂 T501 的添加程序如何？
5. 叙述添加 T746 防锈剂的步骤。

第七章

六 氟 化 硫 绝 缘 介 质

第一节 六氟化硫电气设备

纯净的六氟化硫（SF_6）是一种无色、无味、无嗅、无毒的不可燃气体，具有优良的物理、化学特性，应用非常广泛，尤以其优异的绝缘性能而被作为绝缘和灭弧气体应用于高压电器设备中。本章主要讨论 SF_6 气体的基本性质、电气性能和杂质组分含量的检测，以及使用中的监督和管理等。

一、SF_6 断路器

常用的 HPL B2 型瓷柱式断路器结构简图如图 7-1 所示。

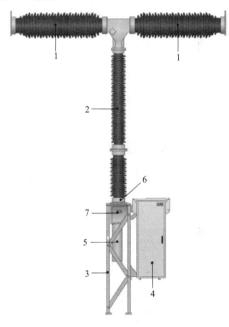

SF_6 断路器是用 SF_6 气体作为绝缘和灭弧介质的。常用的 SF_6 断路器结构为压气式（即单压式）和自能膨胀式结构。压气式只有一个压力不高的气体系统，结构简单，工作压力一般为 0.6MPa 左右，液化温度为 $-30℃$。除一些高寒地区外，一般地区使用不加热也不会发生液化的情况。单压式 SF_6 断路器开断时利用压气缸与活塞的相对运动把 SF_6 气体压缩，产生气流在触头喷口高速喷出，使电弧熄灭。旋弧式断路器较单压式更为发展，这种断路器摆脱了普通断路器靠吹弧气流带走在弧柱等离子区中产生的能量方式，而是靠电弧高速旋转，使 SF_6 气体更有效地冷却电弧，把电弧能量带走。

自能膨胀式是利用电弧能量加热膨胀室内的气体，气体温度的上升引起了气体压力的增加。这种具有压力的 SF_6 气体，一方面用来在电流过零时吹弧，另一方面在电极间形成绝缘间隙。这

图 7-1 HPL B2G 型断路器

1—灭弧室；2—支持绝缘子；3—支架；
4—BLG 型操动机构；5—分闸弹簧；6—气体
监测装置（在对面）；7—合、分闸位置指示器

种断路器不需要压气缸，断路器的总体结构简单紧凑，触头开距变小，且所需的机械操作功小。

二、SF_6 互感器

1. SF_6 电压互感器

高压 SF_6 电压互感器（简称 SF_6TV）有独立式和与 GIS 配套式两种结构。与 GIS 配

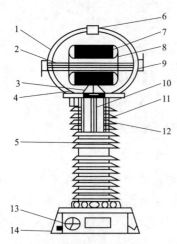

图 7-2　SF_6 气体电流互感器的结构

1—壳体；2—一次导杆；3—绝缘支撑；4—电容均压环；

5—瓷套；6—安全帽；7—二次绕组；8—屏蔽电极；

9—安全阀；10—二次引线管；11—电容锥；

12—二次引线；13—密度继电器；14—底座

套的 SF_6 TV，由盆式绝缘子、箱体、器身、接线盒、防爆装置及 SF_6 TV 截止阀等组成。独立式 SF_6 TV，则取消盆式绝缘子，以高压绝缘套管将一次高压引线引出而成。

2. SF_6 电流互感器

SF_6 电流互感器采用倒立式结构，结构简图如图 7-2 所示。

SF_6 气体电流互感器电气性能优良，场强均匀，绝缘裕度大，介质损耗及局部放电小。采用防爆膜片，可以使绝缘套管在发生内部故障的情况下不会断裂，避免了由于瓷碎片飞出或喷油所造成的继发性损坏，安全性能好。套管采用增强纤维筒外表浇注硅橡胶伞群的复合式绝缘套管，质量小，机械强度高，伞群表面有良好的憎水性，下雨时不易形成连续水膜，提高了闪络特性和爬电特性。

SF_6 气体电流互感器漏抗小，温升低，短时电流（热稳定电流）大，能承受大的电动力。

三、SF_6 避雷器

作为 GIS 重要保护电器的 SF_6 罐式无间隙金属氧化物避雷器主要特点如下：

（1）优异的保护特性。陡波响应好，陡波残压的降低对于保护伏-秒特性比较平坦的 GIS 特别有利。

（2）性能稳定。采用金属外壳，内部充 SF_6 气体，消除外界污秽、雾、露、温度变化等对设备性能的影响。并且 SF_6 气体绝缘强度高。

（3）较高的抗振性能。采用了过渡连接使产品具有较高的抗振能力。

（4）优良的密封性能。避雷器在正常运行密度下的 SF_6 年漏气率均小于 1%。

四、SF_6 封闭式组合电器（GIS、HGIS）

SF_6 全封闭组合电器就是把整个变电站的设备，除变压器外，全部封闭在一个接地的金属外壳内。图 7-3 是一个全封闭组合电器的结构示意图，由断路器、隔离开关、接地开关、快速接地开关、电流互感器、电压互感器、避雷器、母线、出线套管、电缆终端等电器组成，按照电气主接线的要求，依次组成一个整体，各元件的高压带电部分封闭于接地的金属壳体内，壳内充以表压 $0.25 \sim 0.6$ MPa 的 SF_6 气体，作为绝缘和灭弧介质。

与常规变电站相比 GIS 具有以下特点：

（1）结构紧凑：据相关资料显示，电压等级越高，其占地面积相对越少。220kVGIS 设备占地面积只有常规设备的 1/3 左右，500kVGIS 设备占地面积只有常规设备的 1/4 左右。所以，GIS 对于山区水电站、人口稠密的城市来说非常适合。

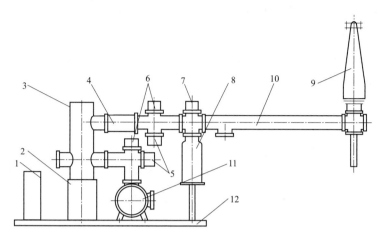

图 7-3　GIS 全封闭组合电器的结构示意图

1—汇控柜；2—弹簧机构；3—断路器；4—电流互感器；5—接地开关；6—隔离开关；7—快速接地开关；

8—电压互感器或避雷器；9—套管；10—分箱母线；11—共箱母线（主母线）；12—底架

（2）受周围环境因素的影响较小：由于 GIS 设备是全密封式的，电气元件全部密封在封闭的外壳之内，与外界空气不接触，因此几乎不受周围环境影响。GIS 非常适合工业污染较严重地区、潮湿地区以及高海拔地区。

（3）安装方便：由于 GIS 采用积木式结构，由若干气室单元组成，设备生产厂家将各个单元封闭运输到现场，安装对接非常方便，可以大大缩短现场施工周期。

（4）运行安全可靠、维护工作量少：由于 SF$_6$ 气体优良的绝缘和灭弧性质，以及 GIS 自身的特点，所以该设备运行安全可靠，维护工作量少。

（5）缺点：尽管 GIS 设备有很多优点，但是该设备却有价格昂贵，由于相邻单元距离很近，在某单元发生严重故障时很容易波及其他单元，造成更加严重的损失等缺点。

五、SF$_6$ 变压器

传统的大容量油浸变压器油量大，一旦着火，后果不堪设想。不燃变压器按绝缘介质的不同，可分为硅油变压器（售价过高）、环氧树脂浇注变压器（适合额定电压为10kV 和 35kV 变压器）、SF$_6$ 气体绝缘变压器（简称 GIT）和复敏绝缘液介质（FORMELNF，四氯乙烯、三氟乙烷、二氟乙烷和二氟己烷的混合液，货源有限、价格较高）变压器等。

用压缩 SF$_6$ 气体和聚酯薄膜作为绝缘介质的 SF$_6$ 变压器显示出了它的优良性能。在电力变压器中 SF$_6$ 气体压力为 0.1～0.6MPa，若提高其气体压力，就需增加变压器壳体强度，导致壳体质量和成本增加，加之 SF$_6$ 的导热性能不如变压器油好，大容量的变压器需加冷却剂，增设冷却系统，使 SF$_6$ 变压器的应用受到一定限制，但国内外仍致力于此应用上的研究和开发。

六、SF₆ 绝缘电力电缆 （GIL） 和其他 SF₆ 电器设备

普通的电力电缆是采用油纸绝缘的，由于绝缘油和纸的介电常数大，充电电流较大，且随线路长度的增加成正比例的上升，到达一定长度，即使末端开路，始端的充电电流可达满载数值。较长距离的电缆必须加装并联电抗器补偿。SF₆ 电力电缆在输送容量和输送距离方面均比传统电缆要高，目前已在国内外投入运行。与油纸电力电缆相比，GIL 具有多方面的优点。SF₆ 的介电常数为 1，因此电容量只有充油电缆的几分之一；充电电流小，介质损失小，允许工作温度高，具有更大的传输容量，也不需要无功补偿；终端套管结构简单，价格相对便宜；SF₆GIL 周围的磁通密度远低于同电压等级的电力电缆和架空线路，故 SF₆GIL 外部的电磁场几乎可忽略不计。

以 SF₆ 气体作绝缘介质，在套管等设备上也得到应用。

第二节 六氟化硫气体的基础知识

一、六氟化硫气体的物理性质

（一） 六氟化硫气体的基本物理性质

SF₆ 气体是目前世界上最优良的绝缘介质和灭弧介质。SF₆ 是一种化合物，它的分子是由一个硫原子和六个氟原子组成的，其分子结构以硫原子为中心，六个氟原子处于顶端位置

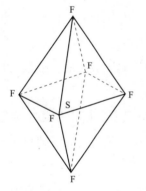

图 7-4 SF₆ 的分子结构

的正八面体，如图 7-4 所示。S 原子构成对称排列，原子间以共价键结合，键距为 $1.5 \times 10^{-5} m$，SF₆ 的分子直径为 $4.58 \times 10^{-5} m$。

SF₆ 在正常室温和压力下是气态，在 20℃和 101325Pa 下其密度是 $6.16 kg/m^3$，为空气的 5.1 倍，因此空气中的 SF₆ 易于自然下沉，致使下部空间的 SF₆ 浓度升高，且不易扩散稀释，具有强烈的窒息性。

SF₆ 气体在较低的游离温度下具有高导热性，不但汽流能带走热量，而且在电弧中心区有较高的导热系数，为优良的冷却介质。

SF₆ 气体在水中的溶解度低，且随着温度的升高而降低；虽然难溶于水，却易溶于变压器油和某些有机溶剂中。

（二） SF₆ 的状态参数

SF₆ 气体在不同温度和压力下存在三态。若 SF₆ 在一定容器内不流动时，可用三个状态参数来表示它所处的状态，即压力 (p)、密度 (ρ)、温度 (T)。

1. SF₆ 气体状态参数的计算

在通常情况下，大多气体可视为理想气体，它们的状态参数之间存在简单的关系，即理想气体状态方程式

$$p = \rho RT$$

式中：R 为通用气体常数。根据状态方程式可知气体状态变化时各参数之间的关系，如气体在作等温压缩（或膨胀）时，压力与密度成正比，即图7-5所示直线变化。在通常工程涉及的使用范围，大多气体与理想气体的特性差异很小，按理想气体分析计算不会有显著误差。

SF$_6$ 气体则不同，SF$_6$ 气体分子量大，分子间相互作用显著，这种强的相互作用使它表现得与理想气体的特性偏离。图7-5给出在温度不变条件下，SF$_6$ 气体压力随体积压缩而变化的情况。当压

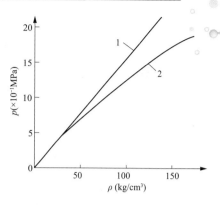

图 7-5　SF$_6$ 压力变化（$T=20℃$）

1—按理想气体变化；2—实际压力变化

力高于0.3～0.5MPa时，由于SF$_6$ 分子间吸引力随密度增大，分子间距离的减小而愈益显著，实际的压力变化特性，与按理想气体变化的压力特性之间的偏离也愈来愈大。基于理想气体定律推导出来的各种关系式用来计算SF$_6$ 参数会产生较大的误差，在实际使用中，为较准确地计算SF$_6$ 的状态参数，常采用经验公式，常用的是比蒂-布里奇曼公式

$$p = [0.58 \times 10^{-3} \rho T(1+B) - \rho^2 A] \times 10^{-1}$$

$$A = 0.764 \times 10^{-3}(1 - 0.727 \times 10^{-3} \rho)$$

$$B = 2.51 \times 10^{-3} \rho (1 - 0.846 \times 10^{-3} \rho)$$

式中：p 为 SF$_6$ 气体的压力，MPa；ρ 为 SF$_6$ 气体的密度，kg/m^3；T 为 SF$_6$ 气体的温度，℃。

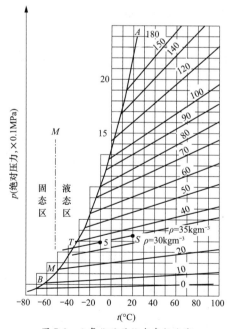

图 7-6　六氟化硫的状态参数曲线

M—熔点，$T_M=-50.8℃$，$p_M=0.23MPa$；

B—沸点，$T_B=-63.8℃$，$p_B=0.1MPa$

2. SF$_6$ 气体状态参数曲线

在工程应用中经验公式计算太麻烦，把 p、ρ、T 的关系绘成一组状态参数曲线图，如图7-6所示，图中气态区域中的斜直线簇就是经验公式中所表示的 p-ρ-T 的关系。图中绘出了气态转变为液态和固态的临界线，即饱和蒸汽压力曲线，它表示在给定温度下气相与液相、气相与固相处于平衡状态时的压力（饱和压力）值。

3. SF$_6$ 状态参数关系图的应用

应用SF$_6$ 状态参数图可以方便地计算SF$_6$ 的状态参数，也可求解液化或固化的温度。在计算时需注意，公式中的压力为绝对压力，而通过压力表测得的压力为表压。绝对压力等于表压加大气压（一般为0.1MPa）。

（1）估算 SF_6 断路器内部充气体积。

例：某 SF_6 断路器在 20℃下，工作压力为 0.45MPa（表压），充气量为 31kg，计算此 SF_6 断路器内部充气体积。

解：由图 7-6 查出 20℃时，绝对压力 0.55MPa 时的工作点 S，确定其密度 $\rho=35kg/m^3$。

则：充气体积＝31/35＝886（L）

此 SF_6 断路器内部充气体积为 886L。

（2）判断压力的允许值。

例：某 SF_6 断路器在 20℃下，额定压力为 0.45MPa，若气温下降至－10℃，此时 SF_6 断路器允许压力是多少？

解：由图 7-6 中，根据温度 20℃，绝对压力 0.55MPa 确定，此时气体密度为 35kg/m³，再沿此密度直线查找－10℃时的绝对压力为 0.49MPa，从而计算出相应的表压为 0.39MPa。

（3）估算 SF_6 气体的液化温度。

在上述两例中，SF_6 气体密度为 35kg/m³，若计算此断路器中 SF_6 气体的液化温度，只需沿此密度线延伸，交于 SF_6 气体状态曲线，为气、液分界线，此点对应的温度为液化温度－35℃，绝对压力为 0.45MPa，则工作压力为 0.35MPa，即该断路器在－35℃时开始液化，此时的绝对压力为 0.45MPa。从此点开始，若温度继续下降，气体不断凝结成液体，气体的密度不再保持常数而是不断减少，而且气体的压力下降得更快，温度降到液化点，此时，并不表示全部气体立刻都被凝结成液体，只是凝结的开始。但温度继续降低，气体的压力、密度下降更快。SF_6 气体的绝缘、灭弧性能都迅速下降，所以断路器不允许工作温度低于液化点温度。

从上述例子看出，液化温度与断路器的工作压力有关，工作压力愈高，液化温度也愈高。若按液化温度不高于－20℃考虑，相应于－20℃时的工作压力不应高于 0.8MPa（即表压 0.7MPa）。

若考虑温度升高时断路器的工作压力升高，同样沿 $\rho=$ 常数的直线找到相应的工作点。

有时，断路器工作压力很低，温度下降时可能不出现液化而直接凝成固体。如在 20℃时，工作压力小于 0.28MPa（表压 0.18MPa），其 p-T 直线与临界线的交点在 M 以下，即固态区。

4. SF_6 气体的临界参数

SF_6 的临界温度为 45.64℃，临界压力为 3.85MPa，这两个参数都是比较高的。临界温度表示 SF_6 气体可以被液化的最高温度，临界压力表示 SF_6 气体在这个温度下出现液化所需的气体压力。一般气体临界温度愈低愈好，表示它不易被液化。SF_6 气体在环境条件下就有可能液化，只有在温度高于 45℃以上才能恒定的保持在气态。因此，SF_6 气体不能在过低温度和过高压力下使用。在电气设备中使用 SF_6 时要保持其稳定的气体状态，防止压力过高和温度过低，使 SF_6 气体出现液化的可能。

二、六氟化硫气体的化学性质

SF_6 的化学性质非常稳定，在空气中不燃烧也不助燃，为惰性气体，它不仅不与水作用，并且不与氢、氧、熔化的 KOH、NaOH、HCl、H_2SO_4 等活性物质作用，但各种金属的存在，使 SF_6 的稳定性大大降低。超过 150℃与钢、硅钢开始缓慢作用形成硫化物和氟化物，与铬或铜则在 200℃以上发生轻微分解，与金属钠低于 200℃不作用，而加热至 250℃时开始进行反应。

与氯、碘、氯化氢等非金属在常温下也不作用，但与硫化氢作用，产生氟化氢。

高温下 SF_6 气体是活泼的，因而可以用来保护熔融金属不受氧化，特别是用在熔铸镁上，SF_6 能在金属表面形成一层抗渗透性的薄膜，防止镁被氧化。另外，它还能抑制镁的蒸发。尽管镁熔液温度很高，而 SF_6 分解很少。

三、六氟化硫气体的电气性质

（一） 六氟化硫气体的绝缘特性

1. 绝缘强度高

SF_6 气体是一种高绝缘强度的电介质，在 25℃、标准大气压下，SF_6 气体的介电常数为 1.002，当气体压力上升至 2MPa 时，其介电常数值上升 6％。

在均匀电场中 SF_6 的绝缘强度约为同一气压下空气的 2.5～3 倍。气压为 294.2kPa 时，SF_6 气体的绝缘强度和变压器油大致相当。SF_6 气体的击穿电压与频率无关，是超高频设备选用的理想绝缘介质。

一般来说，SF_6 的化学性质是稳定的。SF_6 在电弧作用下接受了电能而解离成低氟化合物，但当电弧解除后，低氟化合物急速再结合成 SF_6，其再结合速度在 10^{-6}～10^{-7}s 之内，因此 SF_6 具有优越的电气绝缘能力，仅有极小部分分解产物与电器材料的金属蒸汽反应，生成金属氟化物。

2. 绝缘强度高的原因

SF_6 之所以具有高的绝缘特性，是由于 SF_6 分子中的含氟量高、分子直径大以及分子结构复杂。氟原子的电负性很大，最外层 7 个电子，很容易吸收一个电子形成稳定的电子层，它又浓密地围绕在 SF_6 分子的表面，使 SF_6 呈很强的电负性。电子吸附的同时，释放出能量，称为电子亲和能，该能愈大，电负性能愈强，氟原子的电子亲和能为 4.1eV 电子伏，系卤族元素中电负性最强者，因此 SF_6 具有很强的电负性，容易和电子结合形成负离子。

SF_6 中若混入空气可显著降低其绝缘能力，例如：100％的 SF_6 气体的击穿电压为 63kV，50％SF_6＋50％空气的击穿电压力 53kV，25％SF_6＋75％空气的击穿电压降为 46kV。

因为 SF_6 是温室气体，从环境保护考虑，近些年逐步研发 SF_6/N_2、SF_6/CF_4 混合气体应用于 GIS 母线和 GIL（SF_6 输电线路）中，混合气体额定混合比为 30：70（SF_6：N_2 体积分数），混合比偏差不超过 1％。2018 年修订版的《国家电网公司十八项电网重大反事故措施》要求，SF_6 气体充入设备后要进行纯度检测，对于使用 SF_6 混合气体的设备，应测量混合气体的比例。

3. 六氟化硫气体间隙的绝缘特性

（1）影响六氟化硫气体间隙绝缘最重要的因素是电场的均匀性，在极不均匀电场中击穿电压约是空气的1/3。

（2）SF_6的电晕起始电压与极间击穿电压很接近。SF_6气体局部放电时，因分子直径大没有电晕层，那么就没有屏蔽作用，易形成电子崩击穿。对空气绝缘而言，因热运动使空间电荷扩散，形成放电电晕，导致空气的击穿电压大于局部放电电压。

（3）导电粒子的存在会使六氟化硫气体的击穿电压降低。电极表面的形状和表面粗糙度会使SF_6电极间的击穿电压降低，若存在加工屑、运行磨损、脱皮、检修时的黏附粉末等，会在电极表面形成放电尖端，导致击穿电压降低。

（4）六氟化硫气体间隙与空气间隙比较

电场结构：空气是长间隙，SF_6在稍不均匀电场是短间隙。

电晕影响：空气有电晕屏蔽，SF_6无电晕屏蔽。

极性反映：空气决定于正极性击穿电压，SF_6决定于负极性击穿电压。

电极表面状态：电极表面状态对空气影响小，对SF_6影响大。

导电微粒：导电微粒对空气无影响，但明显降低SF_6的击穿电压。

面积效应：面积效应对空气无影响，对SF_6有影响。

气压影响：绝缘强度随气体压力升高而升高，但有饱和度，不能无限止提高压力来增加气体绝缘强度，气体压力对空气和SF_6影响相同。

4. 六氟化硫气体中固体绝缘件沿面放电的特性

电场分布的均匀程度、电极表面粗糙度、电弧分解物（主要是SF_4O_2粉末）及水分都会影响SF_6气体与固体表面的击穿电压。

（二）六氟化硫气体的灭弧特性

1. SF_6在电弧作用下的热分解和热电离

SF_6气体在大气压下随着温度增大而产生分解和电离，在727℃以下几乎没有分解（只有$1/10^6$的微量SF_4），随着温度增加，分解作用逐渐显著，而在1727℃附近达到高峰，SF_6分子被分解成SF_4、SF_2、S、F等低氟化合物及硫氟原子，SF_6的分子数由原来的10^{19}减到10^{12}以下。当温度继续增大，氟化物继续分解成S、F原子，而到4727℃以上逐渐出现显著的电离，空间产生自由电子（e^-）和正离子（S^+），以及F^-，形成显著的导电性能，如果电弧温度继续增大，那么电离现象会更加剧。

2. SF_6气体在断路器中的灭弧作用

（1）SF_6的复合作用。SF_6某些高温电弧产物，在消弧的瞬间可能复合，时间达$10^{-6} \sim 10^{-7}$。例如：

$$S + 6F \longrightarrow SF_6$$

$$SF_6{}^+ + SF_6{}^- \longrightarrow 2SF_6$$

$$\cdots\cdots$$

因此，在交流电弧电流过零的瞬间，弧隙中有部分电弧产物复合成 SF_6，剩余弧柱的介质强度可很快地恢复到某种程度的初始阶段。

（2）电弧时间常数极小。电弧时间常数是反映灭弧速度的重要指标，SF_6 的电弧时间常数要比空气等介质小两个数量级以上。正由于 SF_6 极小的时间常数，加上迅速的复合能力，SF_6 断路器发挥了巨大的绝缘恢复特性，使它可以耐受大电流开断后诸如近区高温那样严酷的恢复电压。

（3）SF_6 的冷却作用。从 SF_6 物理性质可知，SF_6 为优良的冷却介质，其冷却散热的效果较好，可有效地降低电弧温度，有利于电弧的熄灭。

（4）SF_6 具有吸附电子的能力。SF_6 吸附电子一方面可减少电子的密度，降低电导率，促使电弧熄灭；另一方面，由于 SF_6 的离子迁移速度比电子慢得多，SF^- 与 SF^+ 易复合成 SF_6，也有利于电弧的熄灭，若在断路器中设置专门的吹弧装置（灭弧室），还可增强 SF_6 熄灭电弧的能力。

（三）六氟化硫气体在电弧作用下的分解

SF_6 在断路器的电弧作用下，不仅有本身的分解，而且还涉及 F 与电极材料中的金属（Cu 和 W 等）蒸气的反应，以及 SF_6 的分解物与设备中微量水分等的反应，其产物较为复杂。

SF_6 气体在电弧的作用下分解的主要成分是 SF_4、金属氟化物。在有水分、氧存在时，会有 SOF_2、SO_2F_2、SOF_4、HF、SO_2 等存在。其电弧分解反应过程示意图如图 7-7 所示。

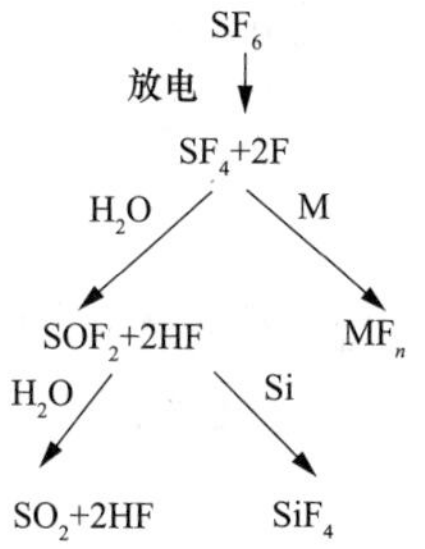

主要反应有以下几种：

（1）六氟化硫气体的自分解反应。

$$SF_6 = SF_4 + F_2$$

（2）金属材料与六氟化硫的氧化还原反应。

$$SF_6 + W + Cu \longrightarrow SF_4 + WF_6 + CuF_2$$
$$SF_6 + W + Cu \longrightarrow SF_2 + WF_6 + CuF_2$$
$$SF_6 + W + Cu \longrightarrow S_2F_2 + WF_6 + CuF_2$$

气态的 WF_6 与 H_2O 反应：$WF_6 + 3H_2O = WO_3 + 6HF$

（3）当有水存在时的水解反应。

1）水分含量低时会引起下述的部分水解反应

$$SF_4 + H_2O = SOF_2 + 2HF$$
$$2SF_2 + 3H_2O = SOF_2 + 2HF + S$$
$$S_2F_2 + H_2O = SOF_2 + 2HF + 3S$$
$$SOF_2 + H_2O = SO_2 + 2HF$$

图 7-7　SF_6 电弧分解过程示意图

2）当水分含量高时则会发生完全的水解反应

$$SF_4 + 3H_2O = H_2SO_3 + 4HF$$

$$2SF_2 + 3H_2O = H_2SO_3 + 4HF + S$$

$$2S_2F_2 + 3H_2O = H_2SO_3 + 4HF + 3S$$

$$SOF_2 + 2H_2O = H_2SO_3 + 2HF$$

（4）与氧气的反应。

$$SOF_2 + O_2 \longrightarrow SO_2F_2$$

$$SF_4 + O_2 \longrightarrow SOF_4$$

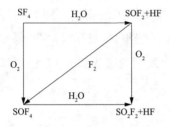

图 7-8　水和氧对 SF_6 分解气的
作用转化示意图

若氧与水同时存在，则有图 7-8 的转化反应，其中以 SF_4 为主导作用，可生成含氧氟化合物和 HF 等。

（5） SF_6 与灭弧室绝缘材料：油；石墨；聚四氟乙烯；触头材料铜、钨；灭弧室结构材料铝等发生化学反应。其生成物将以稳定的固体粉末存在于灭弧室内，遇水和氧气会继续反应。

在有电弧产生的气室不能使用含硅的绝缘件和镀锌件。

常用的耐电弧分解产物腐蚀的材料有：聚四氟乙烯、不锈钢、石墨、二硫化钼、脱锌铝合金等。

（四）　六氟化硫气体电弧分解产物的性质

SF_6 在电弧作用下主要分解产物的性质见表 7-1。

表 7-1　　　　　　　　　　SF_6 在电弧作用下主要分解产物的性质

序号	组分名称	分子式	毒性	容许含量（$\mu L/L$）
1	四氟化硫	SF_4	对肺有侵害作用，影响呼吸系统	0.1
2	氟化硫	SF_2	有毒的刺激性气体，影响呼吸系统	—
3	二氟化硫	S_2F_2	与 HF 相似	5
4	十氟化二硫	S_2F_{10}	剧毒，主要破坏呼吸系统	0.025
5	氟化亚硫酰	SOF_2	剧毒，刺激黏膜，可造成肺水肿	5
6	氟化硫酰	SO_2F_2	可导致痉挛的有毒气体	5
7	四氟化硫酰	SOF_4	对肺部有侵害作用	2.5mg/m³
8	氟化氢	HF	对皮肤、黏膜有强刺激作用	3
9	二氧化硫	SO_2	强刺激性气体伤害黏膜和呼吸系统	2

第三节　六氟化硫气体的质量监督、监测和管理

一、SF_6 气体的影响及监督管理

1. 对环境的影响

（1） SF_6 近似惰性气体，在水中的溶解度非常低，对地表及地下水均没有危害，不会

在生态环境中积累，不致严重危害生态系统。但 SF_6 是温室气体，温室效应是 CO_2 的 23900 倍且在自然环境下寿命达 3400 年。1997 年签订的《京都议定书》中，将 SF_6 列为六种限制性使用的温室气体之一，要求限制 SF_6 的使用，需严格管理。

（2）SF_6 气体的分解产物不能大量释放到大气中。当设备使用寿命结束时，SF_6 气体应被净化回收或处理成自然界中存在的中性产物，对当地环境无不利影响。SF_6 气体不能直接排放或丢弃到环境中。

（3）电气设备中使用的 SF_6 气体对全球环境和生态系统的影响较小，但随着 SF_6 气体设备的广泛应用，需对电气设备的 SF_6 气体加强维护和管理，将其对环境的影响降至最小。

2. 对人身健康的影响

纯净的 SF_6 气体是无毒无害的，原则上吸入 20％氧气和 80％纯净的 SF_6 混合气体没有不良反应，要求工作环境中的 SF_6 气体含量低于 $1000\mu L/L$。在此条件下，对每周工作 5 天，每天 8h 的运行人员是安全的。

（1）使用 SF_6 气体的预防措施。

1）因为 SF_6 气体的密度约是空气的 5 倍，故大量释放在工作环境中的 SF_6 气体会聚集在低凹的区域，造成该区域的氧气下降。如果氧气含量低于 16％，在此区域工作的人会产生窒息现象，特别是那些低于地面、通风不良或没有通风设备的区域，如电缆沟、电缆输送管、检查坑和排水系统等。应使用空气流动和通风设备，使工作环境中的 SF_6 气体含量降低到允许的水平。

2）因设备中的 SF_6 气体压力高于大气压力，故在进行设备处理时，要特别注意预防工作人员在机械故障中受到伤害。

3）因压缩的 SF_6 气体压力高于大气压力，在突然扩散中，气体的温度会迅速降低，可能降低到 0℃以下，所以在进行设备充气时，需要采取保护措施，防止工作人员可能被喷射出来的低温气体冻伤。

（2）运行设备中 SF_6 气体分解产物的毒性。SF_6 电气设备中由于放电和热分解产生有毒的分解产物。接触分解产物后，眼、鼻、喉区会出现发红、发痒和轻度疼痛等炎症反应，甚至出现低烧现象，若吸附剂直接接触皮肤还会造成皮肤溃烂等后果。

（3）SF_6 气体泄漏对健康的影响。正常情况下，SF_6 气体被密封在设备中，产生的分解产物会被吸附剂吸附，或吸附在设备内壁，发生泄漏使 SF_6 气体分解产物进入工作环境，对工作人员的人身安全产生危害。工作人员处理设备的 SF_6 气体泄漏及接触设备中产生的 SF_6 气体分解产物时，应戴防毒面具、穿防化服等其他安全防护措施。

3. 设备中 SF_6 气体管理

（1）对电气设备充气前，须确认 SF_6 气体质量合格。每批次具有出厂质量检测报告，每瓶具有出厂合格证，并按照 GB/T 12022—2014《工业六氟化硫》中有关规定进行抽样复检。

（2）运行设备若发现表压下降，应分析原因，必要时应对设备进行全面检漏，发现有漏点时及时处理。

（3）在六氟化硫设备区域的工作人员安全防护应符合 DL/T 639—2016《六氟化硫电气设备运行、试验及检修人员安全防护细则》的规定。有关具体要求如下：

1）运行中的安全防护措施。SF_6 电气设备依其安装地点，分为室内和室外两类，其安全防护分别如下：

a. 室内 SF_6 电气设备，主要采取以下措施：

（a）主控制室与 SF_6 设备配电装置室之间应采取气密隔离措施，所谓气密隔离，就是在 SF_6 设备配电装置室的门与主控通道的间隔处，为防止 SF_6 与空气的混合气体在正常情况下向主控室扩散，将其用特殊结构的门密闭隔离，以确保工作人员的健康。同时 SF_6 配电装置室与其下方电缆层、电缆隧道相通的孔洞都应封堵；SF_6 配电装置室及下方电缆层隧道的门上应设置"注意通风"的标志。

（b）安装室应安装 SF_6 和氧气含量在线监测装置。空气中 SF_6 浓度不应超过 $1000\mu L/L$，氧含量应大于 18%，含量异常时立即发出警报，并启动通风系统。SF_6 气体泄漏监控报警装置应每年检验一次。

（c）具有良好的通风系统。SF_6 设备配电装置室和气体实验室应有良好的通风条件，15min 内换气量应达 $3\sim5$ 倍的空间体积。抽风口应设在室内下部，SF_6 气体如有泄漏，该气体将沉积在低位处，以使 SF_6 气体及其分解气体能得到快速排出，排风口不应朝向居民住宅或行人。

（d）运行维护人员进入室内前，应先通风 15min。

（e）当设备故障造成大量六氟化硫外逸时，工作人员应立即撤离现场。若发生在户内安装场所，应开启室内通风装置，事故发生后 4h 内，任何人进入室内必须穿防护服、戴手套、护目镜和佩戴氧气呼吸器。在事故后清扫故障气室内固态分解物时，工作人员也应采取同样的防护措施。清扫工作结束后，工作人员必须先洗净手、臂、脸部及颈部或洗澡后再穿衣服。被大量六氟化硫气体侵袭的工作人员，应彻底清洗全身并送医院诊治。

（f）定期检测设备内的分解物、纯度和水分含量，如发现其含量超过正常值时，应尽快查明原因，采取有效措施。

（g）SF_6 配电装置室、电缆层（隧道）的排风机电源开关应设置在门外（室外入口处）。

b. 户外 SF_6 电气设备的防护措施：

（a）定期检测设备内的分解物、纯度和水分含量，发现异常时，应尽快查明原因，并采取有效措施，试验尾气应进行无害化处理。

（b）当设备故障造成大量 SF_6 气体泄漏时，工作人员应立即撤离现场。事故发生后 4h 内，进入人员必须穿防护服、戴手套、护目镜和佩戴氧气呼吸器。在设备处理和现场清扫结束后，工作人员必须先洗净手、臂、脸部及颈部或洗澡后再穿衣服。被大量六氟化硫气体侵袭的工作人员，应彻底清洗全身并送医院诊治。

（c）工作人员不准在 SF_6 设备防爆膜附近停留；若在巡视中发现异常情况应立即报告，待查明原因并采取有效措施后进行处理。

（d）不管是室内或室外设备，在处理设备气体渗漏故障时，应在通风条件下进行，工作人员应佩戴防护口罩、手套和防护眼镜，应站在上风位置。必要时应佩戴防毒面具或正压式呼吸器。

2）检测运行设备中 SF_6 气体分解产物时的安全防护措施。

a. 检测时，应认真检查气体管路、检测仪器与设备的连接，防止气体泄漏。气体采样或试验时，应在通风条件下进行，工作人员应佩戴防护口罩和手套，并占于上风位置。试验过程中，仪器尾气排放管长度应不小于 2m，排气口应引至下风口位置。试验尾气应进行无害化处理。

b. 检测人员和检测仪器应避开设备取气阀门开口方向，防止发生意外。

c. 在检测过程中，应严格遵守操作规程，防止气体压力突变造成气体管路和检测仪器损坏，须监控设备内的压力变化，避免因 SF_6 气体检测造成设备压力的剧烈变化。

3）设备解体时的安全防护管理。

a. 设备解体前，应按照 GB/T 8905—2012 要求，对 SF_6 气体进行分析测定，根据分析结果制定相应的安全防护措施。

b. 设备解体前，应用六氟化硫回收净化装置回收六氟化硫气体，不得直接向大气排放，按照 GB/T 8905—2012 要求对设备抽真空，用高纯氮气冲洗 3 次后，方可进行设备解体检修。

c. 设备封盖打开后，检修人员应暂时离开作业现场，并通风 30min 后方可进入工作现场。将吸附剂取出，用吸尘器和毛刷清除粉尘，用汽油或丙酮清洗金属和绝缘零部件。

d. 检修人员与故障气体和粉尘接触时，应穿耐酸原料的衣裤相连的工作服，戴塑料式软胶手套，戴专用的防毒面具或正压式空气呼吸器，工作结束后，应彻底清洗全身。

e. 在事故 30min～4h 之内，工作人员进入事故现场时，一定要穿防护服，戴防毒面罩，4h 以后方能脱掉。进入 GIS 设备内部清理时仍要穿防护服、戴防毒面罩。

f. 工作结束后防毒面具中填料应用 20％氢氧化钠水溶液浸泡 12h 后，作废弃物处理。

4）处理紧急事故时的安全防护。

a. 当防爆膜破裂及其他原因造成大量气体泄漏时，应启动紧急预案，并采取相应的紧急防护措施。

b. 发生防爆膜破裂事故时应停电处理。

c. 工作人员用吸尘器或毛刷将防爆膜破裂喷出的粉末清除，并用汽油或丙酮擦洗干净。

5）中毒后的处理措施。

a. SF_6 气体中存在的有毒气体和设备内的粉尘，对人体呼吸系统及黏膜等有一定的危害。中毒后一般会出现不同程度的流泪、打喷嚏、流涕、鼻腔咽喉有热辣感受，发音嘶哑、咳嗽、头晕、恶心、胸闷、颈部不适等症状。出现中毒现象时，应迅速将中毒者移至新鲜处，并及时进行治疗。

b. 联系有关医疗单位，制订中毒事故的处理预案，并配备必要的药品。

6）安全防护用品的管理与使用。

a. 设备运行检修人员使用的安全防护用品应有工作手套、工作鞋、密闭式工作服、防毒面具、氧气呼吸器等。

b. 安全防护用品应设专人保管并负责监督检查，保证其随时处于备于状态。防护用品应存放在清洁干燥阴凉的专用柜中。

c. 工作人员佩戴防毒面具或氧气呼吸器进行工作时，要有专门监护人员在现场进行监护，以防出现意外事故。

d. 设备运行及检修人员要进行专业安全防护教育及安全防护用品使用训练。使用防毒面具和氧气呼吸器的人员应进行体格检查，心肺功能不正常者不能使用。

e. 防毒面具、塑料手套、橡皮靴及其他防护用品可先浸入 5％氢氧化钠溶液中 30min，并用大量清水冲洗后，晾干后洒上滑石粉，妥善保管。

f. 已报废的防护用品使用后，应放入容器中，上面覆盖一层碳酸钠，再加自来水至报废物品浸 20cm 以上，保持 48h 后，水和物品按普通的废物处理。

7）SF_6 断路器报废时，对气体和分解物进行处理措施。

a. SF_6 断路器报废时，应使用专用的 SF_6 气体回收装置，将断路器内的 SF_6 气体进行过滤、净化、干燥处理，达到新气标准后，可以重新使用。这样既节省资金，又减少环境污染。

b. 将清理出的吸附剂、金属粉末等物品放入 20％的氢氧化钠水溶液中处理 12h 后，进行深埋处理，深度应大于 0.8m，地点应选择在野外边远地区或该地区地下水流向的下游地区。氢氧化钠废液应与稀盐酸中和后排放。

4. SF_6 气体容器的管理

存放 SF_6 气瓶时，要有防潮、防晒的遮挡装置措施。储存气瓶的场所必须宽敞、通风良好，且不准靠近热源及有油污的地方。气瓶安全帽、防振圈要齐全、注明明显标志，存放气瓶要竖放、固定、标志向外，运输时可卧放。使用后的 SF_6 气瓶若留存余气，要关紧阀门，拧紧瓶盖。

二、设备中 SF_6 气体的质量标准

（一） SF_6 气体中杂质来源

运行电气设备中的 SF_6 气体含有若干种杂质，一部分来自新气（在合成制备过程中残存的杂质和加压安装过程中混入的杂质），另一部分来自设备运行和故障过程中产生的杂质。运行设备中 SF_6 气体的主要杂质和来源见表 7-2。

表 7-2		运行设备中 SF_6 气体的主要杂质和来源
设备状态	产生杂质的原因	可能产生的杂质
SF_6 新气	制备过程中产生	Air、矿物油、H_2O、CF_4、可水解氟化物、HF、氟烷烃
检修和运行维护	泄漏和吸附能力差	Air、矿物油、H_2O
开关类设备操作	电弧放电	H_2O、CF_4、HF、SO_2、SOF_2、SOF_4、SO_2F_2、SF_4、AlF_3、CuF_2、WO_3
	机械磨损	金属粉尘、微粒
内部电弧放电（故障）	材料的熔化和分解	Air、H_2O、CF_4、HF、SO_2、SOF_2、SOF_4、SO_2F_2、SF_4、金属粉尘、微粒、AlF_3、CuF_2、WO_3、FeF_3
严重过热和绝缘缺陷	局部放电；电晕和火花放电	HF、SO_2、SOF_2、SOF_4、SO_2F_2

1. SF_6 新气

SF_6 新气可能因制备中提纯工艺、压缩充装及运输等因素造成质量问题，使气体中含有空气、矿物油、水、四氟化碳、可水解氟化物、氢氟酸、氟烷烃等杂质。

2. 检修和运行维护

对设备进行充气和抽真空时，SF_6 气体中可能混入空气和水蒸气；设备的内表面和绝缘材料可能释放水分到气体中；气体处理设备（真空泵和压缩机）中的油也可能进入到 SF_6 气体中。

3. 开关类设备操作

开关类设备操作时，在高温电弧的作用下，产生 SF_6 气体分解产物、金属电极和有机材料的蒸发物或其他杂质。同时，这些产物间发生化学反应形成杂质。分解产物的量和设备结构、开关开断次数及吸附剂的使用情况有关。操作中触头接触摩擦还会产生微粒和金属粉尘。

4. 故障设备内部的电弧放电

设备内部发生故障时，产生电弧放电，在故障设备中检测到的杂质和经常开断的设备中的杂质相类似，杂质的数量有所不同。当杂质含量较大时，存在潜在的毒性。同时，金属材料在高温下蒸发，可能形成较多的反应物。

5. 严重过热和绝缘缺陷产生的杂质

局部放电和严重过热时，SF_6 气体和固体绝缘材料发生分解，产生硫化物、氟化物和碳化物等杂质。这些杂质再与气体中存在的少量氧气和水发生反应，生成 HF、SO_2、SOF_2、SOF_4 和 SO_2F_2 等杂质，见表 7-2。

（二）SF_6 气体质量标准

1. SF_6 气体的制备及净化

工业上普遍采用的制备 SF_6 气体的方法是单质硫和过量气态氟直接化合，反应式为

$$S + 3F_2 \longrightarrow SF_6 + Q（放热反应）$$

近年来，对无水氢氟酸电解产生硫或含硫化合物的合成方法进行了探索

$$MF + S + Cl_2 \longrightarrow MCl + SF_6$$

净化工艺一般分为热解、水洗、碱洗（KOH）、吸附（硅胶、活性氧化铝、合成沸石和活性炭等）、干燥等流程，除去气体中的杂质和反应副产物，经过干燥吸附处理后，SF_6 气体残留的空气和四氟化碳可采用加压冷冻或低温蒸馏的方法除去，经过净化处理后可得到纯度在 99.9% 以上的产品。

2. SF_6 新气的验收

在 SF_6 新气到货后的 15 天内，应按相应的分析项目和质量指标进行质量验收。存放超过半年的气体，在充入设备前，应按要求对气体进行复检。

（1）新气的质量标准。新气的质量标准有 IEC 60376—2006《新六氟化硫的规范和验收》、IEC 60480—2004《从电气设备中取出的六氟化硫检验导则》、GB/T 12022—2014《工业六氟化硫》（主要用于电力工业、冶金工业和气象部门等）、GB/T 8905—2012《六氟化硫电气设备中气体管理和检测导则》和 DL/T 1366—2014《电力设备用六氟化硫气体》等规范。从标准实施的时间和严格程度，电力工业宜采用 DL/T 1366—2014 标准作为新气的验收标准，见表 7-3。

表 7-3　　　　　　　　　　SF₆ 气体技术指标（DL/T 1366—2014）

项目名称		指标
六氟化硫（SF_6）质量分数（$\times 10^{-2}$）		$\geqslant 99.9$
空气（Air）质量分数（$\times 10^{-6}$）		$\leqslant 300$
四氟化碳（CF_4）质量分数（$\times 10^{-6}$）		$\leqslant 100$
六氟乙烷（C_2F_6）质量分数（$\times 10^{-6}$）		$\leqslant 200$
八氟丙烷（C_3F_8）质量分数（$\times 10^{-6}$）		$\leqslant 50$
氟化硫酰（SO_2F_2）质量分数（$\times 10^{-6}$）		未检出
氟化亚硫酰（SOF_2）质量分数（$\times 10^{-6}$）		未检出
二氧化硫（SO_2）质量分数（$\times 10^{-6}$）		未检出
十氟一氧化二硫（S_2OF_{10}）质量分数（$\times 10^{-6}$）		$\leqslant 5$
水（H_2O）101.3kPa	质量分数（$\times 10^{-6}$）	$\leqslant 5$
	露点（℃）	$\leqslant -49.7$
酸度（以 HF 计）质量分数（$\times 10^{-6}$）		$\leqslant 0.2$
可水解氟化物（以 HF 计）质量分数（$\times 10^{-6}$）		$\leqslant 1$
矿物油质量分数（$\times 10^{-6}$）		$\leqslant 4$
毒性		生物试验无毒

（2）SF_6 新气验收的抽检率。SF_6 新气验收的抽检要求有 GB/T 12022—2014、GB/T 8905—2012、DL/T 596—1996、DL/T 941—2005《运行中变压器用六氟化硫质量标准》和 GB 50150—2016《电气装置安装工程电气设备交接试验标准》等规范。若按照验收从严的原则，电力行业可执行 DL/T 941—2005 标准，但是根据颁布实施的时间，建议执行 GB 50150—2016 标准，其他每瓶可只测定含水量，见表 7-4。

表 7-4   瓶装六氟化硫抽样检查表

抽检标准	抽检项目	指标			
GB/T 12022—2014、 GB/T 8905—2012、 GB 50150—2016	每批气瓶数	1	2～40	41～70	≥71
	选取的最少气瓶数	1	2	3	4
DL/T 941—2005	每批气瓶数	1～3	4～6	7～10	11～20	≥21
	选取的最少气瓶数	1	2	3	4	5
DL/T 596—1996	每批产品 30%的抽检率				

3. 投运前和交接时的 SF_6 气体质量标准

投运前和交接时的 SF_6 气体分析项目和质量指标见表 7-5。

表 7-5　　　投运前和交接时的 SF_6 气体分析项目和质量指标（GB/T 8905—2012）

序号	项目	周期	单位	指标
1	气体泄漏	投运前	%/年	≤0.5
2	湿度（20℃）	投运前	μL/L	有电弧分解产物≤150
3	酸度（以 HF 计）	必要时	%（质量比）	无电弧分解产物≤250
4	CF_4	必要时	%（质量比）	≤0.00003
5	空气（N_2+O_2）	必要时	%（质量比）	≤0.05
6	可水解氟化物（以 HF 计）	必要时	%（质量比）	≤0.05
7	矿物油	必要时	%（质量比）	≤0.0001
8	气体分解产物	必要时	<5μL/L，或（SO_2+SOF_2）含量<2μL、HF 含量<2μL	

4. 运行中的 SF_6 气体质量标准

运行中设备的 SF_6 气体分析项目及质量指标，见表 7-6。

表 7-6　运行中设备的 SF_6 气体分析项目和质量指标（不包括混合气体，GB/T 8905—2012）

序号	项目	周期	单位	指标
1	气体泄漏	必要时	%/年	≤0.5
2	湿度（20℃）	1～3 年/次；必要时	μL/L	灭弧室，≤300； 非灭弧隔室，≤500
3	酸度（以 HF 计）	必要时	%（质量比）	≤0.00003
4	CF_4	必要时	%（质量比）	≤0.1
5	空气（N_2+O_2）	必要时	%（质量比）	≤0.2
6	可水解氟化物（以 HF 计）	必要时	%（质量比）	0.0001
7	矿物油	必要时	%（质量比）	≤0.001
8	气体分解产物	必要时	注意设备中的分解产物变化增量	

（三）回收再用 SF_6 气体质量

GB/T 8905—2012 和 DL/T 639—2016 都规定：对欲回收的 SF_6 气体，必须进行净化处理，以达到新气质量标准，经确认合格后方可使用。

三、SF_6 气体检测分析方法

一般的，SF_6 气体检测分为实验室分析和现场检测。SF_6 气体分析应使用气态样品。

（一）实验室检测方法

SF$_6$ 气体的实验室分析方法，可用于 SF$_6$ 新气和运行设备采集的 SF$_6$ 气体样品的检测。

1. SF$_6$ 新气

SF$_6$ 新气的推荐检测方法见表 7-7。

表 7-7　　　　　　SF$_6$ 新气的推荐检测方法（GB/T 8905—2012）

项目	检测方法	参考标准
六氟化硫（SF$_6$）质量分数	质量法	DL/T 1366—2014《电力设备用六氟化硫气体》
空气（O$_2$＋N$_2$）	气相色谱法	DL/T 920—2005《六氟化硫气体中空气、四氟化碳的气相色谱测定法》
CF$_4$		
六氟乙烷（C$_2$F$_6$）	气相色谱法	DL/T 1205—2013《六氟化硫电气设备分解产物试验方法》
八氟丙烷（C$_3$F$_8$）		
氟化硫酰（SO$_2$F$_2$）		
氟化亚硫酰（SOF$_2$）		
二氧化硫（SO$_2$）		
水（H$_2$O）	阻容法、露点法	GB/T 11605—2016《湿度测量方法》、GB/T 5832.2—2016《气体分析 微量水分的测定 第2部分：露点法》
酸度（以 HF 计）	理化分析、滴定法	DL/T 916—2005《六氟化硫气体测定法》
可水解氟化物（以 HF 计）	氟离子电极法	DL/T 918—2005《六氟化硫气体中可水解氟化物含量测定法》
矿物油	红外光谱法	DL/T 919—2005《六氟化硫气体中矿物油含量测定法（红外光谱分析法）》
毒性	生物毒性方法	DL/T 921—2005《六氟化硫气体毒性生物试验方法》

2. 运行中 SF$_6$ 气体

因为 SF$_6$ 气体样品中水分容易被采样容器的内壁吸附，故湿度的分析应在现场直接从设备中取样检测。按照 GB/T 8905—2012 规定，运行中 SF$_6$ 气体的推荐实验室检测方法见 7-8。

表 7-8　　　　　运行中 SF$_6$ 推荐实验室检测方法（GB/T 8905—2012）

杂质	检测方法（设备）
空气（O$_2$＋N$_2$）	气相色谱法（带热导检测器的气相色谱仪 GC-TCD）
CF$_4$	红外吸收光谱法（红外分光光谱仪）
	气相色谱法（GC-TCD）
矿物油	红外吸收光谱法（红外分光光谱仪）
	气相色谱法（带氢火焰离子检测器的气相色谱仪 GC-FID）
气体分解物：SO$_2$、H$_2$S、SOF$_2$、SO$_2$F$_2$、SOF$_4$、HF 等	气相色谱法（带热导、火焰光度检测器的气相色谱仪 GC-TCD＋FPD）
	离子交换色谱法（离子色谱仪）
	红外吸收光谱法（红外分光光谱仪）

（二） 现场检测方法

对 SF$_6$ 设备进行现场检测，能够快速、简便地测试气体的成分、气体质量是否满足要求，辅助判断 SF$_6$ 电气设备是否有放电或过热等故障，是运行设备状态检测与评价的有效手段。评价设备中气体能否直接重复使用或需回收再利用的步骤如图 7-9 所示。推荐的 SF$_6$ 气体现场检测方法见表 7-9。

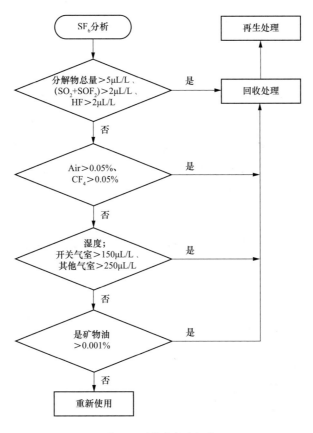

图 7-9　现场分析流程图

表 7-9　　　　　　　　　　　　　　　推荐的 **SF$_6$** 气体现场检测方法

项目		检测方法（设备）
气体分解物	SO$_2$、SOF$_2$、SO$_2$F$_2$	电化学传感器
		气相色谱法（带热导检测器的便携气相色谱仪 GC-TCD）
		气体检测管法
	HF	气体检测管法
空气和 CF$_4$		气相色谱法（带热导检测器的便携气相色谱仪 GC-TCD）
湿度		电解法
		冷凝露点法
		阻容法
		气体检测管法
油		气体检测管法

四、SF₆ 气体检测的应用

SF₆ 气体检测技术主要应用于运行设备中气体质量的监督管理、运行设备状态检测和评价、发现设备潜伏性故障及设备故障定位等方面。

1. 设备中气体质量监督管理

SF₆ 气体质量监督管理包括 SF₆ 新气、交接和投运前气体、运行设备气体的质量管理，使 SF₆ 气体质量满足标准要求，保证 SF₆ 具有足够的绝缘强度和灭弧能力，确保设备和电网的安全运行。

2. 运行设备状态检测和评价

对运行设备开展 SF₆ 气体带电检测，是因为 SF₆ 气体带电检测时外界环境干扰小，试验中不受现场电磁场影响，可快速、准确实现设备缺陷或故障的预判和定位，是保障 SF₆ 电气设备安全运行的有效运行检测手段。

开展 SF₆ 气体带电检测，可及时、有效地检测出设备中 SF₆ 气体水分超标、纯度不足及内部存在局部放电和过热等潜伏性故障，为运行设备状态检测及评价提供了重要参量。

3. GIS 设备故障气室定位

SF₆ 气体分解物检测技术对于设备故障判断有重要意义，在 GIS 设备故障定位中得到了广泛应用。

正常运行 GIS 设备中，一般不会有 SO_2、SOF_2、H_2S 等硫化合物，若检测到某气室有含量较大的该类型 SF₆ 气体分解产物，则确定该气室发生了故障。

正常运行 GIS 设备的 SF₆ 气体中带有一定量的 CO、CO_2、CF_4、C_3F_8 等碳化物，相邻气室内该类型杂质含量相当，若某气室检测到的碳化物含量明显大于其他气室的杂质含量时，可确定该气室为故障气室。

五、SF₆ 电气设备在运行中巡视检查

1. 异常声音分析判断

（1）放电声。SF₆ 设备内部放电声音类似小雨点落在金属壳上的响声，因为局部放电声音频率比较低，且音质与其噪声也有不同之处，有时必须贴在外壳上才能听到。放电声微弱时，若分不清放电声是来自设备内部还是外部，或者无法判断是否是放电声时，可通过局部放电测试、噪声检测，定期对设备进行检查。

（2）励磁声。巡视 SF₆ 设备时，若发现设备的励磁声不同于正常变压器的励磁声时，说明存在螺栓松动等情况，应进一步检查。

2. 部件发热及异常气味巡视检查

用红外热成像检查设备及零部件是否发热，温度是否异常，将发热部位的温度与入厂试验值或其他相关的温升值及同类设备比较来判断是否正常。设备有无异常气味。

3. 加强避雷器的运行维护

SF₆ 电气设备的绝缘水平主要取决于雷电过电压，在设备的进线、引线入口装上金属

氧化物避雷器，若避雷器在运行中退出或发生故障，设备将直接承接雷电波电压，故加强避雷器运行维护非常有必要。

六、SF₆电气设备在线监测

SF_6电气设备在线监测主要有SF_6气体泄漏报警、SF_6气体水分和SF_6密度在线监测。SF_6气体水分监测元件受管路、针形阀等影响，不能真实监测设备内的SF_6气体水分，极少有变电站安装。

SF_6气体密度在线监测广泛应用于SF_6电气设备，传统方式采用机械式表计监测SF_6气体密度，但不能将监测的数据实时传输。目前SF_6气体在线密度监测系统是在原有的机械式密度继电器基础上，将机械信号转换成数字信号，通过光纤传输到控制室，实现了实时监测 GIS 等充SF_6电气设备内部密度。

第四节　六氟化硫气体水分检测

一、六氟化硫气体水分来源及危害

1. 水分来源

六氟化硫气体水分是指六氟化硫气体中水蒸气的含量。六氟化硫新气和设备中的气体都不可避免的含有水分，其来源于新气中残留、安装检修带入和运行中产生。

（1）新气中残留。新气中的水分是生产过程中残留和充装过程中带入。六氟化硫合成后，要经过热解、碱洗、水洗、干燥吸附等工艺，虽然经过严格干燥，但仍残留有少量水分。设备在充气和抽真空时可能混入水蒸气。另外气瓶在存放时间过长时，大气中水分会向瓶内渗透，使六氟化硫气体含水量升高。因此按规定要求，在充入六氟化硫气体时，对存放半年以上的气瓶，应复测其湿度。

（2）SF_6电气设备固体结缘材料残存和生产装配中带入。对于互感器、变压器等线圈类设备内部的固体结缘材料的干燥处理不当时，内部将残存较多的水分，设备投入运行后将不断地溶解、扩散到气体中，使水分含量逐渐增加。这种现象，在互感器中尤为突出。

设备在生产装配过程中，可能将空气中的水分吸附在器件表面和气室内壁，带到设备内部。虽然设备组装完毕后要进行充高纯氮气置换和抽真空处理，但附着在设备内壁上的水分不可能难以完全排除干净。

另外SF_6电气设备中的环氧树脂是浇注件，其含水量一般在 0.1%～0.5%，运行时水分将释放出来，直至与气体中的水分达到动态平衡。

（3）大气中的水汽渗透到设备内部。六氟化硫分子直径为 $4.56×10^{-10}$ m，水分子直径是 $3.20×10^{-10}$ m，六氟化硫分子是球状，而水分子为细长棒状，由于环境的水分压比设备内部水分压大得多，水分子会自动地从高压区向低压区渗透，进入设备内部。外界气温越高、相对湿度越大，内外水蒸气压差就越大，大气中的水分透过进入设备的可能性就越大。

（4）内部故障时产生。当内部故障涉及环氧树脂、聚乙烯和绝缘纸等固体绝缘材料时，这些碳水化合物分解将产生水，事故后水分溶解、扩散到气相，使气体中水分不断增加，直至平衡。

2. 水分对设备的危害

水与 SF_6 发生水解反应生成氢氟酸、亚硫酸，可严重腐蚀电气设备。可加剧低氟化物的水解，生成有毒物质基础；水分可使金属氟化物水解，水解产物腐蚀固体零件表面，有的甚至为剧毒物；水分在设备内结露，附着在零件表面，如电极、绝缘子表面等，易产生沿面放电（闪络）而引起事故。

二、六氟化硫气体水分检测

SF_6 水分计量有多种表示方法，露点、饱和蒸汽压、质量分数、体积分数、绝对湿度、相对湿度都可以表示气体中水汽的含量。从保证 SF_6 气体电气设备安全的角度考虑，露点表示方法更好；用气体中水分的体积比或质量比来表示，由于测试数值与设备压力无关，因无需计算在现场使用更为方便。

（一）SF_6 水分检测方法

SF_6 水分测试采用导入式采样方法，取样点须设置在足以获得设备中代表性气体的位置并就近取样，将水分检测仪器与被测设备按图 7-10 所示用气体管路连接。

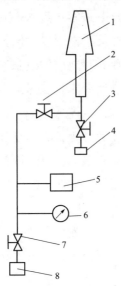

图 7-10　SF_6 断路器的气路系统

1—断路器本体；2、7—截止阀（常开）；3—截止阀（常闭）；4—SF_6 充、放气口；5—SF_6 密度继电器；6—SF_6 压力表；8—气体检查口

SF_6 气体水分检测方法有质量法、电解法、露点法和阻容法等，现场测试中，阻容法和露点法较广。

（1）质量法。一定量样品通过吸湿剂高氯酸镁（$MgClO_4$）后精确称其重量变化，此为标准仲裁法，但操作要求极严，在恒温恒湿的无尘环境中，耗气量大。

（2）露点法。使被测气体在恒定压力下，以一定流量经露点仪测试室中的抛光金属镜面，当气体中的水蒸气随着镜面温度的逐渐降低而达到饱和时，镜面上开始出现露（或霜），此时所测量到的镜面温度即为露点。由此可换算或查图（见图 7-11），得出气体中微量水分（湿度）的含量。

露点法稳定性好，精度高，适用于精密测试，但易受温度压力等因素影响，样气中若有烃类等杂质，先于水蒸气凝露，也会影响露点检测结果。

（3）电解法。电解法的原理是根据法拉第电解定律，当被测气体流经装有两个铑电极的电解池，气体中的水分被电解池内的五氧化二磷（P_2O_5）膜层连续吸收，并被电解为 H_2 和 O_2，同时 P_2O_5 得以再生，检测到的电解电流大小与 SF_6 气体水分含量成正比关系，从而计算出被测气体的水分值。

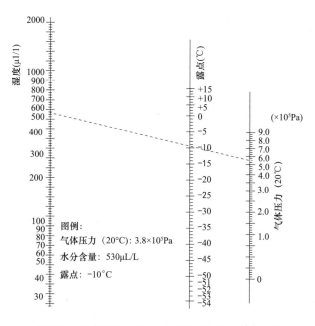

图 7-11　测量气压—露点—六氟化硫气体湿度对应图

电解法测量准确，仪器价格低，维修方便，但操作较为复杂，流量控制要求精准，耗气量较大，且使用之前需要高纯氮气长时间干燥电解池，目前现场测试已较少采用。

（4）阻容法。当被测气体通过 SF_6 水分检测仪传感器时，气体水分的变化引起传感器湿敏元件电阻值、电容量的改变，通过仪器自动计算从而得到 SF_6 气体水分值。阻容式 SF_6 水分检测仪常用的湿敏元件有高分子薄膜和氧化铝元件两种。

这类仪器具有操作简单、使用方便、测量范围宽、抗干扰强、响应快、耗气量少、不受低沸点物质的影响等优点，适于现场使用。但相比电解法和露点法，测量精度稍差，同时传感器本身存在衰变问题，需要定期用标准源校正响应曲线。

（二）SF_6 气体水分现场测试

1. SF_6 气体水分检测仪

SF_6 气体水分检测仪应定期校验，一般周期为一年。在环境温度为 $5\sim35℃$ 范围内，使用的水分检测仪应满足以下要求：

（1）阻容法水分检测仪。测量露点范围应满足 $-60\sim0℃$，其线性误差不超过 $\pm2.0℃$。

（2）露点法水分检测仪。在环境温度为 $20℃$ 时，测量露点范围应满足 $-60\sim0℃$，其线性误差不超过 $\pm0.6℃$。

（3）电解法水分检测仪。测量范围应满足 $1\sim1000\mu L/L$；其引用误差 $1\sim30\mu L$/范围内不超过±10%；30～1000μL/L 范围内应不超过±5%。

2. 气路系统

（1）测量管路应使用不锈钢管、铜管或聚四氟乙烯管，壁厚不小于 1mm，内径为 2～4mm，管路内壁应光滑、清洁，确保气体管路的密封性。

（2）接头应采用金属材料，内垫用金属垫片或用聚四氟乙烯垫片，接头应清洁、无焊剂和油脂等污染物。

（3）若由于设备排气口密封不太好，排气口周围可能有水，拆下密封帽后，要用干燥、洁净的布擦干净后，必要时用 500W 以上的吹风机对充气口吹干后，才能连接转接头和导气管。

（4）测量尾气应用 SF$_6$ 回收装置或专用集气袋回收，集中净化处理。若仪器本身带有回收功能，则启用其自带功能回收。

3. 检测环境

检测的环境温度一般为 5～35℃，相对湿度不大于 85%。

推荐在常压下测量，在水分测试仪允许情况下，可在设备压力下测量水分，测量结果需换算到常压下的水分值。

（三）检测注意事项

（1）温度对六氟化硫气体湿度测量的影响分析。气体绝缘设备中的水分不仅存在于 SF$_6$ 气体中，绝缘件、导体表面和器壁都吸附有水分，气体中水分在两者间的分配取决于温度的变化。一年之中设备中气体水分含量随气温升高而升高。

（2）内置吸附剂的影响分析。为了确保设备绝缘性能，在设备内部放置约为气体重量 10% 的分子筛，来吸收水分，六氟化硫气体中的水汽分子是处于吸附与释放的平衡状态，这种平衡状态与温度有关。当温度升高，吸附剂吸附水汽能力降低，气体中相对湿度上升；反之，吸附剂吸水能力增强，气体中相对湿度降低。使其在不同环境温度时测量六氟化硫气体中水分值有所变化。环境温度高时，测得数据较大，反之则相反。

（3）测量时缓慢开启气路阀门，调节气体压力和流量，测量过程中保持气体流量的稳定，并随时检测被测设备的气体压力，防止设备压力异常下降。

（4）测试完毕，应用 SF$_6$ 气体检漏仪对充气口进行检漏，确保设备不漏气。

三、试验结果的数据分析

SF$_6$ 气体水分检测结果用体积比或质量比表示，单位为 μL/L 或 μg/g；由于环境温度对设备中气体水分含量有明显影响，测量结果应折算到 20℃时的温度值。根据测试结果和控制指标比较，对设备中 SF$_6$ 气体水分检测结果进行分析处理。

1. 水分测量单位之间的换算

（1）气体湿度的体积分数计算

$$V_r = V_M/V_T \times 10^6 = P_W/P_T \times 10^6 \tag{7-1}$$

式中：V_r 为测试气体水分的体积分数，μL/L；V_M 为水汽的分体积，L；V_T 为测试气体的体积（气室体积），L；P_W 为测量露点下的饱和水蒸气压力，Pa；P_T 为测试系统的总压力，Pa。

（2）气体湿度的质量分数计算

$$W_r = m_W/m_T \times 10^6 = V_r \times M_W/M_T \tag{7-2}$$

式中：W_r 为气体水分的质量分数，$\mu g/g$；m_W 为水蒸气的质量，g；m_T 为测试湿气的质量，g；M_W 为水蒸气的相对分子质量，g/moL；M_T 为测试气体的相对分子质量，g/moL。

2. 水分检测结果的温度折算

（1）若设备生产厂家提供有折算曲线、图表，可采用厂家提供的曲线、图表进行温度折算。

（2）若没有，温度折算推荐参考 DL/T 506—2018 附录 C 中的折算公式或折算表进行折算。

（3）可直接读出仪器 20℃下的水分值作为测试结果。

3. 试验结果分析

（1）控制指标。根据 GB/T 8905—2012 和 DL/T 1366—2014 等标准规定，SF6 电气设备内的水分控制指标见表 7-10。

表 7-10 　　　　　　　　　20℃/101.3kPa 时 SF6 气体湿度的控制指标

试验类别气室	有电弧分解气室 ($\mu L/L$)	无电弧分解气室 ($\mu L/L$)	箱体及开关 (SF6 绝缘变压器)	电缆箱及其他 (SF6 绝缘变压器)	新气
交接试验	≤150	≤250	125	220	≤5$\mu g/g$（或 ≤40$\mu L/L$）
例行试验	≤300	≤500	220	375	

（2）SF6 电气设备水分的检测周期。对于新投运设备，投运测试值若接近表 7-10 的控制指标，半年之后应再测一次；新充（补）气 48h 之后至 2 周之内应测试一次。

对于运行设备，一般按照设备电压等级来确定 SF6 气体水分的检测周期，必要时，如气体压力明显下降时，应定期跟踪测试，见表 7-11。

表 7-11 　　　　　　　　　SF6 气体湿度的检测周期

电压等级（kV）	SF6 气体湿度检测周期
750～1000	（1）新安装及大修后 1 年复测 1 次，正常后 1 年 1 次。（2）必要时
66～500	（1）新安装及大修后 1 年复测 1 次，正常后 3 年 1 次。（2）必要时
≤35	（1）新安装及大修后 1 年复测 1 次，正常后 4 年 1 次。（2）必要时

（3）检测结果分析。SF6 气体水分检测能有效发现电气设备内部是否存在水分超标及受潮、未装吸附剂等缺陷，设备中 SF6 气体湿度超标的主要原因有以下几种：

1）新气中残留。SF6 气体质量不合格，SF6 气体的运输过程和存放环境不符合要求，

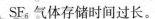

SF_6气体存储时间过长。

2）充气过程带入的水分。设备充气时，现场人员未按有关规程和检修工艺要求进行操作，如充气时SF_6气瓶未倒立放置，管路及接口不干燥或装配时暴露在空气中的时间过长等，导致水分进入。

3）SF_6电气设备固体绝缘材料残存水分及生产装配中带入的水分。考虑到电气设备内部绝缘件受潮及内部附着水分，宜采用对设备进行24h的长时间抽真空，并保持133Pa的较低真空度，然后充入压力0.5MPa高纯氮气进行检测，此过程可反复进行。当氮气微水小于$25\mu g/g$，可认为水分检测合格，用同样方法充入合格的SF_6气体，24h后检测其水分值应满足要求。

4）透过密封件渗入的水分。空气中水分压力比设备内部高，水分子呈V形结构，其等效分子直径仅为SF_6分子的0.7倍，渗透力极强，水分子在内外压差作用下，大气中的水分会逐渐通过密封件渗入到设备中的SF_6气体中。

5）吸附剂的影响。若安装过程中漏放吸附剂或吸附剂失效，随着运行时间增加，导致设备中SF_6气体水分持续增加超标。吸附剂失效的处理是将设备内部吸附剂取出，放入350℃的烤箱中进行了3h活化处理后装入设备，抽真空后注入$25\mu g/g$的氮气。此过程可反复进行。若断路器内部微水含量有所下降，但仍大于检测导则中$150\mu L/L$的规定值，说明断路器内部吸附剂确实已受潮，而且已达到饱和，即使进行活化处理后，效果也不理想。可对内部吸附剂全部进行更换，抽真空后注入$25\mu g/g$的氮气后检测，可反复多次放入活化处理后的吸附剂，处理至水分合格。吸附剂用量一般大于SF_6总重量的10%，使用中若增加至SF_6总重量的15%以上时，应予更换。装入前要记录吸附剂重量，并在下次检查时再称一次，如超过原来的25%，说明吸附剂中水分较多，应认真分析处理。灭弧室中吸附剂不可以再生。

经验表明：选用分子筛与活性氧化铝的混合吸附剂，其效果较好。

6）内部故障时产生水分。若检测到设备中SF_6气体水分超标，应对设备中SF_6气体进行换气处理或回收净化处理，加强设备换气后的SF_6气体湿度监测，确保设备运行状态正常。

四、案例分析

某公司在2013年6月21日，对某变电站做GIS设备的SF_6气体水分检测时，发现该设备的开关气室、线路避雷器气室水分均超标，开关气室达$550\mu L/L$，避雷器气室达$750\mu L/L$，分解产物无明显异常。申请立即停电处理。然后对比了该设备、气室以往的SF_6水分检测数据、超声波局放数据。2010年12月11日的SF_6水分检测数据中开关气室为$109\mu L/L$，避雷器气室为$308\mu L/L$，虽未达到运行中断路器灭弧室气室小于等于$300\mu L/L$，其他气室小于等于$500\mu L/L$的注意值，但和其他气室数值（$100\mu L/L$左右）相比，明显偏大，进一步说明该气室存在的问题是逐步发展起来的，如果持续运行不处理，必将严重危害设备安全。检修班组配合厂家采取了更换吸附剂、抽真空、充入高纯度氮气清洗，充入新的 SF_6 气体等，经过一系列处理措施后，水分数据恢复到正常，开关气室为 $116\mu L/L$，避雷器气室为 $264\mu L/L$，已经恢复到正常水平。

本次检测是继省公司 GIS 设备 SF_6 气体普查后，根据周期自行安排的又一次抽检跟踪，只针对普查过程中有怀疑的设备，在检测过程中及时发现并解决了问题，由此也能看出对于普测数据相对较大的，即使并未超标，也应适当缩短周期，加强监测。

第五节 六氟化硫气体纯度检测

SF_6 气体纯度分析是评价气体质量和安装检修工艺的重要手段。六氟化硫气体中常含有空气（O_2、N_2）、四氟化碳（CF_4）、二氧化碳（CO_2）、六氟乙烷（C_2F_6）、八氟丙烷（C_3F_8）等杂质气体。主要在新气验收（包括注入设备后）阶段进行，通过检测 SF_6 气体在混合物中所占的比例，判断 SF_6 新气是否在生产、安装环节中受到污染，避免隐患设备带病投运。当 SF_6 设备内部存在严重故障时，会产生大量分解产物，从而导致 SF_6 气体纯度降低，此时测量 SF_6 气体纯度也能起到辅助诊断故障的作用。

SF_6 气体纯度测量方法有差减法（气相色谱法）和直接测量法（红外光谱法、热导法、声速法、高压击穿法、电子捕获法），应用较多的有气相色谱法、红外光谱法、热导传感器法。

一、SF_6 气体纯度检测方法

（一）差减法

1. SF_6 气体纯度计算

测出 SF_6 气体混合物中已知杂质的含量，用总量减去各种杂质含量的总和，即得出 SF_6 气体纯度。

由于 SO_2F_2 和 SOF_2 为可水解氟化物的一种，在计算 SF_6 纯度时不重复差减，DL/T 1366—2014《电力设备用六氟化硫气体》标准中 SF_6 气体纯度按式 7-3 计算

$$W_1 = 100\% - (W_2 + W_3 + W_4 + W_5 + W_6 + W_7 + W_8$$
$$+ W_9 + W_{10} + W_{11}) \times 10^{-4} \tag{7-3}$$

式中：W_1 为六氟化硫（SF_6）纯度（质量分数），数值以 10^{-2} 表示；W_2 为空气含量（质量分数），数值以 10^{-6} 表示；W_3 为四氟化碳（CF_4）含量（质量分数），数值以 10^{-6} 表示；W_4 为六氟乙烷（C_2F_6）含量（质量分数），数值以 10^{-6} 表示；W_5 为八氟丙烷（C_3F_8）含量（质量分数），数值以 10^{-6} 表示；W_6 为十氟一氧化二硫（S_2OF_{10}）含量（质量分数），数值以 10^{-6} 表示；W_7 为二氧化硫（SO_2）含量（质量分数），数值以 10^{-6} 表示；W_8 为水（H_2O）含量（质量分数），数值以 10^{-6} 表示；W_9 为酸度（以 HF 计）含量（质量分数），数值以 10^{-6} 表示；W_{10} 为可水解氟化物（以 HF 计）含量（质量分数），数值以 10^{-6} 表示；W_{11} 为矿物油含量（质量分数），数值以 10^{-6} 表示。

用差减法测定 SF_6 气体纯度，在现阶段为最接近真值的测定方法，缺点是必须用多

种检测手段（如气相色谱法、酸碱中和法、红外光谱法等）联用才能最大程度地检测出混合物中各种已知杂质的含量，且对未知杂质含量可能不响应或响应值不准，造成测量误差。

2. 气相色谱法

（1）检测原理。用惰性气体（载气可选用氦气）作为流动相，以固体吸附剂或涂渍有固定液的固体载体为固定相的柱色谱分离技术，配合热导检测器（TCD）和氢火焰检测器（FID），检测出被测气体中空气、CF_4、C_2F_6、C_3F_8 含量。

该检测方法特点为：检测范围宽、定量准确；检测时间长、检测耗气量少；杂质种类有限。

（2）检测仪器。气相色谱仪由气路系统、进样系统、分离系统、温控系统和检测记录系统等组成，主要部件流程如图 7-12 所示。通过十通阀和六通阀的切割将定量管里（经过净化、稳压、稳流后）的待测 SF_6 样品由载气（氦气）带入色谱柱，利用样品中各组分在色谱柱中的气相和固定相间的不同分配系数和保留时间的不同，利用阀中心切割技术进行分离检测。检测器将物质的浓度或质量的变化转变为一定的电信号，经放大后在记录仪上记录下来，得到色谱峰曲线。根据谱图曲线上的保留时间定性分析，峰面积或峰高定量分析。

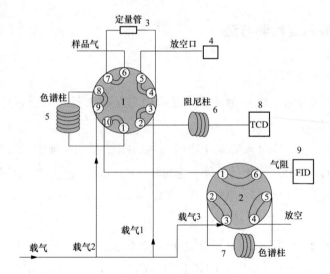

图 7-12 SF_6 气体纯度检测的色谱分析流程图

1—十通阀；2—六通阀；3—定量管；4—流量计；5—色谱柱 1；6—阻尼柱；

7—色谱柱 2；8—热导检测器（TCD）；9—氢火焰检测器（FID）

（二）直接测量法

1. 热导法

（1）检测原理。气体的热导法是根据各种气体的导热率不同，从而通过测定混合气体的导热率来检测被被测组分含量的一种分析方法。

该检测方法特点为：检测范围大、检测快速、稳定性好、使用寿命长；检测装置结构简单、价格便宜、使用维修方便；使用中要注意温度漂移对测量结果的影响。

（2）检测仪器。目前 SF_6 气体纯度仪大部分采用热导传感器，其结构如图 7-13 所示，当 SF_6 气体以一定流速通过带温度补偿微型热导池，根据 SF_6 气体导热系数变化，进行 SF_6 气体含量的定性和定量测试。

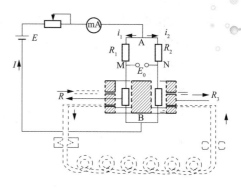

图 7-13　热导传感器结构示意图

该装置主要由参考池和测量池组成，未安装进样器和色谱柱。传感器内置电阻，当电阻有电流流通时，发热产生的热量可通过电阻周围的气体传导出去，使电阻的温度降低。该电阻是热敏元件，温度的变化使电阻值发生变化，导致电桥失衡在信号输出端产生压差，输出的电压值与电阻周围的导热系数成对应关系，从而检测出样品气中 SF_6 气体纯度。

2. 红外光谱法

（1）检测原理。利用 SF_6 气体在特定波段的红外光吸收特性，对 SF_6 气体进行定量检测，从而检测出 SF_6 气体的含量。该方法是建立在吸光度和浓度之间的线性关系基础之上的。

该检测方法特点为：可靠性高、与其他气体不存在交叉反应；受环境影响小、反应迅速、使用寿命长；但检测时间长、耗气量大、成本较高。

（2）检测仪器。红外光谱法的检测原理为：当用频率连续变化的红外光照射被分析的试样时，若试样分子中某个基团的振动频率与照射红外线相同时就会产生共振，则此物质就能吸收红外光，分子振动或转动引起偶极距的净变化，使振—转能级从基态跃迁到激发态。故用不同频率的红外光依次通过测定分子时，就会出现不同强弱的吸收现象。红外光谱具有较高的特征性，每种化合物都具有特征的红外光谱，利用这种特性可进行物质的结构分析和定量测定。通常用透光率 $T\%$（SF_6 气体浓度与 $\lg T$ 成正比）作为纵坐标，波长 λ 或波数 $1/\lambda$ 作为横坐标，或用峰数量、峰强弱、峰位置、峰形状等描述。

红外光谱仪主要有色散型和傅里叶变换型两种，常用色散型红外光谱仪检测 SF_6 气体纯度，如图 7-14 所示。

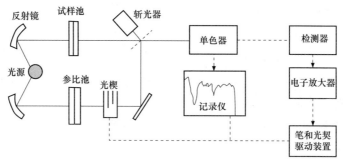

图 7-14　色散型红外光谱仪检测 SF_6 气体纯度的流程图

光源发出的辐射被分为等强度的两束光，一束通过试样池，另一束通过参比池。通过参比池的光束经过衰减器（光楔或光梳）与通过试样池的光会合于斩光器处，使两束光交替进入单色器（现一般用光栅）色散之后，同样地交替投射到检测器上进行检测。若样品对某一波数的红外光有吸收，则两束光的强度便不平衡，参比光束的强度比较大，此时检测器产生一个交变的信号，该信号经放大、整流后负反馈到连接衰减器的同步电动机，该电动机使光楔更多地遮挡参比光束，使之强度减弱，直到两光束又恢复强度相等，此时交变信号为零，不再有反馈信号。此即"光学零位平衡"原理。单色器的转动与光谱仪记录装置谱图图纸横坐标方向相关联。移动光楔的电动机同步地联动记录装置的记录笔，沿谱图图纸的纵坐标方向移动，因此纵坐标表示样品的吸收程度，吸收程度越大，SF_6 气体纯度越高。单色器转动的全过程会形成一张完整的红外光谱图。

3. 声速法

根据声音在不同气体中传播速度的差异来测定 SF_6 气体浓度。对气体不同声速的比对，在空气和氮气中的声速为 330m/s，在 SF_6 气体中的声速为 130m/s，通过测量样气中声速的变化，从而确定 SF_6 气体浓度（体积分数）。

该方法特点为：精度约为 $\pm 1\%$，CF_4 和分解产物的存在可能会影响仪器测量精度。

4. 电子捕获法

利用不锈钢作阳级，放射源作阴极，在两极间加直流或脉冲电压形成电场，产生大量低能热电子，有电负性气体（SF_6）通过时捕获检测器中的电子，使检测器的基流降低，产生负信号，从而进行 SF_6 气体定性和定量分析。

5. 高压击穿法

对被检测气体进行放电试验，通过检测气体的放电量测出 SF_6 气体的含量。

该检测方法特点为：对氮气、二氧化碳、烷烃、卤族元素均有反应，需要有空气作为媒介才能正常放电，仅适合定性分析。

（三）检测注意事项

（1）排气口干燥。由于设备排气口密封不太好，排气口周围可能有水，拆下密封帽后，要用干燥、洁净的布擦干净后，才能连接转接头和导气管。

（2）样品气吹扫时间不宜过长，而且取样管线要检好漏，否则会导致设备压力下降，影响绝缘性能。

（3）纯度仪需要定期检定和校准，周期一般为一年或半年，需根据具体情况而定。

（4）测量时要缓慢开启气路阀门，调节气体压力和流量，检测过程中保持气体流量的稳定，防止气体压力的突变，以免造成仪器损坏。

（5）在现场检测 SF_6 气体纯度时，采用导入式采样法就近取样。

（6）在设备及安全措施可靠的条件下，可在设备带电状态下进行 SF_6 气体纯度测试。

二、检测结果的数据分析

1. 控制指标

根据 GB/T 8905—2012、DL/T 1366—2014、GB/T 12022—2014、Q/GDW 1168—2013《输变电设备状态检修试验规程》等标准规定，SF_6 电气设备内的纯度控制指标见表 7-12。

表 7-12　　　　　　　　　　　　SF_6 气体纯度的控制指标

项目	有电弧分解气室（体积分数）	无电弧分解气室（体积分数）	检测周期
SF_6 新气（交接试验）	≥99.9%	≥99.9%	（1）解体检修后；
运行注意值	≥99.5%	≥97%	（2）诊断性检测

设备内 SF_6 气体纯度较低时，影响 SF_6 气体的绝缘和灭弧性能，可能导致设备发生放电、断路器开断失灵等故障，提出了运行设备中 SF_6 气体的纯度检测指标及其评价标准（见表 7-13）。

表 7-13　　　　　　　运行设备中 SF_6 气体的纯度检测指标及其评价标准

体积比（%）	评价结果	备注
≥97	正常	执行状态检测周期
95～97	跟踪	1 个月后复检
<95	处理	抽真空，重新充气

2. 检测结果分析

运行设备中杂质主要包括：空气、水分、低氟化物、矿物油、HF、CF_4、CO、SO_2 等，杂质来源有：

（1）新气（主要是空气、水分、可水解氟化物、HF、矿物油、CF_4）；

（2）设备充气（主要是空气）；

（3）电弧分解物及绝缘材料故障产物（主要是低氟化物、SO_2、HF、CO、H_2S 等）；

（4）气体回收处理（主要是水分、机械油）；

（5）运行泄漏（大气水分渗透进入设备）。

处理措施如下：

（1）回收 SF_6 气体应净化处理。回收利用的 SF_6 气体，经净化处理，达到新气质量标准后方可使用；

（2）对设备抽真空，用氮气或空气冲洗气室；

（3）将设备内部清理干净，废物处理；

（4）检修完毕后，装入吸附剂并抽真空。

三、案例分析

对某 220kV 隔离开关/接地开关（交接试验）A 相气室 SF_6 纯度进行测试，其纯度为 90.6%，其他二相气室均大于 99.9%。该次测试方法为热导传感器法。

采用另外厂家（热导传感器法）的仪器进行跟踪测试，并用气相色谱法仪器进行复测，检测结果为 $90.2\%\sim90.8\%$，数值相差不大，诊断为设备抽气时抽真空不彻底，使得 SF_6 气体纯度不达标。现场对该 A 相气室的 SF_6 气体进行回收处理后，抽真空重新充入 SF_6 气体，检测处理后的 SF_6 气体纯度为 99.9%。

第六节　六氟化硫气体检漏

SF_6 电气设备中，气体介质的绝缘性能与灭弧能力主要依赖于充气密度（压力）和气体纯度。设备中气体的泄漏，不但导致气压降低，影响设备正常运行，而且泄漏的 SF_6 气体中含有危害人体的有毒杂质。因此，一旦发生泄漏，应查找原因予以消除。SF_6 气体泄漏量的检查是 SF_6 电气设备交接和运行监督的主要项目。

SF_6 气体泄漏检测方法，一般归纳为三种：①定性检漏，包括抽真空检漏、检漏仪定性检漏等；②定量检漏，包括局部包扎法、挂瓶法和扣罩法直接测量法等；③在线检漏方法，包括紫外线电离型、高频振荡无极电离型、电子捕获型、铂丝热电子发射型和负电晕放电型等。

一、SF_6 气体泄漏检测方法

（一）定性检漏方法

1. 抽真空检漏

这种方法主要是用于气体绝缘设备安装或者解体大修后配合抽真空干燥设备时进行。现将设备抽真空至 133Pa，继续抽真空 30min，停真空泵。观察 30min 后读取真空度 A，再静观 5h 后读取真空度 B，若 $B-A<67Pa$，则认为电气设备的密封性良好。

2. 检漏仪检漏

运行中的 SF_6 电气设备，可直接采用检漏仪对漏气的部位进行检漏。安装或大修后的 GIS 或其他 SF_6 电气设备，可以先充入 0.02MPa 的 SF_6 气体，然后充入高纯氮气至额定压力，用检漏仪检漏。常用的 SF_6 气体检漏仪包括 β 射线电离型、高频振荡无极电离型、紫外线电离型、铂丝热电子发射型和负电晕放电型等。

（二）定量检漏方法

定量检漏方法通过测定气体绝缘设备的泄漏率来测定 SF_6 电气设备的泄漏情况。其方法介绍如下：

1. 挂瓶法

挂瓶法适用于法兰面有双通道密封槽的密封系统。需注意的是，在挂瓶前，要用干燥的氮气将第一、第二密封之间的空腔和检漏瓶内的 SF_6 气体吹尽，以免影响测试结果。除密封面外，其他部位（如阀门、管路接头、表计等）的泄漏率无法采用此法检测。故挂瓶法是难以精确测量整台设备的泄漏率的。

在双道密封圈之间有一个检测孔，GIS 设备充至额定压力后，取掉检测用的螺栓，经

24h 后，用软管分别连接到检测孔和挂瓶。过一定时间后（挂瓶时间一般为 33min），取下挂瓶，用灵敏度不低于 10^{-8} 的检漏仪测定挂瓶内的 SF$_6$ 气体浓度。根据式（7-4）来计算密封面的漏气率

$$F = \frac{CVp}{\Delta t} \times 100\% \tag{7-4}$$

式中：F 为泄漏率；V 为挂瓶容积，m^3；C 为挂瓶内 SF$_6$ 气体的浓度，$10^{-6}V/V$；p 为环境大气压力，MPa；Δt 为挂瓶时间，s。

2. 扣罩法

扣罩法测量泄漏率多在制造厂进行，适用于整台气体绝缘设备的年泄漏率测量。用塑料罩将整台气体绝缘设备或已经组装好的几个气室密封在罩内，经过一段时间后测量罩内 SF$_6$ 气体浓度，通过计算确定其泄漏率。一般地，把 GIS 设备的一个元件或组合成几个元件作为一组，放在密闭的罩内。将这组设备充入额定压力的 SF$_6$ 气体 6h，在罩内静置 24h。用灵敏度不低于 10^{-8} 的检漏仪测定其漏气量。测定分别位于设备的上下左右前后 6 点，取平均值。根据罩内泄漏出的 SF$_6$ 气体浓度、封闭罩内的体积和设备的体积、实验时间和绝对压力，可计算出漏气率和年漏气率，也可计算出补气间隔时间。

3. 局部包扎法

将设备局部用塑料薄膜包扎，经过一定时间后测定包扎腔内 SF$_6$ 气体浓度。通过计算确定其泄漏率。包扎时间一般为 24h，局部包扎法不仅适用于密封面的气体泄漏检测，也适用于其他泄漏点的气体泄漏率检测，是现场最为有效的检测方法之一。对于安装好的 GIS 设备，多用局部包扎法测量 SF$_6$ 气体泄漏率。在 GIS 安装好后，选用几个法兰口和阀门作为取样点，用厚度约为 0.1mm 的塑料薄膜在取样点外周包一圈半，按缝向上，尽可能做成圆形，形状要规范，否则较难计算塑料包围的体积。用精密检漏仪测量塑料袋内的 SF$_6$ 气体浓度，可计算出 GIS 设备的漏气率、年漏气率和补气间隔时间。

（三）SF$_6$ 泄漏在线检测方法

1. 激光光声光谱法

激光光声光谱技术和红外气体检漏技术都是利用气体分子吸收红外线的特性，两者的区别在于光源。红外气体检漏技术是利用红外线做光源，是广谱的光源，故红外气体传感器的选择性差、灵敏度低。激光光声光谱技术采用激光器做光源，是单一频谱的光源，光源的频率可以和气体分子的吸收频率一致，所以激光光声光谱技术的选择性好、灵敏度高。激光光声光谱技术虽是一种新兴的泄漏检测技术，但目前在设备检漏中的应用不多见，主要是因为其响应时间过长，且仪器的测试性能和稳定性还需要时间的检验。

（1）检测原理。光声气体检测技术是基于不同气体在红外波段有不同的特征吸收光谱，SF$_6$ 气体的红外特征光谱在 $10.55\mu m$ 附近。光声气体检测原理是利用气体吸收一支强度随时间变化的光束而被加热时所引起的一系列声效应。当某个气体分子吸收一个频率为 υ 的光子后，从基态 E_0 跃迁到激发态 E_1，两能量级的能量差为 $E_1 - E_0 = h\upsilon$（h 为普

朗克常数）。受激气体分子与气体中任何一分子相碰撞，经过无辐射弛豫过程而转变为两个分子的平均动能，通过这种方式释放能量从而返回基态。气体通过这种无辐射的弛豫过程把吸收的光能部分或全部地转换成热能而被加热。如果入射光强度调制的频率小于该弛豫过程的弛豫频率，则这光强的调制就会在气体中产生相应的温度调制。根据气体定律，堵塞在光声腔内的气体温度就会产生与光强调制频率相同的周期性起伏。即强度时变的光束在气体试样内激发出相应的声波，用传声器可直接检测该信号。

（2）检测仪器。光声气体检测仪器包括光声检测模块、信号处理电路、数据采集卡、DSP 控制器、液晶显示面版及其他外围电路等。其中，光声检测模块包括红外光源（激光器）、滤光片、光声腔、微音器、微型气泵及激光功率计和调频电源等。仪器结构如图 7-15 所示。

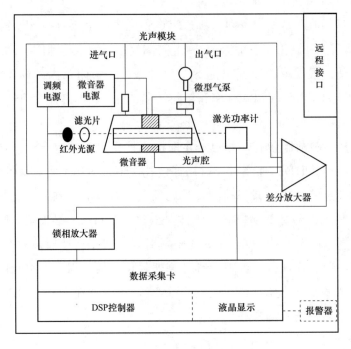

图 7-15　光声光谱检漏仪的结构图

该检测系统可作为便携式仪器用于现场，也可作为在线式使用，实时监测 SF_6 电气设备周围环境中的 SF_6 气体浓度，并将数据通过远程接口，实时传输到后台服务器。仪器的基本操作为开启微型气泵抽气，当混有 SF_6 的空气进入光声腔后，开启调频电源，发射经过电源直接调制的红外光，通过中心波长为 $10.55\mu m$ 的滤光片进行过滤，然后射入到光声腔中激发气体产生声波。不同浓度的 SF_6 气体所激发的声波强度是不同的，且两者之间具有很好的线性对应关系。对微音器输出的电信号进行差分放大，将数据输入到数据采集卡，进而输入至 DSP 控制器，并把对应的浓度值换算后显示到液晶显示屏。该仪器还可根据预先设定好的报警限值，当 SF_6 浓度超过一定值时，发出电声联合报警，同时该系统预留出控制接口，用于后续处理装置的控制等。

2. SF₆ 激光红外成像检漏法

（1）检测原理。SF₆ 激光红外成像检漏仪主要由激光发射系统（CO_2 激光器）、激光接收系统（红外探测器）、放大成像及数据处理系统、显示设备、蓄电池等组成。检测原理是 CO_2 激光入射到被检测区域的物体上，并在物体表面上反射，反射光是沿着原来的光路，重新返回到设备处。由于被测气体与背景有不同的吸收率（反射率），被反射回探测器的光子数量不同，返回的数据被处理后，通过显示设备成像。当无气体泄漏时，返回的红外能量是背景反射的能量，显示设备上能看到目标区域红外成像图，当有气体泄漏时，由于 SF₆ 气体对红外光线具有强烈吸收作用，故此时反射到检测设备的红外光线能量会急剧地减弱，SF₆ 气体在显示设备上显示为黑色烟，并且随着气体浓度变化，黑度也不同。激光成像工作原理如图 7-16 所示。

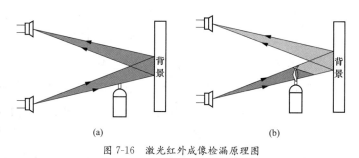

图 7-16　激光红外成像检漏原理图

（a）无漏气；（b）有漏气

（2）检测仪器。激光红外成像检漏仪的具体组成结构如图 7-17 所示。其中激光器是 CO_2 激光器（CO_2 激光器作为光源是因为 CO_2 输出谱线能被 SF₆ 有效吸收）组成，其输出光是不可见的红外激光线。光束通过一对高频运转的镜片扫描，然后以 IV 级不可见激光射出窗口。由于激光束扫描速度非常快，所以整个激光检漏仪摄像区域的激光等级基本均衡。当激光检漏仪检测到 SF₆ 气体的泄漏图像时，通过放大成像及数据处理系统，不可见的 SF₆ 气体泄漏就可通过显示及记录系统呈现出来，根据测试结果进行进一步的处理分析。

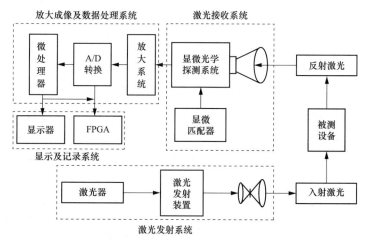

图 7-17　激光红外成像检漏仪的结构图

激光红外光谱成像技术成本高，结构复杂，加工工艺难度大，但精确度高，成像效果好。

3. 红外成像检漏技术

目前能够有效用于 SF_6 气体检漏工作的红外成像检漏技术主要包括红外线辐射成像检漏技术和红外线吸收检漏技术两种。

（1）检测原理。红外线辐射成像检漏技术的检测原理是：SF_6 气体泄漏处会向外辐射红外线能量，并对周围环境产生影响，当用红外热像仪进行大范围拍摄时，根据 SF_6 气体与空气的红外影像不同的特性，就可以寻找到泄漏源。在现场检测时，红外线辐射成像检漏技术与普通的红外线热成像原理类似，都是通过接受红外线能量进行成像的，使通常看不见的 SF_6 气体变得可见。但红外线辐射成像技术对温度探测灵敏度的要求更高，以区分出不同气体之间非常微弱的温度差异。这类仪器存在周围设备环境对其检测效果的影响，对于室内 SF_6 电气设备的气体泄漏灵敏度较弱。与激光检漏仪相比，无须反射背景，所以适用范围更广，同时因无须激光发射器，质量更小。

红外线吸收检漏成像技术的检测原理是：SF_6 气体对长波红外线有很强吸收能力的特性，采用后向散光成像技术对气体进行成像。当检测区域存在 SF_6 气体泄漏时，由于 SF_6 气体对红外光线具有强烈吸收作用，所以此时反射到检测设备的红外能量会急剧地减弱，SF_6 气体在显示设备上显示为黑色烟，并且随着气体浓度变化，黑度也不同。这种方法能够快速准确地找到泄漏点。该技术进行成像的红外能量是由红外光源反向散射的结果，需要一个比较规则的背景作为反射面以及一个红外激光源。该类仪器体积较大、装置较重且需外接电源，现场操作复杂，需要背景反射面。

（2）检测仪器。红外成像检漏仪主要由光学系统、红外探测器、信号处理器、显示部分组成，如图 7-18 所示。

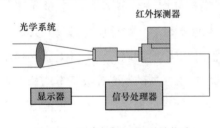

图 7-18　红外成像检漏仪的结构图

4. 负电晕放电检漏法

（1）检测原理。电晕放电是指带电体表面在气体或液体介质中出现的局部自持放电现象。电晕放电的极性由曲率半径小的电极的极性决定，曲率小的半径带正电，发生的电晕称为正电晕，反之则称为负电晕。负电晕放电检测技术采用了具有高频脉冲负电晕连续放电效应的检测器，利用 SF_6 气体自身很强的电负性，极易吸附自由电子形成带负电的离子，所以当检测器发生负电晕放电时，电极周围若有 SF_6 气体，SF_6 气体将吸附形成负电晕电流的自由电子，形成 SF_6 负离子，由于 SF_6 分子量很大，所以 SF_6 负离子在电场中移动速度很慢，从而使负电晕电流减小，对负电晕放电产生抑制作用。其中，电晕电流的减小量与 SF_6 气体的浓度成正比，可以直接指示被测气体中 SF_6 气体浓度。

（2）检测仪器。负电晕放电检漏仪由检测器、高频脉冲发生器、信号放大器、报警电路、自动跟踪电路和采样系统（包括采样探头及抽气泵）等组成，如图 7-19 所示。

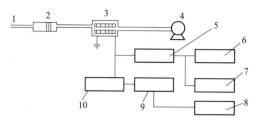

图 7-19　负电晕放电检漏仪的结构图

1—探头；2—净化层；3—检测器；4—抽气泵；5—信号放大器；6—指示仪表；

7—报警电路；8—电源；9—自动跟踪电路；10—高压脉冲发生器

气体被抽气泵抽出后，经过净化层，过滤后进入检测器中，检测器在脉冲高压作用下产生电晕连续放电效应，当气体中带有负电性气体（如 SF_6 气体、卤素、氟卤烃等）时，这些负电性气体对检测器中的电晕电场起抑制作用。由已设定的报警电路根据信号大小而发出浓度超限警告信号。

该类仪器结构简单、成本低、测试干扰因素多、抗干扰能力差、电极易老化、传感器寿命短、精度低等。不适用于定量检漏、多用于 SF_6 气体定性检漏。

此外，还有紫外线电离型 SF_6 气体检漏法、β 射线电离型检漏法、高频振荡无极电离型 SF_6 气体检漏法、铂丝热电子发射型 SF_6 气体检漏法、超声波测速型 SF_6 气体检漏法等。

（四）　检测注意事项

（1）检漏工作要确保人身安全，保持安全距离，加强监护。必要时需将设备停电后再进行检漏工作。

（2）当发现压力表在同一温度下相邻两次读数差值达到 $9.81 \times 10^3 \sim 2.94 \times 10^4$ Pa 时，应立即分析原因，并用 SF_6 检漏仪进行全面检漏，查出漏点，作出记录，并进行有效的处理。

（3）当控制柜发出补气报警信号时，应首先检查压力表以确定漏气区，再用检漏仪确定漏气点，采用必要措施并按规定进行补气。设备有大量漏气点时，应立即停电处理。

（4）各种型号的 SF_6 电气设备在定量测定泄漏之前均应进行漏点查找。无论哪种型号的检漏仪，测量前都先将仪器调试至工作状态，有些仪器根据工作需要调节到一定的灵敏度，然后拿起探头，仔细探测 SF_6 设备外部，特别注意易泄漏部位及检漏口，根据检漏仪所发出的声或光的报警信号，及检漏仪指针偏转的格数来确定泄漏及粗略浓度，也可进一步进行定量检查，对于泄漏超标部位必须采取措施，进行检漏处理。

（5）定性检漏检测时，SF_6 气体检漏仪控测头移动要缓慢，速度 3～5mm/s。

二、检测结果的数据分析

对于泄漏检测的诊断，需要区别交接试验和运行试验。SF_6 漏气率标准如下：

1. 交接试验

在交接试验中 GB/T 50150—2016《电气装置安装工程电气设备交接试验标准》对密封性试验有如下规定：SF_6 电气设备定性检漏时无泄漏点；有怀疑时再进行定量检漏；SF_6 断路器的年泄漏率不应大于 0.5%；SF_6 组合电器的年泄漏率不应大于 1%，750kV 电压等级的不应大于 0.5%；泄漏值的测量应在断路器充气 24h 后进行。

2. 运行试验

根据 GB/T 8905—2012 标准规定，对于日常监控、诊断监测及大修后设备的密封性能要求，SF_6 气体年泄漏率不应大于 0.5%。对于成像等定性检漏技术，如检测中发现漏点就应及时安排停电进行漏点的处理。

三、SF_6 电气设备漏气后补气

一般情况下，补气不需 SF_6 设备停电，发生气体泄漏后的补气步骤如下：

（1）准备 SF_6 补气用的工具、仪器、办理相关工作手续，做好开工前的准备工作。

（2）补气前称量补气用 SF_6 钢瓶质量，将补气用的钢瓶斜放，最好端口位于底部，以便采用液相补气法。

（3）充气小车管道最好抽真空，条件不允许情况下也要用 SF_6 新气冲洗管道 2～3 次，以驱除减压阀及补气管路内的空气和水分。

（4）充气前，最好调节充气压力与设备内 SF_6 气体的压力基本一致，再接入充气接口，充气压差应小于 100kPa，禁止不经减压阀直接用高压充气。

（5）开启 SF_6 钢瓶阀门，再打开减压阀，使 SF_6 气体缓慢充入设备中，随时观察设备内的气压有无变化。

（6）充气至稍高于额定压力后，先关闭减压阀，再关闭钢瓶气阀。

（7）拆除充气管路，装好充气口的封盖。

（8）再次称量补气用 SF_6 钢瓶质量，通过两次称重的质量差，计算补充用的 SF_6 气体质量。方便进行统计分析。

（9）环境湿度高低对补气影响不大，但操作过程要注意充气接口的清洁。湿度高的情况下可用电热吹风机对接口处进行干燥。

四、案例分析

设备接头连接处泄漏：500kV 金城变电站 500kV 金合 1 号线 5061 间隔 A 相套管气室六氟化硫密度和微水监测单元传感器接头连接处（图 7-20 标记 A 处）存在 SF_6 气体少量泄漏。

检测现场的环境温度为 29℃，相对湿度为 27.4%，风速为 2.1m/s。泄漏部位的可见光照片和检测视频截图如图 7-21 所示。

根据拍摄的泄漏视频资料，对比图 7-21（a）的可见光照片，判断并定位 500kV 金合 1 号线 5061 间隔 A 相套管气室六氟化硫密度和微水监测单元传感器接头连接处有 SF_6 气体少量泄漏。

该泄漏部位涉及气室为 500kV 金合 1 号线 5061 间隔 A 相套管气室，现场记录显示该气室

图 7-20　500kV 金合 1 号线 5061 间隔 A 相套管气室接头连接处泄漏图（整体）

SF$_6$气体压力值仍在合格范围内（检测时压力为 0.42MPa，额定压力为 0.35MPa）。经查阅变电站相关记录资料，该气室近两年来无 SF$_6$气体压力低报警记录和补气记录。

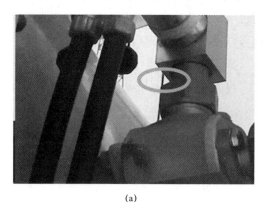 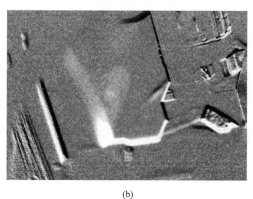

| (a) | (b) |

图 7-21　检测现场

（a）可见光模式；（b）灰白模式（HSM）

　　结合现场勘察情况综合分析，该泄漏部位发生泄漏的可能原因为：由于六氟化硫密度和水分监测单元传感器接头安装工艺或是密封老化问题导致发生泄漏。

　　本泄漏部位漏气量轻微，短期内对 GIS 设备运行影响不大。由于泄漏部位所在气室压力值仍在合格范围内，且近两年内无补气记录，因此建议消缺前加强对该气室 SF$_6$气体压力值监视，参照 Q/GDW 1168—2013《输变电设备状态检修试验规程》的规定缩短气体压力值巡检周期，可尝试对六氟化硫密度和水分监测单元传感器接头处进行紧固或结合检修计划适时对其更换处理。进一步，考虑到该站存在泄漏异常的六氟化硫气体密度和水分在线监测系统均由上海哈德电气技术有限公司制造（出厂日期为 2011 年 3 月，安装日期为同年 5 月份），建议对该型号在线监测单元六氟化硫气体泄漏情况进行重点监控，必要时联系厂家重新安装或更换处理。

第七节　六氟化硫气体分解产物检测

　　SF$_6$气体分解产物检测可有效发现 SF$_6$电气设备的绝缘缺陷，如绝缘介质沿面缺陷、设备内部的局部放电和异常发热、灭弧室及触头的异常烧蚀等。相比传统的电气试验测试及新兴的超声波法、特高频法等检测手段，SF$_6$气体分解产物检测受现场测试环境干扰小、灵敏度高、识别性强、准确性好等优势，逐渐成为运行设备状态检测和故障诊断的有效手段。SF$_6$气体分解物常见检测方法有电化学法、气体检测管法、气相色谱法、气体色谱质谱联用法、红外吸收光谱法、光声光谱法、动态离子法等。

一、SF$_6$气体分解产物检测方法

（一）电化学传感器法

　　目前，电化学传感器对 SOF_2、SO_2F_2、CF_4 等特征组分无响应，而 HF 由于其强腐蚀性，且性质活泼，易与其他物质反应，生成更为稳定的氟化物，且由于缺乏 HF 标准物质，

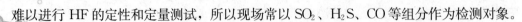

难以进行 HF 的定性和定量测试，所以现场常以 SO_2、H_2S、CO 等组分作为检测对象。

1. 检测原理

电化学传感器法的检测原理为：被测气体透过电化学传感器气体过滤膜，在传感器内发生化学反应，产生与被测气体浓度成比例的电信号，经对信号处理后得到被测气体浓度。

该法检测速度快，效率高，数据处理简单，但检测组分单一，在应用中需解决分析仪器的温漂（零漂）特性和寿命衰减趋势，以及 H_2 对 CO 产生正交叉干扰，CO 对 SO_2 和 H_2S 产生正交叉干扰等问题，需校准仪器的测量准确度和重现性等性能指标，确保 SF_6 气体分解产物检测结果的可靠性和有效性。

2. 检测仪器的主要技术指标

（1）对 SO_2 和 H_2S 气体的检测量程应不低于 $100\mu L/L$，CO 气体的检测量程应不低于 $500\mu L/L$。

（2）检测时所需气体流量应不大于 300mL/min，响应时间应不大于 60s。

（3）最小检测限量应不大于 $0.5\mu L/L$。

（4）检测用气体管路应使用聚四氟乙烯管（或其他不吸附 SO_2 和 H_2S 气体的材料），壁厚不小于 1mm、内径为 2~4mm，管路内壁应光滑清洁。

（5）气体管路连接用接头内垫宜用聚四氟乙烯垫片，接头应清洁，无焊剂和油脂等污染物。

3. 检测流程

（1）检测前，应检查仪器电量，若电量不足应及时充电。导气管和接头须用干燥的 N_2（或 SF_6）冲洗 10min 进行干燥（长期放置时做此项，经常使用仪器不需此操作），直至仪器示值稳定在零点漂移值以下，对有软件置零功能的仪器进行清零。

（2）观察风向，将排气管接入至下风口低洼处 5m 外连接气体回收装置或回收袋。

（3）用气体管路接口连接检测仪与设备，采入导入式取样方法就近检测 SF_6 气体分解产物的组分及其含量。检测用气体管路不宜超过 5m，保证接头匹配、密封性好，不得发生气体泄漏现象。

（4）根据检测仪操作要求判定检测结束时间，记录检测结果，检测时间一般为 3min。

（5）当分解物含量异常时进行重测，一般 SO_2 或 H_2S 含量大于 $10\mu L/L$ 视为异常。这时应拔出导气管，关闭针型阀，启动气泵 2~3min 后，重新进行零位检测，接入导气管，进行重复检测。

（6）检测结束后，关闭设备的取气阀，恢复设备至检测前状态。用 SF_6 检漏仪检查设备阀门无泄漏，盖上封帽；收起转接头、排气管、接地线等，整理装箱；回收集气袋或其他收集装置。若发生气体泄漏，应及时维护处理。

（二）气相色谱法

1. 检测原理

通过定量管由载气（氦气）把 SF_6 气体带入色谱柱，利用样品中各组分在色谱柱中的气相和固定相间的不同分配系数和阀中心切割技术进行分离，配合热导检测器（TCD）、火焰光度检测器（FPD）、电子捕获检测器（FID）和氦离子化检测器（PDD）等，可对气体样品中的硫化物、含卤素化合物和电负性化合物等物质灵敏响应。检测精度高，稳定可靠，主要用于现场跟踪分析及实验室分析。氦离子化气相色谱法可检测出 SF_6 气体中 H_2、O_2、N_2、CH_4、CO、CF_4、CO_2、C_2F_6、C_3F_8、SO_2F_2、SOF_2、H_2S、COS、SO_2、CS_2 等 15 种杂质和分解产物，采用外标法进行定性、定量分析。

对于某些腐蚀性能或反应性能较强的物质如 HF 气体的分析，气相色谱法难以实现；并且因气相色谱法需由标准物质进行定量，在缺乏标准物质的前提下，其对分析物质的鉴别较差。

色谱法与其他方法配合发挥更大的作用，色谱-质谱联用可有效分离具有相同保留时间的化合物，色谱-红外联用可解决同分异构体的定性。

2. SF_6 气相色谱仪

（1）仪器配置。SF_6 气相色谱仪由气路、进样、分离、检测、数据处理、温控、压力和流量控制等系统组成，目前用于设备中 SF_6 分解物检测的气相色谱仪主要有两种检测器配制，即 TCD 与 FPD 双柱并联和双 PDD 并联。本节主要介绍双 PDD 并联系统。

双 PDD 检测器并联的色谱分析流程图如图 7-22 所示。

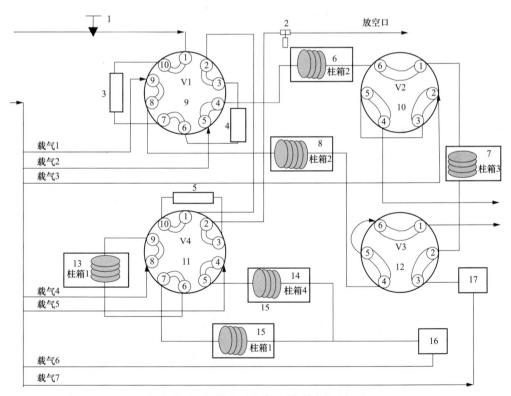

图 7-22 双 PDD 检测器并联的色谱分析流程图

1—针型阀；2—压力传感器；3—定量管 1；4—定量管 2；5—定量管 3；6—色谱柱 1；7—色谱柱 2；8—色谱柱 3；
9—十通阀 1；10—六通阀 1；11—十通阀 2；12—六通阀 2；13—色谱柱 4；14—色谱柱 5；15—色谱柱 6；
16—氦离子检测器 1；17—氦离子检测器 2

（2）仪器分析条件。双 PDD 检测器色谱分析流程的分析条件见表 7-14。

表 7-14　　　　　　　　双 PDD 检测器色谱分析流程的分析条件

分析条件	参数设置
柱箱 1 温度	50℃
柱箱 2 温度	120℃
柱箱 3 温度	60℃
柱箱 4 温度	70℃
PDD 检测器温度	150℃
载气流量	30mL/min
色谱柱 1	TekayA 柱 2m
色谱柱 2	TekayB 柱 2m
色谱柱 3	TekayC 柱 2m
色谱柱 4	TekayD 柱 4m
色谱柱 5	TekayE 柱 4m
色谱柱 6	Permant 柱 2m

（3）色谱图。

1）PDD1 色谱标准谱图。PDD1 色谱标准谱图如图 7-23 所示。

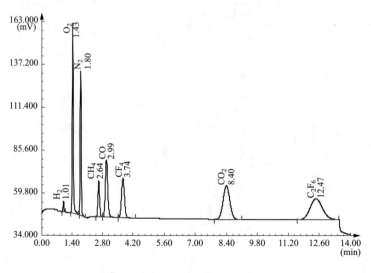

图 7-23　PDD1 色谱标准谱图

2）PDD2 色谱标准谱图。PDD2 色谱标准谱图如图 7-24 和图 7-25 所示。

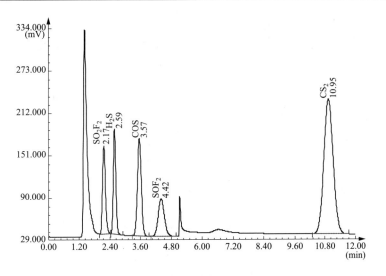

图 7-24 PDD2 色谱标准谱图（一）

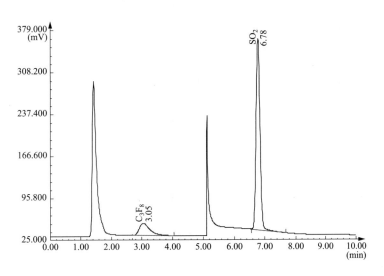

图 7-25 PDD2 色谱标准谱图（二）

3）PDD1 色谱样品谱图。PDD1 色谱样品谱图如图 7-26 所示。

4）PDD2 色谱样品谱图。PDD2 色谱样品谱图如图 7-27 所示。

注 1：样品一共有两张谱图，标准有 3 张谱图。原因解释：标准气体硫化氢和二氧化硫不能配在 1 瓶，否则会有反应。

注 2：标准谱图和样品谱图中没有标出的峰有两种解释，一是六氟化硫气体不需要检测，但是又必须让其出峰不影响定性和定量（多维色谱涉及中心切割等技术）；二是中心切割多路载气会有微量变化，双 PDD 检测器对流量敏感度也很高，就会出现切割峰。总之，没有标出的峰不影响对杂质的分析检测。

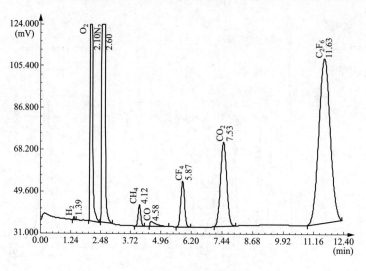

图 7-26　PDD1 色谱样品谱图

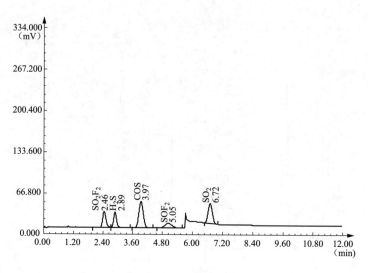

图 7-27　PDD2 色谱样品谱图

（4）检测组分及保留时间。双 PDD 并联色谱流程的检测组分及保留时间见表 7-15。

表 7-15　　　　　　　　　　　PDD1 和 PDD2 检测组分及保留时间

检测器	检测组分	保留时间（min）
PDD1	H_2	1.85
	O_2	2.33
	N_2	2.48
	CO	3.06
	CH_4	3.50

检测器	检测组分	保留时间（min）
PDD1	CF_4	4.07
	CO_2	4.51
	C_2F_6	5.79
PDD2	SO_2F_2	2.76
	H_2S	3.37
	C_3F_8	3.71
	COS	4.42
	SOF_2	5.34
	SO_2	9.61
	CS_2	14.32

（5）性能要求。气相色谱法可用于现场数据异常时的跟踪分析，也可用于实验室分析。从运行设备中采样用作实验室分析时，应采用不与试验样品发生反应和吸附的容器采集样品。

根据色谱仪检测器的要求，载气可选择氦气（He）或氢气的高纯气体（纯度不小于99.999%，经过净化后纯度可达 99.999999%）；燃气选用高纯 H_2（纯度不小于99.999%），助燃气采用纯净无油空气。色谱仪检测限应满足表 7-16 要求。

表 7-16　　　　　　　　　　气相色谱仪检测不同组分的检测限

气体组分	检测限（$\mu L/L$）
SO_2、H_2S、SO_2F_2、SOF_2	1
CO、CF_4、CO_2、C_2F_6、C_3F_8	50

3. 检测流程（现场测试）

（1）开机准备。

1）将钢瓶竖立，取出里面的减压阀和连接管道，依次安装减压阀和气路管道。

2）将气路管道另一头的快速接头连接在仪器载气接口上，打开气源，将减压阀分压调在 0.6MPa，听到有排气声音，迅速关闭载气阀门，等排气完成，再次打开气瓶阀门，听到排气声迅速关闭气瓶阀门，如此操作 5 次将减压阀和管路中的残留气体吹扫干净，再次打开气瓶阀门，并迅速将仪器上的阀门扳到开机位置。

3）连接仪器电源线，打开电源开关，仪器自检，工控机开机，仪器上电脑开机后打开工作站软件，连接后，点击启动控温，仪器按预定程序升温，检测器，纯化器，四个柱炉分别开始升温，升温速率平均在每分钟 20℃。

4）等温度升到设定值（检测器，180℃；纯化器，350℃；柱 1，60℃；柱 2，120℃；柱 3，55℃；柱 4，65℃），点击 PDD 开关键，打开检测器脉冲高压，等仪器稳定即可进样。这个过程大约持续半小时左右。

（2）检测步骤。

1）连接需要分析的样品：选择与设备取样口配套的接头，将它和取样管连接，取样管带针阀和快速接头一端连接在仪器的样品进口上，另外一端直接和设备取样口连接，样品气流出，通过调节针型阀来控制样品气吹扫流速。仪器样品气输出气路管引到距离仪器 6m 外的地方，置于下风口方向并放入六氟化硫回收袋或回收装置。室内测试时应排放在室外并放入六氟化硫回收袋或回收装置。进样压力 100kPa。

2）样品吹扫好后，点工作站"开始运行"键，仪器开始进样分析。分别在 A/B 通道的"系统设置"栏下面设定好 A/B 通道的"谱图处理方法"。默认的谱图处理方法为"默认方法"，A 通道对应的谱图处理方法在下拉菜单中选择"A 通道"，B 通道对应的谱图处理方法在下拉菜单中选择"B 通道"。

A 通道测试组分：H_2、O_2、N_2、CH_4、CO、CF_4、CO_2、C_2F_6。

B 通道测试组分：SO_2F_2、H_2S、C_3F_8、COS、SOF_2、SO_2、CS_2。

3）分析结束，谱图自动停止并跳转至后处理界面，同时显示分析结果。

4）对于有些组分处理不好的要手工处理切割基线，重新计算结果。

5）记录结果并保存谱图。

4. 检测数据处理

（1）PDD 检测器检测组分结果计算：检测结果计算采用外标定量法。各组分含量按式（7-5）计算。

$$C_i = \frac{A_i}{A_s} \times C_s \qquad (7\text{-}5)$$

式中：C_i 为试样中被测组分 i 的含量，$\mu L/L$；A_i 为试样中被测组分 i 的峰面积，$\mu V \cdot s$；C_s 为标气中被测组分 i 的含量，$\mu L/L$；A_s 为标气中被测组分 i 的峰面积，$\mu V \cdot s$。

（2）计算方式：采用外标法的计算方法，以标准气体标定。不需要去现场标定，在实验室将仪器标定好，到现场直接分析样品，分析结束后直接计算出分析结果。对于杂质组分的单位浓度取决于标准气体的浓度，标准气体的单位如果是体积比，所测样品结果也是体积比。

（三）气体检测管法

1. 检测原理

被测气体与检测管内填充的化学试剂发生反应生成特定的化合物，引起指示剂颜色的变化，根据颜色变化指示的长度得到被测气体中所测组分的含量。

检测管法可用来检测 SF_6 气体分解产物中 SO_2、HF、H_2S、CO、CO_2 和矿物油等杂质的含量，其原理是应用化学反应与物理吸附效应的干式微量气体分析法，即化学气体色层分离（析）法。其中 HF 具有强腐蚀性，其他检测手段受到较大限制，大多用气体检测管法测试。

现场检测时，可利用设备压力给气体检测管进样，在设定时间内以标定的流速流过检测管，根据管内颜色变化的长度得到所测气体浓度，具有测量范围大、操作简便、分析快速、适应性较好、携带方便、不需维护等特点，应用于现场快速检测。但该法检测精度较低，受环境因素影响较大，不同气体间易发生交叉干扰等现象，一般用于 SF_6 气体分解产物含量的粗测。

2.检测流程

检测流程分为两种，通过采集装置直接检测设备中 SF_6 气体组分，或用采样容器取气进行实验室检测。下面介绍用采集装置直接检测流程。

（1）用气体管路接口连接气体采集装置与设备充气阀门，按仪器说明书要求连接气体采集装置与气体检测管。

（2）打开设备充气阀门，按照仪器说明书，通过气体采集装置调节气体流量，先冲洗气体管路约 30s 后开始检测，达到检测时间后，关闭设备充气阀门，取下检测管。

（3）从检测管色柱所指示的刻度上，读取被测气体中所测组分指示刻度的最大值。

（4）现场检测结束后，恢复设备至检测前状态，观察压力有无变化，用检漏仪进行检漏，若发生气体泄漏，应及时维护处理。

（四） 检测注意事项

（1）检测时，应认真检查气体管路，检测仪器与设备的连接，防止气体泄漏，必要时检测人员应佩戴安全防护用具。

（2）测量时缓慢开启气路阀门，调节气体压力和流量。测量过程中保持气体流量的稳定，并随时检查被测设备的气体压力，防止设备压力异常下降。

（3）色谱仪开机前应先打开载气阀门，再开主机；关闭色谱仪时，先关主机，后关载气阀门，以避免检测器损坏。

（4）定期对气体采集装置的流量计进行校准，确保检测结果的准确度；用采样容器取样前，应先检查采样器是否漏气，若有漏气现象，应及时维护处理；气体检测管应在有效期内使用。

（5）在安全措施可靠的前提下，在设备带电状况下进行 SF_6 气体分解物检测。

（6）检测仪器的尾气应回收处理。

二、试验结果的数据分析

（1）不同电压等级设备的 SF_6 气体分解产物检测周期见表 7-17。

表 7-17　　　　运行设备中分解产物的检测周期 (DL/T 1359—2014)

电压等级	检测周期	说明
500kV 以上	（1）新设备和大修后应投运 3 月内检测 1 次； （2）运行后可每 1 年检测 1 次； （3）必要时	必要时包括下列情况： （1）发生近区短路断路器跳闸时； （2）受过电压严重冲击时，如雷击等； （3）设备有异常声响、强烈电磁振动响声时； （4）局部放电监测发现异常时
66kV 及以上，500kV 及以下	（1）新设备和大修后应投运 3 月内检测 1 次； （2）运行后可 1～3 年检测 1 次； （3）必要时	
66kV 以下	必要时	

（2）运行设备中 SF_6 气体分解产物的检测气体组分、控制指标及其诊断结果见表 7-18。

表 7-18 SO_2 和 H_2S 的参考注意值（DL/T 1359—2014）

设备类别	判断组分	参考组分	跟踪要求	诊断结果
	SO_2（$\mu L/L$）	H_2S（$\mu L/L$）		
断路器	3～5	2～5	3 个月内复检测一次	疑似缺陷
	5～50	5～20	1 个月内复测一次	可能存在缺陷
	大于 50	大于 20	1 周内检测一次	可能存在故障
其他设备	3～5	2～3	3 个月内复检测一次	疑似缺陷
	5～30	3～15	1 个月内复测一次	可能存在缺陷
	大于 30	大于 15	1 周内检测一次	可能存在故障

若设备中 SF_6 气体分解产物 SO_2 或 H_2S 含量出现异常，因结合 SF_6 气体分解产物 CO 和 CF_4 含量及其他状态参量变化、设备电气性能、运行工况等，对设备状态进行综合诊断。CO 和 CF_4 作为辅助指标，与初值（交接验收值）比较，跟踪其增量变化，若变化显著，应进行综合诊断。

三、案例分析

绝缘拉杆、盆式绝缘子电弧严重烧伤故障。

2006 年 4 月 15 日，福建华电可门电厂试运行 18 天后，500kV GIS 5032 断路器突然跳闸，从故障录波得知故障发生在 C 相，故障电流为 7.5kA，持续时间 40ms。为了尽快找出故障部位，使用 SF_6 电气设备故障测试仪检测，发现 50321 气室 SO_2 浓度为 48$\mu L/L$，H_2S 为 4.6$\mu L/L$，仪器诊断为"该气室内部存在火花放电或过热性故障，并涉及固体绝缘材料的分解。建议一周内复测并作综合分析。"随后对相关的其他气室进行检测，未见异常，表明故障未波及相邻的气室。次日对 50321C 相气室进行解体，发现该隔离开关的绝缘拉杆的中间段及其附近的盆式绝缘子和均压环被电弧严重烧伤，这与检测仪的诊断结论完全吻合，如图 7-28、图 7-29 所示。

图 7-28   50321 隔离开关绝缘拉杆   图 7-29   与断路器相隔盆式绝缘子

中间段被电弧严重烧伤   被电弧烧伤熏黑

第八节　充气电气设备的故障诊断

一、六氟化硫电气设备内部绝缘材料

SF$_6$ 电气设备内部绝缘材料，有气体绝缘介质和固体绝缘材料两类。气体绝缘介质主要包括 SF$_6$ 气体和近年来不断探索的 SF$_6$ 部分替代物，如 SF$_6$/CF$_4$、SF$_6$/N$_2$，一般按 3∶7 的比例混合，以求在尽量不降低混合气体整体绝缘和灭弧性能的情况下达到更好的环保要求。而固体绝缘材料则因不同设备和不同生产厂家有差异，主要有热固形环氧树脂、聚酯薄膜、聚四氟乙烯、聚酯乙烯、绝缘纸和绝缘漆等；在断路器中的固体绝缘材料有环氧树脂、聚酯薄膜和聚四氟乙烯，其他设备中除环氧树脂外，还有聚酯薄膜、聚酯乙烯、绝缘纸和绝缘漆。

（一）六氟化硫气体

SF$_6$ 气体在常温和大气压下非常稳定，不发生任何反应，只有当温度高于 500℃时才开始分解，高于 700℃后将明显裂解，主要产生 SO$_2$、SOF$_2$ 和 HF，并与水分、氧气和金属蒸气等发生反应。六氟化硫在电弧作用下将快速裂解，当温度高达 2000℃以上时，电弧区域的 SF$_6$ 气体有一部分电离为硫和氟单原子，电弧熄灭后绝大部分又重新复合成 SF$_6$，极少数 SF$_6$ 裂解后与绝缘材料和各种杂质化合生成硫化物、氟化物和碳化物。

（二）固体绝缘材料

1. 热固形环氧树脂

环氧树脂是多种大分子的混合物，有双酚型和酚醛型两类。由 C、H、O 和 N 等元素构成，具有很好的绝缘性能和化学稳定性，在 500℃以上时开始裂解，700℃后才会明显裂解，主要产生 SO$_2$、H$_2$S、CO、CS$_2$、NO、NO$_2$ 和少量低分子烃。主要用于 GIS 中的盆式绝缘子、支柱绝缘子和断路器、隔离开关及接地开关的绝缘拉杆。

2. 聚酯薄膜

聚酯薄膜（PET）是以聚对苯二甲酸乙二醇酯为原料，经双向拉伸制成的高分子材料。主要由 C、H、O 等元素组成，当温度大于 150℃时聚酯材料开始裂解，主要产生 CO、CO$_2$、H$_2$ 和低分子烃等分解产物，高温下若与 SF$_6$ 气体裂解产物化合，还能进一步生成 CF$_4$ 和 CS$_2$ 等产物。主要用于互感器、电容器和电容式套管的电容屏间绝缘隔层，用以改善设备内部电场分布，提高绝缘材料利用率。

3. 聚四氟乙烯

聚四氟乙烯（PTFE）是由四氟乙烯经聚合而成的高分子化合物，分子式为 nC_2F_4，由 C、F 等元素组成，具有很好的绝缘性能和化学稳定性，只有在高于 400℃时才开始产生少量 CF$_4$ 和 CO，500℃以上才会明显裂解。主要用作断路器中的灭弧罩和压缩气缸。

4. 绝缘纸

绝缘纸是碳水化合物，由 C、H、O 等元素组成，当温度大于 120℃时开始裂解，主要产生 CO、CO_2 和低分子烃。主要用于互感器、变压器匝绝缘、绕组抽头绝缘和电容式套管的电容层材料。

5. 绝缘漆

绝缘漆为碳氢化合物，由 C、H、O、N 等元素组成，当温度大于 120℃时开始裂解，主要产生 CO、CO_2 和 NO_2。其浸附着互感器、变压器绕组及铁芯表面，作为匝层间绝缘。

二、六氟化硫电气设备内部故障类型与分解物特征

1. 故障类型

（1）放电故障：分为电弧放电、火花放电、电晕放电或局部放电三种。

在正常操作条件下，断路器开断产生电弧放电，气室内发生短路故障也产生电弧放电。放电能量与电弧电流有关。

火花放电是一种气隙间极短时间的电容性放电，能量较低，产生的分解产物与电弧放电产生的分解产物有明显的差别。

电晕放电或局部放电是由于设备内某些部件具有悬浮电位或设备中存在金属杂质、气泡等引发的连续低能量放电。

（2）过热故障。过热分为低温、中温和高温过热。

过热作用也会促使六氟化硫气体分解，通过测定分解产物可判断设备内部过热状况。

2. 故障类型原因与分解产物

不同故障类型产生的原因及分解产物见表 7-19。

表 7-19　　　　　　　　　　不同故障类型产生的原因及分解产物

故障类型	故障原因	放电特点	分解产物
电弧放电	断路器开断电流，气室内发生短路故障	电弧电流 3～100kA，电弧持续时间 5～150ms，释放能量 10^5～10^7J	SOF_2、SO_2F_2、CF_4、SF_4、SOF_4、SO_2、HF、SF_2、S_iF_4、AlF_3、FeF_3、H_2S、S_2F_2、WF_6、Air、H_2O、金属粉尘、微粒等。其中 SOF_2 含量较明显，与电弧能量呈线性关系增长；在环氧盆式绝缘子的电弧试验中检测到了 CF_4 组分；其他试验检测出了其他物质的微量成分
火花放电	低电流下的电容性放电，高压试验中出现闪络或隔离开关开断时产生	短时瞬变电流，火花放电能量持续时间微秒级，释放能量 0.1～100J	SOF_2、SO_2F_2、SOF_4、SF_4、HF、SO_2、S_2F_{10}、$S_2F_{10}O$、SiF_4、S_2F_2、CuF_2、WF_6 等。其中火花放电主要产生 SO_2F_2，随着放电能量增加，生成 SOF_2
电晕放电或局部放电	场强太高时，处于悬浮电位部件、导电杂质引发	局部放电脉冲重复频率为 100～10000Hz，每个脉冲释放能量 0.001～0.01J，放电量值 10～1000pC	SOF_2、SO_2F_2、SOF_4、SF_4、HF、SO_2、S_2F_2 等

故障类型	故障原因	放电特点	分解产物
过热故障	内部绝缘不良、接点不良、电触头接触不良等引起的过热		SO_2、SO_2F_2、CO、SOF_2、HF、CO_2、CF_4、SF_4、H_2S、CS_2、AlF_3 等。材料加热主要产生 SO_2、SO_2F_2、CO 和 SOF_2 等特征组分，相比放电故障，热故障产生的 SO_2 和 HF 气体含量较高

3. 特征分解产物

（1）电弧放电产生的 SF_6 气体分解产物主要有 SOF_2、SO_2、H_2S 和 HF 等。

（2）火花放电产生的 SF_6 气体分解产物主要有 SOF_2、SO_2F_2、SO_2、H_2S 和 HF 等，但与电弧放电的生成物之间的比值有所变化。

（3）电晕放电产生的 SF_6 气体分解产物主要有 SOF_2、SO_2F_2、SO_2 和 HF 等。

（4）在放电和热分解过程中，以及在水分作用下，SF_6 气体分解产物为 SOF_2、SO_2F_2、SO_2、HF 等，当故障涉及固体绝缘材料时，还会产生 CF_4、H_2S、CO 及 CO_2 等。

（5）SO_2 和 H_2S 为主要检测对象。因 SOF_2、SOF_4、SO_2F_2 等分解物属于中间态产物，在运行设备中检测到这几种成分较少。所以用 SO_2 和 H_2S 作为判断设备是否存在故障的特征分解产物。

三、六氟化硫电气设备内部的常见故障及可能部位

1. 设备内部的常见故障

（1）导电金属对地放电。这类故障主要表现在 SF_6 气体中存在导电颗粒或绝缘子、拉杆绝缘老化、气泡和杂质等引起导电回路对地放电。这种放电性故障能量大，使 SF_6 气体和固体绝缘材料分解，产生大量的 SF_4、SOF_2、SO_2、CF_4、CS_2、CO_2、CO 等及金属氟化物等分解产物。

（2）悬浮电位放电。这类故障通常表现在断路器动触头与绝缘拉杆间的连接插销松动、电流互感器二次引出线电容屏上部固定螺钉松动、避雷器电阻片固定螺钉松动，或因开关操作所产生的机械振动导致零部件位移引起周围金属部件间悬浮电位放电。这种故障的能量不很大，通常不涉及固体绝缘材料的分解，一般情况下只有 SF_6 分解及水解产物，主要生成 SO_2、HF。

（3）导电杆的连接接触不良。对于运行中设备，当热点温度超过 250℃ 时，SF_6 和周围固体绝缘材料开始热分解；当温度达 700℃ 以上时，将造成动、静触头或导电杆连接处梅花触头外的包箍逐步蠕变断裂，最后引起触头融化脱落，引起绝缘子和 SF_6 分解，其主要产物为 SO_2、HF 等。

（4）互感器、变压器匝层间和套管电容屏短路。当 SF_6 电气设备存在绕组匝层间和套管电容屏层间短路或局部放电故障时，会造成故障区域的 SF_6 气体和固体绝缘材料裂解，产生 SO_2、SO_2F_2、SOF_2、H_2S、CS_2、HF、CO、H_2 和低分子烃等。

（5）断路器重燃。断路器正常开断时，电弧一般在 1～2 个周波内熄灭，但当灭弧性能不好或切断电流不过零时，电弧不能及时熄灭或熄灭后重燃，将灭弧室喷嘴和合金触头灼伤，并引起 SF_6 气体、固体绝缘材料和触头金属材料的分解与化合，主要生成 SF_4、SO_2、SOF_2、CF_4、WF_6、AlF_3 和 CuF_2 等产物。

（6）断路器断口并联电阻、电容内部短路。因断口的并联电阻、均压电容质量不佳引起短路，此时 SF_6 气体裂解主要产生 SF_4、SO_2、SOF_2 和 HF。

2. 常见内部故障的可能部位

SF_6 气体中颗粒杂质引起带电部位对壳放电，这是所有 SF_6 电气设备都有可能出现的共性故障，各种设备可能出现故障的部位归纳如下：

（1）断路器。

1）绝缘拉杆悬浮电位放电，甚至引起拉杆断裂。

2）灭弧室及气缸灼伤甚至击穿。

3）电弧重燃，将触头和喷嘴灼伤。

4）动、静触头接触不良。

5）均压罩、导电杆对壳放电。

6）内部螺钉松动，引起悬浮电位放电。

7）断口并联电阻放电。

8）盆式绝缘子中杂质、气泡、裂纹和表面脏污，引起对壳放电。

（2）电流互感器。

1）绝缘支撑柱、绝缘子对壳放电。

2）二次引线电容屏及其固定螺母悬浮电位放电。

3）二次线圈内部放电。

4）铁芯局部过热和压钉悬浮电位放电。

5）盆式绝缘子中杂质、气泡、裂纹和表面脏污，引起对壳放电。

（3）电压互感器。

1）绝缘支撑柱、绝缘子对壳放电。

2）线圈内部放电。

3）铁芯局部过热和压钉悬浮电位放电。

4）盆式绝缘子中杂质、气泡、裂纹和表面脏污，引起对壳放电。

（4）隔离开关、接地开关。

1）绝缘拉杆局部放电。

2）动、静触头接触不良，严重过热乃至造成局部放电。

3）盆式绝缘子中杂质、气泡、裂纹和表面脏污，引起对壳放电。

（5）变压器。

1）匝层间局部放电。

2）绝缘垫块、支架和绝缘子局部放电。

3）导电引线相间和对地放电。

4）铁芯局部过热。

5）内部螺钉、铁芯压钉松动，引起悬浮电位放电。

（6）母线。

1）触头接触不良，引起严重过热乃至造成其附近绝缘子对壳放电。

2）绝缘台上母线固定卡扣与螺钉松动引起悬浮电位放电。

3）盆式绝缘子中杂质、气泡、裂纹和表面脏污，引起对壳放电。

（7）套管。

1）电容屏内部局部放电。

2）二次引出线电容屏固定螺母松动引起悬浮电位放电。

3）盆式绝缘子中杂质、气泡、裂纹和表面脏污，引起对壳放电。

（8）避雷器。

1）阀片质量不良引起局部过热和放电。

2）电阻片穿芯杆的金具和碟簧、垫片之间悬浮电位放电。

3）盆式绝缘子中杂质、气泡、裂纹和表面脏污，引起对壳放电。

四、六氟化硫电气设备的内部故障诊断

SF_6 电气设备内部有电回路和磁回路，当电回路和磁回路存在缺陷时，将产生局部放电、过热等故障，并使缺陷周围的气体和固体绝缘材料发生分解，产生相应的分解产物。因此，通过局部放电和分解产物检测能检出内部故障。

内部故障性质可分为放电性故障和过热性故障两大类；按故障的持续性，又可分为气体中杂质引起的"软故障"和固体绝缘材料受损的"硬故障"；"软故障"大部分为悬浮电位放电，一般情况下"软故障"故障能量较小，产生的气态分解物和极性颗粒杂质比较少，即是极性颗粒杂质引起的对地放电，也因为颗粒杂质会沉降，放电条件暂时消失，因此，一般能重合闸成功。而"硬故障"的能量一般都较大，固体绝缘材料的绝缘受损是永久性的，因此，不能实现重合闸。

SF_6 电气设备的内部故障是一个复杂的物理化学过程，在判断内部故障时不仅要看分解产物的组成和浓度大小，同时要结合设备的运行、结构、气室大小、充气压力、检修、湿度、纯度、电气试验、继电保护动作和故障录波情况等作综合分析。

故障判断方法：

一看：

看分解产物的组分种类和浓度是否超标，现场检测以 SO_2 和 H_2S 两组分的含量变化为判断依据，其含量注意值见表 7-18。

二比：

根据 SF_6 电气设备中分解产物的检测周期（见表 7-17）进行检测，试验数据可比性

较强。

一与上次比较分解产物的组分种类和浓度是否有变化。

二与相邻气室比较分解产物的组分种类和浓度。

三了解：

一要了解设备的结构、气室大小、排气口至本体的距离。

二要了解运行情况，如有否发生近区短路，有否受过电压严重冲击和设备是否有异常声响及强烈电磁场等。

三要了解设备的检修、气体质量、电气试验、继电保护动作和故障录波情况；若是 GIS 设备，要了解其带电检测项目，如特高频局部放电检测、超声波局部放电检测等。

五、采取措施和故障类型的判断

1. 采取措施

（1）当确定 SO_2 或 H_2S 含量出现异常变化时，应增加实验室分析或色谱法分析，根据 SF_6 分解物中 CO、CF_4 含量及其他参考指标的变化，结合故障气体历史数据、运行工况等对设备状态进行综合诊断，采取相应的措施。

（2）当设备检出 SO_2F_2 等其他组分增大时，应及时对设备进行综合分析，同时分析其他相关组分。必要时应结合电气试验、带电检测、解体分析，检查设备是否存在过热或放电故障。

（3）SF_6 分解物中的 CO、CF_4 增量变化大于 10％，或出现 CS_2 时，应缩短检测周期，并结合电气试验、带电检测和设备运行状况对设备的固体绝缘状态进行综合诊断。

（4）当发生近区短路故障引起断路器跳闸（额定开断电流以下）时，断路器气室的 SF_6 分解物检测结果应包括开断 48h 后的检测数据。

（5）SF_6 分解物分析数据应建立历史记录，至少应包含 HF、SO_2、H_2S、SO_2F_2、CO、CS_2。记录设备交接验收期、运行期等各时段的组分变化情况等，作为设备故障的判断依据。

（6）通过综合分析确诊为设备内部存在固体绝缘材料严重裂解故障时，应使用其他分解物检测方法和仪器进行比对，并结合局部放电进行综合分析，估计故障部位，建议应立即尽快停电，解体处理。从电气设备取出 SF_6 气体，现场具备再生条件的，可现场再生回收，经分析气体质量合格，可以再利用。或交给气体回收公司，集中再生处理。

总之，内部故障诊断是一项复杂的技术，要求专业人员有较丰富的知识，具有综合分析判断能力，才能作出较准确的判断。

2. 故障类型的判断

故障类型的判断方法可参考表 7-20 所示。

表 7-20   故障类型的判断方法

故障类型	特征分解产物	SO_2F_2/SOF_2（比值）
电弧放电	SOF_2、SO_2F_2、SO_2、HF、CF_4、H_2S，当涉及固体绝缘材料分解时将产生较多 CO	0.43
火花放电	SOF_2、SO_2F_2、SO_2、HF、S_2F_{10}、$S_2F_{10}O$，当涉及固体绝缘材料分解时将产生较多 CO	0.05～0.14
电晕放电或局部放电	SOF_2、SO_2F_2、SO_2、HF 等，当涉及固体绝缘材料分解时将产生较多 CO	0.01～0.03
过热故障	SOF_2、SO_2F_2、SO_2 等，当涉及固体绝缘材料分解时将产生较多 CO	

六、案例分析

【案例 7-1】　导电回路梅花触头接触不良引起严重过热，引起支撑绝缘子老化故障。

陕西省渭南市变电站 330kVGIS 的 Ⅰ、Ⅱ 段母线于 2006 年 12 月 25 日和 2007 年 2 月 9 日发生事故，现将有关情况简介如下：

1. 2006 年 12 月 25 日上午 Ⅰ 段母线 3301 断路器跳闸事故

2006 年 12 月 25 日上午因线路绝缘子冰闪，引起该站 330kV Ⅰ 段母线 3301 断路器跳闸。为尽快了解冰闪事故对设备的影响，12 月 26 日用 SF_6 电气设备故障检测仪现场检测，检测出 33012 气室和仍在运行的 GB1 气室的 SO_2 和 H_2S 浓度严重超标，仪器专家系统诊断认为气室内部存在高能放电并涉及固体绝缘材料的分解，检测数据见表 7-21。

2006 年 12 月 27 日上午对 1 号主变压器 330kV Ⅰ 母隔离开关气室（33012）解体后发现盆式绝缘子严重烧伤。

27 日和 28 日上午又检出仍在运行 GB1 气室和 GM24A 相气室分解物含量异常，在元旦期间停电检查 GB1 气室 B 相梅花触头严重过热；GM24A 相气室分解物含量异常，随后在元旦期间开盖检查，发现触头严重过热引起母线环氧支撑台严重过热分解，使 SO_2 和 H_2S 浓度严重超标。设备解体的故障情况如图 7-30、图 7-31 所示。

图 7-30　GM24 气室母线环氧支撑台　　图 7-31　GB1 气室 B 相母线连接梅花触头

这次排查共检测 58 台设备，检出 33012、GB1 和 GM24 存在故障并经检修验证外，还发现 GM14 分解物含量略偏高，进行跟踪分析，其他 54 个气室分解物含量均正常。

GM14 气室经两年多的跟踪，分解物含量有所增长；认为内部可能存在绝缘隐患，并计划 2009 年进行检修。某电科院为了对其作进一步分析，于 2009 年 7 月初邀请了分解物和局部放电仪器生产厂家进行 24h 跟踪检测，其检测值随气温的上升而增加。该设备于 2009 年 10 月底进行检修，发现绝缘台有放电痕迹。

表 7-21　　　　　　　　　　　　　　　　故障气室的检测数据

序号	时间	被检气室	SF₆ 电气设备故障检测仪检测情况			备注
			SO_2 浓度（$\mu L/L$）	H_2S 浓度（$\mu L/L$）	诊断结果	
1	2006-12-26	1号主变压器330kV I 母隔离开关	141.71	24.57	该气室存在高能放电，并涉及固体绝缘材料的分解，建议复测后做综合分析，应尽快停电检查	事故后检测
2	2006-12-26	GM24	81	10.7	该气室存在高能放电，并涉及固体绝缘材料的分解，建议复测后做综合分析，应尽快停电检查	运行中检测
3	2006-12-28	GB1	6.86	0.14	该气室存在局部放电，但未涉及固体绝缘材料的分解，建议复测后做综合分析，应加强监视尽快开盖检查	运行中检测

2. 2007 年 2 月 9 日 GIS II 段母线闪络事故

2007 年 2 月 9 日又发生 GIS II 段母线闪络，故障录波图初步分析为 II 段母线故障，用 SF₆ 电气设备故障检测仪对母线气室检测，结果见表 7-22。

表 7-22　　　　　　　　　　　　　SF₆ 气室分解物检测结果

序号	被检气室	检测值	
		SO_2（$\mu L/L$）	H_2S（$\mu L/L$）
1	GB2	21.29	0

根据检测结果判定 GB2 气室故障。解体检查 GB2 气室，母线 A 相有一个支持绝缘台闪络，其上部的母线导体连接梅花触头座烧损。各部件如图 7-32、图 7-33 所示。

图 7-32　GB2 支持绝缘台　　　　图 7-33　GB2 母线梅花触头

GIS II 段母线闪络原因与 I 段母线闪络原因相同，即梅花触头接触不良所致。

【**案例 7-2**】　互感器、变压器匝层间和套管电容屏短路。

当互感器、变压器内部故障时，将使故障区域的 SF_6 气体和固体绝缘材料裂解，产生 SO_2、SOF_2、H_2S、HF、CO、H_2 和低分子烃等。

2008 年 6 月 14 日事故后检测华南某 500kV 变电站 500kV 一断路器跳闸后，检出一 TA 气室 SO_2、H_2S 均大于 $145\mu L/L$，仪器诊断内部存在高能放电性故障，解体发现其二次线烧断多股。

2008 年 8 月 10 日华中某 500kV 变电站 5022 断路器跳闸后，检出 50222B 相 TA SO_2 和 H_2S 均大于 $146\mu L/L$，仪器诊断内部存在高能放电，解体发现绝缘杆对壳放电。如图 7-34 所示。

图 7-34　500kV TA 内部放电故障

【**案例 7-3**】　应用超高频法、超声波法和 SF_6 气体分解物判断绝缘子缺陷。

试验人员用特高频法、超声波法和 SF_6 气体成分分解产物检测等设备，在对某变电站 220kV GIS 进行局部放电带电检测时，发现某间隔 B 相分支母线一绝缘子处存在较大的局部放电特高频信号，位置如图 7-35 所示的测量位置 D 处所示，而在另外 A、C 两相上并没有检测到局部放电信号。同时，超声波仪器未检测到任何可疑信号，气体成分检测仪也未检测到任何 SF_6 分解物。

该设备采用 ZF6A-252/Y-CB 型组合电器，2009 年 9 月 21 日投运。其绝缘子采用金属法兰结构，仅能通过长约 5cm、宽约 2cm 的浇筑孔检测局部放电的特高频信号。检测时，打开浇筑孔上的盖板，将特高频传感器紧贴在浇筑孔上进行检测。该间隔 B 相分支母线示意图如图 7-35 所示。

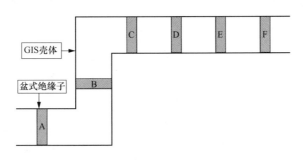

图 7-35　某间隔 B 相分支母线示意图

1. **缺陷定位和缺陷特征识别**

使用两种方法对局部放电源进行定位，分别为基于信号能量衰减法和到达时间差法，对缺陷进行定位，定位结果如下。

（1）信号能量衰减法。特高频信号在 GIS 腔体内传播时，由于盆式绝缘子和 T、L 型结构的衰减，会形成以局放源为信号最大点两侧逐渐衰减的趋势，可通过检测信号最大处来达到定位局部放电源的目的。

使用特高频局部放电检测仪分别在图 7-35 所示的 A、B、C、D、E、F 等六处绝缘子进行测量。结果表明，C、D、E 处的信号较强，B、F 处信号较弱，A 处几乎检测不到有效信号，各处检测到的信号 PRPD 谱图，如图 7-36 所示。

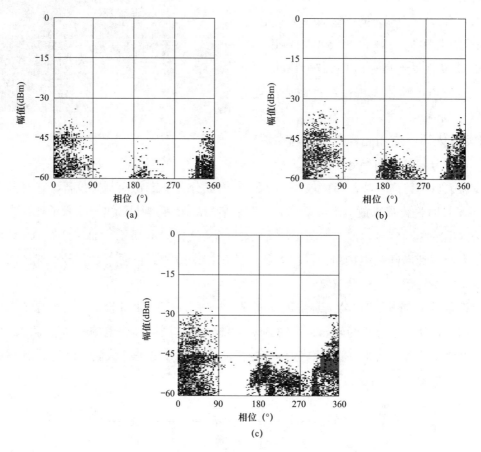

图 7-36　各处检测到的信号 PRPD 谱图

（a）B 处信号；（b）F 处信号；（c）C、D、E 处信号

特高频信号在通过盆式绝缘子和 L 型结构时会发生反射效应，并且绝缘子本身的衰减作用比较大，因此经过 L 型结构的衰减后，B 处信号幅值几乎是 C、D、E 处信号的一半，A 处几乎检测不到信号。而 F 处由于仅有绝缘子的衰减，因此信号幅值比 B 处大。由此可判断局部放电源介于 C、E 两个盆式绝缘子之间。

假设 C 处绝缘子存在缺陷，经过 D 处绝缘子的衰减，E 处信号应该小于 D 处信号；同理，如果缺陷在 D 处绝缘子，C 处信号应该小于 D 处信号。因此采用排除法判断缺陷在 D 处绝缘子上。

（2）到达时间差法。来自同一局部放电源的信号存在一定的相关性，并且背景噪声信号与局部放电信号是不相关的，因此可以通过计算不同传感器接收到的信号之间的相干系数和相关函数，就可以估计出信号到达时延。

在图 7-35 所示的位置 D 处和位置 E 处放置特高频传感器，检测到的特高频信号如图 7-37 所示。

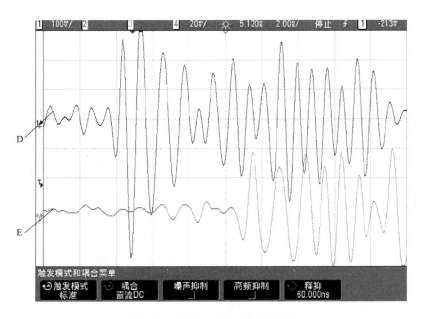

图 7-37　位置 D、E 处的特高频信号

其中位置 E 传感器为红色信号，位置 D 传感器为黄色信号，位置 D 信号明显领先位置 E 信号，计算两信号时差为 7ns，即位置 D 处信号比位置 E 处信号超前 2.1m 左右，与 D、E 间距离基本相当，说明信号来自位置 D 方向。

在图 7-35 所示的位置 C 和位置 E 放置特高频传感器，测试得两处信号相差约 1ns，说明缺陷源在 C、E 中间偏 E 方向 15～25cm，由于 CD 段比 DE 段多出约 30cm，因此缺陷位置在位置 D 所示绝缘子附近。

2. 缺陷类型识别

研究表明，由于不同的激发原理，导致不同缺陷产生的局部放电信息会在 PRPD 谱图上呈现不同的特征，如绝缘子内部气隙缺陷的放电谱图呈现"兔耳"现象。

检测时，仅特高频法测量到了局部放电信号，而超声波法和气体分解产物分析均未发现，由于超声波法和气体分解产物分析法对绝缘子内部缺陷不灵敏，由此可初步判断为绝缘子相关缺陷。

同时，可通过放电信号特征法进一步分析缺陷的类型。经过移相处理，可将 D 处检测到的信号处理成如图 7-38 所示。

该图呈现出明显的典型绝缘子内部气隙缺陷特征——"兔耳"现象，如图中线条（原

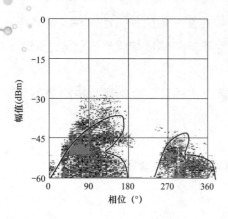

图 7-38　移相后的 PRPD 谱图

谱图为红线）所示。这是由于在施加电压过零点附近气隙外加电场极性的反转，与气隙内部对偶极子场强同一方向，两个场强叠加导致气隙内部场强剧增，而使得放电剧烈，所以出现"兔耳"这样特征较强的谱图。

由此可判断其 D 处绝缘子内部存在内部气隙缺陷。

3. 解体分析

发现该缺陷后，随即在 C、D、E 处安装 3 个特高频传感器进行在线监测。经过 2 个月后，信号幅值明显变大，放电重复率突然增大，说明缺陷发展较快，鉴于这一情况，决定进行解体检查。

将 C、D、E 三处的盆式绝缘子拆下，按照处理质量要求，对其进行了表面处理、清洁，标识后放进烘干箱内进行了 24h 烘干。然后进行 X 光探伤，在 D 处盆式绝缘子的浇口下部发现一条约 150mm 长、直径约 2mm 的气泡，如图 7-39 中方框所示。

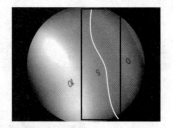

图 7-39　绝缘子 X 光探伤图

模拟现场运行情况将 C、D、E 三处盆式绝缘子装在罐体上进行了工频耐压、局部放电实验。

实验结果表明 C、E 两处绝缘子工频耐压和局部放电实验通过，D 处绝缘子工频耐压通过，局部放电值超标，在运行相电压 146kV 下，局部放电视在放电量达 2.37nC。局部放电谱图呈现出明显的内部气隙特征，如放电发生在过零点附近、"兔耳"现象等，如图 7-40 所示。

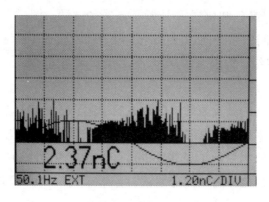

图 7-40　局部放电谱图

为进一步查看缺陷情况，将 D 处盆式绝缘子进行了剖切，可清晰看见有约直径 2mm、长约 150mm 的气泡，如图 7-41 所示。

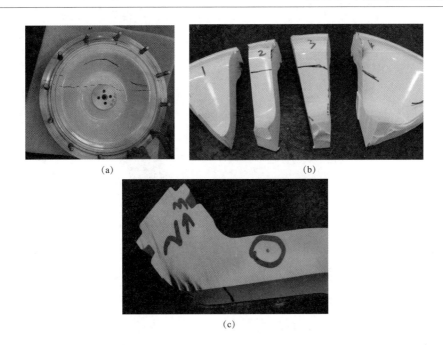

图 7-41　绝缘子解剖图

综上所述，实验结果验证了带电检测的结果，即 D 处盆式绝缘子确实存在内部气隙缺陷。

4. 结论

对运行中的 GIS 进行带电检测，可发现其内部的绝缘缺陷，避免重大事故的发生。通过该缺陷的发现和分析，可得到以下结论：

（1）特高频法、超声波法和 SF_6 气体分解物成分分析法对不同的缺陷有不同的灵敏度和有效性，一种方法并不能发现所有缺陷。如特高频法对绝缘子内部和表面缺陷比较灵敏和有效，而超声波法则对微粒型缺陷较灵敏。只有将多种方法联合使用，优势互补，才能达到检测的目的。

（2）采用金属法兰结构绝缘子的组合电器仍然可以使用外置式特高频传感器进行局部放电检测，但应和生产厂家进行沟通，在充分了解其内部结构的前提下拆开盖板进行试验。

（3）使用特高频信号进行定位时，可根据信号在通过绝缘子、L 和 T 型结构时产生能量衰减和两路信号到达时延进行精确定位。

（4）运行中的盆式绝缘子内部出现气隙缺陷时产生的信号特征较明显，呈现"兔耳"现象，与实验室模拟结果相似，进一步验证了实验室模拟的正确性。

建议组合电器生产厂家能在各个环节加强质量监管力度，避免存在缺陷的设备进入电网。同时，供电公司应加强对组合电器的带电检测工作，组建一支技术过硬、经验丰富、设备先进的检测队伍，可避免重大事故的发生。

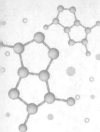
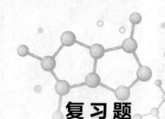

复习题

1. 用 SF_6 气体作绝缘介质的电气设备有哪些？

2. SF_6 气体在使用中的注意事项有哪些？

3. 为什么 SF_6 气体具有高的绝缘性能和良好的灭弧性能？

4. 简述 SF_6 气体中的水分来源？

5. SF_6 气体水分的检测方法主要有哪几种？其基本原理是什么？

6. SF_6 气体纯度的检测方法主要有哪几种？其基本原理是什么？

7. SF_6 气体分解物的检测方法主要有哪几种？其基本原理是什么？

8. 为什么要对 SF_6 电气设备进行检漏？现场检漏常用什么方法？

9. SF_6 电气设备的特征分解产物有哪些？

10. 如何对 SF_6 新气和运行气体进行监督和管理？

11. 某断路器，20℃时工作压力为 0.45MPa（表压），求：①冬季温度降到 −10℃时，断路器允许压力是多少？②在夏季温度升到 36℃时，断路器允许压力是多少？③20℃时充气压力为 0.45MPa（表压），气体的液化温度是多少？此时相应的表压是多少？

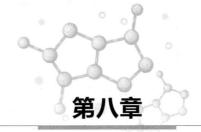

第八章

变压器油中溶解气体分析的原理

变压器油中溶解气体分析技术（DGA）是从预防性维修制度形成以来，电力部门通过对安装后、大修后和运行中的变压器或其他用油设备定期分析其溶解于油中的气体组分、含量及产气速率，总结出的能够及早发现变压器内部的潜伏性故障、判断其是否会危及安全运行的方法。它将变压器油取回实验室中用气相色谱仪进行分析，不受现场复杂的电磁场干扰，可以发现用油设备中一些用介质损耗和局部放电法所不能发现的局部性过热、放电等缺陷，色谱在线技术还可以实时监测油中溶解气体组分含量，及时发现设备的故障，采取相应的处理措施。

当怀疑有内部缺陷（如听到异常声响）、气体继电器有信号、经历了过负荷运行及发生了出口或近区短路故障时，应进行额外的取样分析。

第一节　油纸绝缘材料分解产气的试验结果

一、油纸绝缘材料分解产气的试验结果

根据大量绝缘油、绝缘纸热分解模拟试验结果，将变压器油纸绝缘材料与热分解气体的关系总结如下：

（1）绝缘油在 150～800℃ 时，热分解产生的气体主要是低分子烷烃（甲烷、乙烷）和低分子烯烃（乙烯、丙烯），也含有氢气；150℃时开始产生甲烷，300～500℃时主要产生乙烷，500℃开始主要产生乙烯，随着温度的升高，乙烯的含量越大；乙炔一般在800～1200℃下生成，而且当温度降低时，反应迅速被抑制。

（2）绝缘油暴露于电弧之中时，分解气体大部分是氢气和乙炔，并有一定量的甲烷、乙烯。

（3）局部放电时，绝缘油分解的气体主要是氢气和少量甲烷。火花放电时，除此之外，还有较多的乙炔。

（4）油生成碳粒的温度为 500～800℃。

（5）绝缘纸在 120～150℃长期加热时，产生 CO 和 CO_2，且后者是主要成分。

（6）绝缘纸在 200～800℃下热分解时，除产生碳的氧化物之外，还含有氢烃类气体，CO/CO_2 比值越高，说明热点温度越高。见表 8-1。

表 8-1　　　　　　　　　　纤维素热分解（温度 470℃）产物

分解产物	水	醋酸	CO_2	CO	丙酮	焦油	CH_4	C_2H_4	焦碳	其他有机物质
质量（%）	35.5	1.40	10.40	4.20	0.07	4.20	0.27	0.17	39.59	5.20

二、绝缘油分解产气的热力学研究结果

物质分子是原子以化学键连接所构成的。化学键可以用键长（平衡状态时原子之间的距离）和键能（形成或破坏这些键时所需要的能量）来表示，表 8-2 为绝缘油纸中各化学键的平均键能。

表 8-2 油纸分子中各化学键的平均键能

化学键	C—O	C—H	H—H	O—H	C=O	C—C	C=C	C≡C
能（kJ/mol）	359.82	414.22	435.14	464.42	736.38	347.27	610.86	836.8

影响化学反应速度的主要因素是温度、浓度和催化剂等，对于绝缘油的热裂解反应速度最关键的因素是温度。温度越高，化学反应速度越快。

化学反应是以一定的能量破坏反应物中的键能而使旧化学键断裂和产物中的新化学键生成的过程。绝缘油裂解也是化学反应，其烃类的碳键断裂或脱氢的反应过程，都需要一定的能量——活化能。绝缘油的平均活化能为 209.2kJ/mol，它与温度有关，温度越高，油的活化能越高。

变压器在正常状态下的热和电的能量不足以使这些键都遭受破坏。因此，绝缘油正常劣化的结果只生成极少量的氢、甲烷、乙烷等。但是当变压器内部存在电弧或高温热点时，故障点的能量会使烃类的键更多地断裂而产生大量的低分子烃类气体和氢气。

从表 8-2 中看出，不同化学键有不同的键能，此表揭示出具有不同化学键结构的碳氢化合物在高温下的不同稳定性的本质，从而提示了绝缘油裂解产气的一般规律。例如，随着热裂解温度的增高，烃类裂解产物出现的顺序是烷烃→烯烃→炔烃→焦炭，这就是由于 C—C、C=C、C≡C 化学键的键能依次增大的缘故。

英国中央电气研究所哈斯特根据热力动力学理论，对矿物油在故障下裂解产气的规律，进行了模拟试验研究，用热力动力学计算出每种气体产物的分压作为温度函数的关系，如图 8-1 所示。从图 8-1 可知，氢生成的量大，但与温度相关性不明显；烃类气体各自有唯一的依赖温度，尤其明显的是 C_2H_2。研究表明，油裂解时任何一种烃类气体的产气速率依赖于故障能量（热点温度）的高低。随着热裂解温度的变化，烃类气体各组分的相互比例是不同的。每一种气体在某一特定温度下，有一最大产气速率，随着温度的上升，产气速率最大的气体依次是：CH_4、C_2H_6、C_2H_4、C_2H_2（见图 8-2）。图 8-2 直观地反映了绝缘油承受不同能量时，其产气速率与裂解温度的非定量关系。

哈斯特的研究结果成为人们利用气体组分相对含量或比值法诊断设备故障的性质，以及估计故障源温度的理论基础。

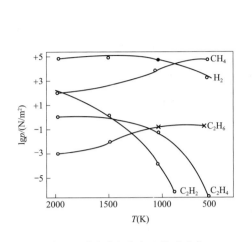

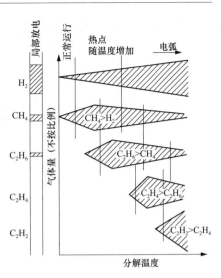

图 8-1　哈斯特气体分压-绝对温度

关系曲图（系统总压 $p=10^5\text{N/m}^2$）

图 8-2　油的产气速度与

分解能量非定量关系

第二节　油纸绝缘材料的产气原理

油纸绝缘材料的分解包括化学过程和物理过程。化学过程指的是油纸绝缘材料的裂解反应，物理过程指的是物质的传质过程：包括气泡的运动，气体分子的扩散、溶解与交换，气体从油中析出与向外逸散过程。

一、绝缘油的产气原理

绝缘油在使用过程中，不可避免地与空气中的氧接触，在一定的条件下，发生氧化裂解等反应，生成某些氧化产物及其缩合物——油泥，产生 H_2 及低分子烃类气体和固体石蜡等。这一过程称为油的劣化反应过程。

绝缘油劣化反应过程如下

$$RH+e \longrightarrow R°+H°$$

其中 e 为作用于油分子的能量，RH 代表烃类，R°、H° 分别代表 R 和 H 的游离基。游离基是极其活泼的极团。R°、H° 与油中的 O_2 作用生成更活泼的游离基——过氧化基。即

$$R°+O_2 \longrightarrow ROO°（过氧化基）$$

$$H°+H° \longrightarrow H^2$$

过氧化基继续与烃类作用，生成过氧化氢物，即

$$RH+ROO° \longrightarrow ROOH+R°$$

生成的过氧化氢物也是极不稳定的，它可分解为两个游离基，即 ROO° 和 OH°，使氧化反应继续下去。这种以游离基为活化中心的反应称为链式反应。一旦劣化开始，在有游离基存在的情况下，即使外界不供给能量反应也能自动持续下去，并且反应速度越来

越快。只有加入抗氧化剂（惰性基团）使反应链断裂，生成稳定的化合物，氧化反应才得以终止。实验证明，绝缘油未加 T501 时产气速率若为 100%，则加了 T501 后的产气速率仅为 26.9%。

上述的 $ROO°$、$R°$ 仍会继续反应

$$R°+ROO° \longrightarrow ROOR（过氧化物）$$
$$RO_2+ROO° \longrightarrow ROOR（过氧化物）+O_2$$
$$或 RO_2+ROO° \longrightarrow R-R+O_2$$

过氧化物再经如下反应

$$ROOH \longrightarrow RO°+OH$$
$$RO°+RH \longrightarrow ROH+R°$$
$$ROH \xrightarrow{氧化} RCHO \xrightarrow{氧化} RCOOH$$
$$RCOR \xrightarrow{氧化} RCOOH$$

即最终生成醇（ROH）、醛（RCHO）、酮（RCOR）、有机酸（RCOOH）等中间氧化物，并生成 H_2O、CO_2 及氢气和碳链较短的低分子烃类。

此外，在无氧气参加反应时，RH 也会生成低分子烃类，如以 C_3H_8 为例

$$C_3H_8 \longrightarrow C_2H_4+CH_4$$
$$2C_3H_8 \longrightarrow 2C_2H_6+C_2H_4$$

绝缘油在受高电场能量的作用时，即使温度较低，也会裂解产气。绝缘油电劣化产气机理，仍基于电场能量使油中发生和发展游离基链式反应的理论，绝缘油中溶解的气体在电场作用下将发生游离。气体游离过程中要释放出高能电子，它与油分子发生碰撞，有可能击断 C—H 或 C—C 键，把其中的 H 原子或 CH_3 原子团游离出来，形成游离基，促使产生二次气泡。例如：若以 e^* 表示电场能量，则

$$CH_4+e^* \longrightarrow CH_3°+H°$$
$$CH_3°+C_nH_{2n+1} \longrightarrow CH_4+C_nH_{2n+1}$$
$$H°+H° \longrightarrow H_2$$
$$2C_nH_{2n+1} \longrightarrow C_nH_{2n+2}+C_nH_{2n}$$

上述反应只要电场的能量足够即可发生。其产气速率取决于化学键强度。强度越高，产气速率越低。同时产气速率也与电场强弱和液相表面气体的压力有关。

总之，在热、电、氧的作用下，绝缘油劣化过程是按游离基链式反应进行的，反应过程十分复杂。反应速度随着温度的上升而增加，氧和水分的存在及其含量高低对反应影响很大，且铜和铁等金属也起催化作用，使反应加速。劣化后所生成的酸和 H_2O 及油泥等对油的绝缘特性的危害是很大的。绝缘油烃类分子中含有 CH_3、CH_2 的 CH 化学基团并由 C—C 键链合在一起。变压器在正常的热负载下，一般油的最高温度（对于 OF、OD 变压器为绕组顶部的油温，对 ON 变压器为顶层油温）不超过 $100℃$，油不会产生烃

类气体。变压器油甚至在150℃下，油面可能会有油蒸气产生（如测量闪点时），但冷却后仍然为液体的油组分，油本身是比较稳定的。油中存在电或热故障的结果，可以使某些C—H键和C—C键断裂，伴随生成少量活泼的氢原子和不稳定的碳氢化合物的游离基，这些氢原子或游离基通过复杂的化学反应迅速重新化合，形成氢气和低分子烃类气体，如甲烷、乙烷、乙烯、乙炔等，也可能生成碳的固体颗粒及碳氢聚合物（X-蜡）。所形成的气体溶解于油中，当故障能量较大时，也可能聚集成游离气体。碳的固体颗粒及碳氢聚合物可沉积在设备油箱的内壁或固体绝缘的表面。

二、固体绝缘材料的分解

固体绝缘材料包括绝缘纸、层压纸板等，均以木浆为原材料制成，其中主要成分是纤维素。绝缘纸的主要成分是α-纤维素，其化学通式为$(C_5H_{10}O_5)_n$，结构式如图8-3所示。绝缘纸的第二种主要成分是半纤维素，它是聚合度小于250的碳氢化合物。纸、层压板或木块等纤维素绝缘材料分子内含有大量的无水右旋糖环和弱的C—O键及葡萄糖甙键，它们的热稳定性比油中的C—H键要弱，即使没有达到故障温度，键也能被打开，并能在较低的温度下重新化合。

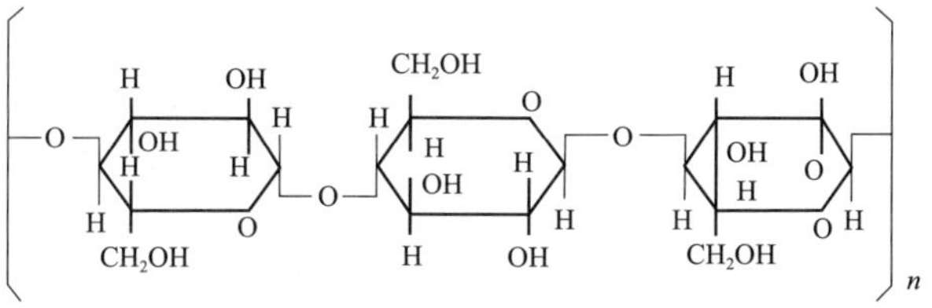

图8-3　纤维素分子结构

绝缘纸聚合物裂解的有效温度高于105℃，裂解温度比油还低（对变压器油而言，最弱的分子键是C—C键，在较低的温度下即可能发生断裂，H_2、CH_4、C_2H_6在较低温度下即可形成，C_2H_4的形成温度在500℃以上，而C_2H_2组分只有在800～1200℃才会形成），大于105℃时聚合链就会快速断裂，完全裂解和炭化的温度高于300℃，其反应最终主要生成H_2O、CO_2、CO（CO_2、CO的生成不仅随温度升高而加快，且随油中氧的含量和纸的湿度增大而增大）和焦碳；其次还有醛类、酮类和有机酸，呋喃甲醛（糠醛），5—羟甲基糠醛以及糠酸等。在相同的温度下绝缘纸裂化产生的CO_2、CO远比油裂化产生的量大，故油中CO_2、CO气体主要是反映绝缘纸、绝缘纸板的指标。

温度和氧对纤维素热分解起主要作用，水分极大地加速其分解，金属触媒也对这种热分解有加速作用。这些老化产物大都对电气设备有害，尤其是酸和水，会使绝缘油的击穿电压和体积电阻率降低，介质损耗因数增大，界面张力下降，有时还腐蚀设备中的金属材料。

第三节　气体在绝缘油中的溶解

在气液两相的密闭体系中，气体在液体中的溶解，最终在某一压力、温度之下，达到溶解与释放的动态平衡。绝缘油裂解产生气体时，气体会溶解于油中。根据亨利定律，油中溶解气体与油面气体在等温和平衡状态下，油中溶解气体组分 i 的浓度与油面气体组分 i 的平衡分压成正比，即

$$C_{il} = k_i p_i \tag{8-1}$$

式中：C_{il} 为 i 组分溶于油中的摩尔浓度；p_i 为平衡时 i 组分在油面上的分压；k_i 为溶解度系数（亦称分配系数）。

并且根据道尔顿分压定理，油面上混合气体的总压力等于各组分的分压力之和，即

$$p_E = p_1 + p_2 + p_3 + \cdots = \sum_{i=1} p_i \tag{8-2}$$

因为各气体组分的分压 p_i 等于油面总压力 p_E 与该组分在气相中的体积浓度（摩尔浓度）的乘积，亦即

$$p_i = p_E \cdot C_{ig} \tag{8-3}$$

式中：C_{ig} 为气相中 i 组分的体积摩尔浓度或体积比浓度。

将式（8-3）代入式（8-1）中，则得

$$C_{il} = K_i p_E C_{ig} \tag{8-4}$$

由式（8-4）可知，当气体的总压力 p_E 为 1 标准大气压（101.3kPa）时，可得到

$$C_{il} = K_i C_{ig} \tag{8-5}$$

$$或 K_i = \frac{C_{il}}{C_{ig}} \tag{8-6}$$

式中：C_{il} 为平衡条件下，气体 i 组分溶解在油（液相）中的浓度，$\mu L/L$；C_{ig} 为平衡条件下，气体 i 组分在气相中的浓度，$\mu L/L$。

K_i 又称奥斯特瓦尔德系数，油中气体溶解度常用这一系数来表示。K_i 是一个比例常数，其值决定于温度、气体和油的性质，而与被测气体组分的实际分压无关，可以在实验室测定。K_i 的大小能够间接反映出气体组分在油中的溶解能力，K_i 值大的组分在油中的溶解能力要大于 K_i 值小的组分。

IEC 和 GB/T 17623—2017《绝缘油中溶解气体组分含量的气相色谱测定法》中的奥斯特瓦尔德系数见表 8-3。

表 8-3　　　　　矿物绝缘油的气体分配系数 K_i（GB/T 17623—2017）

气体组分	K_i（50℃，国产绝缘油）	K_i（70℃，进口绝缘油）
H_2	0.06	0.074
O_2	0.17	0.17
N_2	0.09	0.11

气体组分	K_i（50℃，国产绝缘油）	K_i（70℃，进口绝缘油）
CO	0.12	0.12
CO_2	0.92	1.02
CH_4	0.39	0.44
C_2H_4	1.46	1.47
C_2H_6	2.30	2.09
C_2H_2	1.02	1.02
C_3H_8		5.37
C_3H_6		5.04

气体在绝缘油中的溶解度大小与气体的特性，油的化学组成以及溶解时的温度等因素都有密切的关系。各种气体对绝缘油的饱和溶解度与温度的关系如图 8-4 所示。

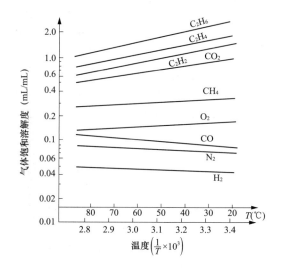

图 8-4　101.3kPa 时各种气体饱和溶解度与温度的关系

由图 8-4 可知，烃类气体的溶解度随分子量增加而增加，气体溶解度与温度的关系是溶解度低的气体，如 H_2、N_2、CO 等气体随温度上升而溶解度增加，低分子烃类气体及 CO_2 在油中的溶解度随温度升高而下降。

当变压器内部存在潜伏性故障时，热分解产生低分子烃类气体，如果产气速率很慢，则仍以分子的形态扩散并溶解于油中。如果油中气体含量很高，只要尚未饱和，就不会有游离气体释放出来。若故障存在的时间较长，油中溶解气体已接近或达到饱和状态，就会释放出游离气体，进入气体继电器中。

若产气速率很高，分解气体一部分溶于油中之外，另外一部分成为气泡上浮，并在上浮过程中把油中溶解的 O_2 和 N_2 置换出一部分，最终达到溶解平衡［气泡中对油溶解度大的气体组分与油中原有气体（主要是空气中的 O_2 和 N_2）进行置换，如图 8-5 所示］。这种气体置换过程与气泡大小和油的黏度有关，即与气泡上升的速度有关。气泡越小或油的黏度越大，上升越慢，与油接触的时间就越长，置换就越充分，直到所有的组分达到溶解平衡为止。尤其对于溶解度大，并且尚未在油中溶解饱和的气体，气泡可能完全溶于油中，最终进入气体继电器内的几乎只有空气成分和少量溶解度小的气体如 H_2、CH_4 等。这就是在故障早期阶段，溶解度低的气体才会聚积于气体断电器中，而溶解度高的气体在油中的含量较高的缘故。因为故障初期一般为低温过热，绝缘材料分解较缓慢，产气速率也较缓慢，形成的气泡较小。相反，若气泡大，上升快，与油接触时间短，溶解和置换过程来不及充分进行时，分解气体就以气泡的形态进入气体继电器中。这就是在突发性故障时，气体继电器中积存的故障特征气体往往比油中含量高得多的原因，如电弧放电。

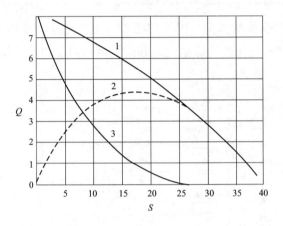

图 8-5　气泡和油中气体的互换过程

Q—气体量，%；S—气泡到气体继电器的行程，m；1—气泡中总含气量；
2—油中气体进入气泡的量；3—气泡中原有的热解气量

综上所述，热裂解气体在油中的溶解度与压力和温度是有关的。它在一定的压力和温度下达到饱和后，如果压力降低或温度升高，就会有一部分以分子的形态释放出来，形成游离气体。

由于温度升高时，空气在油中的溶解度是增加的。因此，对于空气饱和的油，若温度降低，将会有空气释放出来。当设备负荷或环境温度突然下降时，油中溶解的空气也会释放出来。所以运行中即使是正常的变压器，有时压力和温度下降时（如凌晨），油中空气因过饱和而逸出，严重时甚至引起气体继电器报警。

进入气体继电器中的游离气体成分并非完全是热分解气体。例如，若在含有饱和氮气或空气的油中发生热分解，产生某些可燃性气泡时，这种气泡将与已溶解的氮气或空气发生溶解与游离的交换。这种交换将一直进行到新的平衡状态时为止。这样，热分解的可燃性气体各组分，依其分压和溶解度的大小而溶解于油中，被置换的氮气或空气游离出来，进入气体继电器中。随同进入气体继电器中的热分解气体只有溶解度小的组分。如果此时仅仅分析气体继电器中的积存气体，就不能正确判断故障。因此必须对油中溶解气体加以分析。

此外，气体在油中的溶解或释放与机械振动也有关，机械振动将使饱和溶解度降低。

例如，强迫油循环系统常会产生湍流，引起空穴而析出气泡；又如，变压器过励磁时，由于铁芯强烈振动也会释放出气体。变压器运行时，由于这两个原因分别造成气体继电器报警的现象是时有发生的。研究和掌握上述规律，对于判别变压器运行中突然释放出的气体，是空气偶然释放还是内部故障气体析出是十分有益的。

第四节　气体在变压器中的扩散、 吸附和损失

充油电气设备内部故障产生的气体是通过扩散和对流而均匀溶解于油中的。气体在单位时间内和单位表面上的扩散量是与浓度成正比的，其比例系数即为扩散系数。它是浓度和压力的函数，且随温度的增高或黏度降低而增大。

变压器内部上下油温的差别引起油的连续自然循环，即对流。对于强油循环的变压器，这种对流的速度更快。因此，故障点周围高浓度的气体仅仅是瞬间存在着的。同样，由于储油柜的温度低于变压器本体油箱的温度会引起两者之间油的对流。其对流速率取决于变压器油箱与连接储油柜管道的尺寸以及环境温度。对流促使气体从变压器油箱向储油柜及油面气相连续转移，从而造成气体损失。此外，变压器的油温会随负载和环境温度的变化而变化，从而引起油的体积发生膨胀或收缩，出现油在储油柜和本体油箱之间来回流动，这就是变压器的呼吸作用。若在开放式变压器中，呼吸过程中油与空气的接触就造成油中溶解气体的损失。

变压器内部固体材料的吸附作用也可能使油中溶解气体减少，这是因为固体材料表面的原子和分子能够吸附外界分子的缘故。某些故障气体，特别是碳的氧化物，结构类似于纤维素，极易被绝缘纸吸附。某些金属材料如碳素钢和奥氏体不锈钢也易于吸附氢。因此，对于新投入运行的变压器油中某些气体，如 CO、CO_2 或 H_2 的含量较高，应考虑制造过程中干燥工艺或电气和温升试验时所产生的气体被固体绝缘材料吸附，或不锈钢吸附 H_2，在运行中可能重新释放到油中。另一方面是对于运行中变压器在故障初期，油中某些气体浓度绝对值仍然很低，甚至计算得到的产气速率也不太高，其原因也应考虑可能是固体绝缘材料吸附作用导致油中气体含量的降低。

当油温在 80℃ 以下时，随着温度的降低，绝缘纸对 CO、CO_2 及烃类气体的吸附量会随之增加，使油中这些气体组分含量不断减少；当油温在 80℃ 以上后，吸附现象消失，绝缘纸中吸附的气体又会重新释放出来。因此，在对充油电气设备故障的发展进行追踪观察时，应密切注意变压器的油温、负荷等运行状况，如遇油中气体含量异常变化，应考虑热解气体的隐藏行为。

第五节　正常运行下油中溶解的气体

一、油中溶解空气

正常运行的变压器油中溶解气体的组成主要是 O_2 和 N_2（包括少量氩气），它们都是

来自空气在油中的溶解。空气在油中溶解的饱和度在 101.3kPa、25℃时约为 10%（体积分数）。但其组成与空气不一样，空气中 N_2 占 79%、O_2 占 20%，其他气体占 1%，油中溶解的空气则为 N_2 占 71%、O_2 占 28%，其他气体占 1%。这是由于 O_2 比 N_2 在油中的溶解度大所致。

油中总含气量与设备的密封方式、油的脱气程度、注油时的真空度等因素有关。一般开放式变压器油中总含气量为 10% 左右；充氮保护的变压器油中含气量为 6%～9%；隔膜密封的变压器，电压等级低的含气量一般在 3%～8%，电压等级高（≥330kV）的变压器油中含气量不高于 3%。

二、新油和投运前后的油

（1）新油在精炼过程中可能生成少量气体，在过滤脱气时未完全除去。因此，新油在注入设备前，就有可能存在某些气体组分，但含量一般都很低。

（2）设备在制造、干燥、浸渍及电气试验过程中，绝缘材料受热或在电应力的作用下产生的气体被多孔性纤维材料吸附，残留于线圈和纸板内，在运行时释放出来溶解于油中。此外，金属材料还可能吸藏一定量的 H_2，若制造厂没有经过严格的脱氢处理，并且，不锈钢吸藏的氢气在真空脱气处理时也不一定能除去，设备充油后这些气体又会溶解于油中。

（3）在变压器油箱或辅助设备上进行电氧焊时，即使不带油，但箱壁残油受热亦会分解产气。

（4）安装时，热油循环处理过程中也会产生一定量的 CO_2 气体，有时甚至产生少量 CH_4。

（5）以前含故障气体的油虽已脱气处理，但仍有少量气体被纤维材料吸附并逐渐释放于油中。

（6）对于新投运的变压器，由于制造工艺或所用绝缘材料材质等原因，运行初期有时油中会出现 H_2、CO 和 CO_2 等组分含量增加较快的现象，但达到一定的极限含量后，又会趋于稳定逐渐降低。变压器油浸绝缘纸为 A 级绝缘，其最高允许温度为 105℃，当超过此温度时，热分解速度加快，产气量增多。即使变压器油温正常，油纸也会发生分解反应，但反应速度缓慢，产气量较少，且在氧和水分存在的情况下会加速分解反应，因此脱气和干燥处理的程度或油的保护方式不同时，其产气量也有差别。

三、正常状态下的运行油

正常运行中，充油设备内部的绝缘油和固体绝缘材料受到电场、热量、水分、氧及金属催化剂等的作用，随运行时间的增长会发生速度缓慢的老化，除产生一些非气态的劣化产物外，还会产生少量的 H_2、低分子烃类气体和碳的氧化物，其中以碳的氧化物（CO、CO_2）为主。油中 C_1～C_2（总烃）含量一般低于 $150\mu L/L$；H_2 含量一般也低于 $150\mu L/L$，但少量设备因某些原因油中会出现含量较高的 H_2 或 CH_4；CO、CO_2 含量与设备的绝缘材料、运行年限、负荷及油保护方式有关，一般随着运行时间的增长，油中

CO、CO_2 含量会有明显的增加。总之，大多数正常运行的用油电气设备油中或多或少都会含有一些特征气体。

此外，由于变压器以前发生过故障所产生的气体，即使油已作脱气处理也仍有少量气体被绝缘纸吸附，而后会逐渐释放到油中。

四、国内外一些统计数据

根据国内外的有关资料统计，对 98 台新变压器在投运前所作的油中气体分析统计，低于表 8-4 中极限含量的变压器占 95％；对 94 台新变压器在 72h 试运行期间内作检查的结果，低于表 8-4 中极限含量的变压器占 97％，仅 3 台超过表 8-4 中极限含量，后经跟踪分析确认存在故障。

在变压器运行半年内。虽然烃类气体无明显增长，但由于设备制造过程中残留气体的影响，H_2 和 CO、CO_2 会有所增长。对运行半年的 68 台变压器油中气体分析结果进行统计，有 3 台超过表 8-4 中极限含量值，并经确认内部存在故障。

运行一年的正常变压器油中烃类气体也几乎无明显增长。但是，CO_2 增长却比较明显。据资料统计，运行一年的隔膜式变压器油中 CO、CO_2 有可能分别达到 $500\mu L/L$ 和 $3000\mu L/L$ 左右。对于运行时间较长的正常变压器中，随着运行时间的延长，油中可以检测出一定量的 CO、CO_2、H_2、CH_4、C_2H_6 等气体，但通常油中不含 C_2H_2 或只含微量 C_2H_2，并且各种气体含量一般小于表 8-4 的极限值。

表 8-4　　　　　　　　　新变压器投运前后油中故障气体的极限浓度　　　　　　　　　　$\mu L/L$

投运时间	H_2	CH_4	C_2H_6	C_2H_4	C_2H_2	CO	CO_2	总烃
新变压器投运前或 72h 试运行期内	50	10	5	10	<0.5	200	1500	20
运行半年内	100	15	5	10	<0.5	—	—	25
运行较长时间	150	60	40	70	10	—	—	150

进口变压器由于密封状况、使用材料和制造工艺等的不同，运行一年之后，各种气体的含量与国产变压器有所不同。根据日本电气协同研究会对 52 台变压器的统计，运行一年后，正常变压器油中 H_2 含量约为 $50\mu L/L$，CO 约为 $60\mu L/L$，烃总量约为 $50\mu L/L$，CO_2 约为 $200\mu L/L$。这一结果与我国对日本制造的 500kV 变压器的实测数据基本相符。

上述正常运行设备油中特征气体含量的统计数值，仅反映了大多数正常设备的一般情况，只能作为对分析结果判断的一种参考。

五、正常少油设备油中溶解气体的含量

互感器、套管等充油电气设备用油量少，统称为少油设备。这类设备体积小、油量少、电压高、场强较集中。其外壳是作为外绝缘的瓷套，且无防爆装置。因此，少油设备内部气体存在的本身比故障更值得注意，因为气体将导致这类设备的爆炸事故。

同变压器一样，正常运行的少油设备，油中主要也是含氧、氮气体，并且由于制造过程中真空处理和真空浸油的原因，其总气量和氧气含量一般较低。但是，实测表明，

一般少油设备油中总气量为油体积的 6％左右，而且 60％以上的少油设备油中含氧量达 15％以上，这说明国内某些制造厂真空处理是不够完全的。因此，制造过程中热和电应力的作用使绝缘材料分解产生的氢、烃类气体，吸附在较厚的纤维材料中，短期内难以释放于油中，导致一些少油设备在现场投运前油中溶解氢和烃类气体较高。

少油设备经过一段时间到达现场验收时，纸中所吸附的气体较多释放出来，所以现场验收时的分析值（尤其是 H_2、CO 和 CO_2）则明显增高。

由于在制造中某些非故障原因使少油设备内部残留有较多的故障气体，因此，少油设备在投运前做色谱分析是非常重要的，否则盲目投入运行后，可能误判为运行中设备内部存在故障，而造成人力物力的浪费和停电损失。当设备投运前油中溶解气体浓度很高时，即使是非故障原因所产生的，但因气体可能导致设备爆炸，因此应换油后方可投入运行。对互感器投运油中溶解的气体含量要求参见 GB/T 7252—2001 或 DL/T 722—2014 中的规定。

互感器投入运行后，一方面由于正常劣化的原因，可能产生少量的 H_2 和其他特征气体，另一方用，制造中的残留气体可能逸散损失。因此，运行中正常的互感器油中的 H_2 含量与投运前相比无明显增长，甚至有下降的趋势。

套管主要受电应力的作用，受热应力是次要的，并且套管的电场强度更为集中，在制造厂进行局部放电试验时，可能更多地在其内部产生并残留 H_2 和 CH_4 等气体，因此，套管投运前油中 H_2 和 CH_4 含量往往较高，同样，套管在运行中受高电压作用，内部也可能发生局部放电而产生 H_2 和 CH_4，因此，运行中套管油中 H_2 和 CH_4 的含量也较高。

根据上述分析，对于运行中的套管若把 GB/T 7252—2001 或 DL/T 722—2014 所规定的注意值作为唯一判据机械地套用，则可能把一些无故障套管误判为故障。因此，不仅套管在投运前应进行油中气体分析，正确确定原始值，而且在运行中还应考察产气速率。

因少油设备密封较好，油面空间不直接与大气接触，所以气体损失较小。据研究统计套管的气体损失率比开放式变压器的损失率小很多。因此，少油设备的产气速率注意值几乎可以近似地按隔膜密封变压器的要求来进行计算和考察。但是值得注意的是，少油设备用油量少，与变压器相比，即使故障能量相同，产气速率相等，而气体浓度则远高于变压器油中的浓度。以 LB-220 型电流互感器为例，在间隔 1 个月时间内，产气速率达到 12mL/d，总烃增加量为 1680μL/L。但对于油重为 19.41t 的 110kV 变压器，总烃增加量仅为 17μL/L。反之，如果少油设备油中总烃在一个月内增加几十个 μL/L 时，相应的产气速率远低于 12mL/d，此时的故障能量很低。若这时对设备解体检查，则不一定能发现明显的故障源。但是由于少油设备内部产气本身会引起爆炸事故，即使能量不高的产气源也要引起注意。因此少油设备油中总烃产气速率注意值在目前还没有明确规定之前，应该按开放式变压器的 6mL/d 的要求来进行考察，甚至更低。

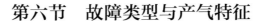

第六节 故障类型与产气特征

电气设备内部故障从性质上一般可分为过热性故障和放电性故障两大类。过热性故障通常为设备内部局部过热，温度升高；根据故障的严重程度，过热性故障可分为低温过热、中温过热和高温过热。放电性故障是指设备内部在高电场的作用下，造成绝缘性能下降或劣化而发生的放电；根据放电能量密度的不同，放电性故障可分为局部放电、火花放电（低能放电）和电弧放电（高能放电）。至于机械性故障，除因运输不慎受振，使某些坚固件松动，线圈位移或引线损伤等之外，也可能由于电应力的作用如过励磁振动而造成，但最终仍将以过热性或放电性故障形式表现出来。进水受潮也是一种内部潜伏性故障，除非早期发现，否则最终也会发展成放电性故障，甚至造成事故。

对于变压器的故障类型，还有多种不同的划分方法。如从变压器的故障回路划分，可分为电路故障、磁路故障和油路故障等。

一、过热性故障

1. 过热性故障的特点

过热是指设备内部局部过热引起的故障。根据故障温度可分为低温过热（$t<300℃$）、中温过热（$300℃<t<700℃$）和高温过热（$t>700℃$）。过热性故障是由于有效热应力所造成的绝缘加速劣化，具有中等水平的能量密度。它和变压器正常运行下的发热是有区别的，正常运行时，温度的热源，来自绕组和铁芯，即铜损和铁损。在正常运行下，由于铜损和铁损转化而来的热量，使变压器油温升高。一般上层油温不大于 $85℃$。过热性故障是由其他原因引起设备某一部分的不正常发热，使局部温度超过正常运行温度，使油或固体绝缘材料发生劣化、分解而产生故障气体。

过热性故障占变压器故障的比例很大，据资料统计，过热性故障甚至占到总故障的 63%。过热性故障危害性虽然不像放电性故障严重，但若发现或处理不及时，存在于固体绝缘的热点会引起绝缘劣化与热解，造成绝缘的进一步损坏。发生在一些裸金属上的热点，也常会发展为烧坏铁芯、螺栓等部件；热点通常会从中低温逐步发展为高温，甚至会迅速发展为电弧性热点而造成设备损坏事故。

在变压器过热故障中，据有关资料统计，由分接开关接触不良引起的过热约占 50%；铁芯多点接地、局部短路或漏磁环流产生的过热约占 33%；导线过热和接头不良或紧固件松动引起的过热占 14.4%；其余 2.6% 为其他故障，如硅胶进入本体引起局部油道堵塞，致使局部散热不良引起的过热。过热性故障在变压器内发生的原因和部位主要有：

（1）接点与接触不良：如引线夹件螺钉松动或接头焊接不良，分接开关接触不紧，导体接头焊接不良等。

（2）磁路故障：铁芯两点或多点接地，铁芯片间短路，铁芯被异物短路、铁芯与穿芯螺钉短路；漏磁引起的油箱、夹件、压环等局部过热等。

（3）**导体故障**：部分绕组短路或不同电压比并列运行引起的循环电流发热；导体超负荷过流发热，绝缘膨胀、油道堵塞而引起的散热不良等。

2. 过热性故障的产气特征

当故障热点是裸金属过热时，故障温度促使绝缘油热解而产生的气体主要是低分子烃类，其中以 CH_4、C_2H_4 为主，两者之和常占总烃的 80％以上。当故障点温度较低时，CH_4 占的比例大；随着热点温度的升高（500℃以上），C_2H_4、H_2 组分急剧增加，C_2H_4 含量将超过 CH_4，但 H_2 含量一般不超过氢烃总量的 30％。过热故障在温度不太高时一般不产生乙炔，随着故障温度上升，油中有时会出现微量 C_2H_2，当严重过热时（800℃以上），油中 C_2H_2 含量明显增加，但其最大含量不超过 C_2H_4 含量的 10％。在过热故障中 C_2H_6 含量不高，明显要低于 CH_4、C_2H_4 的含量，据资料统计，C_2H_6 含量一般不超过总烃含量的 20％。

当过热涉及固体绝缘材料时，除产生上述低分子烃类气体和 H_2 外，还产生较多的 CO、CO_2。变压器内油浸绝缘纸开始热解时产生的主要气体是 CO_2，随温度的升高，产生的 CO 含量也增多，CO/CO_2 比值逐渐增大。对于如局部油道堵塞或散热不良引起的低温过热性故障，由于过热温度较低，且过热面积较大，此时对绝缘油的热解作用不大，因而低分子烃类气体不一定多，而 CO 与 CO_2 含量的变化可能会较明显。此外要注意油中 CO_2 含量容易受到空气中 CO_2 的影响，如在取油样和油样的运输、保存及油样的分析过程中，油样受到空气的污染。

二、放电性故障

（一）电弧放电故障

1. 电弧放电的特点

电弧放电又称高能放电。由于放电能量密度大，产气急剧且量大，多数无先兆现象，一般难以预测，最终以突发性事故暴露出来（如气体继电器动作跳闸）。

电弧放电常以电子崩的形式冲击电介质，使绝缘纸穿孔、烧焦或炭化，或使金属材料变形、熔化、烧毁，严重时造成设备损坏，甚至发生爆炸事故。引起电弧放电故障的原因通常是绕组匝间、层间绝缘击穿，过电压引起内部闪络，引线断裂引起的闪弧，分接开关飞弧和电容屏击穿等。在变压器内，故障主要发生在低压对地、接头之间、线圈之间、套管和箱体之间、铜排和箱体之间、绕组和铁芯之间的短路，以及环绕主磁通的两个邻近导体之间、铁芯的绝缘螺钉或固定铁芯的金属环之间的放电等。

2. 电弧放电的产气特征

当设备内部发生电弧放电时，油中产生的特征气体主要是 H_2、C_2H_2、C_2H_4，其次是 CH_4、C_2H_6。每升油中 C_2H_2 和 H_2 的含量高达数千微升，变压器油也会因炭化而变黑。因为电弧放电速度发展很快，气体往往来不及溶于油中就释放到气体继电器内。因此油中气体含量与故障点位置、油流速度和故障持续时间有很大关系。一般情况下 C_2H_2 一般占烃总量的 20％～70％，H_2 占氢烃总量的 30％～90％，在绝大多数情况下，C_2H_4 含量高于 CH_4。如果电弧放电故障涉及固体绝缘时油中还会产生较多的 CO 和 CO_2。

（二）火花放电故障

1. 火花放电的特点

火花放电又称低能放电，是一种间歇性的放电故障。通常由悬浮电位引起或油中杂质引起。

（1）悬浮电位引起的火花放电。设备中的某些金属部件，由于结构上或运输、运行中的某些原因造成接触不良而断开，当处于高压与低压电极间并按其阻抗形成分压时，在这一金属部件上产生的对地电位就称为悬浮电位。具有悬浮电位的部件附近场强较集中，往往易发生放电，烧坏周围的固体介质，使油发生裂解产生气体。

（2）油中杂质引起的火花放电。当变压器油中存在水分和纤维等杂质时，由于它们的介电系数很大，在电场作用下很容易极化，受电场力吸引且被拉长，并沿电场方向首尾相连排列成所谓的"小桥"。若此"小桥"贯穿电极，由于水分和纤维的电导较大，使流过"小桥"的泄漏电流增大，发热增加，使水分汽化和油裂解，由此形成的气泡在电场作用下贯穿电极，火花放电就在此气泡中发生。

火花放电常见于如下情况：①屏蔽环、绕组中相邻的线饼或导体间；②连接开焊处或铁芯的闭合回路中；③夹件间、套管和箱壁间、线圈内的高压与地之间；④木质绝缘块、绝缘构件胶合处；⑤无载分接开关拨叉电位悬浮或油击穿引起的火花放电；⑥电流互感器内部引线对外壳放电和一次线组支持螺母松动造成绕组屏蔽铝箔悬浮电位放电等；⑦操作过电压、过负荷、外部多次短路等引起的匝层间放电。

2. 火花放电的产气特征

火花放电的特征气体以 C_2H_2 和 H_2 为主，其次是 CH_4 和 C_2H_4。因故障能量较小，一般总烃不太高，C_2H_2 和 H_2 的含量也要比电弧放电故障低得多。油中溶解的 C_2H_2 在总烃中所占的比例可达 25%～90%，C_2H_4 含量约占烃总量的 20% 以下，H_2 占氢烃总量的 30% 以上。

火花放电故障涉及固体绝缘时油中还会产生 CO 和 CO_2。

（三）局部放电故障

1. 局部放电的特点

局部放电指的是在电场作用下，绝缘结构内部的气隙、油膜或导体边缘发生非贯穿性的放电现象。当油中存在气泡或固体绝缘材料中存在空穴时，由于气体的介电系数小，在交流电压下所承受的场强高，其耐压强度低于油和固体绝缘材料，若电场强度超过了气泡（或气隙）的耐压强度，就会发生气体放电。此外，某些局部电场强度集中的部位也易发生局部放电，如由于设备制造质量上的原因，某些部位有尖角、毛刺、漆瘤等，它们承受的电场强度较高容易发生放电。

局部放电故障一般发生在绝缘内部某些存在气泡、空隙、杂质和污秽等缺陷的部位。与其他故障相比局部放电故障在电流互感器和电容套管中发生的比例较大。

2. 局部放电的产气特征

局部放电产生气体的特征，主要依放电能量密度不同而不同。如放电能量密度在

10^{-9}C 以下时，一般总烃不高，主要成分是 H_2，其次是 CH_4，通常 H_2 占氢烃总量的 $80\%\sim90\%$，CH_4 与总烃之比大于 90%。当放电能量密度 $10^{-8}\sim10^{-7}$ 时，也可出现少量 C_2H_2，但 C_2H_2 在总烃中所占的比例一般不超过 2%。这是与上述两种放电现象区别的主要标志。另外，在绝缘纸层中间，有明显可见的蜡状物（x—蜡）或放电痕迹。局部放电的后果是加速绝缘老化，如任其发展，会引起绝缘破坏，甚至造成事故。

三、各类故障的比较

以上各类故障中，以电弧放电对设备的危害最大。电弧放电的放电能量密度高，大量气体迅速生成，形成的气泡快速上升并聚集在气体继电器内，甚至产生油流向气体继电器冲击，引起轻、重瓦斯保护动作。此时生成的气体大部分来不及溶解于油中就直接进入气体继电器中。这类故障多具有突发性、故障的持续时间较短，且对油中溶解气体的检测因周期较长难以在事先发现故障的存在，多是在气体继电器动作后再取油样和气体继电器中的气样进行分析，以判断故障的性质和严重程度。H_2、C_2H_2 是电弧放电故障的主要特征。

火花放电的放电能量密度要比电弧放电低，所产生的故障气体的组分特征虽与电弧放电相似，但故障气体的产气量和产气速率明显低于电弧放电，即 C_2H_2、H_2 和总烃含量要比电弧放电低得多。一般地，火花放电不至于很快引起绝缘击穿，主要反应在油色谱分析结果异常，局部放电量增加或轻瓦斯报警，据此发现设备异常并得到及时处理。

局部放电的放电能量密度更低，故障特征气体（H_2、CH_4）与其他放电故障有明显不同。但由于互感器在非故障状态下油中产生高含量 H_2 和 CH_4 的现象也时有发生，这就给局部放电故障的识别增加了一些难度。因局部放电是分散发生在极小的局部空间内，一般不会立即形成贯穿性通道；但局部放电会使绝缘材料产生不可恢复的损伤（炭化、脆化），长期发展会造成电介质分解、破坏，严重时甚至可能导致发生击穿。

热性故障是由于有效热应力造成的绝缘加速劣化，具有中等水平和能量密度，总烃是反应热性故障的主要特征。一般地，热性故障的发展比较缓慢，不易很快危及设备的安全运行。但若任其发展，热性故障就会从初期的低温过热发展成高温过热，甚至造成设备的严重损坏。

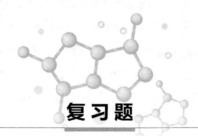

复习题

一、选择题

1. 火花放电的特征气体为（　　）。

A. C_2H_4 和 CH_4；　B. C_2H_2 和 H_2；　C. CH_4 和 H_2；　D. C_2H_2 和 C_2H_4

2. 正常变压器中 H_2 的极限含量为（　　）$\mu L/L$。

A. 150；　　　　　　B. 60；　　　　　　C. 4；　　　　　　D. 70

3. （　　）故障产生的特征气体以 C_2H_2、H_2、C_2H_4 为主，其次 CH_4 和 C_2H_6，总烃很大。

A. 电弧放电；　　　B. 火花放电；　　　C. 局部放电；　　　D. 过热性故障

二、简答题

1. 对绝缘油分解的热力学研究认为，烃类热分解通常分为哪几步？

2. 正常变压器由于非故障原因使绝缘油中含有一定量的故障特征气体的原因有哪些？

3. 变压器内部故障类型有哪些？主要的特点是什么？产生的特征气体有哪些？

第九章

气相色谱法的理论

第一节 色谱分析原理

一、色谱的起源与发展

色谱是一种物理分离技术，早在 1903 年俄国植物学家、生物学家茨维特（M. C.）提出。他当时将植物干叶子色素的石油醚提取液从一根填充有碳酸钙颗粒的玻璃直管的顶端注入，结果在玻璃管上部出现了几个不同的色带；接着用纯石油醚加以冲洗，色带以不同的速度向下运动，使之相互重叠的色带逐渐分离。茨维特便把这种分离方法命名为色谱法。这里所应用的玻璃管相当于当今的柱体，管内的填充物称为固定相，冲洗剂称为流动相，即载体（气相色谱中的载气或液相色谱中的梯度洗涤液），色带即为色谱谱图（峰）。这一分离技术解决了在化学分析检测前的混合物分离的难题，为色谱技术的发展奠定了基础，茨维特是色谱法的奠基人。

到了 20 世纪 30 年代初期，色谱的应用才真正发展起来。由气敏元件检测到检测器（如 FID 氢火焰离子化检测器、TCD 热导检测器），从分离元件到 90 年代中期的集成电路器件，目前，已发展出几种类型的在线色谱，如应用气敏元件进行检测，利用光谱法检测，采用色谱方法检测等；在分析仪器方面，也已研制出自动化程度很高的色谱仪和具有无线通信能力的网络色谱仪。随着检测器种类的发展，其应用领域也更加广泛。

目前国内已有 3000 多台的各种色谱在线检测装置应用于电网的重要变压器上，生产厂家以河南省中分仪器有限公司、宁波理工监测科技股份有限公司的居多，其他还有国网电力科学研究院武汉南瑞有限责任公司、思源电气股份有限公司等。

二、气相色谱的基本理论

气相色谱的流动相是气体，也叫载气。当载气带着样品气（混合物）进入色谱柱时，由于色谱柱内的固定相对不同物质的吸附能力（指数）的不同，混合物被分离开，依次先后流出色谱柱，色谱柱只起到物理分离的作用，不会改变被分离物质的化学组成。

1. 分配系数

为了便于描述色谱柱的分离原理，需引入分配系数 K 的概念，是指物质在两相间分配达到平衡时在两相中的浓度的比值，即

$$K = \frac{\text{在固定相中某物质的浓度}}{\text{在流动相中该物质的浓度}}$$

也可理解为某物质通过色谱柱时，在固定相中的吸附时间与在流动相中运动时间的比值，即

$$K = \frac{\text{某物质在固定相中的吸附时间}}{\text{该物质在流动相中的时间}}$$

2. 保留时间

正是由于不同的物质在一定的固定相中的分配系数（即吸附指数）的不同，才使得不同物质的混合物通过色谱柱时得到分离。吸附指数大的物质后流出色谱柱，吸附指数小的物质先流出色谱柱，某物质从进入色谱柱到流出色谱柱的时间称为保留时间。由于不同物质在特定色谱柱和一定的色谱条件（柱温、载体流速）下有其特定的保留时间上的不同，且在色谱条件不变时，同一物质的保留时间不变，才使得保留时间定性成为色谱分析法的一个重要原则。

3. 柱效率、塔板数、塔板高度

评价一根色谱柱的能效主要看其塔板数和单位柱长的理论塔板数；一般填充柱每米柱长的塔板数达到 3000 个以上属较理想状况。色谱柱的内径越小，载气流过时的线速就越高，物质的横向扩散就越小，柱效就越高，但柱容也就越低。现在一般使用外径 $D=3\sim3.3\text{mm}$，内径 $D=2\text{mm}$ 的柱体的较多，即能有较高的柱效，较小的横向扩散，又有适当的柱容。线速高出峰就快，线速低便于分离，因此，在色谱柱的有效塔板数一定时，载气流速和柱温就是决定物质分离效能的另一重要因素（即色谱条件），故塔板理论和速率理论是色谱法的两个重要的基本理论。

4. 分离度和色谱条件

分离度，顾名思义，就是相邻两个峰的分离程度，通常用 R 表示，其定义为相邻两峰之间的保留值之差与此两峰峰底宽总和的一半之比值，即

$$R = \frac{t_{R2} - t_{R1}}{(W_1 + W_2)/2} \tag{9-1}$$

式中：$t_{R2} - t_{R1}$ 为相邻两峰顶之间的保留距离，或两峰保留时间之差；$(W_1 + W_2)/2$ 为两峰底宽之和的一半。

当 $R=0$ 时，两峰完全重合；当 $R=1$ 时，两峰恰能达到基线分离，但实际上仍有部分重叠，如图 9-1 所示；当 $R=1.5$ 时，两个组分完全分离，如图 9-2 所示。

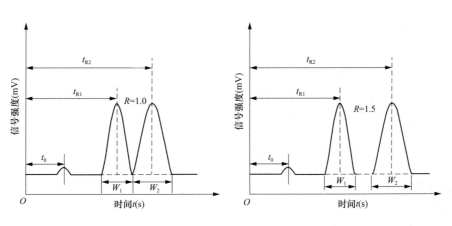

图 9-1 色谱分离度（$R=1$）　　　　图 9-2 色谱分离度（$R=1.5$）

分离度除了和色谱柱的性能（塔板数、塔板高度）有着密不可分的关系外，还和色谱条件的选择有很大关系。这里影响色谱柱分离的关键条件是载气流速和柱温。载气流速过高，出峰时间变短，峰的分离效果变差；载气流速过低，出峰时间延长，峰虽然得以分离，但出峰时间过长不但影响工作效率，还使得峰变钝，峰底宽变大，降低了柱效，对峰的处理和弱小信号处理不利，难以检出较低浓度的物质。柱温高时，由于分子运动的能量变大，分子运动变快，吸附和解析进行的也很快，出峰也变快；柱温低时，出峰时间延长。这里有一个最佳色谱条件选择问题，既要使出峰刚好达到基线分离，又要尽可能减少流出时间。

三、色谱流出曲线有关术语

色谱图：是指鉴定器随时间变化而产生的电信号，并由记录仪记录下来的曲线，即鉴定器的信号-时间曲线。

典型的色谱流出曲线，即色谱图，如图 9-3 所示。图中横坐标为组分流出的时间，纵坐标为随时间流出组分的浓度，以检测信号（mV 或 A）的高低来表示。一个典型的色谱图有如下基本参数：

（1）基线：它表示只有纯载气通过鉴定器时所得到的信号。通常为一水平直线，如图 9-3 中 OQ、RC、DK 等。相应于样品的信号，它为零。因此它是定量测量的基准，也是检查气相色谱仪工作是否正常项目之一。

（2）典型色谱峰：当载气中混有其他的物质，一起通过鉴定器时，所得到的信号与时间关系曲线，称为色谱峰（即正态分布曲线）。如图中 QNPMR、CFEGD 曲线段，理想的色谱峰应窄、尖且对称。

（3）峰宽（峰底 W）：峰两侧曲线在拐点作切线（PQ、PR）而与基线上相交的线段，如图 9-3 中虚线表示的 QAR 和 GBD 段。

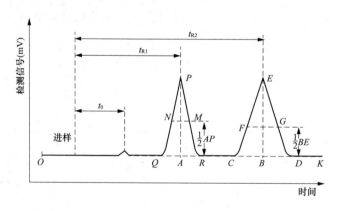

图 9-3　典型流出曲线

（4）峰高（h）：峰的最高点到峰底的垂直距离即为峰高，如图中 PA、EB 段。它是定量计算的主要数据。

（5）半峰宽（$y_{1/2}$）：峰高一半处的峰宽度，又称半高峰宽。如图中 NM、FG 段。它是评价峰特征和定量计算的重要数据。

（6）峰面积：峰和峰底所包围的面积，如图中 $QNPMRASQ$ 和 $CFEGDBC$ 分别包围的面积，它是表征组分含量并进行定量计算的依据。

（7）死时间：从进样开始至惰性气体峰（如空气峰）最高点所需的时间，如图 9-3 中 t_0。

（8）保留时间（t_R）：从进样开始到达样品组分峰的最高点所需的时间。如图 9-3 中所示的 t_{R1} 或 t_{R2}。保留时间是随流速、柱温、柱长等而变化的，它是色谱定性的主要依据。

（9）实际保留时间（t_R'）：保留时间扣除死时间，即表示样品通过色谱柱为固定相所滞留的时间，为实际保留时间，即 $t_R' = t_R - t_0$。

四、色谱法的分类

色谱分类按分离原理可分为吸附色谱、分配色谱；按固定相所用的床型不同，可分为柱色谱、纸色谱和薄层色谱；按两相所处的状态可分类如下：

$$
色谱法
\begin{cases}
液相色谱 & \begin{cases} 液液色谱 \\ 液固色谱 \end{cases} \\
气相色谱 & \begin{cases} 气液色谱 \\ 气固色谱 \end{cases}
\end{cases}
$$

色谱流动相有气体或液体，流动相为液体的称为液相色谱；流动相为气体的称为气相色谱。色谱的固定相有固体或液体，故气相色谱又分为气固色谱和气液色谱，液相色谱又分为液固色谱和液液色谱。

还可以按色谱谱带的展示方式，即驱使样品通过色谱柱的方式分三种，即冲洗法、前沿法和置换法。其中冲洗法是应用最广的一种。

五、色谱法的优点

色谱法有许多化学分析法无可比拟的优点：其具有选择性好、分离效能高、灵敏度高、分析速度快、样品用量小、定性重复性好、定量精度高、分离和测定一次完成等优点。因此，多年来，该方法得到广泛应用。

第二节 气相色谱仪的基本流程

气相色谱仪主要包括气源系统、色谱柱、检测器、电路控制系统及数据处理系统等组成。气源系统主要组成有：燃气（H_2）、载气（N_2、Ar 惰性气体）、助燃气（空气）及稳压稳流阀件或流量控制与传感器等。

此外，根据研究的介质不同，气相色谱仪又可以分成气路系统和电路系统。气路系统包括气源系统和色谱柱等。电路系统包括电路控制系统及数据处理系统等。检测器既属于气路系统（将气体浓度或物质质量转换为电信号），又属于电路系统，是特殊部件，也是核心部件。

电路系统包括温控系统、系统控制电路、放大器及电源部分，检测器也属于电路系统的范畴，信号记录仪或工作站也属于电路系统的范畴。

图9-4为具有热导鉴定器（TCD）和氢火焰离子化鉴定器（FID）的气相色谱流程示意图。

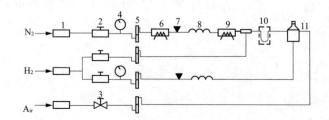

图9-4　具有 TCD 和 FID 鉴定器的色谱流程示意图

1—净化管；2—稳压阀；3—针形阀；4—压力表；5—转子流量计；6—热导池参考臂；7—进样口；
8—色谱柱；9—热导池测量臂；10—转化炉；11—氢火焰离子化鉴定器

一、色谱仪气路与气路流程

（一）气路中的主要部件

（1）高压气体钢瓶。高压气体钢瓶是载气的储存器，其内部压力较高（充满时一般15MPa左右），使用时应特别注意安全。瓶内气体不得用尽，至少要留有 2MPa 的剩余压力。减压阀主要起降压作用，一般将压力降到 3MPa 左右即可使用，最大不超过 5MPa。不用气时，先关高压，在放掉低压气体后，把低压阀杆旋钮关闭。减压阀与高压气体钢瓶嘴必须紧密配合，以免漏气或发生意外。纯度不应低于 99.99％。

（2）气体发生器。安装方便、操作简单、使用安全，一次安装无需频繁更换，纯度也能满足分析要求。但是在出现故障后会影响试验，应有备用气源。常用发生器种类有：

1）氢气发生器。它的原理是利用电解水来产生氢气。在初次使用气体发生器时需配制电解液，方法是将 120gKOH（氢氧化钾）加入 500mL 蒸馏水中溶解，待溶解液冷却后，注入气体发生器储液罐内，然后再补充蒸馏水至 1.2L 左右，在以后的使用中发生器只消耗蒸馏水。

使用注意事项：①放置在粉尘较小的地方并且电解液要定期更换；②净化剂要定期更换（特别是变色硅胶容易受潮）；③发生器在使用过程中，要勤于观察液位，及时补充蒸馏水。

2）氮气发生器。它是采用贵金属催化物经电解分离池催化脱氧，除去空气中的氧气取得氮气。使用时也需要配制电解液。

使用注意事项：①仪器具有保护装置，故输入空气的压力低于设定值（一般0.4MPa）时，仪器不能启动；②为了保证纯度，每次开机 10min 后才有氮气输出；③气体发生器在正常工作时，电解电压一般在 DC 1.42～1.5V 之间，电压过高可能会造成气体不纯。

3）空气发生器。多采用空气压缩机制成，将室内空气压缩在高压储气罐中，经双级稳压输出。

使用注意事项：①发生器中的净化剂要定期更换（特别是变色硅胶容易受潮）；②为避免气罐内积水过多，影响空气纯净度，用户应每周打开仪器前面板上的排水开关数十秒，仪器将自动排水；③工作过程中如果指示灯为绿色而压缩机不启动，热保护继电器启动，说明压缩机温度过高，待冷却后可自动恢复正常。

（3）开关阀。在气路中主要用于切断气体的供给。当阀关闭时气阻无限大，阀开启时气阻近似于零。

（4）稳压阀。稳压阀又称压力调节器，它是一种气动式控制器。当气源压力或输出流量波动时，稳压阀输出恒定的压力。其主要用在为针形阀提供稳定的压力，保证针形阀精密调节流速；接在稳流阀前，提供恒定的参考压力，保证其正常工作。

（5）稳流阀。使色谱柱前压力随柱的阻力增加而自动增加，保证输出的流速不变。也可称压力补偿器。

（6）针形阀。是一个手动调节可变气阻，即靠细螺纹旋转使阀针沿轴向前后移动，改变阀针与阀座间的环形流通面积来调节流速，主要作用是在气路中细微、均匀地调节流速。

（7）气阻。是一种使气体流通截面突然变小的耗能器，主要和稳压阀、针形阀、压力表配合调节压力、流速。

（8）压力表与数字流量计。气体流动时，若气阻不变，气体流速与压力成正比，故压力表不但可用来反映气路系统中的压力值，还可用压力刻度来指示流速。数字流量计是将流量转换为电信号，然后以数字的形式显示出来的部件。

（9）皂膜流量计。在标准量管中形成皂膜，被测气体推动着皂膜在量管中运动，由单位时间里皂膜在量管中移动的位置，计算出气体的体积流速。它操作简单、直观并且又十分准确，主要用于气体流速的校正。

（10）净化管。由金属圆筒制成，内装 5A 分子筛和硅胶等净化剂，以使载气纯化和去除水分。当使用一段时间后，应更换净化剂或再活化后继续使用。

（11）进样器与六通切换阀。

1）进样器是引入一定样品进入色谱柱的装置，是样品进入色谱仪的入口。如果样品是液体，进样器又称气化室，内设加热装置，要求在工作温度下样品能瞬间气化。

2）六通切换阀通常和定量管配合，用于气体。采用六通阀进样，不但操作方便、快速，还可使样品定量准确、数据重复性好。六通阀除了用作气体进样外，还可与气路中的其他部件配合，用作色谱柱切换或改变气流方向。

（12）镍触媒转化器。镍触媒转化器又称甲烷转化炉，是为了提高 CO、CO_2 检测灵敏度的专用装置。CO、CO_2 属无机物，FID 对它们没有响应。为解决这一问题，就采取通过镍触媒转化器将 CO、CO_2 转化成 CH_4 办法，再由 FID 检测。

镍触媒转化器的工作原理：在甲烷转化炉中的高温（360℃左右）和催化剂镍（Ni）作用下，CO 或 CO_2 与 H_2 发生下列化学反应生成 CH_4。

$$CO+3H_2 \longrightarrow CH_4+H_2O$$

$$CO_2+4H_2 \longrightarrow CH_4+2H_2O$$

（二）常用的气路流程

根据 GB/T 17623—2017《绝缘油中溶解气体组分含量的气相色谱测定法》要求，变压器油中溶解气体分析的气相色谱仪基本流程如图 9-5～图 9-9 所示。

1. 二次进样双柱双气路流程

图 9-5 中，该流程完成一个样品的分析需分两次进样：①由进样Ⅰ注入的样品在柱Ⅰ中对 $C_1 \sim C_2$ 进行分离，由 FID 进行检测。②由进样Ⅱ注入的样品在柱Ⅱ中对 H_2、CO、CO_2 进行分离，由 TCD 检测出 H_2，CO 和 CO_2 则通过镍触媒转化器（Ni）转化成 CH_4，再由 FID 检测出。

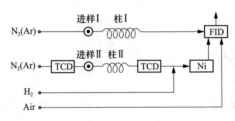

图 9-5 二次进样双柱双气路流程图

该流程的优点是流程简单，气路不需切换或分流。缺点是完成一个样品的分析要分两次进样，用气量较多。

2. 一次进样双柱并联二次分流控制气路流程

图 9-6 中，在双柱并联二次分流流程中，样品进样后进行了第一次分流，一部分样品进入柱Ⅰ，由该柱分离 $C_1 \sim C_2$；另一部分样品进入柱Ⅱ对 H_2、CO、CO_2 进行分离，由 TCD 检测出 H_2，再由甲烷转化炉将 CO、CO_2 转化成 CH_4，然后进入 FID 进行检测。该流程中二次分流的作用是为了减小某些运行设备油中 CO、CO_2 含量过大对分析产生的不利影响。

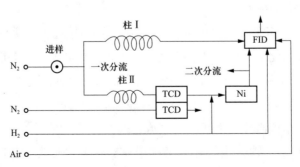

图 9-6 一次进样双柱并联二次分流气路流程图

该流程相对较简单，缺点是样品经过分流，进入各检测器的样品量变少，在进样量不变的情况下，对 H_2、$C_1 \sim C_2$ 的检测灵敏度会有一定影响，但可以通过选用灵敏度较高的检测器予以弥补。

3. 一次进样自动阀切换操作气路流程

图9-7中，该系统进样后，自动阀切换操作，有两柱串联工作和柱Ⅱ被短接、柱Ⅰ单独工作的两种方式：①进样时柱Ⅰ、柱Ⅱ在串联状态，保留时间较短的 H_2、CO 和 CH_4 经柱Ⅰ或柱Ⅱ分离后，先流出色谱柱，由 TCD 检测出 H_2，FID 检测 CH_4 及转化成 CH_4 后的 CO。此时，C_2H_4、C_2H_6、C_2H_2 和 CO_2 因保留时间较长还滞留在柱Ⅰ中。②当完成了对 H_2、CO 和 CH_4 的检测后，切换阀动作脱开柱Ⅱ连接到针阀（以可变气阻针阀代替柱Ⅱ，将柱Ⅱ短接后，避免了柱Ⅱ对后续组分的影响），此时滞留在柱Ⅰ中的组分 C_2H_4、C_2H_6、C_2H_2 和 CO_2 按保留时间的大小先后流出柱Ⅰ进入 FID 被检测出。

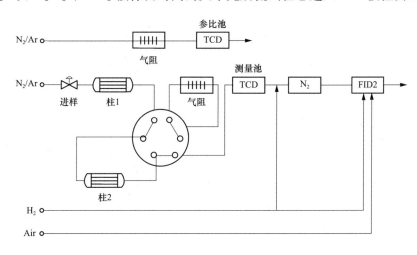

图9-7　一次进样自动阀切换操作气路流程

4. 一次进样单柱分离气路流程

图9-8中，该气路系统，由 TCD 检测出 H_2、O_2；FID 检测出 $C_1 \sim C_2$。此流程适合于一般仪器，分离时间较长。

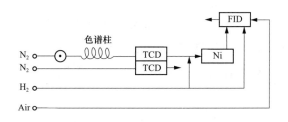

图9-8　一次进样单柱分离气路流程

5. 顶空自动一次进样气路流程

图9-9中，该气路系统：①顶空进样器自动一次进样，两色谱柱串联时：TCD 检测 H_2、O_2、N_2；FID 检测 CH_4、CO；②自动阀切换操作脱开分子筛柱时：FID 测 $C_1 \sim C_2$

组分和 CO_2。此流程适合于顶空自动分析仪器。

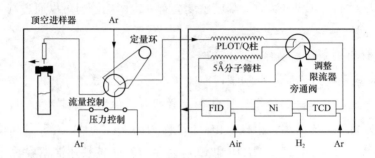

图 9-9　顶空自动一次进样气路流程

气相色谱仪对油中溶解的各种气体的最小检测浓度必须满足 GB/T 17623—2017 的要求，该规程给出的色谱仪对各组分最小检测浓度的要求见表 9-1。

表 9-1　　　　　　　　　　油中气体组分最小检测浓度

气体	最小检测浓度/$(\mu L/L)$
C_2H_2	0.1
H_2	2
CO	5
CO_2	10
空气	50

目前国内用于变压器油中溶解气体分析的色谱仪有几个生产厂家、不同型号的气相色谱仪，其中以河南省中分仪器有限公司生产的气相色谱仪在国内市场占有率最高，约占 80% 以上。该公司于 2011 年新推出的 2F-301 型气相色谱仪对 C_2H_2 的最小检测浓度已达到 $0.06\mu L/L$ 以下的水平；ZF-301Q 型全自动色谱仪，整合了气相色谱技术、色谱工作站网络化技术、顶空脱气技术、机器人控制技术、视角系统等设计理念，自动完成补气、脱气、取样、进样等整个分析流程，一次可集中完成多个油样的分析。

二、温控系统

温控系统：由被控对象（如色谱柱箱）、加热器件（如加热丝）、检测元件（如铂电阻）、处理器（检测分析电路）和控制器（如固态继电器）等组成。温控系统的基本工作原理是根据温度偏差进行控制，最终尽可能消除温度偏差，使实际温度稳定在设定值附近。

色谱柱、检测器和转化炉在分离过程中都要求进行严格的温度控制，所以色谱仪应有精确的温控装置。

色谱柱温度的选择对分离影响较大，一般要求在恒温下进行分离。当分离组分多，而组分出峰时间间隔很大时，可适当提高温度，这样既保证有较好的分离效果，又可缩短分离时间。

检测器一般均要求在恒温下操作，特别热导池对温度要求更为严格。检测器的温度要求选择的比色谱柱温高一些，至少也应相等，不能低于柱温；否则从色谱柱流出来的组分将凝聚而使检测器沾污。

三、检测器的配置部分

检测器的配置部分通常包括直流稳压电源及热导池所用的电桥以及各种检测器用的放大器等。

检测器工作所需的电流、电压要有直流稳压电源供给，直流稳压电源质量要良好，否则直接影响检测器稳定地工作。氢火焰离子化检测器的微弱电流信号经放大后变为电压信号，才具有很高的灵敏度。因此，对于各种离子化检测器，须配置适当的电子放大器，用以放大被检测的信号。

四、记录仪或数据工作站

以前常用的是可自动记录电信号的电子电位差计。其主要作用是将检测器输出的信号自动记录下来，但信号测量和数据处理需由人工完成。目前常用的是色谱工作站，它具有数据自动收集处理、分析功能；数据、谱图、油质管理等数据管理功能。有的工作站还具备对被检测设备的内部故障进行自动诊断的专家系统。

第三节　色　谱　柱

色谱柱的作用是把一个混合物中多组分分离开来。色谱柱分为填充柱和毛细管柱，前者的内径为 2～4mm，柱管长一般为 1～10m；后者的内径 0.2～0.5mm，柱长一般为 25～100m。

在绝缘油的溶解气体和 SF_6 中杂质气体分析中最常用的是填充柱。填充柱有气固色谱柱和气液色谱柱两种。当固定相为液体固定相（由固定液和担体组成）时称为气液色谱柱，当固定相为固体固定相时称为气固色谱柱。

固定相又称柱填料，是用来分离试样组分的，是指柱管里所填充的吸附剂或涂有一层高沸点液体的担体（担体又称载体，为涂渍固定液提供适宜表面性质的固体物质）。选择色谱柱的主要问题是选择固定相。

一、气固色谱柱中固定相及选择

气固色谱柱中固定相通常为具有吸附活性的物质。如硅胶、氧化铝、活性碳、分子筛、碳分子筛、高分子多孔小球等。在变压器油分析中主要用到下面几种。

（一）活性炭

活性炭的处理方法是在 200℃下活化 5h。一般是用 N_2 作载气，分离 H_2、O_2、CO_2 和 CO 等。其粒度多用 60～80 目。当活性炭分离 CO_2 时常出现拖尾峰，近年来被碳分子筛代替。或者可以使用减尾剂，即在活性炭上涂 2.5％磷酸（溶于蒸馏水中）再涂上 1％的异卅烷（以乙醚为溶剂）。

（二）分子筛

分子筛是一种新型吸附剂，是合成的硅胶铝的钠盐或碳盐。当试样组分通过分子筛时，组分分子较分子筛孔径小的就被吸进去，而较分子筛孔径大的组分则不被吸附而顺利通过。它具有均匀的孔结构和大的表面积，有不同类型的吸附中心，以及优良的选择性吸附能力。

目前对变压器油中气体分析只采用 5A 和 13X 型分子筛，5A 型分子筛在氩气作载气下可以分析 H_2、O_2、N_2、CH_4、CO、CO_2 等气体，一般主要用于分析 H_2、O_2、N_2。

色谱用 5A 分子筛处理过程是粉碎后过筛（一般 30～60 目），然后冲洗，除去粉末，再在常压和 550～660℃高温下活化 2h，或在真空 350℃下活化 2h，冷却至 60℃左右时，即可装柱使用。13X 分子筛用作色谱分析时，根据活化程度不同，可分全活化和半活化两种。全活化的 13X 分子筛在氢气载气下，依次可分离 O_2、N_2、CH_4、CO，且出峰时间较长。半活化 13X 分子筛是在（75±5）℃下通 H_2 活化 4h，或真空 140（±5）℃下活化 2h。它在氢气作载气下，依次分离 O_2、N_2、CO、CH_4。它的寿命比全活化的 13X 长，而且出峰时间较短。

（三）硅胶

单纯用硅胶作吸附剂时峰的保留时间长并有拖尾现象，所以多用作担体。

（四）碳分子筛

碳分子筛即 TDX 型，有 TDX-01 和 TDX-02 等，是聚偏氯乙烯小球经预热处理后快速升温至 1000℃，使之裂解释放出盐酸而生成的碳多孔小球。这种固定相极性很小，热稳定性好，寿命长。它在氢气作载气下可以依次分离 O_2、N_2、CO、CO_2、CH_4 等。应用于变压器油中气体分析时，在氮气作载气下分析 H_2、O_2、CO、CO_2。粒度多采用 60～80 目。

TDX 也可以分离低分子烃类气体，但保留时间较长，需要升温。例如，升温至 170℃时，可以分离 Air、CH_4、CO_2、C_2H_2、C_2H_4、C_2H_6 等。

（五）高分子多孔小球

是一种新型的合成有机高分子化合物，这是一种聚芳香烃的高分子多孔小球，即 GDX 系列固定相。这种固定相特点是机械强度好，不易破碎，具有强的疏水性能，对水的峰形尖锐、对称。它的出现，使人们第一次能利用气相色谱法简便、快速地测定有机化合物和无机气体化合物中的微量水（如 GDX-101、GDX-103 等），并具有耐腐蚀、耐热特性，也不存在固定液流失的问题。它作为固定相，还有选择性好，可分离多种气体及有机化合物的特点。

GDX 系列用于色谱分析的主要是 GDX-502（多用 60～80 目），其次也有采用 GDX-104 与 GDX-502 作串联柱的。GDX-502 可依次分离 Air＋CO、CH_4、CO_2、C_2H_4、C_2H_6、C_2H_2 及 C_3 等，但 CH_4 与 Air＋CO 的保留时间相差较小，CH_4 分离不理想。为了改善对 CH_4 的分离，故采用 GDX-104 与之串接，此外，由于 GDX-104 不能使 C_2H_4 和 C_2H_2 分离，因此应恰当地选择两种固定相的串接比例。例如，如果采用 2m GDX-104 和 1m GDX-502 串联，则在常温下可以依次分离 Air＋CO、CH_4、CO_2、C_2H_4、C_2H_2、

C_2H_6 等，其效果较好。

GDX 使用前一般需要老化处理，在常温和高纯氮气下，先通气 30min，以驱除氧气，然后在 180℃的温度和氮气下，老化 8h 即可使用。

二、气液色谱柱中固定相及选择

气液填充色谱柱中，固定相是在一种惰性固定（称担体）表面涂一层很薄的高沸点有机化合物的液膜，这样高沸点有机化合物叫"固定液"。依靠分子间的作用力，如静电力、诱导力、色散力和氢键等，使固定液牢固、均匀地附着在担体表面而不易流失。下面对担体和固定液分别予以介绍。

1. 担体

担体是一种具有化学惰性和多孔性的固体颗粒，它为涂渍固定液提供了适宜表面性质的固体支持物。担体一般可分为两大类：

（1）硅藻土担体。按其制造方法或颜色的不同，可分为红色担体和白色担体，它们都是用天然硅藻土与黏合剂，在高温下烧结制成的。

（2）非硅藻土担体。如粗孔硅胶、微孔玻璃小球、多孔聚四氟乙烯和聚苯乙烯等。

2. 固定液

选择固定液常按"相似者相溶"原则，即固定液的性质与试样组分的性质有些相似性，如官能团、化学键、极性及某些化学性质等。这是因为物质越相似，固定液和试样组分两种分子间的作用力就强，试样组分在固定液中溶解度就越大，即分配系数大，在柱内滞留时间（即保留时间）也就越长，对分离就越有利。

三、影响色谱柱柱效的因素

在色谱试验中，需要对色谱仪选择较适宜的分析条件，用较短的柱子和较短的时间得到满意的分析结果。

色谱速率理论和实际经验可用来指导选择适宜的气相色谱分析条件。

在色谱试验中，要使分离度 R 足够大，就必须设法提高色谱柱的柱效率。气相色谱理论说明，柱效与分子扩散和在流动相、固定相两相中的传质过程有关。影响柱效的因素有以下三种。欲选择最佳操作条件，必须考虑以下因素：

（1）由于填充物的多径性，即气流碰到填充物会碰撞，改变流向，从而使样品分子在气相中形成紊乱的类似"涡流"流动的色谱峰扩张。因此固定相的粒度大小和均匀性，填充的紧密程度，都对柱效有影响。

（2）进入色谱柱内的运动着的样品在气相中停留时分子会发生纵向扩散，引起峰形扩张，保留时间越长，这种扩散就越大。载气的性质和流速对分子扩散有直接影响。

（3）传质阻力的影响。即样品在气液两相间分配时，从气相到气液界面的过程中，所遇到阻力，即气相传质阻力，以及样品从气液两相界面到液相内部和返回气液界面时，组分要达到平衡而遇到阻力，即液相传质阻力，都能使色谱峰扩张而降低柱效率。这个因素除了与载气的流速有关之外，还与样品性质、固定液的性质及其用量有关，与分布状态以及柱温等也有关系。

1. 载气种类和流速的选择

载气的性质对柱效和分离时间有一定影响。H_2、He 作载气时，由于分子小，纵向扩散大，而 N_2 和 Ar 作载气时纵向扩散较小，因此，采用轻（分子量小的）载气有利于提高分析速率，缩短分离时间，但会降低柱效。H_2、He 有较大的热导系数，在检测热导系数较小的物质时，有利于提高热导检测器的灵敏度，但由于 H_2 与 He 的热传导系数差值变小，没有 N_2 和 Ar 作载气时差值大，故对 H_2 的检测灵敏度反而降低，况且，He 的成本是 N_2 和 Ar 的 10 倍之多，因此，用 N_2 和 Ar 作载气的较普遍，对 TCD 而言，Ar 作载气比 N_2 作载气时对 H_2 的检测灵敏度高近一倍，这是因为 Ar 分子比 N_2 分子大，热传导系数比 N_2 更低，使得 Ar 和 H_2 的热传导系数差异更大的原因。据有关文献介绍 H_2 的热传导系数为 41.8，He 的为 28，N_2 的为 7.6，而 Ar 的比 N_2 的还要低。

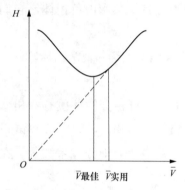

图 9-10　作图法求实用最佳流速

对于载气流速的选择：理论上讲，要获得最好的柱效率，即使色谱柱的塔板高度（H）值最小，也需选择一个最佳的流速，而这个最佳流速往往与载气种类、色谱柱、组分性质因素有关。可通过实验用作图法求出（见图 9-10）。在最佳流速下虽然柱效率比较高，但往往分析的时间比较长，在实际分析工作中，为了缩短分析时间，实际应用的最佳流量一般比理论值要大，对内径为 2mm 的色谱柱，载气正常流量一般选为 $20\sim60$mL/min，视不同色谱柱和分离情况而定，原则是使组分刚好达到基线分离情况下，尽可能缩短分析时间。

由于 TCD 是浓度型检测器，载气流速低时相对而言检测灵敏度要高，载气流速高时，对样品造成稀释，不利于低浓度组分的检出。

2. 载气压力

提高载气在色谱柱内的平均压力可提高柱效率。然而，若仅提高柱进口压力，势必使柱压降过大，反而会造成柱效率下降。因此，要维持较高的柱平均压力，主要是提高出口压力，一般在柱子出口处加装阻力装置即可达到此目的。例如长度在 4m 以下，管径为 4mm 的柱子，柱前载气压力一般控制在 0.3MPa 以下，而柱出口压力最好能大于大气压。

3. 柱温

柱温高，分析时间短，但超过固定液最高使用温度，会使固定液挥发流失；柱温低，分离效果好，但过低影响组分在两相中的扩散速度，使峰宽度增大，影响柱效率。因此，柱温要依据被测组分的沸点和固定液的最高使用温度等选择。

一般采用的柱温是被分析各组分的平均沸点左右，若被分析物质沸点太宽可以用程序升温法来升高柱温。对于检测充油电气设备油中气体组分而言，被分析组分均为低沸点的气态物质，可以在室温或再高一些（60℃左右）温度就可以满足分析要求。

4. 进样操作

进样量、进样时间和进样装置都会对柱效率有一定影响。进样时间过长，会降低柱效率使色谱区域加宽。进样量太少，会使含量少的组分因鉴定器的灵敏度不够而不出峰；进样量太多，会使几个峰重叠在一起，分离不好。最大允许进样量，应控制在峰面积与进样量呈线性关系的范围内。进样装置不同，出峰形状重复性也有差别。进样口死体积大，也对柱效率不利。对于气体样品，一般进样量为 0.1～10mL；进样时间越短越好，一般必须小于 1s，这样组分出峰时间仅几秒；进样口应设计合理，死体积小。如采用注射器进样时，应特别注意气密性与进样量的准确性。

5. 色谱柱尺寸与形状

柱内径小时由于横向扩散小，柱效率较高，柱容降低，进样量会受到限制。

色谱柱曲率半径越大，柱效越高，制备和安装色谱柱时尽量减少不必要的弯曲，若柱炉空间大，尽可能使色谱柱盘管时的外径增大。就柱形而言，柱效率的顺序为：直形柱＞U 形柱＞盘形柱。

第四节 气相色谱检测器

检测器又称鉴定器，它是测量从色谱柱流出物质的成分、质量或浓度变化的部件。即利用样品分离后各组分的不同特征，由检测器按各组分的物理或化学性质来决定把各物理量转化成相应的电信号，然后将其以某种形式（如电流或电压）输出。从本质上讲，可以把检测器看成是一个将样品组分转换为电信号的转换装置。

检测器的种类很多，各有不同的特点与用途。其中最常用的是热导检测器（TCD）和氢火焰离子化检测器（FID）两种。

一、对检测器的一般要求

（1）灵敏度高，以便于对痕量物质的分析。

（2）稳定性和重复性好，以使测得的数据可靠。

（3）线性范围广，以便正确定量。

（4）死体积小，响应速度快，以便快速分析。

（5）结构简单使用方便，造价低廉，使用寿命长。

（6）应用范围广，能测定各种样品。

二、检测器的性能指标

1. 响应特性

不同响应特性的检测器对操作参数变化的灵敏度存在很大的差别。浓度型检测器基线稳定性主要取决于基线的稳定，峰面积的误差主要取决于载气流量的稳定。质量型检测器峰高的重复性取决于载气流量的稳定，而峰面积与载气流量波动无关。一般地，浓度型检测器对操作条件的要求比质量型检测器要苛刻。

2. 基流

基流是指纯载气通过检测器时，检测器的输出信号。基流的大小主要取决于：①载气的纯净程度；②气路系统的干净程度；③固定相流失的多少；④检测器的种类。

3. 噪声与基线漂移

噪声为输出信号随机变化振幅包络线的宽度，单位有安培和毫伏两种。漂移是指基线的平均斜率。

产生噪声的原因很多，检测器和放大器本身都能产生噪声。如检测器的温度过高、载气波动、气路系统某处漏气等都会引起噪声的增加；另外如载气不纯、固定液的流失也会造成基线不稳定而出现噪声加大。产生基线漂移的主要原因有：柱温失控、载气流量逐渐变小或变大、色谱柱老化时间不足等。

4. 灵敏度

灵敏度也称响应值或应答值。检测器灵敏度是对进入检测器的样品转换成输出信号能力大小的衡量。其物理意义是指单位样品量进入检测器时，检测器输出信号的大小，常用 S 表示。若进样以 W 表示，检测器所产生的响应信号以 E 表示，则灵敏度是响应信号对进样量的变化率，用式（9-2）定义

$$S = \frac{\Delta E}{\Delta W} \tag{9-2}$$

由于各种鉴定器的作用机理不同，响应值的量纲也有所不同。响应值的表示方法主要有以下两种：

（1）浓度型鉴定器灵敏度。即信号大小与载气中的组分浓度有关，与载气的流速无关。灵敏度与样品组分在载气中的浓度成正比。如热导池鉴定器。

$$S_c = \frac{u_2 \cdot F_c \cdot A}{u_1 W}$$

$$= \frac{h \cdot F_c \cdot y_{1/2}}{W} \tag{9-3}$$

（2）质量型鉴定器灵敏度。即单位质量物质通过鉴定器时所产生的毫伏数，与载气的流速有关，并与单位时间内进入鉴定器内的样品组分的质量成正比。如氢火焰离子化鉴定器。

$$S_m = \frac{60u_2 \cdot A}{u_1 W}$$

$$= \frac{60h \cdot y_{1/2}}{W} \tag{9-4}$$

式中：S_c 为浓度型检测器灵敏度，W 的单位为 mg 时，S_c 的单位为 mV·mL/mg，W 的单位为 mL 时，S_c 的单位为 mV·mL/mL；S_m 为质量型检测器灵敏度，mV·s/g；A 为色谱峰面积，cm^2；u_1 为记录纸速，cm/min；u_2 为记录纸单位宽度所代表的毫伏数，

mV/cm；h 为峰高，mV；$y_{1/2}$ 为色谱峰的半峰宽，min；F_c 为柱出口处的载气流速，mL/min；W 为进样量，在式（9-3）中为 mg 或 mL，在式（9-4）中为 mL。

从式（9-3）~式（9-10）的计算公式可知，灵敏度越大，敏感度就越小，最小检测浓度就越小。

5. 敏感度

一般把噪声 N（即纯载气通过鉴定器给出的信号波动）的 2 倍作为最小检知信号，如图 9-11 所示。鉴定器产生恰好能够鉴别的信号（即最小检知信号 $2N$），单位时间或单位体积引入鉴定器的最小物质质量，称为敏感度 D。

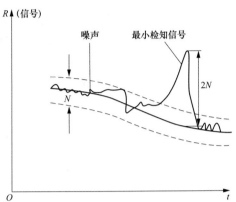

图 9-11　鉴定器的噪声和最小检知信号

$$D = \frac{2N}{S} \tag{9-5}$$

式中：D 为敏感度，浓度型检测器（D_c）为 mg/mL 或 mL/mL，质量型检测器（D_m）为 g/s。N 为整机噪声，mV；S 为检测器的灵敏度。

敏感度是说明整机性能的一项指标，D 愈小，说明检测器越敏感，对分析微（痕）量的组分试样愈有利。

6. 最小检测量和最小检测浓度

这两个指标与响应值和敏感度有些不同，它们不单是检测器的特性指标，还与色谱柱和其他条件有关。这个指标数值越小，反映出检测器的灵敏度越高。

（1）最小检测量是指鉴定器恰能产生大于 2 倍噪声的色谱峰高的进样量。

1）对热导池鉴定器，最小检测量为

$$W_{cmin} = D_c \cdot y_{1/2} \cdot \frac{F_c}{60} \tag{9-6}$$

式中：D_c 为浓度型检测器的敏感度，g/mL。

2）对离子化鉴定器，最小检测量为

$$W_{mmin} = 60 D_m \cdot y_{1/2} \tag{9-7}$$

式中：D_m 为质量型检测器的敏感度，g/s。

（2）最小检测浓度是色谱分析的最小检测量和进样量 V_0（进样体积）或 W_0（进样质量）的比值。即最小检测浓度为

$$C_c = \frac{W_{cmin}}{V_0} \left(或\ C_m = \frac{W_{mmin}}{W_0} \right) \tag{9-8}$$

式中：W_{cmin} 和 W_{mmin} 为样品中某组分的最小进样量（体积或质量）；V_0 和 W_0 为进入仪器的混合样品的总体积或总质量。

从物理意义上讲，敏感度和最小检测量往往易被混淆，其实际含义是不同的，且其量纲单位也不相同。这是因为敏感度只和鉴定器的性能有关，而最小检测量不仅和鉴定

器性质有关而且和色谱峰的区域宽度成正比，即色谱峰越窄则色谱分析的最小检测量就越小。最小检测浓度除了和鉴定器的敏感度、色谱峰宽度成正比外，还与色谱柱允许的进样量有关，进样量越大，则检知的最小浓度就越低。

7. 稳定性与重复性

稳定性是指鉴定器受温度、气体流速、气压等条件的影响而使其产生的噪声，表现在基线漂移的程度。重复性是指两次进样的平行误差，越小越好。要使稳定性好，除选择性能好的鉴定器外，还与操作条件有关。

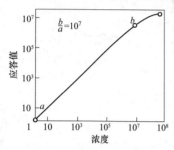

图 9-12 检测器线性范围

a—最小浓度；b—最大浓度

8. 线性范围

检测器的线性范围是指样品浓度和响应信号呈线性关系范围内的最大允许进样量（浓度）与最小检测量（浓度）之比。如图 9-12 所示，b 点代表最大允许进样量，a 点代表最小检测量，检测器线性范围即为 $b/a = 10^7$。由此可见，在线性范围内，进样量与响应信号呈线性关系。进样量过大，若超出了检测器的线性范围宽度，就无法进行准确的定量分析；反之，进样量过小，仪器的噪声等因素也会影响检测器的线性影响。

检测器的线性范围主要取决于检测器的工作原理，其次还与设计制造、操作条件的选择也有一定关系。

9. 响应时间

响应时间是指检测器反映样品浓度变化的时间快慢，此时间过长，会使峰形失真或已在柱子内分离了的组分在鉴定器内又重新混合起来而影响分离及定量计算。因此，鉴定器的响应时间要短，鉴定器的死体积要小，进样后能在 1s 内把载气中组分浓度变化的全过程反应完毕。

10. 选择性

有的检测器对进入检测器的任何化合物都能产生信号，有的只对特定类型或含有特定基团的化合物才有信号，这就是检测器的选择性。一般地，通用型检测器应用面广，但灵敏度低；选择型检测器灵敏度高，但应用面窄。

三、热导检测器（TCD）

热导检测器的结构简单，不论对有机物还是无机物均有影响，性能可靠，定量准确，不破坏活动样品等特点，是目前应用最广泛的一种检测器。TCD 的最小检测浓度可达 $0.1 \times 10^{-6} \sim 0.01 \times 10^{-6}$，与 FID 相比，TCD 的不足之处是灵敏度稍低。

检测器的结构图如图 9-13 所示，TCD 的测量原理图如图 9-14 所示。

1. 影响热导检测器的因素

（1）桥电流。桥电流对输出信号影响最大（$E_0 \propto I^3$），所以增大桥电流，组分浓度不变时，能增大输出信号，使灵敏度提高。但是桥电流不能超过仪器设计的最大允许工作桥电流，否则热丝有被烧毁的危险，还会出现噪声加大，基线不稳，数据精度降低等现象。在实际操作中，在能满足灵敏度要求的情况下，应选择较低的桥电流。用氮气作载气时，一般桥电流控制在 $100\sim150\text{mA}$。

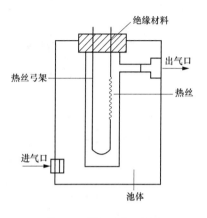

图 9-13　TCD 结构示意图　　　　　图 9-14　TCD 测量原理图

（2）热丝阻值。选择阻值高，温度系数大的热丝，这样当温度稍有变化时，电阻值就有明显的变化，提高灵敏度。

（3）池体温度。桥电流、热丝温度一定时，降低池体温度，会增大池体和热丝温差，提高灵敏度。一般池体温度不低于柱温。

（4）载气种类。从检测原理可知，载气和样品的热导率相差愈大，输出信号 E_0 就愈大，灵敏度就愈高。一般组分的热导率都较小，所以选择热导率大些的气体做载气，以提高灵敏度。用氮气作载气时，灵敏度相对较低。用氢气和氦气做载气可以得到较高的灵敏度，但氦气较昂贵，来源不便。

（5）为使热导池工作稳定，要求载气流速恒定，气路系统要干燥、清洁。

（6）从热导池结构看：采用细的金属丝做热丝，增大池孔内径，缩短热丝长度，有利于提高灵敏度。但池孔不可太大，否则死体积增大了，响应速度变慢。热丝短了，则电阻值变小，因此要使热丝短而电阻大，就多将热丝绕成螺旋形。

双臂热导池比单臂热导池可增加灵敏度一倍，而且还可增加其稳定性。

另外，灵敏度提高之后，基线不稳定就成为一个突出的矛盾，特别就基线的漂移较难解决。一般可采用稳定度高（电压变动值小于 $\pm0.01\%$）的直流电源，以及使热导池体加强保温或恒温。此外，灵敏度提高后，更要求载气高度纯化。

2. 使用热导检测器的注意事项

（1）整个系统不漏气，使用前应严格检漏。

（2）通电前先通载气，断电后再断载气。通、断载气要慢，减少冲击振动，以防损坏热丝。

（3）在能满足检测灵敏度要求下，尽量减小桥电流，以延长热丝寿命。

（4）热导池应放在恒温精度为±0.1℃的恒温箱内，且其温度不低于柱温，以防样品在池内凝结。

（5）系统及池体要洁净，以防出现怪峰并减小噪声。

（6）电路连接良好，并有良好的接地。

四、氢火焰离子化检测器（简称 FID）

FID检测器具有灵敏度高，比热导池检测器的灵敏度高几个数量级，它对含碳有机物的检测可达 10^{-12} g/s；响应快，几乎瞬间进行；线性范围宽；操作比较简单，稳定可靠。因此是目前国内外气相色谱仪常备检测器。

1. 氢火焰离子化检测器结构和检测原理

该检测器主要为一个离子室。离子室一般用不锈钢制成，主要包括气体入口、火焰喷嘴、一对电极和不锈钢离子室外罩。图9-15是通用的结构形式。

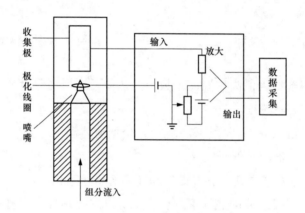

图 9-15　氢火焰离子化检测器原理图

离子室以氢火焰作为能源，在氢火焰附近设有收集极与极化极，在两电极之间施加一定直流电压（50～300V），形成一直流电场。空气经挡板进入离子室。氢气由喷嘴流出与空气相遇后，由极化极点燃，温度高达 2100℃，此高温红火焰即为能源。

当载气带着有机物样品进入离子室时，便在氢焰高温作用下被激发生成元素态碳，然后再离子化成正离子。即含碳有机物 $\xrightarrow{\text{氢焰中反应}}$ C $\xrightarrow{\text{受热离子化}}$ C^{+4} ＋4e

在直流电场作用下，离子和电子各往极性相反的电极作定向运动，从而产生微电流信号，利用微电流放大器测定离子流的强度。随有机物含量的增加，则此微电流将急剧增加。最后在记录仪或工作站上得到表示样品浓度变化的色谱流出曲线。峰面积或峰高与单位时间内进入氢火焰中燃烧的有机物含量成正比，所以该检测器是质量型检测器。这就是氢火焰离子化检测器的检测原理。

2. 影响氢火焰离子化检测器灵敏度的因素

（1）放大器本身的放大系数。

（2）氢气流量。氢气的最佳流量可通过实测来确定，即调节一次氢气流量，进一次样品，然后比较信噪比。若噪声很小不易测量，可取峰高最大时的氢流量为最佳流量。

（3）载气种类及流量。一般用氮做载气，比用氢、氦气、氩做载气的灵敏度高些。同时一定的氢气流量要有相应的氮气和空气流量，氮气和氢流量之比有一最佳值。一般该比值取 1∶2～2∶1，实践中多选用进入离子室的所有氢流量相当于氮气流量的 1/3 加上 10mL/min。若用氢作载气时，在柱后也要加入按比例的氮气作尾吹，才能有高的灵敏度和宽的线性范围。

空气流量对离子化信号没有多大影响，一般为氢气流量的 10 倍左右即可，如果太低了，会使灵敏度降低；空气流速过高，则会使火焰晃动，噪声变大。

（4）燃烧的氢气、载气和空气不纯，离子室有水分，管路和检测器污染以及进样量大使火焰温度下降等，均会影响其灵敏度。

3. 氢焰检测器操作注意事项

（1）离子头、收集极对地绝缘要好，避免引起竞争收集而造成灵敏度下降、线性关系差。

（2）离子头必须洁净，不得沾染有机物，必要时，可用苯、酒精和蒸馏水依次擦洗干净。

（3）使用的气体必须净化，管道也必须干净，否则会引起基流增大，灵敏度降低。

（4）防止色谱柱固定液流失（如保持柱温稳定，采用低蒸汽压的固定液），以免导致基流、噪声增大。

（5）要使离子头保持适当温度，以免离子室积水造成漏电而使基线不稳。

（6）样品水分太多或进样量太大时，会使火焰温度下降影响灵敏度，甚至会使火焰熄灭。

（7）验证 FID 火是否点着的方法：

1）在两路通道均是 FID 信号的情况下点火时看输出信号是否有电压差值或波动（与没点火前比较）；

2）通过调零看是否有基流值，如果有基流值则证明已点着火；

3）用镊子等放在 FID 出口看是否有水蒸气生成，如有水蒸气生成则证明已点着火；将 H_2 量增大看基线是否有波动或从 FID 上方看是否有火光。

（8）关机时要先熄火再退温，以防止氢焰检测器积水。

第五节　定性与定量分析

在色谱试验中，把混合物样品从进样口注入之后，将会在色谱图上得到对应于各单一组分的色谱峰。色谱工作的任务就是准确地识别各色谱峰代表什么组分，并计算其组分的含量，这就是定性定量工作。

一、定性分析

气相色谱的定性方法一般可分为以下几种：利用保留值的定性方法，应用化学反应或物理吸附的定性方法，利用鉴定器选择性的定性方法。本书只介绍用保留时间的定性方法。

当固定相确定以后，混合物中各组分出峰顺序就是确定不变的了。如果操作条件不变，则各组分从进样到出峰的时间，即保留时间也分别是恒定的。因此，可以用已知纯物质对照，若在相同的操作条件下，被分析组分与该纯物质有相同的保留时间值时，则一般可以认为是同一物质。

但是，用已知物质对比未知组分定性时，若两者保留时间相同，但峰形不同，仍然不能认为是同一物质，进一步检验方法是将两者混合起来再作色谱试验进一步确认。

当出峰时间相差很短，且组分较多时，用上述方法定性是有困难的，这时可在被分析样品中加入某一种或几种已知纯物质，如果组分的峰高增加，则表示原样品中可能含有所加入的这一物质。

在实际中会遇到：当操作条件发生变化引起出峰时间改变时，往往前面的峰变化小而后面峰变化大。在数据处理时，如果不注意及时修正保留时间值，会发生前面峰定性正确而后面峰定性错误的现象。

如果色谱柱固定相处理不好或使用过久变质失效，使一些组分分离不开或次序颠倒而造成误定性。因此，利用保留值（保留时间）定性时需要注意以下事项：

（1）定性前应首先检验色谱图上色谱峰的真实性。这是因为谱图上的色谱峰并不一定代表样品中的某一组分，许多意外因素（如色谱柱内残留物，进样器不干净残留物，进样干扰、进样口硅橡胶垫因过热的热裂解产物等）都可以造成假峰现象，应查找并排除干扰。

（2）由于某些原因，往往使样品中的一些组分在谱图上不出峰，如检测器对某些物质没有响应，或灵敏度不够；固定相或仪器的某些部分对样品组分产生的不可逆吸附以及柱温太低等，或由于载气流速过高，柱温太高造成某些组分完全重叠（而丢失峰）。因此，应对混合物样品中各组分是否全部出峰进行检查并找出不出峰的原因。

（3）要注意观察色谱峰的峰形，如样品某一组分色谱峰与已知物质对照，保留值相同，但峰形不同时，仍不能认为样品某一组分与已知物质是同一物质。此时应进一步验证，可在样品中加入某种纯组分一起做试验，若发现有新峰或峰形出现不规则形状（如峰上有凸出或鬼峰）则表示两者并非同一物质。如果峰高增加而半峰宽并不相应增加，则两者可作同一物质认定。

二、定量分析

定量分析的任务就是要求出混合物中各组分的含量。定量分析的依据是：样品组分浓度与相应的峰面积成线性关系，对色谱信号的测量就是对峰面积的准确测量。

（一）　色谱峰面积的测量

测量峰面积之前，先要确定峰的起点和终点，并据此划出峰底，对峰及峰底所包围的面积进行准确测量。常用测量面积的方法有峰高乘半峰宽法；剪纸称重法；用积分装置把峰面积直接在仪器上用数据显示或打印出来的数字积分法；以及应用面积计直接测量峰面积的方法等。最常用的是积分法；最简单的是峰高乘半峰宽法，是一种近似把每个峰看作等腰三角形来计算面积的方法，亦称几何作图法，即峰面积 A（mm^2）为

$$A = h \cdot y_{1/2} \tag{9-9}$$

式中：h 为峰高，mm；$y_{1/2}$ 为半峰宽，mm。

由于该方法直接测得的峰面积为真实面积的 0.94 倍，因此在作绝对测量计算时（如测量灵敏度）应乘以系数 1.065，则

$$A = 1.065h \cdot y_{1/2} \tag{9-10}$$

在作相对测量时，1.065 常数可以约去。一般峰高易于测准，但是对于那种流出较快，峰形又窄又陡的色谱峰，一般是很难测定它的半峰宽值的。此时借助读数显微镜来测量可以准确一些。当色谱峰形不对称时，用这种方法计算峰面积的误差较大。

（二）　组分含量计算

在色谱定量分析中，较常用的定量方法有归一化法、内标法和外标法等。变压器油中溶解气体分析时，普遍采用外标法。此方法是选取一个包含在样品组分内的纯物质 S，配气成已知浓度 C_s，进样后流出峰面积 A_s，然后再将未知样品进样，得到相应的峰面积 A_i。因为在一定的浓度范围内，物质浓度与相应的峰面积成线性关系，则被测组分浓度 C_i（$\mu L/L$）为

$$\frac{C_i}{C_s} = \frac{A_i}{A_s}$$

$$C_i = \frac{C_s}{A_s} \times A_i \tag{9-11}$$

式中：C_s 为外标物的浓度，$\mu L/L$；A_s 为外标物的峰面积，mm^2；A_i 为被测组分的峰面积，mm^2。

对于同一种物质在操作条件固定时，半峰宽也不会改变，这时峰高与浓度成线性关系，因此式（9-12）也可以用峰高来代替。即

$$C_i = \frac{C_s}{h_s} \times h_i \tag{9-12}$$

式中：h_s 为外标物的峰高，mm；h_i 为被测组分的峰高，mm。

被测组分与外标物为同一物质时，也可用峰高法［式（9-12）］计算出被测组分的浓度。

实际工作中，一般是每次分析时只配一个准确知道浓度的外标物，在严格控制操作条件稳定的情况下，分别进注外标样和待测样品，并按式（9-11）或式（9-12）进行计算，称为一点外标法。

式（9-11）或式（9-12）只适用于被测组分与外标物为同一物质时应用。若被测组分与外标物不相同，即使浓度一样，它们的峰面积的大小也是不同的。这就需要引入相对响应值作校正因子。

在前面介绍过，响应值 S 是鉴定器对某组分单位摩尔浓度（或体积浓度）或单位质量所对应的峰面积（或峰高）。即

$$S_i = \frac{A_i}{C_i} \tag{9-13}$$

式中：C_i 为组分 i 的摩尔浓度（或体积浓度）；A_i 为组分 i 的浓度 C_i 所对应的峰面积。

为了消除操作条件对鉴定器性能的影响，引入相对应答值 S' 来进行定量计算。

$$S' = \frac{S_i}{S_s} = \frac{A_i/C_i}{A_s/C_s} \tag{9-14}$$

式中：C_i、C_s 为被测组分和标准组分的浓度；A_i、A_s 为被测组分和标准组分的峰面积。

此外，峰面积与组分浓度之间是成线性关系的，即

$$C = fA \tag{9-15}$$

式中：A 为组分的峰面积；C 为组分的含量；f 为比例常数。

比例常数 f 称为定量校正因子。其物理意义是单位峰面积或峰高所对应的物质量。从定量校正因子和应答值的定义可知，f_i 和 S' 成倒数的关系。因此，被测组分 i 的相对响应值的倒数即为它的相对定量校正因子，即由式（9-14）得

$$f_i = \frac{1}{S'} = \frac{S_s}{S_i} = \frac{A_s/C_s}{A_i/C_i} \tag{9-16}$$

所以

$$C_i = f_i \frac{C_s}{A_s} \cdot A_i \tag{9-17}$$

式中：C_i 为被测组分 i 的浓度，$\mu L/L$；C_s 为外标物 S 浓度，$\mu L/L$；A_i 为被测组分 i 的峰面积，$\mu V \cdot S$ 或 mm^2；A_s 为外标物 S 的峰面积，$\mu V \cdot S$ 或 mm^2；f_i 为 i 组分相对校正因子。式（9-17）是定量分析计算的基本公式。

定量计算时值得注意的几个问题：

（1）观察各峰谱图，看每个峰积分时的起止点是否正确，不正确时要执行手动积分予以调整。

（2）是否有些峰未被识别，若明显是样品组分峰未被识别，要添加峰，并手动积分，人工识别。

（3）出峰位置（时间）有无变化，后延，若各峰都存在出峰时间后延现象，查看色谱条件有无变化，很可能是进样时将进样口密封垫扎漏气，此时电子流量指示数据（若电子流量传感器在进样口前端）则比工作时流量大些，气体则从进样口处泄露，导致柱前压降低，而实际通过色谱柱的气流比正常时反而小很多，因此出峰时间后延，造成峰定性、定量计算错误。

（4）有叠加怪峰、鬼峰要予以删除。

（5）有大峰出现平顶峰现象，说明该组分浓度太高，峰强度已超出 A/D（模-数转换器）的动态输入范围。

（6）对相邻未达到基线分离的峰的处理方式（垂直分割，谷-谷分离）是否适当。

（7）对于未达到基线分离的峰处理，两峰强弱相当时，一般采用垂直分割，而小峰处于大峰包络线上时对小峰处理时采用谷-谷分离。

三、标准气体

国标规定统一采用混合标准气体，采用国家二级标准物质，具有组分浓度含量、检验合格证及有效使用期。标准气气瓶的化学性能要稳定并配有合格的减压阀，每瓶标气应有配置成分检验证书并注明配制日期。一般有效期为一年，过期的混合标气不宜继续使用。混合标气的组分浓度不应过大或过小，浓度太高可能会影响仪器的线性，太低会增加峰面积或峰高测量的相对误差，常用浓度以接近变压器故障判断注意值换算成气相中组分的浓度。

配制标气所用的底气（相当于溶剂）一般与色谱仪所用的载气相同，即色谱仪用氮气做载气时标气用氮气做底气，用氩气做载气时也用氩气做底气，这样能避免底气出大峰而干扰分析。实际中，若用氮气做载气，标气中的底气为氩气，可事先进一针纯氩气进行测试。

四、标定时的注意事项

（1）标定的准确性主要取决于进样重复性和仪器运行的稳定性。进标样操作应尽量排除各种疏忽与干扰，保证二次或二次以上的标定重复性在 1.5％ 以内（GB/T 7252—2001）。标定必须在仪器稳定状态下进行。一般来说，仪器每开一次机做分析就应标定一次，如果仪器稳定性较差，或者突然发生操作条件变化，还得增加标定次数。

（2）对各组分的标定方法有区别。一般说，氢、氧、氮的标定采用峰高定量的校正曲线法，H_2 浓度在 0.1％ 以下，峰高与浓度呈线性关系；O_2、N_2 浓度在 30％ 以下的峰高线性度也好，因此可用单点校正的操作因子法，不必作校正曲线。

（3）对于烃类气体、CO 与 CO_2 等大都采用峰面积定量的操作因子法，因为峰面积与浓度的线性关系较好。对于使用混合标气来说，采用每一个组分的单点校正的定量操作因子，误差也是不会大的。

五、样品气分析

进样操作：和标定时进样操作一样，做到"三快""三防"。"三快"：进针要快、要准，推针要快（针头一插到底即快速推针进样），取针要快（进完样后稍停顿一下立刻快速抽针）。

"三防"：防漏出样气（注射器要进行严密性检查，进样口硅橡胶垫勤更换，防止柱前压过大冲出注射器芯，防止注射器针头堵死等）；防样气失真（不要在负压下抽取气样，以免带入空气，减少注射器"死体积"的影响，如用注射器定量卡子，用样气冲洗注射器，使用同一注射器进样等）；防操作条件变化（温度、流量等运行条件稳定，标定与分析样品使用同一注射器、同一进样量、同一仪器信号衰减挡等）。

高浓度样品的处理。当油中故障气体浓度很高时，分析中有时会出现响应信号超出仪器量程或线性范围的现象，如果采用减少进样量的方法仍无法解决，可采取对样品先进行稀释的方法：用100mL（或50mL）注射器抽取一定的载气，然后用1mL注射器抽取1mL样品气并将其注入100mL（或50mL）注射器内与载气混合均匀再进样分析，计算分析结果时将测定值乘上稀释倍数即可。

样品在进样器内的滞留。在色谱分析中，有时会出现一种少见的现象：仪器标定后，进第一针样品气时，发现原本没有乙炔的油样中出现了乙炔；再次进样复测，结果乙炔含量又大幅度下降。经分析与实验认为，这是标定时的部分标气滞留在进样器（气化室）内引起的。

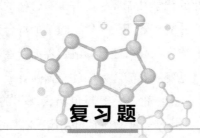

复习题

一、判断题

1. 最小检知浓度除了和色谱峰区域宽度、鉴定器的敏感度成正比外，还与色谱柱允许的进样量有关，进样量越大，最小检知浓度就越低。（　　）

2. 色谱柱的理论塔片数越小，组分在色谱柱中达到分配平衡的次数越多，对分离越有利。（　　）

3. 柱温降低，将使色谱分析时间缩短。（　　）

二、简答题

1. 气相色谱仪基本气路流程有哪些？各有什么特点？

2. 决定氢火焰离子化鉴定器灵敏度的因数有哪些？

3. 一个典型的色谱图有哪些基本参数？

4. 影响柱效的因素有哪些？

5. 何为进样时的"三快""三防"？

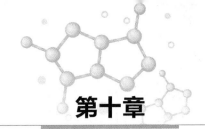

第十章

油中溶解气体分析检测

第一节 分析的气体对象、检测周期、分析结果的要求

一、分析的气体对象

变压器油纸绝缘材料热分解产生的可燃和非可燃气体达 20 种左右，因此，为了有利于变压器内部故障判断，选定必要的气体作为分析对象是很重要的。我国按 DL/T 722—2014 或 GB/T 7252—2001 要求一般分析 9 种或 8 种气体，最少必须分析 7 种气体。

国际电工委员会（IEC）和美国 ANSI/IEEE 以及日本绝缘油气体专门委员会等都是把 H_2、CH_4、C_2H_4、C_2H_6、C_2H_2、CO、CO_2、O_2 及 N_2 九种气体作为分析对象的。

（1）H_2：无论什么故障，即使受潮都会产生 H_2，因此 H_2 是油中溶解气体色谱分析的必不可少的组分。

（2）C_2H_2：是火花放电、电弧放电的主要特征气体之一，高温过热性故障（热点温度高于 800℃以上）也会产生 C_2H_2，因此 C_2H_2 也是我们要检测的重要组分。

（3）CH_4、C_2H_4、C_2H_6：是过热故障和电弧放电产生的特征组分，也是必需的检测组分。

（4）CO、CO_2：是用于辅助诊断故障是否涉及固体绝缘时的组分。

（5）O_2：O_2 的含量是油中总含气量分析时主要组分，O_2 含量高时，在电和热的作用下加速固体绝缘老化，对于高电压变压器、电抗器中含气量高时易形成气桥，气体的介电强度比变压器油低，气桥易先于油击穿（形成小桥放电），另外根据 O_2 的消耗情况也可判断固体绝缘氧化的大致情况，O_2 的增加及含气量的增加也助于判断设备的密封性是否良好。

采用 TDX 碳分子筛柱分离 H_2、O_2、N_2、CO、CO_2，高分子多孔小球分离 CH_4、C_2H_4、C_2H_6、C_2H_2；TCD 检测 H_2、O_2、N_2，FID 检测 CH_4、C_2H_4、C_2H_6、C_2H_2，CO、CO_2 转化为 CH_4 后 FID 检测。总烃是 CH_4、C_2H_4、C_2H_6、C_2H_2 浓度之和，正常运行的变压器油中溶解气体总烃的含量不大于 $150\mu L/L$。

二、检测周期

确定设备的检测周期主要决定于设备的重要程度。一般来说，电压高、容量大的设备取样周期短，发电厂的升压变压器往往比变电站的主变压器更重要，因此分析周期应短些。换流站用油设备每月取样分析一次。GB/T 7252—2001 或 DL/T 722—2014 明确规定充油电器设备油中溶解气体的检测周期如下。

1. 投运前的检测

新投运、对核心部件或主体进行解体性检修后的 66kV 及以上的设备，投运前应至少作一次检测。对于制造厂规定不取样的全密封互感器和套管可不做检测。如果在现场进行感应耐压和局部放电试验，则应在试验前后各做一次检测，试验后取油样时间至少应在试验完毕 24h 后。

2. 新投运时的检测

新投运、对核心部件或主体进行解体性检修后：800～1000kV：第 1、2、3、4、7、10、30 天各进行 1 次；110(66)～750kV：第 1、4、10、30 天各进行 1 次；35kV：第 1、30 天各进行 1 次。若测试结果无异常，可转为定期检测。

新的或大修后的 66kV 及以上的互感器，宜在投运后 3 个月内做一次检测。制造厂规定不取样的全密封互感器不做检测。套管在必要时进行检测。

3. 运行中的定期检测

运行中设备的定期检测周期按表 10-1 的规定进行。

表 10-1　　　　　　　　　　运行中设备的定期检测周期

设备名称	设备电压等级或容量	检测周期
变压气和电抗器	800～1000kV	1 个月（省评价中心 3 月）
	电压 330～750kV 容量 240MVA 及以上的发电厂升压变压器	3 个月
	电压 220kV 容量 120MVA 及以上	6 个月
	电压 66kV 及以上 容量 8MVA 及以上	1 年
互感器	电压 66kV 及以上	1～3 年
套管	—	必要时

注　其他电压等级变压器、电抗器和互感器的检测周期自行规定。制造厂规定不取样的全密封互感器和套管，一般在保证期内可不做检测。在超过保证期后，可视情况而定，但不宜在负压情况下取样分析。

4. 特殊情况下的检测

（1）取样及测量程序参考 GB/T 7252—2001 和 DL/T 722—2014，同时注意设备技术文件的特别提示。

（2）若有增长趋势，即使小于注意值，也应缩短试验周期。烃类气体含量较高时，应计算总烃的产气速率。

（3）总烃含量低的设备不宜采用相对产气速率进行判断。

（4）当怀疑有内部缺陷（如听到异常声响）、气体继电器有信号、经历了过负荷运行以及发生了出口或近区短路故障，应进行额外的取样分析。

（5）在任何情况下，对检测结果有怀疑时，均应取样再次分析，并根据检测结果决定下次检测周期。

（6）根据油中溶解气体的色谱分析数据，初步判断或明确诊断出设备内部存在故障时，应根据故障类型制定适当的跟踪分析周期，先密后松，如果产气速率连续两次超标，且产气速率本身也有明显的增长，则应判断故障存在及类型。过热性故障可一周进行一次，产气速率增长则应缩短周期，反之则可适当延长分析周期，对火花放电故障，先期可定 1～3 天一次，根据情况可做适当调整，而对局部放电性故障，一般 15 天到 1 个月一次。

三、对分析结果的要求

充油电气设备 DGA 分析的全过程包括：

（1）从设备内部取油样，必要时还应从设备上取气样；

（2）从油中脱出溶解气体；

（3）利用气相色谱仪分析气体；

（4）数据分析处理。

由于从取样到得到分析结果之间操作环节较多，应力求减少每个操作环节可能带来的误差。一般取两次平行试验结果的算术平均值作为测定值。

DL/T 722—2014 或 GB/T 7252—2001 对试验结果重复性的要求是：油中溶解气体浓度大于 $10\mu L/L$ 时，两次测定值之差应小于平均值的 10%；油中溶解气体浓度小于等于 $10\mu L/L$ 时，两次测定值之差应小于平均值的 15% 加两倍该组分气体最小检测浓度之和。

试验结果再现性要求两个试验室测定值之差的相对偏差：在油中溶解气体浓度大于 $10\mu L/L$ 时，为小于 15%；小于等于 $10\mu L/L$ 时，为小于 30%。

第二节　油（气）样采集

一、取油样

为避免油样与空气发生接触，从充油设备中采集油样的全过程在全密封的状态下进行。取样阀门必须具有能连接取样软管的小嘴；对于无法与取样软管连接的取样阀必须进行改造，以保证取样能在全密封下进行。

大多数设备一般可在运行中取样，对于需要停电才能取样的设备（如套管），应在停运后尽快取样。对可能产生负压的密封设备，禁止在负压下取样，以防止外部空气吸入设备内部而危及设备的安全运行。

（一）取油样部位

通常大型变压器都有上、中、下部三个取油样阀，另一个是气体继电器通过一根细金属油管引至集气盒的取气阀门（或直接从气体继电器处取气）。一般情况下，由于油流循环，油中溶解气体分布比较均匀，为方便与安全考虑，应在下部取样，所取油样具有一定代表性，在遇有特殊情况时应注意以下几点：

（1）当遇到严重故障产气量较大时，可在上、下部同时取样，以便了解故障的特性及发展情况，及对故障部位的辅助判断。

（2）当需要排查变压器的辅助设备如潜油泵、油流继电器等存在故障的可能性时，要设法在有怀疑的辅助设备油路输出端取样。

（3）当发现变压器有水或油样 H_2 含量异常时，应在上部或其他部位取样。

（4）应避免在设备油循环不畅的死角处取样。

（5）应在设备运行中取样。若设备已停运或刚启动，应考虑油的对流不充分、故障气体的逸散性、固体材料吸附对测定及诊断带来的影响。

（二）取油样容器

（1）用密封性良好的 100mL 全玻璃医用注射器取样，取样前需将注射器清洗烘干。

（2）注射器气密性检查，将注射器抽到有明显刻度的位置，用手指堵死出口，用力压注射器活塞，此时由于压力使注射器内气体被压缩，松开活塞能复位表明注射器密封良好，否则需更换。

（3）注射器活塞（芯）能自由转动和抽动，不卡涩。

（三）取油样量

DL/T 722—2014 或 GB/T 7252—2001 规定，对大油量的变压器、电抗器等的取样量可为 50～80mL，对少油量的设备要尽量少取，以够用为限。实践经验表明，取样量与油样的实际用量越接近越好，这样可保证脱气过程中尽可能不发生注射器芯子卡涩。

（四）取油样方法

（1）取样前应先将取样阀内的残油排除，放油量一般是 4 倍的油死体积，或油温有明显的温度感（40℃以上），即认为是本体循环油，并将阀体周围污物擦拭干净。

（2）将带有三通的连接管与放油口连接牢。

（3）开启放油阀，先将三通转至油路与排出口相通，排除死体积油与管内空气，再转至油路与注射器相通位，预取 40mL 的油，再转至注射器与排出口相通位，排尽注射器内的气泡和油，最后将三通转到取样阀油路与注射器相通位，注意控制油流速度，缓慢取样至所需油量，关闭取样阀，取下注射器，将密封帽内预先充满该油，手指压扁后戴到注射器头上。

（4）取样时要注意人身安全，特别是带电设备和从高处取油。

（5）将取好的样品贴上明确的设备标识（包括设备名称、电压等级、油温、负荷、日期、取样人等内容），并将注射器外壁擦拭干净。

（6）样品贮放一般不超过 4 天。若油样保存时间长，会使气体组分特别是轻组分逸散而造成较大的分析误差。样品在运输过程中及分析前的放置时间内，必须保证注射器的芯塞不卡涩，能够自动补偿温度变化而使油样体积的变化。

（7）油样和气样都应避光存放，否则油中气体组分含量会变化。避光时油中 CO_2 含量变化不大，而不避光时 CO_2 增大很多。其他气体组分含量增长不太显著。避光方法是用棕色容器在室温下存放。另外，油样在运输过程中应尽量避免剧烈振荡，空运时要避免气压变化。

二、取气样

当气体继电器发出轻瓦斯动作信号或跳闸时，应立即检查气体继电器，及时取气样检验，以判明气体成分，同时取油样进行色谱分析，查明原因及时排除。

为减少不同组分对油有不同回溶率的影响，必须在尽可能短的时间内取出气样。取气样容器仍用密封良好的大于等于 10mL 的玻璃注射器。

（一）气体继电器取气样

（1）取样前应用设备本体油润湿注射器。

（2）打开气体继电器外罩，取下放气塞封帽。

（3）取气样时，在变压器气体继电器的放气嘴上套一段乳胶管（乳胶管应尽量短），乳胶管的另一头接一金属小三通阀（或医用三通阀），再把注射器与三通阀相连接。

（4）之后的操作与取样时基本相同：打开放气嘴，转动三通阀至气路相通位，用气体继电器中的气体冲洗连接管道和注射器（气体少时可少冲洗或不冲洗）；再转动三通阀（取样阀气路与注射器相通位），排空注射器；然后转动三通阀至气路相通位取气样。

（5）取样后，转动三通阀方向使之堵住注射器口，将气体继电器内剩余气体排出，待三通阀出口出油后关闭放气塞（用手）。

（6）把注射器与三通阀及乳胶管一起取下，用扳手关紧放气塞。

（7）取下三通阀，立即用橡胶封帽封严注射器出口（应尽可能排尽胶帽内的空气）。

（8）拧紧放气塞封帽，紧固外罩螺钉，取气样工作结束。

（二）集气盒取气样

（1）将气体继电器内集气引入集气盒。旋开集气盒下部排油塞堵头，打开排油塞，慢慢放出盒内变压器油，当盒子内油位降低后，气体继电器内积气在本体油压的作用下顺着引气软管进入集气盒内，当引气管持续出油，轻瓦斯信号已消失且集气盒内油位开始上升时，表示气体继电器内已无积气，关紧排油塞。

（2）旋下集气盒上部放气塞堵头，将乳胶管、三通阀、注射器连接到放气塞。

（3）重复气体继电器取气操作。

（4）气样取完后，将放气塞排气至出油后，关紧放气塞，旋回堵头，取气样结束。

（三）注意事项

（1）乳胶管的内径选择要合适，要保证乳胶管与气体继电器的放气嘴、三通阀连接密封。

（2）取样时不要让注射器中的气体取得过多（如满刻度甚至超过满刻度），因为注射器芯子与注射器内壁之间的接触面积越小越容易漏气。

（3）取样工作前应认真查看工作现场，办理相关工作票，并将主变压器本体重瓦斯保护从跳闸改为信号，取气中应注意保持人身与带电部位的安全距离，高处作业时应系好安全带，梯子应有专人扶持。

（4）进行有载分接开关气体继电器排气前，应先合上该主变压器中性点接地开关，并将该主变压器有载瓦斯保护暂时退出运行，开启气体继电器外盖后，要做好绝缘隔离措施，防止操作过程中手指意外触碰到接线端子造成触电。

（5）气样的保存比油样更困难，有关标准没有规定具体的保存时间，只要求尽快分析。

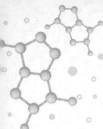

第三节 油 样 脱 气

从充油电气设备内部采集到油样后，必须先用合适的方法将油中溶解气体与油进行分离（即脱气），然后才能利用气相色谱仪对脱出的气体进行定性、定量分析。油样的脱气过程容易产生较大的试验误差，因此选择一种合适的脱气方法并予以正确操作十分重要。

一、脱气环节的基本要求

从油中脱出溶解气体也是控制气相色谱分析误差的重要环节。为此，对脱气装置和脱气方法有如下基本要求：

（1）必须尽可能完全地从油中脱出溶解气体，特别是特征气体的各组分。

（2）采用真空脱气法时，其装置应保证有较高的真空度和良好的密封性，抽气真空泵必须接入真空计，以监视真空度，一般要求脱气前真空系统的残压不高于40Pa，当真空泵停止抽气时，在2倍脱气所需的时间内残压无显著上升；采用溶解平衡法脱气时，必须使玻璃注射器密封良好。

（3）气体从油中脱出后，应尽量不让气体组分有选择性地对油样回溶。

（4）脱出气体在注入色谱仪之前，应混合均匀，并尽快进行进样分析。

（5）脱气后能完全排净残油和残气，保证脱气装置无残油残气对新油样污染。

（6）脱气装置应与取样容器连接可靠，防止油样注入脱气装置时带入空气。

（7）脱气时必须尽量准确地测出被脱气的油样体积和脱出气体的体积，该体积测量应能精确到两位有效数字。用同一装置的每次脱气应尽可能使用相同的油样量。

（8）为了提高脱气率和降低最小检测浓度，采用真空法时，脱气室的体积比进油样体积越大越好；对于溶解平衡法，应选择最佳气液两相体积比，在满足进样量要求的前提下，液相体积比气相体积越大越好。

（9）如果使用不完全脱气法时，应测出所使用的脱气装置对各被测组分的脱气率，以便将分析结果校正到溶于油中的实际浓度。

二、常用脱气方法

GB/T 17623—2017《绝缘油中溶解气体组分含量的气相色谱测定法》推荐的常用脱气方法如下：

（一）顶空取气法

1. 原理

本方法是基于顶空色谱法原理（分配定律）。即在一恒温恒压条件下的油样与洗脱气体构成的密闭系统内，使油中溶解气体在气、液两相达到分配平衡。通过测定气相中各组分气体浓度，并根据分配定律和物料平衡原理所导出的公式求出油样中的溶解气体和组分浓度，见式（10-1）和式（10-2）

$$K_i = \frac{C_{il}}{C_{ig}} \tag{10-1}$$

$$X_i = C_{ig}\left(K_i + \frac{V_g}{V_l}\right) \tag{10-2}$$

式中：K_i 为试验温度下，气、液平衡后溶解气体 i 组分的分配系数（或称气体溶解系数）；C_{il} 为平衡条件下，溶解气体 i 组分在液体中的浓度，$\mu L/L$；C_{ig} 为平衡条件下，溶解气体 i 组分气体在气相中的浓度，$\mu L/L$；V_g 为平衡条件下气体体积，mL；V_l 为平衡条件下液体体积，mL；X_i 为油样中溶解气体 i 组分的浓度，$\mu L/L$。

2. 操作步骤

（1）机械振荡法（手动顶空取气法）。

1）贮气玻璃注射器的准备：取 5mL 玻璃注射器 A，抽取少量试油冲洗器筒内壁 1～2 次后，吸入约 0.5mL 试油，套上橡胶封帽，插入双头针头（见图 10-1），针头垂直向上。将注射器内的空气和试油慢慢排出，使试油充满注射器内壁缝隙而不致残存空气。

2）试油体积调节：将 100mL 玻璃注射器 B 中油样推出部分，准确调节注射器芯至 40.0mL 刻度（V_l），立即用橡胶封帽将注射器出口密封。为了排除封帽凹部内空气，可用试油填充其凹部或在密封时先用手指压扁封帽挤出凹部空气后进行密封，操作过程中应防止空气气泡进入油样注射器 B 内。

3）加平衡载气：取 5mL 玻璃注射器 C，连接 5 号牙科针头，用氮气（或氩气）清洗 1～2 次，再准确抽取 5.0mL 氮气（或氩气），然后将注射器 C 内气体缓慢注入有试油的注射器 B 内，加气速度以针尖在油中排出的气泡保持刚刚连续为宜，操作示意如图 10-2 所示。含气量低的试油，可适当增加注入平衡载气体积，但平衡后气相体积应不超过 5mL。一般分析时，采用氮气做平衡载气，如需测定氮组分，则要改用氩气做平衡载气。

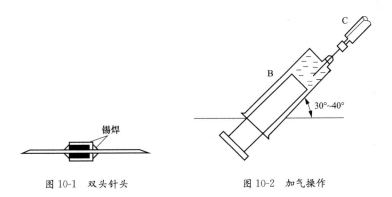

图 10-1　双头针头　　　　　　　图 10-2　加气操作

4）振荡平衡：将注射器 B 放入恒温定时振荡盘上。注射器放置后，注射器头部要高于尾部约 5°，且注射器出口在下部（振荡盘按此要求设计制造）。启动振荡器操作钮，升温至 50℃ 以下连续振荡 20min，静止 10min。若室温在 10℃ 以下时，振荡前，注射器 B 应适当预热后，再进行振荡。若振荡平衡后的气体量不足以分析，可适当补加平衡气，补加气量以平衡后气相总体积应不超过 5mL，重新振荡平衡。

5）转移平衡气：将注射器 B 从振荡盘中取出，并立即将其中平衡气体通过双头针头转移到注射器 A 内。室温下放置 2min，准确读其体积 V_g（准确至 0.1mL），以备色谱分析用。为了使平衡气体完全转移，也不吸入空气，应采用微正压法转移，即微压注射器 B 的芯塞，使气体通过双头针头进入注射器 A。不允许使用抽拉注射器 A 芯塞的方法转移平衡气。注射器芯塞应洁净，以保证其活动灵活，转移气体时，如发现 A 芯塞卡涩时，可轻轻旋动注射器 A 的芯塞。

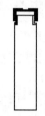

图 10-3　顶空进样瓶

（2）自动顶空取气法。

1）顶空瓶准备：用压盖器将顶空瓶（见图 10-3）用穿孔铝帽和聚四氟乙烯垫密封，将两个 18G1 的针头插入顶空瓶隔垫边缘的不同位置，一个进气、一个放气，进气针头宜靠近瓶底，用流量 2L/min 的氮气（或氩气）吹扫顶空瓶至少 1min，然后先拔出放气针头，再快速拔出进气针头，得到密封良好充满载气的顶空瓶 E。

2）注入试油：100mL 玻璃注射器 B 接上 18G1 针头后，将油样推出部分，调节注射器芯至大于 20mL 的整数刻度处。在顶空瓶 E 上部插入一个放气针头，快速把注射器 B 从顶空瓶隔垫边缘处插入顶空瓶并使针头靠近瓶底，推注射器 B 往顶空瓶中准确注入试油 10.0mL，立即拔出注射器 B 和放气针头，将顶空瓶 E 放置在顶空进样器中，按照 GB/T 17623—2017 中表 4 条件自动进行脱气。

3. 机械振荡脱气法最佳操作条件选择

（1）油样体积 V_1 和平衡载气体积 V_g。合理选择 V_1 和 V_g 的体积比，不但易建立油气两相平衡，还可以提高某些组分的 C_{ig} 浓度，有利于降低仪器对油中组分的最小检测浓度，也有利于某些低浓度气体的检测。为了便于说明，可将式（10-2）振荡脱气法的算式变化为

$$C_{ig} = \frac{X_i}{K_i + \dfrac{V_g}{V_1}}$$

上式中的 K_i 是固定的，对于某一个油样，X_i 也是一定的，因此，V_g/V_1 越小，C_{ig} 就越大，便于油中溶解的低浓度气体的检出。试验数据也可以证明这个关系。对 K_i 值大的，V_g/V_1 值的影响就小些，但对 K_i 值小的，其影响就大，尤其对 H_2 的影响更明显。C_{ig} 高可以相应地减小试验误差。

由于振荡脱气只是在气液两相间建立动态平衡，并不是把油中所溶解的气体全部脱出，故脱出的气体（平衡后的气相体积）浓度要比真空脱气时低很多，因此应尽量提高气体浓度（尽可能减小 V_g/V_1 值）。平衡后的气相体积一般以够用为宜，通常采用 V_1 取 60mL 左右（也有取 80mL），N_2 取 5～6mL（也有取 10mL），视油的含气量高低而定，对于 330kV 及以上电压等级新投运变压器油中含气量很低时，若平衡载气加入太少，有可能会全部溶于油中而无法取出（80mL 油时一般加入 8～10mL 平衡载气）。但若是高纯

Ar 作为载气，由于油对 Ar 的吸气性比对 N_2 的大，应适当比 N_2 作平衡载气时多加一定体积。例如：国网特高压工程南阳 1000kV 站，经试验得出用 60mL 油加入 15～20mL 高纯 Ar，平衡后的气相体积一般在 2～4mL 之间，即能保证洗针、进样的需要，又不致降低 C_{ig} 的浓度，对油中溶解的各组分最小检测浓度都能满足国标的要求。用振荡脱气法时对仪器灵敏度的要求要比真空脱气法高一些。将 V_g/V_1 控制在适当的值，这样脱出的气体浓度 C_{ig} 相对较大，也能确保气样够试验用，振荡时也能充分混合，利于平衡的建立，又不会将气体的浓度有较大的稀释。若过度减少平衡载气的体积，则由于油样振荡空间过小，不易建立平衡，脱出气体量太少而不能满足试验需求。同时，考虑到 330kV 及以上电压等级新投运变压器、电抗器油中总含气量低，若平衡载气加入过少，很有可能脱不出气体，无法建立平衡。而增加油样和气体的体积则由于注射器活塞拉出过多，不利于其气密性。因此，建议一般 220kV 及以下电压等级设备用 80mL 油加入 10mL 的 N_2，对于 330kV 及以上电压等级设备，考虑需做含气量的测定用 Ar 做载气，油对 Ar 的吸气性比 N_2 大，用 60mL 油加入 15mL 的 Ar 为宜。

（2）V_g 体积的测量。加入振荡用的平衡载气（高纯 N_2 或 Ar），由于油样中含气量的高低不同，平衡后气体体积也不相同。平衡后气样的转移要用双头针取样，尽量避免与外界空气的接触，转移样气用的小注射器（5～10mL）气密性要好。由于一般振荡温度高于室内温度，在读取样气体积时，要静止 2min 后再读数，读数准确与否，将会影响计算结果，尤其当 K 值较小时，影响将更明显。振荡和取气用的注射器活塞一定要能自由活动，不能卡涩。

（3）温度。根据 K 值的热力学方程式 $\ln K = A + B/T$，奥斯特瓦尔德系数 K 受温度的影响。在不同温度下做振荡脱气试验，结果是不一样的，温度高时 K 值小，有利于振荡平衡及溶解气体的释放，C_{ig} 增高有利于提高对低浓度油样的检测能力和试验精度，但温度过高时取样困难，也可能引起油的分解，考虑到夏季温度高达 35～37℃ 的因素，把振荡温度定在 50℃（高于外界温度便于温度精确控制），取气时不致太热，是比较合适的。

（4）振荡时间选择。确保气液两相建立动态平衡是振荡脱气的关键，振荡的时间过短，气液两相不能建立动态平衡，试验的准确性就得不到保证，振荡时间过长，使工作效率降低，且气体组分与外界空气交换的机会也就增大些，也将可能导致试验结果偏低。经试验表明，振荡 15～20min，再静止 10min，完全能使气液两相建立平衡。

（5）振荡平衡后气体的转移。振荡平衡后，要静止一段时间，使分散成小泡的气体集中，此时油样仍应保持在 50℃ 的恒温状态下。在取出平衡气体时，应在 50℃ 下进行（用双头针），不要将静置后的油样从振荡仪中取出放置一段时间后进行，温度降低会使平衡后的气体回溶，K 值变大，C_{ig} 降低，而计算时是按 50℃ 时 K 值计算，这样必将导致试验结果偏低。

（6）振荡脱气法准确性讨论。振荡脱气是根据亨利定律（分配定律）及物料平衡原理从严格的公式推导中得出计算公式，属纯理论计算与分析相结合性质的，不存在装置脱气率问题，因此，其准确性相当高。经过多年的试验经验以及振荡脱气与水银脱气、薄膜真空脱气的对比试验结果可充分证明这一结论。即使产生试验偏差，也主要是由 V_g 的读取是否准确及试验分析误差所引起。该方法操作简单、工作效率高、操作条件便于统一、全过程密封性好（常压下易于维持其气密性）、计算方法统一，因此具有准确度高、重复性好、不同实验室间具有可比性的优点。是一种快速、准确便于推广应用的脱气方法。

（二）真空脱气法

1. 原理

在一个密闭的气室内借真空，助以喷淋、搅拌、加热等方法，使油中溶解的气体迅速析出。对析出的气体进行负压转移收集，并在试验大气压力、温度下定量体积。原理结构简图如图 10-4 所示。

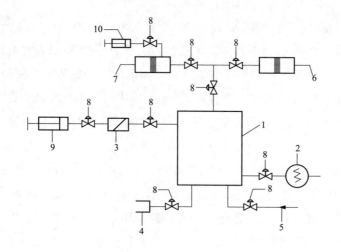

图 10-4　真空取气方法原理结构简图

1—取气室；2—抽真空装置；3—定量加油装置；4—排油口；5—补气口；
6—气体转移器；7—气体收集器；8—电磁阀；9—注射器 B；10—注射器 A

2. 操作步骤

（1）按照机械振荡法的操作，准备 5mL 玻璃注射器 A，连接到真空取气装置集气口 7，具有自动进样功能的真空取气装置无此步骤。

（2）100mL 试油玻璃注射器 B 与真空取气装置的定量加油装置加油口 3 连接，并应密封，不得渗入空气。

（3）试油体积 V_1 的定量应是参与取气的试油总量。具有自动定量功能的真空取气装置，试油用量应经过实测，精确至 0.5mL。

（4）取气过程应按照所用装置说明书进行。

（5）取气完成后记录注射器 A 中气体的体积，准确至 0.1mL。具有自动进样功能的真空取气装置无此步骤。

（三）　两种常用脱气方法的比较

据实验结果表明，两种脱气方法的脱气率都很高，都达到了全脱气水平，真空脱气法的峰高灵敏度明显高于机械振荡法。这对于要求含气量很低，特别是要求不应含有 C_2H_2 气体的超高压充油电气设备的油中气体检测是十分有利的。

第四节　数　据　处　理

一、气相色谱法分析试验中的误差来源。

气相色谱分析方法从取样到取得分析结果之间操作环节较多，因此总的结果误差是比较大的。导则建议从事本试验工作的有关人员做平行试验来考察自己试验的精确性，要求平行试验的结果相差不大于大者的 20%，而且指的是某一台仪器、同一瓶油样（或同一次取的油样）、同一操作人员和同样的操作条件下的指标，这个要求是应该达到的。如果涉及不同单位之间的校对油样，有时可能会相差百分之几十甚至到几倍，产生这些误差的主要来源是多方面的，现分析如下：

（1）取油样的分散度。变压器油中溶解气体在变压器内的分布不均匀性，使油样不能代表整体变压器油。

（2）取油样的操作和油样运输存放过程中油中溶解气体的变化（如进空气等）。

（3）取油样时油温不同，影响油中溶解气体的含量。同一台变压器在不同温度下油中溶解气体含量是不相同的。

（4）从取样到分析时的温度发生了变化（一般是温度降低），溶解气体量随之而变化，温度差别越大，则气体变化量也就越大。

（5）取样用注射器一定要清洗烘干，避免因高浓度残油（如有载调压开关室油、严重故障设备残油等）引起的某些组分分析数据偏高而对设备状态的误判，包括取样用软管也要反复用油清洗干净。

（6）取样用注射器密封完好，避免因漏气与外界气体交换。若运输途中有些样品中进入空气，此气泡一定不能排出，这是因为油中各组分已初步在油气两相中进行分配，若排出气泡将导致测出数据偏低，影响分析结果的准确性，有时会导致漏判，导致不必要的设备损坏。

（7）取样时死油排放要充分，排油量是 4 倍以上的阀路死体积。而对于某些老式变压器在一根很长且管径很粗的油管上安装取样阀的，不宜在此处取样，因为管的死体积一般都有几升油，若排放 4 倍的话，排油量过大，不满 4 倍死体积则有死油残存，影响测试结果。

（8）脱气过程中造成的误差。这是油样进入实验室后造成误差的主要原因。不同脱气装置和操作方法，脱气用油量的不同以及测量油和气体体积的精确度不够等均可能造成明显的差异。

（9）气相色谱仪及记录仪或色谱工作站的误差，以及进样分散性造成的误差。

（10）用油量和加入平衡气的量要适当，加气用的小注射器在加气前应反复用空气清洗 6 次以上，然后用载气清洗一次，确保排除其他残样影响。

（11）取平衡气的小注射器也应反复清洗多次，避免残样的引入造成分析结果的偏差。

（12）进样器每次进样前反复抽洗 6 次以上，然后用样气清洗一次后再进样。

（13）进样时滞空时间要短，进样要迅速，退针要快，防止样品气逸散和失真。

（14）定量及计算过程中的误差。如外标物浓度的误差，配气误差，峰高、峰面积测量误差，计算方法上的误差等。

（15）数据处理时要观察每个峰的定性、定量是否正确和准确，必要时启用手动积分与识峰功能。

（16）若遇分析数据较高时，要查阅历史数据并比较，若有明显增长，要计算产气速率是否超标，若产气速率超标，应制定下次跟踪分析周期。

要提高试验精确度就必须减少上述各环节带来的误差。其中（1）（3）（4）项是不易控制的环节。其他各项，从仪器设备的完善和操作的严格等方面控制，是可以抑制其误差的。所以，在数据处理时，过分追求数据的精确度是不太可能的，也是不必要的。

二、数据处理与分析

在确保从取样到分析各个环节不出现差漏的情况下，峰的处理（定性、定量）准确与否也是获得准确分析结果的重要环节。峰的定性识别要准确，峰的积分起止点要正确，才是得到准确分析数据根本保障，才能为准确判断故障提供技术支持，不致造成漏判和误判。

数据分析是诊断设备有无故障、故障性质及严重程度必不可少的环节。先要检查各项指标是否超出 DL/T 722—2014《变压器油中溶解气体分析和判断导则》规定的注意值，再分析数据结构的合理性。对于数据结构不合理，不符合故障特征的数据要查清楚，必要时取样复检，这就要求色谱技术人员对故障特征气体及其之间的关系、比值范围有个清楚的了解。

下面举例说明数据结构在诊断故障时的应用。如某台 220kV 变压器 220kV 套管油中溶解气体的色谱分析数据如下：H_2 为 $5\mu L/L$，CH_4 为 $10\mu L/L$，C_2H_4 为 $186\mu L/L$，C_2H_6 为 $18\mu L/L$，C_2H_2 为 $1.9\mu L/L$，总烃为 $215.9\mu L/L$。该变压器本体油色谱分析正常，而国标对套管油色谱分析注意值规定是：H_2 小于等于 $500\mu L/L$，C_2H_2 小于等于 $2\mu L/L$，总烃大于 $150\mu L/L$。从数据结构看应属于过热故障，由于有 C_2H_2 出现，属高温过热故障，根据套管构造判断为导杆与引线接头处过热，又本体油色谱分析正常，可排除变压器内导杆与引线接头处过热，从逻辑上推断出必为导杆上部与引出线接头松动引起的上部过热传导至套管内使其套管油裂变所致，经红外测温证实了该推断的正确性。

三、分析结果的表示方法

气体组分的表示单位应能正确地反映设备的内部故障，尽量消除设备大小（即油重）和结构（如油保护方式）等的影响，同时还要有利于追踪分析时能正确掌握各成分的变化趋势。目前国内外多采用油量与气体量之比值来表示，其单位有如下三种：

（1）mL/100mL 油；

（2）μL/L；

（3）油的体积的百分比（％）。

三种单位的换算关系：0.0001mL/100mL 油＝1μL/L＝0.0001％（油的体积）。

目前国内对油中溶解分析结果采用在 101.3kPa 压力和 20℃温度下，每升油中所含的各气体组分的微升数，以 μL/L 表示。对于气体继电器中的游离气体分析结果，采用在压力为 101.3kPa 和温度为 20℃时，每升气体中所含各组分的微升数（μL/L）来表示。为尽可能使数据表达一致，导则规定实测数据记录两位有效数字。没有检测出时，以"无"或"0"表示；未作分析的组分以符号"—"表示之；当油中气体组分特别是 C_2H_2 含量只有几个微升每升时，可以精确到小数点后一位数。

四、分析结果的定量计算

从前述分析可知，式（9-19）是对油中溶解气体分析进行定量计算的基本公式。由于分配系数 K_i 取 50℃时的值，振荡器的工作温度也要定为 50℃。考虑到温度和压力对气体和试油体积的影响，有关标准作了统一规定，要求将最后分析结果校正到标准状态（101.3kPa，20℃）。

（一）顶空取气法的结果计算

1. 样品气和油样体积的校正

（1）机械振荡法按式（10-3）和式（10-4）将室温、试验压力下平衡的气样体积 V_g 和试油体积 V_1 分别校正为 50℃、试验压力 p 下的体积

$$V'_g = V_g \times \frac{323}{273+t} \tag{10-3}$$

$$V'_1 = V_1 \times [1 + 0.0008 \times (50-t)] \tag{10-4}$$

式中：V_g 为室温 t、试验压力下平衡气体体积，mL；V'_g 为 50℃、试验压力下平衡气体体积，mL；V'_1 为 50℃时的油样体积，mL；V_1 为室温 t 时所取油样体积，mL；t 为试验时的环境温度，℃；0.0008 为油的热膨胀系数，1/℃。

（2）自动顶空进样法按式（10-4）和式（10-5）计算顶空瓶中 50℃时平衡试油体积 V'_1 和气样体积 V'_g

$$V'_g = V - V'_1 \tag{10-5}$$

式中：V'_g 为 50℃时顶空瓶中平衡气体体积，mL；V 为顶空瓶体积，mL；V'_1 为 50℃时顶

空瓶中油样体积，mL。

2. 油中溶解气体各组分浓度的计算

按式（10-6）计算油中溶解气体各组分浓度

$$X_i(C_i) = 0.929 \times \frac{p}{101.3} \times C_{is} \times \frac{\overline{A_i}}{A_{is}} \left(k_i + \frac{V_g'}{V_1'} \right) \tag{10-6}$$

式中：$X_i(C_i)$ 为 101.3kPa 和 293K（20℃）油中溶解气体 i 组分浓度，$\mu L/L$；C_{is} 为标准气中 i 组分浓度，$\mu L/L$；$\overline{A_i}$ 为样品气中 i 组分的平均峰面积，mV·s；$\overline{A_{is}}$ 为标准气中 i 组分的平均峰面积，mV·s；V_g' 为 50℃、试验压力下平衡气体体积，mL；V_1' 为 50℃时的油样体积，mL；p 为试验时的大气压，kPa；K_i 为 50℃时，i 组分的奥斯特瓦尔德系数；0.929 为油样中溶解气体浓度从 50℃校正到 20℃时的温度校正系数。

式中的 $\overline{A_i}$、$\overline{A_{is}}$ 也可用平均峰高 $\overline{h_i}$、$\overline{h_{is}}$ 代替。

（二）真空取气法的结果计算

1. 样品气和油样体积的校正

按式（10-7）和式（10-8）将在室温、试验压力下的气体体积 V_g 和试油体积 V_1 分别校正为规定状况（20℃、101.3kPa）下的体积

$$V_g'' = V_g \times \frac{p}{101.3} \times \frac{293}{273+t} \tag{10-7}$$

$$V_1'' = V_1 \times [1 + 0.0008 \times (20 - t)] \tag{10-8}$$

式中：V_g'' 为 20℃、101.3kPa 状况下气体体积，mL；V_g 为室温 t、压力 p 时的气体体积，mL；p 为试验时的大气压力，kPa；V_1'' 为 20℃时的油样体积，mL；V_1 为室温 t 时的油样体积，mL；t 为试验时的环境温度，℃；0.0008 为油的热膨胀系数，1/℃。

2. 油中溶解气体各组分浓度的计算

按式（10-9）计算油中溶解气体各组分浓度

$$X_i(C_i) = \frac{C_{is}}{R_i} \times \frac{\overline{A_i}}{A_{is}} \times \frac{V_g''}{V_1''} \tag{10-9}$$

式中：$X_i(C_i)$ 为油中溶解气体 i 组分浓度，$\mu L/L$；C_{is} 为标准气中 i 组分浓度，$\mu L/L$；R_i 为真空取气装置 i 组分的脱气率，%；$\overline{A_i}$ 为样品气中 i 组分的平均峰面积，mV·s；$\overline{A_{is}}$ 为标准气中 i 组分的平均峰面积，mV·s；V_g'' 为 20℃、101.3kPa 时的气样体积，mL；V_1'' 为 20℃时的油样体积，mL；K_i 为 50℃时，i 组分的奥斯特瓦尔德系数。

式中的 $\overline{A_i}$、$\overline{A_{is}}$ 也可用平均峰高 $\overline{h_i}$、$\overline{h_{is}}$ 代替。

（三）自由气体各组分浓度的计算

按式（10-10）计算自由气体各组分浓度

$$X_{ig}(C_{ig}) = C_{is} \times \frac{\overline{A_{ig}}}{A_{is}} \tag{10-10}$$

式中：$X_{ig}(C_{ig})$ 为自由气体中 i 组分浓度，$\mu L/L$；C_{is} 为标准气中 i 组分浓度，$\mu L/L$；$\overline{A_{ig}}$ 为自由气体中 i 组分的平均峰面积，mV·s；$\overline{A_{is}}$ 为标准气中 i 组分的平均峰面积，mV·s。

式中的$\overline{A_i}$、$\overline{A_{is}}$也可用平均峰高$\overline{h_i}$、$\overline{h_{is}}$代替。

第五节　油中溶解气体在线监测技术

变压器油中溶解气体色谱分析，能够在不停电的情况下及时准确地查出变压器内部潜伏性故障、故障类型、严重程度及发展趋势。为电力系统的安全经济运行做出突出的贡献，为变压器的状态检修工作提供了可靠的技术支持。因此，色谱分析工作和色谱技术也越来越受到重视。但由于实验室色谱分析环节多，不能连续检测变压器运行状况，操作也较复杂，要求色谱分析人员有熟练的操作和分析技术，任何一个环节出现纰漏就可能影响分析结果的准确性，又加之其取样周期相对较长，为确保大型变压器安全运行，弥补实验室分析的不足，人们开始研究变压器在线色谱检测技术。

20世纪70年代初，人们利用半导体气敏元件研制出在线检测H_2的装置，由于产生H_2的因素较多，不能全面反映设备状态和设备故障类型，其次气敏元件又存在吸附效应和严重的非线性问题。后来又有人研究化学燃料电池检测技术，如加拿大SYPROTEC公司于90年代推出的HYDRAN201R型变压器在线早期故障检测装置，其原理采用膜分离技术，化学燃料电池检测，该装置优点是结构简单，体积小，但缺点是渗透膜存在有渗透率、渗透时机（滞后）和负压击穿问题。而化学燃料电池检测是所有渗透到气室中可燃性气体总量的一个综合电位响应，很难准确区分某种特征组分的真实含量是多少，如果参照其说明按其示值的8％作为C_2H_2的量，缺乏科学依据。如河南电科院2006年底色谱分析发现国家电网获嘉500kV主变压器C相油中H_2含量$1280\mu L/L$，总烃为$78\mu L/L$，CH_4为$68\mu L/L$，C_2H_2仅为$0.2\mu L/L$。H_2和CH_4对应增长，H_2是CH_4的十几倍，从数据结构上可以判断属于典型的局部放电，若按上述示值8％的H_2含量作为C_2H_2的值，那么C_2H_2的含量超过$100\mu L/L$，故障性质显然要发生变化（按此数据特征属于典型的火花放电）。因此，此在线检测装置仅可作为早期预警用，不能算是真正意义上的色谱在线。

90年代中期东北电力研究院用单FID研制出在线测烃（CH_4、C_2H_4、C_2H_6、C_2H_2）的检测装置，脱气用膜-真空脱气技术，从技术上比加拿大又前进了一步。但由于没测H_2、CO_2和CO，在诊断上还无法应用"三比值"和改良"三比值"法诊断故障，也无法辅助判断故障是否涉及固体绝缘。

李德志高工于1993～1995年间在河南电科院主持"大型变压器色谱在线自动分析系统"课题研究，曾尝试研究国内、国际无成功先例的单TCD检测微量烃技术，并将其用于色谱在线自动分析系统上获得突破性进展。单TCD在N_2载气的情况下，可检测H_2、O_2、CO_2、CH_4、C_2H_4、C_2H_6、C_2H_2七种组分，且对C_2H_2的最小检测浓度小于等于$0.2\mu L/L$，对H_2的最小检测浓度小于等于$0.006\mu L/L$。其脱气技术采用脉冲调制超声波在线脱气技术（顶空脱气），数据和实验室检测数据比较吻合。

随后国内也有几家先后研究出色谱在线检测装置，如重庆大学采用可选择性气敏元件检测技术，膜分离脱气，可检测 H_2、CO、CH_4、C_2H_4、C_2H_6、C_2H_2 六种组分在线检测装置，C_2H_2 的最小检测浓度为 $1\mu L/L$，其他组分最小检测浓度为 $10\mu L/L$。

作为推广比较好的，商品化推出的如河南中分的 ZF-3000 型，可检测 H_2、CO、CO_2、CH_4、C_2H_4、C_2H_6、C_2H_2 七种组分，该公司采用吹扫捕集反复洗脱技术进行脱气，在国内大部分省市已推广应用。宁波理工采用膜分离脱气，色谱柱分离，广谱气敏元件检测的色谱在线，在市场中推广也不错。

英国凯尔曼公司推出的光声光谱法在线检测装置，体积小，结构简单，无色谱柱和气路阀路系统，其原理是每种不同的组分都有其一定的特征吸收波长，在旋转盘上打数个与组分数一一对应的通光孔，每个孔都安装一个仅能通过某一特定波长的滤光片，特定波长的光通过后照射到气体分子上，具有该特征吸收波长的组分吸收该波长的光能时分子获得能量被激发，能级发生变化，运动加速，冲击在气室上安装有超声换能器片上，换能器将声能转为电压输出而被检测出。此检测装置仍会存在交互响应，需经大量试验通过数学模型来处理，且对 C_2H_2 的最低检出限仅能做到 $1\mu L/L$。

还有其他种类的在线检测方面的研究，在此不做一一阐述。

随着变压器色谱在线检测技术的逐步推广应用，定能为变压器的安全运行提供保障，为变压器的状态检修工作提供更好的技术支持。

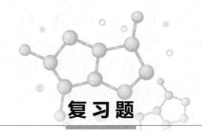

复习题

一、判断题

1. 分析 O_2 主要目的是了解脱气程度和密封好坏，严重过热时 O_2 也明显增长。（　　）

2. 气样从油中脱出后，应尽量不让这些气体组分有选择地对油样回溶。（　　）

3. 分析 CO 的主要目的是主要了解热源温度。（　　）

4. 气相色谱议 H_2 的最小检知浓度小于等于 $20\mu L/L$。（　　）

二、选择题

1. 气相色谱议的最小检测浓度，C_2H_2 为（　　）$\mu L/L$。

A. $\leqslant 5$；　　　　B. $\leqslant 0.1$；　　　　C. $\leqslant 20$；　　　　D. $\leqslant 30$

2. 色谱仪的标定原则上应每天用外标气样作定量标准，进行两次标定，取其平均值，两次标定误差应为平均值的（　　　）

A. ±2.5%；　　　　B. ±0.5%；　　　　C. ±1%；　　　　D. ±1.5%

三、简答题

1. 充油电气设备油中溶解气体分析的全过程有哪些？

2. 对于变压器油中气体分析的取样方法应满足什么要求？

3. 气相色谱议标定时，用的标准气体应符合哪些要求？

4. 色谱分析结果的误差来源有哪些？

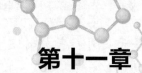

第十一章

充油电气设备内部故障的诊断

第一节　充油电气设备故障诊断步骤

一、概述

油中溶解气体的色谱分析诊断变压器等充油电气设备内部潜伏性故障的理论依据如下：

（1）故障下产气的累积性。充油电气设备的潜伏性故障所产生的可燃性气体大部分会溶解于油中。随着故障的持续发展，这些气体在油中不断积累，直至饱和甚至析出气泡。因此，油中故障气体的含量即其累积程度是诊断故障的存在与发展情况的一个依据。

（2）故障下产气的加速性（即产气速率）。正常情况下充油电气设备在热和电场的作用下也会老化分解出少量的可燃性气体，但产气速率很缓慢。当设备内部存在故障时，就会加快这些气体的产生速率。因此，故障气体的产生速率，是诊断故障的存在与发展程度的另一依据。

（3）故障下产气的特征性。变压器内部存在的故障不同，其产气特征也不同。如火花放电时主要产气特征是 C_2H_2 和 H_2；电弧放电时，除了产生 H_2、C_2H_2 外，总烃量也较突出；局部放电时主要是 H_2 和 CH_4；过热性故障主要是烷烃和烯烃，氢气也较高；高温过热时也会有 C_2H_2 出现。因此，故障下产气的特征性是诊断故障类型的又一依据。

（4）气体的溶解与扩散性。故障产生的气体大部分都会溶解在油中，随着油循环流动和时间推移，气体均匀地分布在油体中（电弧放电产气较快，来不及溶解与扩散，大部分会跑到气体继电器中），这样使得取样应具有均匀性、一致性和代表性，也是溶解气体分析用于诊断故障的重要依据。

二、故障诊断步骤

对于一个有效的分析结果，应按以下步骤进行诊断：

（1）判定有无故障。

（2）判断故障类型。

（3）诊断故障的状况：如热点温度、故障功率、严重程度、发展趋势以及油中气体的饱和水平和达到气体继电器报警所需的时间等。

（4）提出相应的处理措施：如能否继续运行，继续运行期间的技术安全措施和监视手段（如确定跟踪周期等），或是否需要内部检查修理等。

当已经分析得出油中溶解气体含量数据之后，建议按图 11-1 所示的步骤进行设备内部故障的诊断。

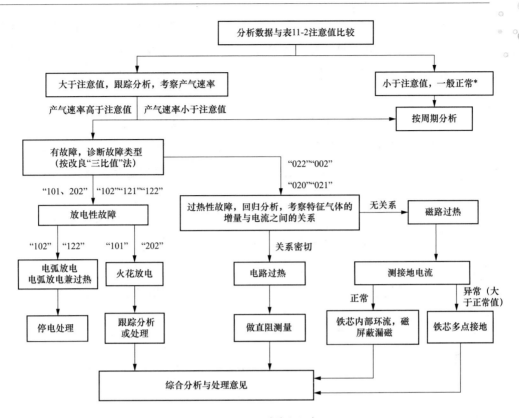

图 11-1　故障诊断程序

* 对新投入运行的设备或重新注油的设备，短期内各气体含量迅速增长，虽未超过注意值，但通过与产气速率注意值作比较，也可判定为内部有异常。

三、有无故障的诊断

1. 总体诊断思路

对于准确可信的色谱分析数据，按 GB/T 7252—2001 和 DL/T 722—2014 导则给出的注意值，并依照不同设备和电压等级的要求，比较各指标有无超过导则所规定的注意值。若有任一项超过注意值，则应跟踪分析，考察产气速率是否超标，产气速率超标严重则有故障，若产气速率不超标则无故障，产气速率接近注意值时，为了排除两次分析数据的偏差可能造成的误判，则应继续跟踪分析（跟踪周期视特征组分性质和绝对量及预判有故障时的故障性质而定），第二次考察产气速率仍超标，且产气速率本身也有增量的话，则可判定设备有故障。故障诊断逻辑程序见图 11-1。

值得注意：DL/T 722—2014 给出的注意值是让人们应当引起关注的值，不是判定设备有无故障的唯一标准，有时即使超过注意值，但不继续增长或产气速率正常，就不能判定设备有故障；有时即使不超过注意值，但只要继续增长且产气速率也超标，则可判定有故障。对于新投运的设备、大修后刚投运的设备以及总烃起始值很低的设备不适宜进行相对产气速率考察。大修后刚投运的设备，尽管已对油作了脱气处理，若处理前总烃或其他组分绝对量很高，投运后（1～3 个月）可能短期内会出现特征组分继续增长，有可能是由于固体材料吸附后解析，其最大解析量与不同设备和绝缘材料用量、性质有关，一般在 10%～13%之间。如果某设备组分浓度扣除解析量和处理后残量仍继续增长，则很可能仍存在故障，应继续跟踪分析，并考核产气速率。

2. 有无故障的诊断要求

DL/T 722—2014 规定，对出厂和新投运的变压器和电抗器要求为：出厂试验前后的两次分析结果，以及投运前后的两次分析结果不应有明显区别，气体含量应符合表 11-1 的要求；运行中设备油中溶解气体的注意值，见表 11-2。这些规定是判定正常设备和怀疑有故障设备的主要法定标准。

大修后的设备也应符合表 11-1 的要求。这是因为大修后的设备应达到新设备同样的水平，因此大修后设备的油中气体含量也应与新出厂设备有同样的要求。但大修后的设备用的一般是原来的旧油（添加少量新油），油中的含气量可能比较高，因此要对油进行严格脱气，并且注意投运前、后的检测，以备作为运行中连续检测的基数。

表 11-1   **新设备投运前油中溶解气体含量要求**   μL/L

设备	气体组分	含量	
		330kV 及以上	220kV 及以下
变压器和电抗器	氢气	<10	<30
	乙炔	<0.1	<0.1
	总烃	<10	<20
互感器	氢气	<50	<100
	乙炔	<0.1	<0.1
	总烃	<10	<10
套管	氢气	<50	<150
	乙炔	<0.1	<0.1
	总烃	<10	<10

运行中设备油中溶解气体含量超过表 11-2 所列数值时，应引起注意。

表 11-2   **运行中设备油中溶解气体含量注意值**   μL/L

设备	气体组分	含量	
		330kV 及以上	220kV 及以下
变压器和电抗器	氢气	150	150
	乙炔	1	5
	总烃	150	150
	一氧化碳	（见本 DL/T 722—2014 10.2.3.1）	（见 DL/T 722—2014 10.2.3.1）
	二氧化碳	（见本 DL/T 722—2014 10.2.3.1）	（见 DL/T 722—2014 10.2.3.1）
电流互感器	氢气	150	300
	乙炔	1	2
	总烃	100	100

设备	气体组分	含量	
		330kV 及以上	220kV 及以下
电压互感器	氢气	150	150
	乙炔	2	3
	总烃	100	100
套管	氢气	500	500
	乙炔	1	2
	总烃	150	150

注 1. 该表所列数值不适用于从气体继电器放气嘴取出的气样。

2. 对于 CO 和 CO_2 的判断，DL/T 722—2014 有专门论述。

在识别设备是否存在故障时，不仅要考虑油中溶解气体含量的绝对值，还应注意：

（1）注意值不是划分设备有无故障的唯一标准。当气体浓度达到注意值时，应进行追踪分析，查明原因。

（2）对于新投入运行或者重新注油的变压器，短期内气体增长迅速虽未超过气体含量注意值，但通过对比气体增长率注意值，也可以判定内部有异常。

（3）对 330kV 及以上的电抗器，当出现痕量（小于 $1\mu L/L$）乙炔时也应引起注意；若气体分析虽已出现异常，但判断不至于危及铁芯和绕组安全时，可在超过注意值较大的情况下运行。

（4）影响电流互感器和电容式套管油中氢气含量的因素较多，有的氢气含量虽然低于注意值，但有增长趋势，也应引起注意；有的只是氢气含量超过注意值，若无明显增长趋势，也可判断为正常。

（5）注意区别非故障情况下的气体来源，进行综合分析。

1）在某些情况下，有些气体可能不是设备故障造成的。如油中含有水，可以与铁作用生成氢；过热的铁芯层间油膜裂解也可生成氢；新的不锈钢中也可能在加工过程中或焊接时吸附氢而又慢慢释放至油中。特别是在温度较高、油中有溶解氧时，设备中某些油漆（醇醛树脂）在某些不锈钢的催化下，甚至可能产生大量的氢气；某些改型聚酰亚胺型的绝缘材料也可生成某些气体溶解于油中。油在阳光照射下也可以生成某些气体。设备检修时，暴露在空气中的油可吸收空气中的 CO_2 等。有些油初期会产生氢气（在允许范围左右），以后逐步下降。因此应根据不同的气体性质分别给予处理。

2）当油色谱数据超注意值时还应注意：排除有载调压变压器中切换开关油室的油向变压器本体油箱渗漏，或选择开关在某个位置动作时，悬浮电位放电的影响；设备曾经有过故障，而故障排除后绝缘油未经彻底脱气，部分残余气体仍留在油中；设备带油补焊；原注入的油中就含有某些气体等可能性。

3. 有无故障的诊断方法

（1）对比分析结果的绝对值（如总烃、C_2H_2、H_2、CH_4 等）某一项指标超过表 11-1 和表 11-2 的注意值，且产气速率超过表 11-12 的注意值，判定为存在故障。

【**案例 11-1**】 220kV 主变压器内部磁路过热故障。

该主变压器自 2004 年 7 月 26 日投运以来，进行了例行的高压试验和油化验，高压试验数据符合投运要求，而油色谱分析却出现乙炔及总烃升高情况，故对其加强了跟踪分析。

表 11-3						色谱分析数据			μL/L
分析日期	CH_4	C_2H_4	C_2H_6	C_2H_2	H_2	CO	CO_2	总烃	备注
2004-07-26	0.69	0	0	0	0	3.34	10.33	0.69	局放前
2004-07-27	1.02	0.15	0.28	0	4.66	20.46	275.98	1.45	投运第 1 天
2004-07-31	17.76	32.92	3.52	2.12	21.95	29.68	278.06	56.32	投运第 4 天

分析步骤：根据以上的色谱分析数据作如下判断：

1）总烃 $56.32\mu L/L$ 大于表 11-1 的规定（$<20\mu L/L$），C_2H_2 $2.12\mu L/L$ 大于表 11-1 的规定（$<0.1\mu L/L$）。

2）绝对产气速率

$$\gamma_a = [(C_{i2} - C_{i1})/\Delta t] \times (m/\rho)$$
$$= [(56.32 - 1.45)/4] \times (46/0.89)$$
$$= 709(mL/d)$$

绝对产气速率远大于表 11-12 中的规定 12mL/d，可见，气体上升速度很快。

由以上两点可认为设备有异常，须缩短跟踪周期进行跟踪分析。

经最终停电检查，一个"M20 镀锌螺母"夹在 10kV 低压侧 B、C 两相之间下部的铁芯夹件与铁芯之间，其中六个侧面的一个面有明显过热痕迹；当该螺母取出后，测量主变压器铁芯绝缘电阻为 5000MΩ，主变压器铁芯多点接地故障已消除。

图 11-2 一个面有明显过热痕迹的 M20 镀锌螺母

（2）看总烃、C_2H_2、H_2、CH_4 中是否有任何一种超过表 11-2 中的注意值，若有，则应进行追踪分析。同时考查产气速率，一般至少计算二次产气速率，且二次均超标，并有递增的趋势，可判定为设备存在故障。

【**案例 11-2**】 某台 SFZ7-25000/110 型的主变压器，第一年投入运行交接和连年例行试验（包括油色谱、常规试验）结果均正常，第二年例行试验取油样色谱分析中发现油中特征气体较上次有异常，立即进行跟踪试验，几次取样数据见表 11-4，对数据进行分析，并得出变压器故障的结论。

表 11-4　　　　　　　　第二年变压器主要色谱分析结果　　　　　　　　μL/L

试验日期	H_2	CH_4	C_2H_6	C_2H_4	C_2H_2	总烃	CO	CO_2
3 月 1 日	9.0	5.0	0	33.0	0	38.0	57.0	2900
6 月 1 日	9.5	0	0	47.0	0	47.0	178.0	2460
9 月 16 日	12.0	23.0	9.0	98.0	0	130.0	54.0	2375
10 月 1 日	14.0	29.0	18.0	174.0	0	221.0	75.0	3040

分析步骤：用故障产气速率分析：

取 6 月和 9 月的数据计算

$$C_{i1} = 47; \quad C_{i2} = 130; \quad \Delta t = 3.5 \text{ 月}$$

相对产气率为

$$\gamma_r = \frac{C_{i2} - C_{i1}}{C_{i1}} \times \frac{1}{\Delta t} \times 100\%$$

$$= \frac{130 - 47}{47} \times \frac{1}{3.5} \times 100\%$$

$$= 50.5\% / \text{月} > 10\% / \text{月}$$

可见，故障特征气体增速较快，且相对产气速率大于 10％/月，可认为设备有异常，但根据导则要求"总烃含量低的设备不宜采用相对产气率进行判断"。因此需要跟踪，比较 10 月与 9 月的数据

$$\gamma_r = (C_{i2} - C_{i1})/C_{i1} \times 1/\Delta t \times 100\%$$

$$= (221 - 130)/130 \times 1/0.5 \times 100\%$$

$$= 182\% / \text{月} > 10\% / \text{月}$$

因此，可判定该变压器有异常。

4. 绝缘纸吸附残油中故障气体的判断方法

（1）溶解气体的解析，也称为回溶现象，是指固体材料及固体绝缘材料所吸附的某些气体在固相与液相中的一种分配与平衡的过程，如在某些设备处理工艺过程中，不锈钢部件吸附较高浓度的 H_2，注油后 H_2 由高浓度（不锈钢件）向低浓度（油）介质中扩散的过程。发生严重故障导致油中烃类气体的含量很高的变压器，即使在对油进行真空脱气处理后，固体材料所吸附的特征组分由于解析需要一定的时间和过程，真空滤油很难将其处理掉，当设备重新投运后，油温升高使其固相的吸附指数降低，从而由高浓度的固体材料向很低浓度的油中进行扩散分配，逐渐达到平衡。其最大回溶量一般不超过其原来最大值的 10％～13％，这和绝缘材料的用量、材料性质及密度有一定的关系。这也是处理后重新投运的变压器不易进行产气速率考核的原因。解析（回溶）达到平衡的时间一般为 1～3 个月，且和油温高低有关，油温高时解析就快些，油温低时解析达到平衡的时间就会长些。

对于故障处理后的变压器，投运前也要进行一次色谱分析，以建立起基准数据，即处理后的残留量。投运一定时间后，若故障特征组分的量低于残留量与最大解析量之和，

则表明故障已排除，反之则说明故障仍存在。

其计算方式为：设某组分 i 处理前的最大浓度为 C_{i1}，处理后的残存浓度为 C'_{i1}，那么运行后无故障时允许的 i 组分最高含量要小于 $[C'_{i1}+(10\%\sim13\%)C_{i1}]$。在进行故障诊断时，为了不致造成误判，要充分考虑气体的解析问题。

【案例 11-3】 某台 240MVA/220kV 主变压器，因内部发生了电弧放电故障，故障处理前 C_2H_2 最大为 $300\mu L/L$，经故障处理并对油进行真空脱气后 C_2H_2 为 $0.2\mu L/L$，重新投入运行，运行一周后分析油中 C_2H_2 达 $7\mu L/L$，半个月后 C_2H_2 增至 $13\mu L/L$。其他特征气体虽然亦有所增长，但均远低于注意值。继续跟踪分析、监视。该主变压器运行 2 个月后，油中 C_2H_2 达 $23\mu L/L$，其后不再增长。

$$[C'_{i1}+(10\%\sim13\%)C_{i1}]=[0.2+(10\%\sim13\%)\times300]=3.2\sim39.2>23$$

此案例印证了溶解气体的解析现象。

（2）若特征气体增长速率比正常设备快些，可对设备内部纤维材料中的残油抽溶解的残气进行估算。其估算步骤及公式推导如下：

1）绝缘纸中浸渍的油量 V_1（L）为

$$V_1 = V_P\left(1-\frac{d_1}{d}\right) \tag{11-1}$$

2）绝缘纸板中浸渍的油量 V_2（L）为

$$V_2 = V_B\left(1-\frac{d_2}{d}\right) \tag{11-2}$$

式中：d_1 为绝缘纸的密度，取 0.8；d_2 为纸板的密度，取 1.3；d 为纤维素的密度，取 1.5；V_P 为设备中绝缘纸的体积，L；V_B 为设备中绝缘纸板的体积 [V_P、V_B 可由制造厂家提供，如果万一不能及时获得制造厂提供的数据，则建议暂时按油：纸/板=（4~7）：1（质量）和纸板：纸=6：4（体积）来进行近似估算，以便及时评估变压器内部的状态]。

3）设备内部绝缘纸和纸板中浸渍的总油量为

$$V = V_1 + V_2 \tag{11-3}$$

4）设备修理前油中组分 i 的浓度已知，即为 C_i（$\mu L/L$），则纸和纸板中残油所残存的组分 i 气体总量为

$$G_i = VC_i\times10^{-6} \tag{11-4}$$

5）当设备装油量为 V_0（L）时，则修复并运行一段时间之后，上述残气 G_i 再均匀扩散至体积为 V_0 的油中，其浓度为

$$C'_i = \frac{G_i}{V_0}\times10^6 = \frac{VC_i}{V_0} \tag{11-5}$$

6）将式（11-1）和式（11-2）代入式（11-5）即得

$$C'_i = \frac{G_i}{V_0}\left[V_P\left(1-\frac{d_1}{d}\right)+V_B\left(1-\frac{d_2}{d}\right)\right] \tag{11-6}$$

因此当故障修复后，油处理后气体分析所得的各组分浓度应分别减去 C'_i 值，才是设

备修复后油中气体的真实浓度。

【案例 11-4】 某台 240MVA/220kV 主变压器，因内部发生了电弧放电故障，油中 C_2H_2 达 $230\mu L/L$，经事故抢修和对油进行真空脱气后，重新投入运行，运行一周后分析油中 C_2H_2 达 $7\mu L/L$，半个月后 C_2H_2 增至 $13\mu L/L$。其他特征气体虽然亦有所增长，但均远低于注意值。根据式（11-6）计算认为，该变压器油中残存的 C_2H_2 极限值可达 $27\mu L/L$，建议继续跟踪分析、监视。该主变压器运行 2 个月后，油中 C_2H_2 达 $23\mu L/L$，其后不再增长。实践证明，只要制造厂能够提供准确的 V_P 和 V_B 数据，利用式（11-6）估算事故后残气的含量是比较准确的。

也可根据经验，变压器大修之后绝缘纸中吸附气体扩散到油中的回溶率一般为 $10\%\sim 13\%$，电弧放电故障后油中 C_2H_2 达 $230\mu L/L$，按 $10\%\sim 13\%$ 的回溶率计算，油中 C_2H_2 在大修后 $1\sim 3$ 月内残气为 $23\sim 29.9\mu L/L$ 属于正常，其后不再增长，可判断为残气回溶。

第二节　故障类型的诊断

一、特征气体法

根据油纸分解的基本原理和一些模拟试验结果，提出了以油中气体组分，即特征气体为焦点的判断设备故障的各种方法，简称为特征气体法。由此可推断设备的故障类型。表 11-5 为不同的故障类型产生的主要特征气体和次要特征气体。

在应用故障特征气体法诊断故障时，不能单看数据结构，还要参照特征气体增长之间的关系，以消除以前气体存有量的影响。

表 11-5　　　　　　　　　不同故障类型产生的气体（DL/T 722—2014）

故障类型	主要特征气体	次要特征气体
油过热	CH_4、C_2H_4	H_2、C_2H_6
油和纸过热	CH_4、C_2H_4、CO	H_2、C_2H_6、CO_2
油纸绝缘中局部放电	H_2、CH_4、CO	C_2H_4、C_2H_6、C_2H_2
油中火花放电	H_2、C_2H_2	
油中电弧	H_2、C_2H_2、C_2H_4	CH_4、C_2H_6
油和纸中电弧	H_2、C_2H_2、C_2H_4、CO	CH_4、C_2H_6、CO_2

注　1. 油过热：至少分为两种情况，即中低温过热（低于 700℃）和高温（高于 700℃）以上过热。如温度较低（低于 300℃），烃类气体组分中 CH_4、C_2H_6 含量较多，C_2H_4 较 C_2H_6 少甚至没有；随着温度增高，C_2H_4 含量增加明显。
　　2. 油和纸过热：固体绝缘材料过热会产生大量的 CO、CO_2，过热部位达到一定温度，纤维素逐渐炭化并使过热部位油温升高，才使 CH_4、C_2H_6 和 C_2H_4 等气体增加。因此，涉及固体绝缘材料的低温过热在初期烃类气体组分的增加并不明显。
　　3. 油纸绝缘中局部放电：主要产生 H_2、CH_4。当涉及固体绝缘时产生 CO，并与油中原有 CO、CO_2 含量有关，以没有或极少产生 C_2H_4 为主要特征。
　　4. 油中火花放电：一般是间歇性的，以 C_2H_2 含量的增长相对其他组分较快，而总烃不高为明显特征。
　　5. 电弧放电：高能量放电，产生大量的 H_2 和 C_2H_2 以及相当数量的 CH_4 和 C_2H_4。涉及固体绝缘时，CO 显著增加，纸和油可能被炭化。

实际诊断故障类型时，为了更直观起见，可把表 11-5 进行改进，总结为改进的特征气体法，见表 11-6。

表 11-6   改 进 的 特 征 气 体 法

故障类型	序号	故障性质	特征气体的特点
热性故障	1	过热（低于 500℃）	总烃较高，$CH_4 > C_2H_4$，C_2H_2 占总烃的 2% 以下
	2	严重过热（高于 500℃）	总烃高，$C_2H_4 > CH_4$，C_2H_2 占总烃的 6% 以下，H_2 一般占氢烃总量的 27% 以下
	3	过热故障在电路和磁路的判断方法	（1）一般总烃较高，有几百微升每升（$\mu L/L$），乙炔在 1$\mu L/L$ 以下，占 2% 总烃以下，乙炔增加慢，总烃增加的快，C_2H_4/C_2H_6 比值较小，一般 C_2H_4 的产气速率往往低于 CH_4 的产气速率，绝大多数情况下该比值为 6 以下，一般故障在磁路。CH_4/H_2 的比值一般接近 1。（2）一般总烃高，有几百微升每升（$\mu L/L$）甚至更多，乙炔一般大于 4$\mu L/L$，接近 2% 总烃，乙炔和总烃增加都快，C_2H_4/C_2H_6 比值也较高，一般 C_2H_4 的产气速率往往高于 CH_4 的产气速率。一般故障在电路或外围附件（一般为潜油泵电路有问题）。CH_4/H_2 的比值要大（一般大于 3）
电性故障	4	局部放电	总烃不高，H_2 大于 100$\mu L/L$，并占氢烃总量的 90% 以上，CH_4 占总烃的 75% 以上。H_2/CH_4 的比值 >10 甚至超过 20，在跟踪分析时，两者同比增加
	5	火花放电	总烃不高，C_2H_2 大于 10$\mu L/L$，并且 C_2H_2 一般占总烃的 25% 以上，H_2 一般占氢烃总量的 27% 以上，C_2H_4 占总烃的 18% 以下
	6	电弧放电	总烃较高，C_2H_2/总烃为 10%～30%，H_2 占氢烃总量的 27% 以上；乙炔/总烃超过 50%，即使是电弧放电，但前奏肯定是火花放电
过热兼放电故障	7	过热兼电弧放电	总烃较高，C_2H_2 占总烃的 6%～18%，H_2 占氢烃总量的 27% 以下

二、三比值法

1. 三比值编码规则、故障类型诊断及应用

根据充油设备内油、绝缘纸在故障下裂解产生气体组分含量的相对浓度与温度的依赖关系，从 5 种特征气体中选用两种溶解度和扩散系数相近的气体组分组成三对比值，以不同的编码表示；根据表 11-7 的编码规则和表 11-8 的故障类型判断方法作为诊断故障性质的依据。这种方法消除了油的体积效应影响，是判断充油电气设备故障类型的主要方法，并可以得出对故障状态较为可靠的诊断，据资料统计判断准确率可达 97.1%。

表 11-7   三 比 值 法 编 码 规 则

气体比值范围	比值范围编码		
	$\dfrac{C_2H_2}{C_2H_4}$	$\dfrac{CH_4}{H_2}$	$\dfrac{C_2H_4}{C_2H_6}$
<0.1	0	1	0
[0.1, 1)	1	0	0
[1, 3)	1	2	1
≥3	2	2	2

表 11-8　　　　　　　　　　**故 障 类 型 判 断 方 法**

编码组合			故障类型判断	故障实例（参考）
C_2H_2/C_2H_4	CH_4/H_2	C_2H_4/C_2H_6		
0	0	0	低温过热（低于 150℃）	纸包绝缘导线过热，注意 CO 和 CO_2 的增量和 CO_2/CO 值
	2	0	低温过热（150～300℃）	分接开关接触不良；引线连接不良；导线接头焊接不良，股间短路引起过热；铁芯多点接地，矽钢片间局部短路等
	2	1	中温过热（300～700℃）	
	0，1，2	2	高温过热（高于 700℃）	
	1	0	局部放电	高湿、气隙、毛刺、漆瘤、杂质等引起的低能量密度的放电
2	0，1	0，1，2	低能放电	不同电位之间的火花放电，引线与穿缆套管（或引线屏蔽管）之间的环流
	2	0，1，2	低能放电兼过热	
1	0，1	0，1，2	电弧放电	绕组匝间、层间放电，相间闪络；分接引线间油隙闪络、选择开关拉弧；引线对箱壳或其他接地体放电
	2	0，1，2	电弧放电兼过热	

2. 应用三比值法时注意事项

（1）只有根据各特征组分含量注意值和产气速率注意值判断可能存在故障时，才能进一步用三比值法判断其故障类型，而对于气体含量正常的设备，比值没有意义。

（2）对于表 11-8 中的 101、102、022、002 等编码其故障都是典型的，对于复合码如120、121、122，则是由放电兼过热性故障的复合形成的。而 202 也属火花放电，其放电强度比 101 火花放电要大些。

在应用中假如气体的比值与以前有所变化，则有两种情况：一是有新的故障与老故障重叠，二是由于取样分析各环节导致某组分数据的偏差而恰巧改变了比值的范围而引起编码的改变。

要更加准确的判断故障类型与发展，还要考察特征组分增量关系，利用数据结构来判断。为了得到仅相应于新故障的气体比值，要从最后一次的分析结果中减去上一次的分析数据，并重新计算比值（尤其是 CO 和 CO_2 含量较高的情况下）。在进行比较时，要注意在相同的负荷和温度（油温）等情况下，在相同的位置取样，这是由于相同的负载对于电路有故障点的热性故障而言，产气是均匀一致的，故障点在电路中的热性故障其故障特征气体的增量与负载成正比，即与电流关系很大。而磁路故障则特征气体增量与负荷没有关系，即使在空载情况下，只要有励磁，其故障特征组分增量依然增加，相同油温是考虑气体的隐藏特性，即油温高时化合物类气体便于从固体材料的吸附中解析到油相中，反之，油温低时油中溶解的化合物类气体则有部分又被固体材料所吸附，这也正是有很多人在跟踪分析时为什么分析数据忽高忽低的主要原因。

另外，取样时死油排放也很重要，一般要排放 4 倍以上的死油体积，有一个典型例子，某单位一台 220kV 主变压器总烃为 $260\mu L/L$，乙炔为 $1.1\mu L/L$，经多次跟踪分析总烃逐渐上升到 $680\mu L/L$ 时，在此分析过程中，该单位色谱分析数据忽高忽低（由于取样人员不同，油死体积排放不一致），作者在考察其分析操作全过程后，要求取平行样测试，第一次死体积排放约 40mL，取样 80mL，第二个注射器又排放 20mL，取油 80mL，在测试时第一个注射器总烃为 $590\mu L/L$，第二个注射器总烃为 $680\mu L/L$，相差 $90\mu L/L$，该单位分析人员不理解为何相差如此之大，作者借此给他们讲解了死油排放要求以及排放量与死油区体积之间的关系，死油排放的必要性，该放油阀死油体积也就是 50mL 左右，需排死油 200mL 方可。而实际该变压器后来总烃增长到 $980\mu L/L$，乙炔 $2.3\mu L/L$，从数据结构看为典型的高温过热，且是磁路，后经空载运行，考核故障特征气体增量与电流之间的关系（也就是本书提到的回归分析），空载时总烃继续增加，且增速反而大，带一定负荷也增加，其增幅比空载时小 50% 左右，基于该变压器是自然油循环，空载时油温低，循环缓慢，有负载时油温高加速了油循环，也就加速了溶解气体的扩散，据此现象，推断出故障点必是位于取样口偏下位置的磁路上（只有此才符合空载时总烃增幅高，负载时反而增幅小的现象）。

（3）要注意设备结构与运行情况，例如对自由呼吸的开放式变压器，由于一些其他组分从油箱的油面上逸散，特别是 H_2 和 CH_4（溶解度小的气体向气相逸散大）。因此，在计算 CH_4/H_2 比值时应做适当修正。

（4）特征气体的比值，应在故障下不断产气的进程中进行监视才有意义。如果故障产气过程停止或设备停运已久，将会因组分比值发生某些变化而引起判断误差（对于开放式变压器不同组分因溶解度不同，逸散损失也不一样，而对于全密封变压器则是由于停运后油温的降低，固体材料对油中不同气体的吸附隐藏特性的不同也会使其比值发生变化）。

3. 应用三比值法诊断故障时应正确理解和认识的问题

（1）C_2H_2/C_2H_4 的比值问题，比值范围在 $[0.1，3)$ 时编码为 1，$\geqslant 3$ 时编码为 2。有人认为当编码为 2 时，表明 C_2H_2/C_2H_4 的比值要比编码为 1 时对应的 C_2H_2/C_2H_4 比值高，放电能量越高，所产生的特征气体 C_2H_2 的浓度越高，因此，高能放电（电弧放电）故障对应的编码为 2，而低能放电（火花放电）故障对应的编码为 1。其实，这种理解是错误的，虽然放电能量越大，产生的 C_2H_2 浓度越高本身是对的，但 C_2H_2 产生是 $1000℃$ 以上苯环开链的产物，火花放电虽然没有电弧放电能量高，而火花放电温度也足以高过 $1000℃$ 而使油裂解产生 C_2H_2，也正是由于火花放电能量不够高，才不致使大量的油迅速裂解产生大量的热特征气体 C_2H_4、C_2H_6，因而 C_2H_2 所占总烃的比例反而偏高，从而 $C_2H_2/C_2H_4 \geqslant 3$ 的原因。

电弧放电能量很高，可以瞬间将设备摧毁，巨大的能量可以导致故障点附近油的大量裂解，除产生 C_2H_2 和 H_2 外，同时大量的热能释放也将导致热故障特征气体 C_2H_4、C_2H_6 及 CH_4 的大量产生，此时由于总烃量很高，C_2H_2 占总烃的比例反而下降，C_2H_2/C_2H_4 的比值反而降低。对于电弧放电，由于产气迅速，大量的故障特征气体来不及溶解与扩散而进入气体继电器，气体继电器中组分浓度较高，而本体油中浓度不是太高的原因就在于此。

电弧放电一般都是差动保护（相间电流不平衡），压力释放（即压力释放阀喷油，大量气体的迅速产生造成顶部空间压力快速上升）及轻瓦斯报警的同时出现。此时瓦斯气（或瓦斯油中）的特征气体浓度折算到油中的理论值要比本体油中对应的该浓度值大很多，不平衡度（$K=$ 理论值/实际值）>3。因而当 $C_2H_2/C_2H_4 \geqslant 3$ 时只能是火花放电而不可能是电弧放电。"101"是火花放电的典型码，"202"等同于"101"，也是火花放电，此时火花放电的能量要比"101"时高些，"102"是典型电弧放电的编码，"121""122"是放电兼过热故障的复合编码，总烃和 C_2H_2 绝对量很高时（数万 $\mu L/L$ 或更高）可理解为电弧放电兼高温过热，不可理解为是"102"与"020"的复合或"100"与"022"的复合。

（2）当三比值编码组合为"000"时，一般属正常老化，但如果出现特征气体浓度很高，而三比值编码组合恰巧为"000"时，则不能认为无故障。

在诊断出故障类型之后，还要尽可能诊断出故障部位，如电弧放电由于其能量很高，只能出现在电路中，如绕阻层、匝间短路、相间短路放电或某相对地放电等；火花放电属悬浮电位放电，如引线对电位未固定的部件之间连续火花放电，不同电位体之间的油中火花放电，电抗器均压环开裂或引线接头松动等；对于过热性故障主要区分故障点在电路或磁路（外围附件烧毁呈现的数据特征与电路相似），若在磁路则要查明是铁芯多点接地或铁芯内部环流（磁屏蔽漏磁也属于内部环流的另一方式）。

在诊断出某变压器内部有高温过热性故障时，一般可从数据结构上判明是电路或磁路过热，电路过热一般 C_2H_2 也较高，在 $4\mu L/L$ 以上且增长较明显，磁路过热 C_2H_2 含量一般低于 $4\mu L/L$，且随总烃增长，C_2H_2 增长比较缓慢。为了从逻辑上明确判定故障点是在电路或磁路，可通过回归分析，即考核故障特征气体增量与电流（负荷）之间的关系，若特征气体增量与电流关系密切则为电路，反之为磁路。如将变压器空载运行考核特征气体增量变化，若继续增加则为磁路故障，此时测量铁芯接地电流，如果大于正常值很多，则为铁芯多点接地，若接地电流正常（1000kV 以下，在 100mA 以内；1000kV，在 300mA 以内），则为铁芯内部环流（或磁屏蔽有问题）。铁芯多点接地又分活接地和死接地，活接地一般为可随油流移动的导体及碳化物，其不规则移动造成铁芯有时多点接地，有时可能消失，也有可能为油底壳铁（磁）性异物（如螺杆、螺母等），在变压器带电励磁时，受磁力影响与吸引导致铁磁性螺杆将铁芯与油底壳相连，不带电时又受重力作用落回到油底壳上面，此种活接地当变压器不带电时，拆掉固定接地点测量铁芯对地绝缘，电阻会比较大（绝缘电阻大）；死接地则为某一导体将铁芯某点烧结到底壳或某一对地点上形成另一接地点，导致铁芯外部形成环流，这时拆除固定接地点（变压器不带电励磁），测量铁芯对地绝缘，绝缘电阻应很低。无论铁芯内环流或是外环流，都将使铁芯发热而引起油的裂解。

而主电路中的故障点一般多是分接开关与引线接头处接触不良，其次是绕阻断股或两股间因绝缘不好引起股间短接形成铜涡流而发热。

三、回归分析

许多故障，特别是过热性故障，产气速率与设备负荷之间呈线性回归或倍增回归关系，如果这个关系明显，说明产气速率过程依赖于欧姆发热，可用产气速率与负荷电流关系的回归线斜率作为故障发展过程的监视手段。

变压器过热性故障时的产气速率与设备负荷电流呈现一定的关系，即故障发展与负荷电流的关系。$r_r = AI^2 + \Delta$，$r_r = AU^2 + \Delta$；A、Δ 为综合常数。即：导电回路的过热故障产气速率正比于负荷电流的平方，而磁路的过热故障产气速率正比于负荷电压的平方。将每一跟踪间隔内绝对产气速率分别与负荷电流的平方或负荷电压的平方进行比较，便可判断故障是在磁路还是在导电回路。

对于过热性故障，为了准确判断故障点在电路或磁路，可利用故障特征气体产气增量与负荷电流之间关系判断。在变压器空载运行情况下，然后在相同的间隔时间内取样，进行色谱分析，操作条件一致，考察其产气速率，若产气速率继续增长，说明故障产气速率与负荷电流无相关性，则可判断故障部位在磁路。连续监视产气速率与负荷电流的关系，还可以获悉故障发展的趋势，以便及早采取对策。

一般在实际工作中，可采用空载运行查看产气速率的增长情况判断故障是在电路或磁路，空载运行时二次侧断路，二次侧电流为零，一次侧在额定电压下运行，主磁通和负载运行相同，一次侧空载电流很小。若空载运行时故障气体不增加或增加很少，说明产气速率与电流关系大，电流小时气体增量就少，故障应在电路；空载运行时故障气体增加很快，说明产气速率与磁路关系较大，故障应在磁路。

【案例 11-5】 磁路故障。

某 220kV 主变压器，型号为 SFSZ10-150000/220，额定容量为 150000kVA，冷却方式为 ONAN/ONAF60%-100%，油重 44.2t，联结组标号 YNynod11。该主变压器 2005 年 11 月投运至 2007 年 11 月，定期电气试验正常，油质试验及油色谱分析试验数据符合 DL/T 722—2014 标准。2007 年 11 月 25 日例行试验发现色谱总烃超标，达到 566.2μL/L，追踪分析，根据产气特征及三比值分析呈现高温过热故障特征，并初步判断属磁路过热故障。利用回归分析法，在变压器空载运行情况下，考察产气速率，准确判定故障出现在磁路。主变压器吊开罩后，开始进行逐项检查。当在油箱内部打开所有磁屏蔽表面绝缘纸板露出磁屏蔽板后，发现中低压侧箱壁上靠近中压 C 相套管升高座下部的最右边一块磁屏蔽板表面有两处明显过热痕迹。

表 11-9　　　　　　　　　　空载运行主变压器色谱分析结果　　　　　　　　　　μL/L

试验日期	CH_4	C_2H_4	C_2H_6	C_2H_2	H_2	CO	CO_2	总烃	备注
2007-12-01	251.3	311.5	99.8	0.35	167.6	487.6	2482	662.9	下部
2007-12-02	254.6	317.7	101.7	0.36	169.4	463.2	2492	674.2	下部
2007-12-03	257.6	327.5	103	0.34	173.7	480.7	2557	682.4	下部
2007-12-05	282.6	342.9	110.2	0.34	182.9	475	2361	735.4	下部
2007-12-06	293.3	350.5	112.6	0.33	181.5	471.6	2334	756.7	下部

分析：表 11-9 中，空载运行时故障气体增加很快，5 天时间总烃由 $662.9\mu L/L$ 增至 $756.7\mu L/L$，说明产气速率过程与磁路关系较大，故障应在磁路。主变压器解体检查结果和色谱回归分析相一致。

【案例 11-6】 电路故障。

某 220kV 主变压器，在 2007 年 4 月 30 日例行试验时，发现油中故障气体较上次增加很多，故障性质为高于 700℃的高温过热，随后采取跟踪分析，跟踪周期为每天一次，发现故障气体增加很快，为判断过热故障部位是磁路还是电路，在 5 月 27 日对该主变压器采取空载运行，色谱数据如表 11-10 所示。

表 11-10　　　　　　　　　空载运行 220kV 淮 1 号变压器色谱数据　　　　　　　　　$\mu L/L$

试验日期	CH_4	C_2H_4	C_2H_6	C_2H_2	H_2	CO	CO_2	总烃
2007-05-07	72	161	35.3	4.31	53.6	163	1588	272.61
2007-05-18	73.4	165	42.4	3.94	53.6	189	1547	284.74
2007-05-19	71.7	176	36.4	4.03	57.9	182	1602	288.13
2007-05-20	71.2	171	36.4	4.25	56.7	181	1473	282.85
2007-05-21	75.1	172	40.5	4.22	54.7	176	1483	291.82
2007-05-22	72.4	171	38.8	4.2	56.6	182	1594	286.4

分析：表 11-10 中，空载运行时故障气体增加很少，5 天时间总烃由 $272.61\mu L/L$ 增至 $286.4\mu L/L$，说明产气速率与电流关系较大，电流小时气体增量就少，故障应在电路，该变压器解体检查结果是 10kV b 相绕组断股，和色谱回归分析相一致。

四、溶解气体解释表

利用三比值法不能得出确切诊断时，DL/T 722—2014 还推荐了另一种利用三比值诊断故障类型的方法，即溶解气体解释表，见表 11-11。表 11-11 将所有故障类型分为六种情况，这六种情况适合于所有类型的电气设备，气体比值的极限依赖于设备的具体类型，可稍有不同，表 11-11 还显示了 D1 和 D2 之间的某些重叠，而又有区别，这说明放电的能量有所不同，因而必须对设备采取不同的措施。

表 11-11　　　　　　　　　　　　　溶解气体分析解释表

情况	特征故障	C_2H_2/C_2H_4	CH_4/H_2	C_2H_4/C_2H_6
PD	局部放电[①]	NS*	<0.1	<0.2
D1	低能量放电	>1	0.1~0.5	>1
D2	高能量放电	0.6~2.5	0.1~1	>2
T1	热故障（$t<300℃$）	NS	>1 但 NS	<1
T2	热故障（$300℃<t<700℃$）	<0.1	>1	1~4
T3	热故障（$t>700℃$）	<0.2**	>1	>4

注　1. 在某些国家，使用比值 C_2H_2/C_2H_6 而不是 CH_4/H_2。而其他一些国家，使用的比值极限值会有所不同。
　　2. 以上比值在至少有一种特征气体超过正常值并超过正常增长速率时计算才有意义。
*　NS 表示数值不重要。
**　C_2H_2 含量的增加，表明热点温度超过了 1000℃。
①　在互感器中 $CH_4/H_2<0.2$ 为局部放电；在套管中，$CH_4/H_2<0.7$ 时为局部放电。有报告称，过热的铁芯叠片中的薄油膜在 140℃及以上发生分解产生气体的组分类似于局部放电所产生的气体。

五、气体比值的图示法

利用三比值法和溶解气体解释表仍不能提供确切的诊断，DL/T 722—2014 建议可以使用立体图示法或大卫三角形法予以判定。它们是利用气体的三对比值，在立体坐标图上建立图 11-3 所示的立体图示法，可方便地直观不同类型故障的发展趋势。利用 CH_4、C_2H_2、C_2H_4 的相对含量，在图 11-4 所示的三角形坐标图上判断故障类型的方法也可辅助这种判断。

图示法更适合利用计算机软件显示，可要求厂家在工作站体现出来。

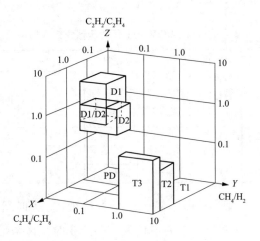

图 11-3　立体图示法

PD—局部放电；D1—低能放电；D2—高能放电；T1—热故障，$t<300℃$；

T2—热故障，$300℃<t<700℃$；T3—热故障，$t>700℃$

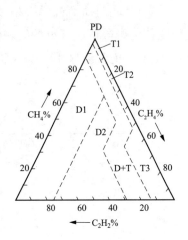

$$\%C_2H_2 = \frac{100X}{X+Y+Z}，X=[C_2H_2]\ \text{单位：}\mu L/L$$

$$\%C_2H_4 = \frac{100Y}{X+Y+Z}，X=[C_2H_4]\ \text{单位：}\mu L/L$$

$$\%CH_4 = \frac{100Z}{X+Y+Z}，X=[CH_4]\ \text{单位：}\mu L/L$$

PD—局部放电；D1—低能放电；D2—高能放电；
T1—热故障，$t<300℃$；T2—热故障，
$300℃<t<700℃$；T3—热故障，$t>700℃$

区域极限

PD	98%CH_4			
D1	23%C_2H_2；	13%C_2H_2		
D2	23%C_2H_2；	13%C_2H_2；	38%C_2H_4；	29%C_2H_2
T1	4%C_2H_2；	10%C_2H_2		
T2	4%C_2H_2；	10%C_2H_4；	50%C_2H_4	
T3	15%C_2H_2；	50%C_2H_4		

图 11-4　大卫三角形法

六、与三比值法配合诊断故障的其他方法

DL/T 722—2014 推荐了其他几种辅助方法。

（1）比值 CO_2/CO。当故障涉及固体绝缘时，会引起 CO 和 CO_2 含量的明显增长。根据现有的统计资料，固体绝缘的正常老化过程与故障情况下的劣化分解，表现在油中 CO 和 CO_2 的含量上，一般没有严格的界限，规律也不明显。这主要是由于从空气中吸收 CO_2、固体绝缘老化及油的长期氧化形成 CO 和 CO_2 的基值过高造成的。

当故障涉及固体绝缘材料时（高于 200℃），一般 $CO_2/CO<3$，必要时，最好用 CO_2 和 CO 的增量进行计算，以确定故障是否涉及固体绝缘。当固体绝缘材料老化时，一般 $CO_2/CO>7$（国内有的经验数值为 10）。但要注意，比值 CO_2/CO 在判断中存在较大的不确定性，只能作为参考值使用。对 CO_2 的判断中，还要考虑到设备在注油、运行及油样采集或试验过程中来自空气中 CO_2 的影响。

对运行中的设备，随着油和固体绝缘的老化，CO 和 CO_2 会呈现有规律的增长，当这一增长趋势发生突变时，应与其他气体（CH_4、C_2H_2 及总烃）的变化情况进行综合分析，判断故障是否涉及了固体绝缘。

当怀疑纸或纸板过度老化时，应参照 DL/T 984 进行判断。可适当地测试油中糠醛含量，或在可能的情况下测试纸样的聚合度。

（2）比值 O_2/N_2。一般在油中都溶解有 O_2 和 N_2，这是油在开放式设备的储油罐中与空气作用的结果，或密封设备泄漏的结果。在设备里，考虑到 O_2 和 N_2 的相对溶解度，油中的 O_2/N_2 的比值反映空气的组成，接近 0.5。运行中由于油的氧化或纸的老化，这个比值可能降低，因为 O_2 的消耗比扩散更迅速。负荷和保护系统也可影响这个比值。对开放式设备，当 $O_2/N_2<0.3$ 时（国内有经验认为 $O_2/N_2<0.1$），一般认为是出现了氧气被过度消耗，应引起注意。对密封良好的设备，由于氧气的消耗，O_2/N_2 的比值在正常情况下可能会低于 0.05。

（3）比值 C_2H_2/H_2。有载分接开关切换时产生的气体与低能量放电时的情况相似，假如某些油或气体在有载分接开关油箱与主油箱之间相通，或各自的储油柜间相通，这些气体可能污染主油箱的油，并导致误判断。

当特征气体超过注意值时，若 C_2H_2/H_2 大于 2（最好用增量进行计算），特别是变压器本体油中 C_2H_2 单值较高，而其他烃类组分较低或无增长时，认为是有载分接开关油（气）污染造成的。这种情况可利用比较主油箱和切换开关油室的油中溶解气体含量来确定。气体比值和 C_2H_2 含量决定于有载分接开关的切换次数和产生污染的方式（通过油或气），因此 C_2H_2/H_2 不一定大于 2。

有载开关渗漏的现场检查，可用干燥空气或氮气在有载开关小储油器上部施加一定的压力（如 0.02MPa），然后关闭气源，保持一定时间，观察压力下降情况。另外，也可采用干燥的 SF_6 或 He（氦）气，这样除可以观察压力的下降情况外，还可以用色谱法检测变压器本体油中的 SF_6 或 He 含量来判断有载开关油箱有无渗漏。

（4）比值 CH_4/H_2。有助于判断高温过热故障是涉及导磁回路还是导电回路。大量数据表明，如果高温过热故障涉及导电回路，如：分接开关接触不良、引线接触不良、导线接头焊接不良或断股以及多股导线中股间短路等，所产生的 CH_4 量比涉及导磁回路时产生的量要多，也就是 CH_4/H_2 的比值要大（一般大于 3），如果高温过热故障只涉及导磁回路，此比值一般接近 1。

第三节　故障严重程度及发展趋势的诊断

当已明确设备存在有故障点并了解故障类型时，有必要对故障的严重程度及发展趋势做出判断，以便及时制定处理措施，防止因故障的进一步发展而导致设备损坏。对于诊断故障的严重程度及发展趋势，仅仅根据故障的特征气体组分及浓度大小是远远不够的，设备故障严重程度应根据故障的类型以及故障特征气体产气速率来综合判断。

电弧放电故障对设备的危害是最大的，也是最为严重的故障。但此类故障发展很快，有时数百毫秒到几秒之间就造成了设备的损毁，故障能量大，产气迅速，所产生的大部分气体来不及溶解、扩散就涌入气体继电器中，使得轻瓦斯报警，故障点附近大量油裂解产生大量的气体以及大量能量释放必将导致油体积膨胀，上层油面迅速增压，引起压力释放阀喷油，其故障点大多数是绕组层、匝间短路，某相引线对地放电或相间闪络放电导致相间不平衡，因而差动保护动作。这种情况下大部分没有先兆，故障没发生时也没有特征气体产生，在此之前取样做分析时组分含量是正常的，一旦故障发生，瞬间便可摧毁设备。

持续火花放电发展到一定程度，火花放电烧蚀绝缘的碳化物进一步降低放电点对地绝缘时，可演变为电弧放电，不同电位点在油中的火花放电一般不会演变为电弧放电。对于火花放电造成 CO 和 CO_2 增长较快时，应考虑该放电对固体绝缘造成损害，充分考虑其持续发展的危害性。因此，当遇到较强的持续火花放电，C_2H_2、H_2 增长较快，产气速率严重超标，且 CO 和 CO_2 伴随增长较快时，有必要考虑停电处理，以防止进一步发展演变为电弧放电而损坏设备。

对于高温过热性故障对设备的危害程度也不能低估，该故障对设备的危害程度仅次于电弧放电、强的持续火花放电，比非连续性火花放电的危害还要大些，但一般短期内不会造成设备损坏，一旦查明该故障确实存在且产气速率又超标严重时，有停电条件时应尽快停电处理，防止故障的进一步发展，若一时无法停电处理，应降负荷运行，并制定适合的跟踪分析周期，对于总烃绝对量较高、产气速率超标的情况，可缩短分析周期，3 天或 1 天一次，发展不快的可二周或一周一次，跟踪期间注意 CO 和 CO_2 的增量关系，一旦发现突然增加较快时，说明故障已危害到固体绝缘，应当引起重视。以上是根据故障性质以及产气的发展介绍故障严重程度的，同时，要对故障特征气体进行产气速率的计算与考察。

（1）绝对产气速率：即每运行日产生的某种气体的平均值，按式（11-7）计算

$$\gamma_a = \frac{C_{i2} - C_{i1}}{\Delta t} \times \frac{m}{\rho} \qquad (11\text{-}7)$$

式中：γ_a 为绝对产气速率，mL/d；C_{i2} 为第二次取样测得油中组分 i 气体浓度，$\mu L/L$；C_{i1} 为第一次取样测得油中组分 i 气体浓度，$\mu L/L$；Δt 为二次取样时间间隔中的实际运行时间，d（若两次取样间隔不足一日，也可用小时表示）；m 为设备总油量，t；ρ 为油的密度，t/m^3。

标准规定，全密封变压器的绝对产气速率的注意值应不大于 $12mL/d$ 或 $0.5mL/h$，$1000kV$ 变压器和电抗器烃类气体总和的产气速率不大于 $6mL/d$，开放式变压器不大于 $6mL/d$ 或 $0.25mL/h$。

（2）相对产气速率：即每运行月某种特征气体增加值相对于原有值的百分数，按式（11-8）计算

$$\gamma_r = \frac{C_{i2} - C_{i1}}{C_{i1}} \times \frac{1}{\Delta t} \times 100\% \qquad (11\text{-}8)$$

式中：γ_r 为相对产气速率，$\%/$月；C_{i1} 为第一次取样测得油中组分 i 气体浓度，$\mu L/L$；C_{i2} 为第二次取样测得油中组分 i 气体浓度，$\mu L/L$；Δt 为两次取样间隔实际运行月数，不足整月的折合为月。

相对产气速率也可以用来判断设备内部状况。总烃的相对产气速率大于 $10\%/$月时应引起注意。相对产气速率对于新投运的设备、变压器经脱气处理、油中气体含量很低的设备及少油设备不适用。

无论是绝对产气速率还是相对产气速率考核时，若超标 3 倍以上，则说明故障发展较快，对于严重故障的设备有的产气速率超标倍数可达 10 倍以上。同时，应注意：

（1）在跟踪分析进行产气速率考核期间，设备不应停电，必须停止运行的，要在考核区间内扣除停止运行的时间。

（2）产气速率考核期间，设备负荷、油温应尽可能一致（负荷大小影响电路过热故障的产气率，油温改变将影响气体的隐蔽特性，改变了固体材料对考核组分的吸附与解析特性），且取样方式、取样部位、死油排放量应保持一致。

综上所述，在进行故障严重程度与发展趋势诊断时，不能仅根据故障特征组分的绝对量大小下结论，关键要根据故障性质和特征组分增量的变化来判定故障严重与否及发展快慢。对于已查明较严重故障且产气速率二次考核都超注意值的设备应尽快停电处理，防止因故障的进一步发展给设备带来更大的危害。

通常绝对产气速率注意值对于开放式变压器不大于 $6mL/d$，密封式变压器不大于 $12mL/d$ 的要求是相对总烃而言的，对 H_2、C_2H_2、CO 和 CO_2 的绝对产气速率注意值在 GB/T 7252—2001、DL/T 722—2014 中也作出了明确规定，见表 11-12。

表 11-12 运行中设备油中溶解气体绝对产气速率注意值 mL/d

气体组分	密封式	开放式
氢气	10	5
乙炔	0.2	0.1
总烃	12	6
一氧化碳	100	50
二氧化碳	200	100

注 1. 对 C_2H_2 小于 $0.1\mu L/L$ 且总烃小于新设备投运要求时，总烃的绝对产气速率可不作分析（判断）。
　　2. 新设备投运初期，一氧化碳和二氧化碳的产气速率可能会超过表中的注意值。
　　3. 当检测周期已缩短时，本表中注意值仅供参考，周期较短时，不适用。

产气速率在很大程度上依赖于设备的类型、负荷情况、故障类型和所用绝缘材料的体积及其老化程度。应结合这些情况进行综合分析，在判断设备状况时还应考虑到呼吸系统对气体的逸散作用。

值得注意的是，对于总烃、C_2H_2 和 CO_2 因其分配系数总体上基本接近于 1，密封式是开放式注意值的两倍是科学合理的，而对于 H_2 和 CO，其分配系数是 0.06 和 0.12，相对小得多，根据分配定律对于开放式变压器，其向大气扩散的逸散损失率要比其他组分大 7～10 倍，注意值变化仍为两倍关系是否合适值得进一步探讨。

第四节　故障状况诊断

故障状况诊断是向设备维护管理者提供故障严重程度和发展趋势的信息，作为编制合理的维护措施的重要依据，以便从安全和经济性考虑，既可防止事故，又不致盲目停电检查修理，造成人力物力的浪费。根据产气速率可以初步了解故障的严重程度。进一步诊断可估算故障热源温度、故障源功率、故障点面积以及油中溶解气体饱和程度等。

一、热点温度估算

变压器油裂解后的产物与温度有关，温度不同产生的特征气体也不同；反之，如已知故障情况下油中产生的有关各种气体的浓度，可以估算出故障源的温度。如对于变压器油过热，且当热点温度高于 400℃时，可根据日本月冈淑郎等人推荐的经验公式来估算，即

$$T = 322\lg\left(\frac{C_2H_4}{C_2H_6}\right) + 525 \tag{11-9}$$

IEC 标准指出，若 CO_2/CO 的比值低于 3 或高于 11，则认为可能存在纤维素分解故障。当涉及固体绝缘裂解时（如导线过热）绝缘纸热点的温度经验公式如下：

300℃以下时

$$T = -241\lg\left(\frac{CO_2}{CO}\right) + 373 \tag{11-10}$$

300℃以上时

$$T = -1196\lg\left(\frac{CO_2}{CO}\right) + 660 \tag{11-11}$$

以上各经验公式，可供估算热点温度时参考。此外，还可根据 C_2H_2 的产生与增长情况判断热点温度，通常磁路过热故障不产生 C_2H_2 说明热点温度在 700℃以下；产生 C_2H_2

但增长不明显表明热点温度在 800℃以上。对于电路中的过热故障，总烃无明显增长且无 C_2H_2 产生，一般为 150～300℃ 的低温过热；总烃增长较快但无 C_2H_2 产生，一般多是 300～700℃ 的中温过热；总烃增加显著且有 C_2H_2 产生，但 C_2H_2 增加不显著，热点温度高于 800℃；产生 C_2H_2 且总烃和 C_2H_2 增加都比较明显，热点温度可能达 1000℃；火花放电温度可达 1000℃ 左右；电弧放电的温度会更高，高于 1000℃ 以上，并且能量很大。

二、故障源功率的估算

绝缘油热裂解需要的平均活化能约为 210kJ/mol，即油热解产生 1mol 体积（标准状态下为 22.4L）的气体需要吸收热能为 210kJ/mol，则每升热解气体所需能量的理论值为

$$Q_{th} = 210/22.4 = 9.38(kJ/L) \tag{11-12}$$

由于温度不同，油裂解实际消耗的热量一般大于理论值。若热裂解时需要吸收的理论热量为 Q_{th}，实际需要吸收的热量为 Q_r，则热解效率系数 ε 为

$$\varepsilon = \frac{Q_{th}}{Q_r} \tag{11-13}$$

式中：Q_{th} 为理论热值，kJ/L；Q_r 为实际热值，kJ/L。

如果已知单位故障时间内的产气量，则可导出故障功率估算公式

$$P = \frac{Q_{th}\gamma}{\varepsilon H}(kW) \tag{11-14}$$

式中：Q_{th} 为理论热值，9.38kJ/L；γ 为故障时间内的产气量（按氢烃类产气增量），L；ε 为热解效率系数；H 为故障持续时间，s。

ε 值可查热解效率系数与温度的关系曲线（见图 11-5）。或可根据该曲线推定出如下近似公式

局部放电	$\varepsilon = 1.27 \times 10^{-3}$	(11-15)
铁芯局部过热	$\varepsilon = 10^{0.00988T-9.7}$	(11-16)
线圈层间短路	$\varepsilon = 10^{0.00686T-5.83}$	(11-17)

式中：T 为热点温度，℃。

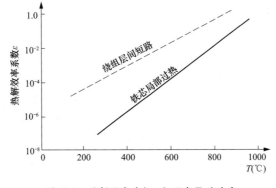

图 11-5　热解效率系数 ε 与温度 T 的关系

此外，由于气体逸散损失和气体分析精度的影响，实际故障产气速率计算的误差可能较大（一般偏低），故障能量估算一般也可能偏低。因此，计算故障产气量时应对气体

扩散损失加以修正。

三、油中气体达到饱和状态所需时间的估算

一般情况下，气体溶于油中并不妨碍变压器正常运行。但是，如果溶解气体在油中达到饱和，就会有某些游离气体以气泡形态释放出来。这是危险的，特别是在超高压设备中，可能在气泡中发生局部放电，甚至导致绝缘闪络。因此，即使对故障较轻而正在产气的变压器，为了监测油中不发生气体饱和释放，应根据油中气体分析结果，估算溶解气体饱和水平，以便预测气体继电器可能动作的时间。

当油中全部溶解气体（包括 O_2、N_2）的分压力总和与外部气体压力相当时，气体将达到饱和状态。一般饱和压力相当于 1 标准大气压，即 101.3kPa。据此可在理论上估算气体进入气体继电器所需的时间。

当设备外部压力为 101.3kPa 时，油中溶解气体的饱和程度为

$$S_{at}\% = 10^{-4} \sum \frac{C_i}{K_i} \tag{11-18}$$

式中：C_i 为气体组分 i（包括 O_2、N_2）的浓度，$\mu L/L$；K_i 为气体组分 i 的奥斯特瓦尔德常数。

当 $S_{at}\%$ 接近 100% 时，即油中气体接近于饱和状态，可用式（11-19）来估算溶解气体达到饱和所需要的时间

$$t = \frac{1 - \sum \frac{C_{i2}}{K_i} \times 10^{-6}}{\sum \frac{C_{i2} - C_{i1}}{K_i \Delta t} \times 10^{-6}} （月） \tag{11-19}$$

式中：C_{i1} 为 i 组分（包括 O_2、N_2）第一次分析值，$\mu L/L$；C_{i2} 为 i 组分（包括 O_2、N_2）第二次分析值，$\mu L/L$；Δt 为两次分析间隔的时间，月；K_i 为 i 组分的奥斯特瓦尔德常数。

准确测定油中 O_2、N_2 浓度代入式（11-19）就能准确估算油中气体饱和水平和达到饱和的时间。若没有测 N_2 的含量，则可取 N_2 的饱和分压为 81.04kPa（近似地取 N_2 的饱和分压为 0.8 标准气压，即 $101.3 \times 0.8 = 81.04kPa$）。这时对故障设备来说，$O_2$ 往往被消耗完，其分压接近 0 值。

也可根据气液平衡状态下，油面气体分压力的公式

$$P_{i1} = \frac{C_{i1}}{K_i} \times 10^{-6} \tag{11-20}$$

即 N_2 的分压力 $p = \frac{C_{N_2 1}}{K_{N_2}} \times 10^{-6} = 81.04kPa$

把式（11-20）代入式（11-19）就可得出溶解气体达到饱和所需要的时间公式（不需计算 O_2、N_2 的浓度）

$$t = \frac{0.2 - \sum \frac{C_{i2}}{K_i} \times 10^{-6}}{\sum \frac{C_{i2} - C_{i1}}{K_i \Delta t} \times 10^{-6}} \tag{11-21}$$

严格地讲，上述关系仅适用于静态平衡状态。由于运行中铁芯振动和油泵运转等影响，变压器多数出现动态平衡状态。因此，油中气体释放往往出现在溶解气体总分压略

低于 101.3kPa（一般约在 91.17～99.274kPa）的情况下。

　　实际中应注意，由于故障发展往往是非等速的，所以在加速产气的情况下，估算出的时间可能比实际油中气体达到饱和的时间长，在追踪分析期间，应随时根据最大产气速率进行估算，并修正报警。必须注意，报警时间要尽可能提前。

四、故障源面积估算

　　日本月冈淑郎等人根据试验得出 600℃ 以内单位面积油裂解产气速率与温度的关系（见图 11-6），相应的经验公式为

$$T = 200 \sim 300℃, \qquad \lg K = 1 \times 20 - \frac{2460}{T'} \tag{11-22}$$

$$T = 400 \sim 500℃, \qquad \lg K = 5 \times 50 - \frac{4930}{T'} \tag{11-23}$$

$$T = 500 \sim 600℃, \qquad \lg K = 14 \times 40 - \frac{11800}{T'} \tag{11-24}$$

式中：K 为单位面积油裂解产气速率，$mL/(cm^2 \cdot h)$；T' 为绝对温度，K；T 为故障点估算温度。

　　在 800℃ 以上过热时，单位面积产气速率与温度的关系如图 11-7 所示。

　　可根据式（11-25）估算故障源的面积 S

$$S = \frac{\gamma}{K} \tag{11-25}$$

式中：γ 为单位时间产气量（按氢烃类气体产气量），mL/min；K 为单位面积产气速率，$mL/(mm^2 \cdot min)$；S 为故障源的面积，mm^2。

　　估算故障源面积时，单位时间的产气量可按油中气体追踪分析数据得到，并根据故障点的温度估算结果。在图 11-6 或图 11-7 中查出单位面积的产气速率 K，从而求出故障

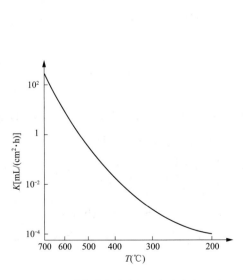

图 11-6　油裂解产气速率与温度的关系（一）

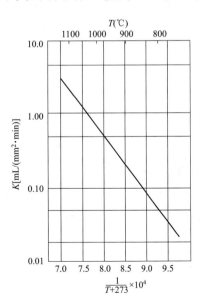

图 11-7　油裂解产气速率与温度的关系（二）

面积 S。例如，某变压器一年内产气 500L，1 年 $=5.256\times10^5$min，过热点温度估算为 850℃，由图 11-7 查得 $K=0.10$mL/(mm² · min)。则 $S=\dfrac{(500\times1000)/5.256\times10^5}{0.10}\approx$ 10mm²，对该变压器内部检查，实际过热面积约为 (3×3)mm²，基本相符。

另外，若考察产气量时没有计入气体损失率，则有可能求得的单位时间的产气量偏低，因此，估算出的故障面积也可能偏小。

五、故障部位估算

油中溶解气体色谱分析对于判断故障点部位比较困难。从色谱数据本身不能够准确判断故障点准确部位，只能根据经验与产气特征上的差异并结合其他电气试验结果综合分析。不同的故障部位在数据结构上体现出某些差异：

(1) 电路中的热故障和磁路中的热故障其产气特征有所差异，通常绕组内部因断股或焊接不良及内部碰股（两股间接短接）形成的铜涡流发热往往涉及固体绝缘的老化，即 CO 和 CO_2 增长明显。如果中低温过热，尤其是电路低于 150℃ 以下，因散热不良，油道堵塞长期在低温过热状态下运行的低压绕组，总烃浓度可能不太高，增长也不太明显，但因长期的过热加速了固体绝缘的劣化，会产生大量的 CO_2，CO_2 增长比 CO 显著，CO_2/CO 比值远大于 10，CO_2 绝对量也很高，其产气速率超标倍数也比较高；而电路中的高、中压绕组的热性故障一般总烃浓度较高，增长也比较明显，热点温度一般比较高；电路中裸接头发热一般 CO 和 CO_2 增长不明显，且因温度高往往会有 C_2H_2 产生，尤其是电路中的高温过热，C_2H_2 增长比较明显。

磁路过热一般不产生 C_2H_2，即使产生 C_2H_2 其浓度一般在 4μL/L 以下，占总烃含量的 0.5%～1%，且增长不明显。而电路中高温过热故障时 C_2H_2 含量略高，一般在 5μL/L 以上，占总烃量的 1%～2%，有时可达到 6% 左右，增长比磁路的明显。这也是从数据结构上区分过热在电路或磁路的主要特征。此外，对于区分热故障是在电路中还是磁路中也可采用回归分析，考核故障特征气体增量与电流（负载）之间的关系从逻辑上进行判断。

(2) 对于外围附件（如潜油泵）过热，如果是潜油泵磨损而发热，在故障发展期间从声音辨别以及从出口端取样分析比较，若不能从各泵出口端取样的话，可采取交叉分组比较，若可能的话比较各潜油泵的输入电流，异常者存在有故障。不论是潜油泵金属研磨还是其电气部分故障，其产气特征一般都是高温过热特征，且数据结构上与电路高温过热相似。如果变压器带一定负荷，特征组分且不再增加，并且产气特征与电路相同的话，很可能是潜油泵电气部分已损坏，且故障已消失，证明故障既不在电路，也不再磁路，只在附件。若特征气体不继续增长，而数据特征与磁路过热相同的话，很有可能是磁路中导电异物随油流运动造成的不稳定的接地引起。以上这些经验不一定完全正确和全面，仅供参考。

有时可借助其他分析或试验数据进行综合分析和判断，如油中金属离子检测，根据金属离子含量及元素的不同，以及变压器故障性质，可判断出所含金属离子是什么部件产生、在什么部位，以及故障类型等。

对于电路中的热性故障可进一步进行直流电阻的测试，根据测试结果分析是某相的问题，并比较历史结果，若某相明显高于其他两相阻值，则此相可能焊接不良或有断股，若阻值与以前结果比较没什么变化，且三相阻值基本一致，很可能某相存在有股间短接而形成铜涡流。一般电路中的过热因分接开关触头接触电阻大的比较常见。

六、案例分析

【案例 11-7】　FPSZ9-150000/220 主变压器内部故障诊断实例。

该主变压器出厂日期为 2003 年 3 月 16 日，2004 年 7 月 26 日投运，并进行了例行的高压试验和油化验，高压试验数据符合投运要求，而油色谱分析却出现乙炔及总烃升高情况，故对其加强了跟踪分析。该变压器油体积为 46m³。

表 11-13　　　　　　　　　　色 谱 分 析 数 据　　　　　　　　　　μL/L

分析日期	CH_4	C_2H_4	C_2H_6	C_2H_2	H_2	CO	CO_2	总烃	备注
2004-07-26	0.69	0	0	0	0	3.34	10.33	0.69	局放前
2004-07-27	1.02	0.15	0.28	0	4.66	20.46	275.98	1.45	运行
2004-07-31	17.76	32.92	3.52	2.12	21.95	29.68	278.06	56.32	运行

经过四天的色谱跟踪分析，发现主变压器本体变压器油中乙炔及总烃升高现象，为此进行了相关的色谱分析：

1. 故障严重程度诊断

因为总烃含量不高，不适合用相对产气速率进行判断，所以应计算其绝对产气速率 γ_a。

$$\gamma_a = \left[(C_{i2} - C_{i1})/\Delta t\right] \times (m/\rho)$$
$$= \left[(56.32 - 1.45)/4\right] \times (46/0.89)$$
$$= 709(mL/d)$$

国标规定绝对产气速率不大于 12mL/d，可见，气体上升速度很快，可认为设备有异常，须追踪分析。

故障源功率估算［按式（11-14）计算］

$$P = \frac{Q_{th}\gamma}{\varepsilon H}$$

式中：Q_{th}＝理论热值，9.38kJ/L；$\gamma = \sum C_{i2} - \sum C_{i1}$，按氢烃类产气增量，单位换算为 L；因运行中发现铁芯接地电流比正常值大得多，初步判断为铁芯多点接地故障，所以 ε 按式（11-16）计算，$\varepsilon = 10^{0.00988T - 9.7}$，$T = 837.64℃$；$H = 4$ 天 $= 4 \times 24 \times 60 \times 60$（s）。

$$P = \frac{9.38 \times \left[(56.32 + 21.95) - (1.45 + 4.66)\right] \times 10^{-6} \times 46 \times 1000}{10^{0.00988 \times 837.64 - 9.7} \times 4 \times 24 \times 60 \times 60}$$

$$P = 2.4W$$

系一般的局部过热故障。

2. 故障类型诊断（用三比值法）

$C_2H_2/C_2H_4 = 2.12/32.92 \approx 0.06$　　$CH_4/H_2 = 17.76/21.95 \approx 0.81$

$C_2H_4/C_2H_6 = 32.92/3.52 \approx 9.35$

上述比值范围编码组合为（0、0、2），由此推断，故障性质为"高于700℃高温范围的过热故障"

3. 热点温度估算［按经验式（11-9）计算］

$T = 322lg(C_2H_4/C_2H_6) + 525$

$T = 322lg(32.92/3.52) + 525 = 837.64℃$

其估算温度与三比值法分析相符。

4. 油中溶解气体达到饱和所需要的时间估算［按式（11-21）计算］

$$t = \frac{0.2 - \sum \dfrac{C_{i2}}{K_i} \times 10^{-6}}{\sum \dfrac{C_{i2} - C_{i1}}{K_i \Delta t} \times 10^{-6}} （月）$$

对故障设备而言，O_2 往往被消耗，其分压接近 0 值，即 O_2 在油中的溶解度为 0。由于没有测定 N_2，可按式（11-21）进行计算。其中可代入 7 月 27 日和 7 月 31 日的数据，$\Delta t = 4/30$（月），K_i 可查表 8-3。

$$t = \frac{0.2 - \sum\left(\dfrac{17.76}{0.39} + \dfrac{32.92}{1.46} + \dfrac{3.52}{2.30} + \dfrac{2.12}{1.02} + \dfrac{21.95}{0.06} + \dfrac{29.68}{0.12} + \dfrac{278.06}{0.92}\right) \times 10^{-6}}{\sum\left(\dfrac{17.76 - 1.02}{0.39} + \dfrac{32.92 - 0.15}{1.46} + \dfrac{3.24}{2.30} + \dfrac{2.12}{1.02} + \dfrac{17.29}{0.06} + \dfrac{9.22}{0.12} + \dfrac{2.08}{0.92}\right) \times \dfrac{10^{-6}}{4/30}}$$

$= 60.84(月)$

如果 t 值比较小，此时若不能检修，则必须立即对油进行脱气处理。

5. 故障点面积估算［按式（11-25）计算故障源的面积 S］

$$\gamma = \frac{[(56.32 + 21.95) - (1.45 + 4.66)] \times 46 \times 10^6}{4 \times 24 \times 60} = 0.58(mL/min)$$

$$S = \frac{\gamma}{K} = \frac{0.58}{0.10} = 5.8(mm^2)$$

其中：由 $T = 837.64$ 查图 11-7 得 $K = 0.10mL/mm^2$。

对该变压器内部检查，是一个 M20 的螺母卡在铁芯之间，实际故障面积很小，和计算结果基本相符。

由上述分析可知，故障发展得非常迅速，且故障点温度很高，建议停电检查，但不需进行脱气处理。

6. 故障点部位估计

前面介绍过，对于磁路故障一般无 C_2H_2，即使有，一般只占氢烃总量的 2% 以下，根据此变压器的色谱分析结果知，C_2H_2 占氢烃总量的 0.15%，初步判断故障在磁路。

经检查是一个 M20 镀锌螺母夹在 10kV 低压侧 B、C 两相之间下部的铁芯夹件与铁芯之间。

【案例 11-8】 120MVA/110kV 变压器内部故障状况诊断。

该变压器油体积为 $42m^3$，其油中气体组分分析结果见表 11-14。

表 11-14 　　　　　　　　120MVA/110kV 变压器油气体组分分析结果 　　　　　　μL/L

日期	CH_4	C_2H_4	C_2H_6	C_2H_2	H_2	CO	CO_2	总烃
投运前	7	31	5	3	8	36	30	46
运行 18 天后	1460	2400	210	230	1700	110	4200	4300

由表 11-14 可知，该变压器运行时间不长，但油中氢烃类气体浓度绝对值很高，产气速率很快，其三比值编码组合为 002，属高温过热故障。油中 CO_2 比投运前增大较多，但 CO 并未突增，分析认为油中 CO_2 增大可能是投运前没有真空脱气和真空注油，器身中残留所致。因此判断该故障尚未涉及固体绝缘。

（1）故障点温度估算：由式（11-9）经验公式得故障源温度 $T=850℃$。

（2）故障点功率估算：根据 $T=850℃$ 查图 11-5 可知热裂解效率系数 $\varepsilon=5\times10^{-2}$；根据该变压器油量 $42m^3$ 和表 11-14 所示的氢烃类产气增量计算得，在运行 18 天（$t=1.56\times10^6 s$）内，该变压器油中总产气量为 250L。据式（11-14）计算故障点功率 $P\approx30W$。

（3）故障源面积估算：由故障点温度 850℃，查图 11-7 得知单位面积产气速率 $K=0.1mL/(mm^2 \cdot min)$，根据表 11-14 可知实际产气速率每天为 13.9L，即产气速率 $\gamma=9.7mL/min$。则由式（11-25）求得故障源面积 $S=97mm^2$。

（4）油中溶解气体达到饱和释放所需时间的估算：由式（11-21）近似计算，按表 11-14 气体增长的速率，该变压器油中溶解气体达到溶解饱和释放最多只需 2 个月，因此应尽快停止运行，进行内部故障检查，消除故障。

（5）故障检查：检查发现铁芯多点接地，系定位钉未翻转，定位钉上有明显烧伤痕迹。

第五节　容易引起误判的因素

一、油的脱气处理

1. 脱气后出现气体增长的原因

脱气处理后，油中残余气体的浓度变化主要由以下原因引起：

（1）采取在变压器本体内循环滤油的脱气方法时，变压器内存在着一些过滤中油循环不到的死区，这些死区内的油中气体浓度要比其他地方高，处理结束后需要一定时间才能慢慢混合均匀。

（2）当采取把油排入油罐中进行过滤的方法时，变压器内未经处理的残油将影响处理后油中的气体浓度。

（3）吸附在变压器内部固体绝缘材料中的气体在处理后会有一个向油中缓慢转移的

平衡过程。

2. 脱气对故障诊断的影响

当发现油中特征气体含量异常、认为设备内部可能存在着潜伏性故障、需要根据特征气体的变化对设备作进一步观察时，倘若先对油进行脱气处理，就会破坏故障气体累计的连续性，同时还会因脱气后残余气体的反弹影响产气速率的真实性。从而造成在复役后的一段时间内，较难区别油中特征气体浓度的增长是由故障引起还是由脱气后残余气体引起，由此增加故障诊断的难度。

很多实例表明，若油中故障气体含量不是特别高或总含气量远未达到将要析出气泡的饱和状态，在查明产生故障气体的原因并将其消除之前，匆忙进行脱气是不可取的。否则容易造成重复处理，徒然耗费人力、物力，增加设备的停电时间，而且还会增加对设备内部故障的判断难度。所以，对油中特征气体含量不是特别高的设备，脱气处理工作宜选择在气体产生的原因查明、油中气体接近饱和水平或故障排除之后进行。处理后，若油中特征气体含量出现先快后慢的小幅增长，1～3个月后趋向稳定，便可判定为残余气体引起。

二、潜油泵故障或油流静电

当变压器采取强迫油循环冷却方式时，由强迫油循环冷却系统引起油中出现故障气体的因素主要有：潜油泵故障引起油分解；潜油泵工作时的油流速过高，发生了油流静电放电使油分解。严重的油流静电放电，则可能导致设备发生故障。

在强迫油循环的大型变压器中，因为油的循环流速较高，在油品的不断流动中，油流与变压器内的固体绝缘物如绝缘纸、层压板等相互摩擦而产生正负电荷，这些电荷在固体绝缘物表面和油中以相应的能量级进行积聚。尽管同时也存在着正负电荷的中和及电荷对地泄漏过程，但如果电荷的积累速度大于电荷的泄漏及中和速度时，油或固体绝缘材料表面所积累的电荷量达到一定程度后，所产生的电场强度超过了绝缘油的击穿场强，就会在油中或固体绝缘表面发生静电放电。前面已阐述影响油流带电程度的因素很多，最主要的是油的流速，流速越高带电越严重；其次，固体绝缘物的种类及表面形态、油流状态、油温及油的带电倾向性对油流带电都有很大影响。

潜油泵故障或油流静电所产生的气体与变压器内的某些故障产生的气体特征并无明显区别。因此对于强迫油循环冷却的变压器，当油中特征气体出现异常变化时，应首先检查潜油泵在运行中是否有异常噪声或振动，并测量潜油泵电动机的电流是否正常。还可通过轮流停运潜油泵的方法，然后根据油中故障气体含量是否继续增长，以判断是否存在油流静电放电或找到发生故障的潜油泵。

三、有载分接开关油污染

有载分接开关灭弧室油中的 C_2H_2、H_2 等故障气体含量非常高，若有载分接开关油室与变压器主油箱之间的密封不良，出现有载分接开关油进入主油箱，将导致本体主油箱油中出现 C_2H_2 等气体组分。但气体组分与分接开关的切换情况、渗漏点的部位等因素有关，比值 C_2H_2/H_2 会在很高的范围内变化，认为 $C_2H_2/H_2>2$ 时存在着有载分接开关油污染的迹象可以作为判断时的参考，但作为判剧使用并不是很充分。

有载分接开关油室渗漏油的判断，主要是观察有载分接开关油箱储油柜的油位变化。一般地，有载分接开关油箱储油柜的油位要比主油箱储油柜的油位低，若有载油箱储油柜的油位逐渐升高，则表明有载油箱存在渗漏，当两个油箱的油位互相接近，而主油箱油中 C_2H_2 或 H_2 等气体含量较高时，应抽尽有载油箱中的油，观察渗油现象，找到渗漏点并作相应处理。

四、大修中的一些因素

在设备检修或大修过程中，引起油中特征气体含量异常的因素主要有：

（1）现场油处理设备引起。如滤油机故障或因油罐、滤油机中以前留下的残油含有故障气体，使用前又未处理干净。

（2）注油工艺要求不严，油中含有较多空气。设备投运后，当气泡随着油循环到高电场区域时，容易发生放电。气泡放电会使油分解，主要生成 H_2 及少量的 CH_4 和 C_2H_2。

（3）有载分接开关在检修后发生了渗漏，有少量油渗漏到变压器主油箱中。

（4）排注油中产生了油流静电。

（5）补充油未做色谱分析，将含有 C_2H_2 等故障气体的油补加到设备中。

（6）带油焊接作业，焊区的高温使附近的油热解产生故障气体。

设备在大修后，若油中特征气体含量比大修前有明显增长，但运行一段时间后气体含量趋于稳定或呈下降趋势，可能是由上述原因引起。

五、非故障下的高含量氢气

设备在非故障状态下，绝缘油中出现高含量氢气的现象在互感器中十分普遍，在变压器中常有发生。

对非故障引起油中出现高含量氢的原因，目前主要有以下几种观点：

（1）油中水分在电场或铁等金属作用下发生化学反应生成氢。

（2）低芳烃含量的油在电场作用下具有析气性，例如，烷烃和环烷烃在强电场作用下容易发生脱氢反应。

（3）设备内部使用的某些绝缘漆固化不完全，充油后漆膜继续固化可能产生氢。

（4）新不锈钢中可能在加工或焊接过程吸附氢而后又慢慢释放到油中。

（5）在镍等催化剂作用下，油中一些烃发生脱氢反应。

对于非故障状态下产生氢气的原因，虽不能排除少数设备中的氢可能是由水分的化学反应、不锈钢中释放出、油在高电场下的电离或绝缘漆的固化反应等因素引起，但大多数设备的实际情况还是与催化剂作用下油中的某些烃发生脱氢反应更吻合。

六、非故障引起的高含量甲烷

1. 实例与特点

运行互感器非故障状态下油中出现高含量甲烷而引起总烃超过 $100\mu L/L$ 注意值的案

例较多，根据某单位实测的 50 台互感器油中溶解气体的一次分析结果，这些测试结果都有以下特点：

（1）构成总烃的主要组分是甲烷，其他组分基本无异常。

（2）总烃的相对产气速率一般不超过 10%/月。

（3）设备投运初期甲烷含量增长较快，数年后会趋于稳定，最大值很少超过 $200\mu L/L$。这些特点与故障下的产气特征不相符。

2. 产气原因的探讨

对于非故障下产生高含量甲烷的原因，目前有几种看法都认为可能与丁腈橡胶有关，但相互之间又存在着一些差异。

（1）丁腈橡胶促使油发生裂解而产生甲烷。

（2）丁腈橡胶中隐藏着甲烷。

（3）油中芳烃加氢脱甲基反应。根据对 4 台单 H_2 含量高和单纯 CH_4 含量高的互感器进行抽真空脱气的对比试验，发现它们有以下共同特点：

1）除 H_2 或 CH_4 外其他气体组分含量均较低。

2）投运后 H_2 或 CH_4 含量都有一个快速增长的过程，数年后会趋于稳定。

3）脱气处理后都出现 H_2 或 CH_4 新一轮的快速增长，最后又都会重新达到稳定状态。

3. 与局部放电故障的区别

设备在非故障状态下，如果油中出现高含量 H_2 的同时 CH_4 含量也较高，与局部放电故障的特征很相似，在故障判断中要注意这一点。两者的区别主要在于：

（1）设备内部如果存在着非故障下产生 CH_4 和 H_2 的条件时，设备充油后，油中随即会产生这些气体（与设备是否运行无关），运行后在电场作用下产气速度可能会快一些。CH_4 和 H_2 含量达到一定值后会趋于稳定，大多数情况下，CH_4 含量较少超过 $200\mu L/L$，H_2 含量较少超过 $500\mu L/L$。

（2）若是设备内部发生局部放电故障时，油中将同时出现 CH_4 和 H_2，故障初期产气速度较慢，随着故障的发展，产气速度越来越快，气体含量越来越高。且 H_2 含量一般要比 CH_4 高很多，H_2/CH_4 比值甚至高达 20～30。

第六节　故障处理的对策与措施

本节将围绕不同的故障讨论故障处理的对策及措施，以及对色谱分析有故障的设备如何给出明确合理的指导性分析意见，既能确保变压器的安全经济运行，又便于领导的管理决策。

根据变压器油中溶解气体的色谱分析数据并结合以往历史数据，一旦准确判断出变压器存在有内部故障，则需根据故障的类型、严重程度、故障特征气体增长情况、发展趋势，给出明确、准确、科学合理的指导性分析意见。

若需跟踪分析才能确定的故障发展情况的，则需通过预判故障性质制定合理的跟踪分析周期，在跟踪周期内应能确保变压器不致因故障的进一步发展而损坏（但突发的电弧放电例外；已判明固体绝缘严重劣化，有可能短期内由其他故障演变为电弧放电性故障的有预警先兆的也除外）。制定跟踪分析的原则是先密后疏，一开始周期短些，防止周期过长引起故障的恶化造成不必要的损失，当跟踪2～3个周期后，若故障特征气体增长缓慢，可适当延长跟踪周期。

对于判明有可能在短期内演变为电弧放电的故障，则应立即停电检查，因为电弧放电是突发性的，绝大多数电弧放电是没有预警时间的，在放电之前油中各组分气体含量正常，电弧放电持续时间短，能量却很巨大，几乎可以瞬间把设备摧毁。

对于较强的火花放电，并且涉及固体绝缘时，当 CO、CO_2 浓度很高，增长较快，C_2H_2 和 H_2 增长速率也超标的情况下，可以预测在不久的将来这种情况会发展为电弧放电。低压绕组因油道堵塞，散热不好，大电流发热不能及时散掉，致使低压绕组长期在低温过热状态下运行，加速其绝缘老化，此时总烃可能不太高，而 CO、CO_2 浓度很高，增长迅速，产气速率超标数倍，$CO_2/CO>10$，油中糠醛含量也超标2倍以上，表明固体绝缘已严重劣化，甚至炭化，已丧失应有的机械强度，若继续运行下去，固体绝缘会因电磁振荡力发生脆裂，导致低压绕阻匝（层）间短路而演变为电弧放电。对以上两种情况，都应引起足够的重视，注意有可能演变为电弧放电的先兆特征。而对于外部原因（如出口短路造成单相接地、雷击造成内部偶合过电压）诱发的突发性故障，以及内部绝缘薄弱到一定程度突然激发的放电一般是没有先兆特征的。

对于高温过热故障，一旦查明且继续发展，特征组分增量又严重超标的情况下，也应当立即停电处理，若故障在电路而又无法停电情况下，应降负荷运行，加强跟踪分析，若在磁路短期又不好处理的故障（如铁芯内部环流）则应立即停电检查，防止铁芯严重烧损，若是铁芯多点接地，在接地电流不是非常大的情况下可采取适当措施，在接地引线中串入一大功率阻值适当的电阻以限制接地电流，对于死接地点，大电流冲击又不能排除其故障的情况可临时断开正常的接地线，让该接地点代为接地，阻断外部环流通道，但这也只是临时应急措施且存在一定风险，时机合适时还要停电处理。

一般中、低温过热性故障可进行跟踪分析，其周期刚开始可根据情况定为二周一次，若发展缓慢可变为1～3个月一次，如果涉及固体绝缘加速老化或劣化时，如 CO、CO_2 浓度很高，增长迅速，产气速率超标数倍，$CO_2/CO>10$，油中糠醛含量也超标2倍以上，即使总烃增长缓慢，也应尽早停电处理，防止绝缘劣化到一定程度时演变成绕组匝、层间短路引发电弧放电。

局部放电性故障大多是电晕放电，是电场击穿气泡时的放电，对设备的危害性不大，跟踪分析周期一般两周或一个月一次，视具体情况而定，短期内（一个月）一般不会危及变压器安全运行的。因此，从安全经济角度考虑，对此类故障和不涉及固体绝缘劣化的一般性中、低温过热性故障，应继续跟踪分析，一般不要盲目地建议进行吊罩（芯）检查或停运，应改善冷却和散热条件，对电路过热性故障限制负荷运行，以减缓故障的发展，待避开用电高峰后根据故障发展情况选择合适的时机再做处理，以减少不必要的停电损失。

具体采用哪种故障处理措施，需要对故障性质、严重程度、发展趋势及油中气体饱和水平等进行综合分析诊断后合理地确定，切不可在特征组分刚超出注意值时就建议吊罩吊芯检查修理，或进行真空滤油脱气处理。绝大多数判断为有故障的设备仍需进行油中溶解气体跟踪分析，以考察故障发展趋势，其跟踪分析的周期要视故障性质及严重程度、发展快慢而定。图 11-8 所示为故障判断与处理程序。

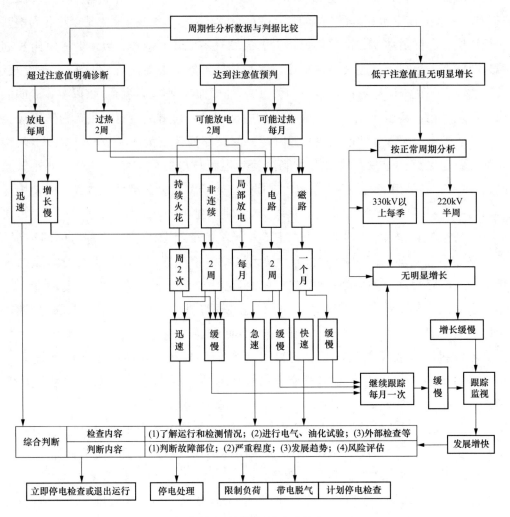

图 11-8　故障判断与处理程序

注：图中所标无明显增长指产气速率小于注意值，缓慢增长指产气速率超过注意值，迅速、急速、快速
　　增长是指产气速率超过注意值 2 倍以上。

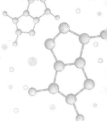

第七节　油中溶解气体分析方法在气体继电器中的应用

一、平衡判据

在气相色谱分析技术尚未在电力系统普及应用时，若变压器气体继电器动作，通常以观察气体继电器中聚集的气体有无颜色或可燃不可燃来判断变压器是否存在故障，这只是一种粗略的方法，可靠性较差。利用气相色谱法同时分析油中和继电器中的气体组分，再根据平衡判据原理诊断变压器内部故障要比以前的方法准确得多。

1. 平衡判据的诊断原理

在运行变压器中，各种故障的产气速率均与故障能量密切相关。大致分为三种情况：

（1）对于能量较低、产气速度缓慢的低温热点或局部放电等故障，从整体和宏观上讲，生成的气体绝大部分溶解于油中后基本处于平衡状态。

（2）对于能量较大、产气速度较快的某些高温过热或火花放电等故障，当产气速率大于气体溶解速率时，就可能会形成气泡；在气泡上升的过程中，一部分气体溶解于油中并与油中原来的溶解气体进行交换，改变了所生成气体的组分和含量，未溶解的气体和油中被置换出来的气体一起最终进入继电器而积累下来，当气体积累到一定程度后气体继电器将动作发出信号。

（3）对于高能量的放电故障，大量气体迅速生成，所形成的气泡迅速上升并聚集在继电器内，引起气体继电器动作。这时生成的气体几乎没有机会与油中溶解气体进行交换，因此远没有达到平衡。

如果气体长时间留在继电器中，某些组分，特别是油中溶解度大的组分很容易回溶于油中，从而改变继电器内游离气体（也称自由气体）。因此当气体继电器发出信号时，除应立即采集气体继电器中的游离气体进行分析外，还应同时取油样进行溶解气体分析，并比较油中溶解气体与继电器里的游离气体中的组分浓度，以判断游离气体与溶解气体是否处于平衡状态，进而可以判断故障的发展速度与趋势。

2. 判断过程

（1）测出油样和气体继电器中各组分的浓度。

（2）当气体继电器报警或动作时，对气体继电器内的气体进行色谱分析，将气相中组分浓度折算到油相中（按 $C_{o,i} = K_i \cdot C_{g,i}$）作为理论值，同时取本体油样测出油中各组分的实际值，两者的比值作为判定气液两相中气体的分配是否平衡。利用各组分的分配系数 K_i（奥斯特瓦尔德系数），把游离气体中各组分的浓度值换算成平衡状况下油中溶解气体的理论值，两者的比值 K 作为判定气液两相中气体的分配是否平衡，换算公式如下

$$K = \frac{理论值}{实际值} = \frac{C_{o,i}}{C_i} = \frac{K_i \times C_{g,i}}{C_i} \tag{11-26}$$

式中：K 为不平衡度或不平衡指数；$C_{o,i}$ 为油中溶解组分 i 浓度的理论值，$\mu L/L$；C_i 为油中溶解组分 i 的浓度，$\mu L/L$；$C_{g,i}$ 为继电器中游离气体中组分 i 的浓度，$\mu L/L$；K_i 为组分 i 的奥斯特瓦尔德系数（见表 8-3）。

如果 K 值小于 1，且实际值的绝对量又不高的话，说明设备正常；如果两者的比值接近于 1 或大于 1，设备可能存在缓慢发展的故障；如果比值远大于 1（或 $K>3$），说明故障产气迅速，来不及溶解与扩散，表明故障严重，发展迅速。

如果气体继电器中的特征组分浓度不高，主要是自由气体（O_2、N_2）且本体油中溶解气体分析特征组分含量正常，则说明设备正常。如果气体继电器频繁报警，且气体中的特征气体浓度不高，则很有可能是油中含气量已达到饱和，随着油温、负荷的变化而导致某些气体在固体材料及油中的分配系数的改变而解析到气相中，从而导致气体继电器报警；或者有漏气的地方使自由气体进入到气体继电器中。如果气体继电器中特征组分浓度很高，则应进行平衡判据的判断，以便及时掌握设备运行状况。

对于突发的电弧放电故障，尽管此时设备已损坏，但仍有必要同时取气体继电器气样和本体油进行色谱分析，根据平衡判据分析，比较不平衡度的大小，累积重要数据，不仅对以后的分析诊断有益，也对故障分析及故障能量分析有很大的作用。

3. 注意事项

（1）对气体继电器取气样、分析要尽可能早，以免气体的回溶和扩散。

（2）变压器重瓦斯动作跳闸后，变压器油将停止循环，故障点附近油中的高浓度故障气体向四周扩散的速度就变得很慢。若故障持续时间很短，故障点距离取样部位较远，则取样与跳闸的间隔时间越短，油样中故障气体含量就越低，而此时气体继电器中的故障气体因回溶较少其组分浓度会越高；反之，随着时间推移，油样中故障气体含量会慢慢变高，气体继电器中的故障气体由于向油中回溶而使其在气体中的浓度会变低，气体换算到油中的理论值与油样实测值的差距就会缩小。

（3）大量实际统计结果表明，根据色谱分析和平衡判据判断变压器内部无故障时，则气体继电器动作绝大多数是由于变压器进入空气所致。造成进气的原因主要有：密封垫破损、法兰结合面变形、强迫油循环冷却系统进气、油泵堵塞等。其中油泵滤网堵塞所造成的轻气体继电器动作是近年来较为常见的故障。因此，为了防止无故障情况下变压器气体继电器的频繁动作，在变压器运行中，必须保持潜油泵的入口处于微正压，以免产生负压而吸入空气；同时应对变压器油系统进行定期检查和维护，清除滤网的杂质，更换胶垫，保证油系统的通畅和系统的严密性。

（4）在变压器吊罩检修中注油、抽真空的工艺要求不严时，投运后因油中空气含量高引起轻气体继电器频繁动作。

二、气体继电器动作的原因分析和故障推断

气体继电器动作的原因分析和故障推断见表 11-15。

表 11-15　　　　　　　　　　　　气体继电器动作的原因分析和故障推断

序号	动作类别	油中气体	游离气体	动作原因	故障推断
1	重气体继电器动作	空气成分，CO、CO_2 稍增加	无游离气体	260～400℃时油的汽化	大量金属加热到 260～400℃时，即接地事故、短路事故中绝缘未受损伤时
2	轻气体继电器动作	空气成分，CO、CO_2 和 H_2 较高	有游离气体，有少量 H_2 和 CO	铁芯强烈振动和导体短时过热	过励磁时（如系统振荡时）
3	重气体继电器动作	空气成分	无游离气体	继电器安装坡度校正不当，或储油柜与防爆筒无连通管的设备防爆膜安放位置不当	无故障
4	轻、重气体继电器动作	空气成分，氧含量较高	有游离气体，空气成分	补油时导管引入空气，或安装时油箱死角空气未排尽	无故障
5	重气体继电器动作	空气成分	无游离气体	地面强烈振动或继电器结构不良	无故障
6	轻、重气体继电器同时动作	空气成分	无游离气体	气体继电器进出油管直径不一致造成压差，或强迫油循环变压器某组散热器阀门关闭	无故障
7	轻气体继电器动作	空气成分	无游离气体	继电器触点短路	继电器外壳封密不良，进水造成触点短路
8	轻气体继电器动作，放气后立即动作，越来越频繁	总气量增高，空气成分，氧含量高，H_2 略增，有时可见油中有气泡	大量气体，空气成分，有时 H_2 略高	附件泄漏引入大气（严重故障）	变压器外壳、管道、气体继电器、潜油泵等漏气
9	轻气体继电器动作，放气后每隔几小时动作一次	总气量增高，空气成分，氧含量高，H_2 略增，有时可见油中有气泡	大量气体，空气成分，有时 H_2 略高	附件泄漏引入大气（中等故障）	变压器外壳、管道、气体继电器、潜油泵等漏气
10	轻气体继电器动作，放气后较长时间又动作	总气量增高，空气成分，氧含量高，H_2 略增，有时可见油中有气泡	大量气体，空气成分，有时 H_2 略高	附件泄漏引入大气（轻微故障）	变压器外壳、管道、气体继电器、潜油泵等漏气
11	轻气体继电器动作，投运初期次数较多，越来越稀少，有时持续达半月之久	总气量很高，氧含量很高，有时 H_2 略增	有游离气体，空气成分，有时有少许 H_2	油中空气饱和，温度和压力变化释放气体（常发生在深夜）	安装工艺不良，油未脱气和未真空注油
12	轻气体继电器动作	空气成分，含氧量正常	无游离气体	负压下油流冲击或油位过低（多发生在温度和负荷降低或深夜时）	隔膜不能活动自如，充氮管路堵塞不畅，或氮气袋严重缺氮，或油位太低时

序号	动作类别	油中气体	游离气体	动作原因	故障推断
13	轻气体继电器动作	空气成分，氧气含量很低，总气量低	无游离气体	负压下油流冲击或油位过低（多发生在温度和负荷降低或深夜时）	变压器吸湿器堵塞不畅
14	轻气体继电器动作	总气量高，空气成分，N_2 很高	有游离气体，空气成分，N_2 很高	充氮保护变压器氮气袋压力太大	油温急剧降低时，溶解于油中的氮气因过饱和而释放
15	轻气体继电器动作，几小时或十几小时动作一次	总气量高，含氧量低，总烃高，C_2H_2 和 CO 不高	有游离气体，无 C_2H_2，CO 少，H_2 和 CH_4 高	油热分解（300℃以上）产气，溶解达到饱和	过热性（慢性）故障，存在时间较长
16	轻气体继电器动作，几小时或十几小时动作一次	总气量高，含氧量低，总烃高，CO 和 CO_2 亦高	有游离气体，无 C_2H_2，CO_2、H_2 较高，CO 很高	油纸绝缘分解产气，饱和释放	过热性故障热点涉及固体绝缘，存在时间较长
17	轻、重气体继电器动作	总气量高，含氧量低，总烃和 CO_2 高，C_2H_2 很高，有时 CO 并不突出	有大量游离气体，CO、H_2、CH_4 均高	油纸绝缘分解产气，不饱和释放	电弧放电（匝、层间击穿，对地闪络等）
18	轻、重气体继电器动作	总气量高，含氧量低，总烃和 CO_2 高，但 CO 不高	有大量游离气体，H_2、CH_4、C_2H_2 高，但 CO 不高	油热分解产气不饱和释放	电弧放电未涉及固体绝缘（多见于分接开关飞弧）

三、利用色谱分析法对气体继电器动作（报警）原因进行诊断

正常情况下，气体继电器报警是当其内部有气体压力（超过整定值时）气体继电器报警，报警的原因有三种：①当设备内部发生突发性故障（如电弧放电）时，由于巨大的能量使附近大量的油裂解，产生大量的气体，来不及溶解与扩散，涌入气体继电器而报警，当故障能量特别大时，还会产生强烈的油流，使气体继电器动作，设备跳闸；②气体继电器内有自由气体（非故障特征组分），主要是 N_2、O_2、H_2、少量烃类以及 CO、CO_2 气体，其原因是油中含气量达到饱和状态，因油温或压力的改变而释放进入气体继电器，或因某处漏气及形成负压（由油流流动时所产生）使其存在一定压力差；③属于误报，是由于继电器原因或振动引起，继电器内没有气体。无论是什么原因造成的气体继电器报警，都应及时查明原因。

当气体继电器报警时，应查看气体继电器内有无气体，若没有气体，很可能是误动，若有气体，应同时取气体继电器内气体及本体油进行色谱分析，若气体成分主要是 N_2、O_2、极少量氢和烃类气体（包括少量 CO 和 CO_2），且油中各组分浓度正常，则可能是油中含气量达到饱和后的释放以及有漏气的地方，若气体继电器气体中含有一定浓度（高

于油中溶解气体注意值）且油中浓度也比较高（或超过注意值）的特征组分，应根据平衡判据，计算出其换算到油中的理论值，若理论值与油中实测值近似相等。有两种可能：一是接近于1，若故障气体各组分浓度均很低，说明设备是正常的；二是略大于1，则表明设备存在缓慢发展的故障。若比值大于3或更高，则表明设备存在发展较快的故障，应加强跟踪分析，观察特征气体产气速率，若产气速率也超过注意值（并大于2倍注意值），说明故障产气迅速，应尽快停电处理，若产气速率达到注意值，按其故障类型制定适当的跟踪分析周期。

四、气体继电器报警或动作后的处理措施

1. 变压器轻气体继电器报警后的处理

变压器轻气体继电器动作发信号时，应立即对变压器进行检查，查明动作原因，进行相应的处理，包括：

（1）检查变压器油位、绕组温度、声音是否正常，是否因变压器漏油引起。

（2）检查气体继电器内有无气体，若有，检查气体颜色、气味、可燃性，以判断是变压器内部故障还是油中溶解空气析出，并同时取油样和气样做气相色谱试验，以进一步判断故障性质；若无气体，则应检查二次回路。

（3）检查储油柜、压力释放装置有无喷油、冒油，盘根和塞垫有无凸出变形。

2. 新投入运行的变压器在试运行中轻气体继电器动作后的处理

（1）在加油、滤油和吊芯等工作中，将空气带入变压器内部不能及时排出，当变压器运行后，油温逐渐上升，内部储存的空气被逐渐排出使轻气体继电器动作。一般气体继电器的动作次数与内部储存的气体多少有关。

（2）变压器内部确有故障。

（3）直流系统有两点接地而误发信号。

针对上述原因，应采取的分析处理方法如下：

（1）首先检查变压器的声响、温度等情况并进行分析，如无异常现象，则将气体继电器内部气体放出，记录出现轻气体继电器信号的时间，根据出现轻气体继电器时间间隔的长短，可以判断变压器出现轻气体继电器动作的原因。如果一次比一次长，说明是内部存有气体，否则说明内部存在故障。

（2）如有异常现象，应取气体继电器内部的气体进行色谱分析，以判断变压器内部是否确有故障。

（3）如果油面正常，气体继电器内没有气体，则可能是直流系统接地而引起的误动作。

3. 变压器重气体继电器保护动作后的处理措施

（1）变压器跳闸后，立即停油泵，并将情况向调度及有关部门汇报，然后根据调度指令进行有关操作。

（2）若只是重气体继电器保护动作时应重点考虑是否呼吸不畅或排气未尽、保护及

直流等二次回路是否正常、变压器外观有无明显反映故障性质的异常现象、气体继电器中积聚气体是否可燃，并根据气体继电器中气体和油中溶解气体的色谱分析结果，必要的电气试验结果和变压器其他保护装置动作情况综合判断。

（3）跳闸后外部检查无任何故障迹象和异常，气体继电器内无气体且动作掉牌信号能复归。检查其他线路上若无保护动作信号掉牌可能属振动过大原因误动跳闸，可以投入运行；若有保护动作信号掉牌，属外部有穿越性短路引起的误动跳闸，故障线路隔离后，可以投入运行。经确认是二次触点受潮等引起的误动，故障消除后向上级主管部门汇报，可以试送。

（4）跳闸前轻气体继电器报警时，变压器声音、油温、油位、油色无异常，变压器重气体继电器动作跳闸其他保护未动作，外部检查无任何异常，但气体继电器内有气体。拉开变压器各侧隔离开关，由专业人员取样进行化验分析，如气体纯净无杂质、无色（或很淡不易鉴别），只要气体无味、不可燃，就可能是进入空气太多、析出太快，此时查明进气的部位并处理，然后放出气体测量变压器绝缘无问题后，由检修人员处理密封不良问题。最后根据调度和主管生产领导命令试送一次，并严密监视运行情况，若不成功应做内部检查。

（5）色谱分析有疑问时应测量变压器绝缘及绕组直流电阻，必要时根据安全工作规程做好现场的安全措施，吊罩检查。在未查明原因或消除故障之前不得将变压器投入运行。

（6）现场有明火等特殊情况时，应进行紧急处理。

（7）按要求编写现场事故处理报告。

4. 变压器有载分接开关重气体继电器动作跳闸后的检查处理

有载分接开关重气体继电器保护动作时，在未查明原因或消除故障之前不得将变压器投入运行。此时，专业人员应进行下列检查：

（1）检查变压器各侧断路器是否跳闸，查看其他运行变压器及各线路的负荷情况。

（2）检查各保护装置动作信号、直流系统及有关二次回路、故障录波器动作等情况。

（3）储油柜、压力释放装置和吸湿器是否破裂，压力释放装置是否动作。

（4）检查变压器有无着火、爆炸、喷油、漏油等情况。

（5）检查有载分接开关及本体气体继电器内有无气体积聚，或收集的气体是空气或是故障气体。

（6）检查变压器本体及有载分接开关油位情况。

（7）检查有载分接开关气体继电器接线盒内有无进水受潮或异物造成端子短路。

分接开关重气体继电器保护动作后的处理包括：立即将情况向调度及有关部门汇报，并根据调度指令进行有关操作，同时根据 Q/GDW 1799.1—2013《国家电网公司电力安全工作规程　变电部分》做好现场的安全措施；现场有明火等特殊情况时，应进行紧急处理。

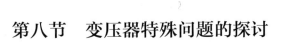

第八节　变压器特殊问题的探讨

一、残油中乙炔的分析及含量推算

对于刚到安装现场的大型新变压器，在未注油前，不能急于将器身内带的残油排出并与其他油混合，应先对残油取样进行色谱分析，以便于了解残油中是否含有乙炔，查清乙炔来源。有的安装部门在未对器身残油进行取样分析的情况下，便将其排出与其他油混合，处理后注入变压器，失去了新变压器注油后含有 C_2H_2 时查清 C_2H_2 来源的机会（因残油无保留，注油后的剩余油也与其他油混合）。

河南某电厂 2 号升压变压器（2 号主变压器）260000kVA/220kV，曾在注油后（滤油后）电气性试验前取样进行色谱分析，发现油中含有 $0.05\mu L/L$ 左右的 C_2H_2，但已无法查清 C_2H_2 的来源，该主变压器投运后运行单位又没有按周期（1、4、10、30 天）进行色谱分析，该主变压器运行不到半年变压器就因电弧放电性故障而损坏。因此，对新到场的变压器残油，以及注入前的新油进行色谱分析是十分必要的，以便于查清是哪个环节将 C_2H_2 引入新安装变压器，如果是残油里面就含有 C_2H_2，也要追查其来源，是厂家注油时带进去的，或是滤油机问题，还是出厂做电气性试验时产生的 C_2H_2。如果因电气性试验产生 C_2H_2，则表明试验时产生了放电，设备存在有缺陷。如果是注油时油品中含有 C_2H_2，或滤油机因故障（机械研磨、加热管开裂等）产生的 C_2H_2，只要将其滤除即可，设备本身是正常的。

河南某供电单位的主变压器，安装单位在电气性试验前将油样送到其他单位进行色谱分析，未见乙炔，局部放电后将油样送到河南电科院进行分析，油中 C_2H_2 达到 $1.6\mu L/L$，为了查清 C_2H_2 来源，同时取三个平行样品分别送到河南电科院、设备用户单位（某供电公司）以及原局部放电试验前对该主变压器分析单位同时测试，河南电科院和用户单位的结果一致 C_2H_2 仍为 $1.6\mu L/L$，原先的分析单位仍未检出 C_2H_2，查看该单位仪器出峰情况，发现是仪器对烃类气体检测灵敏度太低，$1.6\mu L/L$ 的 C_2H_2 在基线上是平滑的，一点出峰的迹象都没有，后来推定是局部试验前可能该主变压器油中已经含有 $1.6\mu L/L$ 的 C_2H_2，很可能是滤油机问题，滤油机出口油中 C_2H_2 含量就高，更换滤油机重新滤油，确认油中不含 C_2H_2 时再次进行局部放电试验后油中未检出 C_2H_2。排除了局部放电时产生 C_2H_2 的可能性，变压器没有问题。

如何推算出运输之前残油中 C_2H_2 的原始浓度，也是个值得探讨的问题，有人认为分析出来的浓度就是以前的原始浓度，这种看法是错误的。因为厂家出厂电气试验后，为了减轻运输重量（尤其是大型变压器本身就很重），用油又很多（有的达 100 多吨），出厂前都要将大部分油排出，只留一小部分残油，为了在运输途中不进气受潮，往往需要充氮保护，这样变压器本身就是一个密闭容器，而充入的 N_2 是气相空间，残油为液相部分，在长期的运输途中液相部分原先溶解的各气体浓度在新的体系中重新分配且达到平衡。

例如：某大型变压器总器身油量达110t，若运输途中残油量为10t，那么N_2的体积为$V_g = m/\rho = (110-10)/0.89 = 112.36$（$m^3$），此时残油体积为$V_1 = m/\rho = 10/0.89 = 11.236$（$m^3$），设原来残油中$C_2H_2$的起始浓度为$C_{il}$，到场后测出残油中$C_2H_2$浓度（运输途中气液平衡后液相浓度）$C_{il}'$为$0.06\mu L/L$的话，那么根据分配定律则有：$C_{il}' = K_i \cdot C_{ig}$。$C_{ig}$为运输途中气液平衡后气相浓度，其中$1.02 \times C_{ig} = 0.06$，即$C_{ig}$的值为$0.0588\mu L/L$。再根据物料平衡原理，则有关系式

$$V_g \cdot C_{ig} + V_1 \cdot C_{il}' = V_1 \cdot C_{il}$$

$$C_{il} = \frac{V_g \cdot C_{ig} + V_1 \cdot C_{il}'}{V_1} = \frac{112.36 \times 0.0588 + 11.236 \times 0.06}{11.236} = 0.6(\mu L/L)$$

由此可推算出原来残油的初始浓度是到现场（即平衡后）残油中C_2H_2浓度的10倍，这是由于C_2H_2的奥斯特瓦尔德系数为1.02接近于1，气相空间是液相体积10倍的原因。

因此，对刚到场的变压器应先取残油进行色谱分析，据此可推断出残油中各气体组分的初始浓度值。一般多数变压器质量都是好的，存在问题的主变压器一般仅为2%左右，为了从各个环节严把C_2H_2关，对进场的新油也有进行检测的必要。

二、变压器的过励磁现象

当系统出现故障，工频电压升高，使变压器处于过励磁状态时，一方面由于过励磁振动，可能使油中原来溶解的气体逸出，甚至涌入气体继电器而使其报警。另外由于铁芯过饱和，励磁电流急增或漏磁增加，将引起短时局部过热而产生较多的CO、CO_2、H_2和烃类气体。当系统恢复正常励磁时，这种过热现象往往会自动消失。但当过励磁持续时间较长时，会对变压器造成一定危害，尤其是磁路系统。

表11-16为某变压器过励磁引起短时过热产气的色谱分析数据，从表中可以看出，过励磁后，过热性故障特征气体浓度增长明显，但放电性故障特征气体C_2H_2没有变化。

表 11-16　　　　　　　　　　　过励磁引起短时过热产生案例　　　　　　　　　　　$\mu L/L$

运行状况	H_2	CO	CO_2	CH_4	C_2H_4	C_2H_6	C_2H_2	备注
正常运行（过励磁前）	35	125	2000	37	23	24	7	
过励磁后	220	810	5300	230	110	57	7	过励磁是系统振荡所引起，持续19分
滤油后正常运行2个月	4	4	60	90	7	24	27	

三、油中溶解气体特殊数据结构及特殊三比值码的分析

通过变压器油中溶解气体的色谱分析结果来判断设备故障时，大多数人应用三比值法进行故障定性。对经验很丰富的人员，用改良"三比值"法诊断故障的准确率可以达到97.1%。色谱分析人员还应根据不同情况灵活综合分析，以及应用特征气体数据结构本身去诊断故障，甚至故障部位，力争诊断正确率达到99%以上。

【案例 11-9】　表 11-17 是某变压器的色谱数据，按改良"三比值"法其编码为"001"，按"三比值"判断则应为低于 150℃ 的低温过热，而应用数据结构可直接判定为高温过热，且不涉及固体绝缘，由于 C_2H_2 绝对量比较高，此高温过热在电路的可能性很大，尽管 C_2H_2 占总烃量 0.71%，比率不算太高，综合分析应是电路裸接头接触不良引起油裂解的可能性较大。

表 11-17　　　　　　　　油中气体含量分析数据　　　　　　　　　　μL/L

设备	CH_4	C_2H_4	C_2H_6	C_2H_2	H_2	CO	CO_2	总烃
某变压器	798	2209	863	27.9	936	208	533	3898

很显然，该变压器是个特殊的案例，不适合应用"三比值"，用数据结构特征诊断将更加准确。分析其原因有以下几点：

（1）该数据从总烃、H_2 和 C_2H_2 含量上看不可能是"001"码所对应的低于 150℃ 的低温过热，低温过热尤其是包有外绝缘的导体低温过热时总烃不太可能这么高，且不应产生 C_2H_2。

（2）包有外绝缘的导体低温过热一般发生在低压绕阻因油道堵塞、散热不良、低压绕组工作电流大，其发出的欧姆热能不能及时散掉，使低压绕阻在低温过热的环境下长期运行，加速其外绝缘的老化、劣化进程。同时，油中总烃含量不明显，不产生 C_2H_2，但 CO、CO_2 浓度较高，且 CO_2 增长更明显，CO_2/CO 对密封性设备一般大于 7 甚至可达到 10 倍以上，与本案例 CO、CO_2 含量较低不相适合。

（3）本案例 $CO_2/CO < 3$，呈现的是故障引起的局部固体绝缘热老化时产生 CO 比 CO_2 明显的特征，但两者浓度都不高，很可能是裸金属被流动的油将大部分热量带走，只有传导热引起的很轻的固体绝缘裂解产生 CO 比 CO_2 较明显所致。总烃浓度高而 CO、CO_2 浓度不高其原因是热量直接施加到油上，这就排除了绕阻断股或涡流引起铜发热及绕阻内部因焊接不良发热的可能性。

（4）判断故障不在磁路中的理由是 C_2H_2 绝对量较高，磁路高温过热 C_2H_2 的绝对量一般不高。对该变压器应采取回归分析，以考核故障特征气体增量与电流（负载）之间的关系，从逻辑上判断过热是在电路还是磁路。

【案例 11-10】　某变压器油中 C_2H_2 超标为 23.53μL/L，总烃不高，H_2 很低，而且主要是 C_2H_2 增长，其他组分变化不明显，按"三比值"法其编码为"101"，呈火花放电特征，但 H_2 与 C_2H_2 非常不成比例，一般火花放电，H_2 应是 C_2H_2 的 3 倍以上或更高些，但此油中 H_2 浓度仅为 2.93μL/L，油中组分见表 11-18。

表 11-18　　　　　　　　油中溶解气体分析数据　　　　　　　　　　μL/L

组分	CH_4	C_2H_4	C_2H_6	C_2H_2	H_2	CO	CO_2	总烃
浓度	1.29	8.82	3.53	23.53	2.93	34	1274	37.2

从表 11-18 数据不难看出，C_2H_2 占总烃量的 63%，总烃不高，数据特征是非连续火花放电，三比值编码是"101"，也是火花放电。一般放电性故障，尤其是火花放电，其 H_2 浓度应是 C_2H_2 的 3 倍以上，但此案例 $H_2/C_2H_2 < 0.125$，很像是有载调压开关室渗漏油的特征，而该变压器又不是有载调压，根据溶解度系数小的组分（如 H_2、CO、CH_4）油中浓度都相对低的特点，认为该变压器是开放式变压器，溶解度系数小的组分向空气中扩散的逸散损失率比溶解度系数大的组分大得多，而 H_2 的溶解度系数只有 C_2H_2 的 1/17，这是 H_2 浓度低的主要原因。

因此分析认为该变压器由于 C_2H_2 三年来从无到有，从低到高（2010 年 C_2H_2 为 $5\mu L/L$，2011 年为 $12\mu L/L$，2012 年为 $23.53\mu L/L$）增长，确实存在有非连续性火花放电，但发展不快。

四、关于新变压器安装、运行与维护

新变压器除了制造厂制造工艺的好坏直接影响变压器质量及其安全运行外，安装单位的施工水平与管理也直接对变压器能否正常安全运行产生重要影响，如前所述，变压器到场后要及时对残油进行取样分析，以考核残油中是否含有 C_2H_2，新油到场后也有必要进行检验与分析，严把质量关。

（1）在变压器安装时，应对施工用的用具及材料进行严格的管理与登记，以避免工具和螺杆螺母遗失或掉落在油底壳内而不知道，为以后变压器的安全运行带来不必要的麻烦和危害，造成不必要的停电损失。

（2）安装时必须认真查看有无不正常现象，部件有无损坏，是否错位，接头处有无松动等。

（3）严禁在雨天进行安装工作，以免水分进入设备使绝缘受潮，严重时将导致变压器在运行时损坏。

曾有施工单位在安装变压器时不慎将螺杆（母）落入油底壳造成铁芯多点接地磁路过热故障，也有施工单位在下雨天施工，因雨鞋将泥土及杂质带入变压器引起变压器局部放电的。如某施工单位在小雨天用人工一桶一桶往变压器里注油，将雨水带入设备使绝缘受潮，导致某电厂春节前后不过半年的时间先后损坏 4 台变压器。还有某施工单位在安装某 220kV 主变压器时夜间施工，将手电筒遗忘在变压器中性点附近的绝缘架上，后引起连续性火花放电，导致该变压器在夏季供电负荷最紧张时不得不两次停电进行局放试验与停电检查，造成不必要的停电损失。

因此，在进行变压器安装时，各个环节要严格把关，任何一个环节的疏漏都将带来无法预测的后果。从残油检测、新油进场的检验分析、安装前后的检查到严谨科学的施工都要注意到，严禁在雨天对变压器进行内部安装与其他工作，注油时一定要真空注油，热油循环，以除去油中气体水分和杂质，同时也除去固体材料吸附的气体与水分。

表 11-19 给出了遗忘手电筒在变压器内的油色谱分析数据。

表 11-19　　　　　手电筒遗忘在变压器内引起持续火花放电的色谱数据　　　　　$\mu L/L$

日期	CH_4	C_2H_4	C_2H_6	C_2H_2	H_2	CO	CO_2	总烃
2002-03-28	10.46	2.7	1.7	1.91	40	833	1896	16.8
2001-11-17	10.12	2.63	1.54	5.5	37	850	1980	19.79
2002-05-18	21.1	8.13	5.25	11.5	72	1210	3580	45.98
2002-06-04	20.17	8.07	5.05	11.1	65	1240	3632	44.4
2002-07-10	22.71	8.35	4.90	8.43	69.1	1284	3987	44.36
2002-07-18	25.83	10.82	5.54	15.11	83	1343	4068	57.3
2002-07-21	26.1	12.64	6.19	21.69	86.6	1205	3718	66.6
2002-07-25	28.72	16.16	6.56	32.5	108.8	1139	3536	83.9
2002-07-27	32.12	16.48	13.22	34.85	132.6	1205	3415	96.67
2002-07-26	32.8	19.4	7.64	40.4	133	1262	3881	100.2

该 220kV 主变压器于 2001 年投运，在 2001 年 11 月进行色谱普查时发现乙炔为 $5.5\mu L/L$，其他组分均正常，由当地运行单位对其进行跟踪。在 2002 年夏季普查时，5 月 18 日色谱分析中发现 C_2H_2 增长到 $11.5\mu L/L$，H_2 也是增长了 1 倍，呈非连续性火花放电特征，建议跟踪分析周期为每两周一次，该单位每周进行两次分析，到第四次（两周后）又发现 C_2H_2 和 H_2 有所上升，一直到 7 月 21 日后增长显著。河南电科院对该变压器进行了两次局部放电试验，但由于该手电筒离中性点比较近，又是中性点接地，因此局部放电量并不高。该单位在 7 月 26 日分析时 C_2H_2 增长到 $40.4\mu L/L$，H_2 为 $133\mu L/L$，总烃也有所增长，随后停电检查，发现了遗留在变压器内的金属手电筒。该变压器在运行过程中，进行了十几次的色谱跟踪和两次现场局部放电试验，导致变压器在供电负荷紧张的夏季两次停电，造成了不必要的经济损失。

五、防止少油设备爆炸的有关问题

通常所说的少油设备是指套管、电流互感器和电压互感器，因其内部用油量比较少（一般为 300kg 以下）而称为少油设备。又由于设备所在部位高，取样有一定危险性（如高空作业、安全距离问题），一般取样周期比较长，加之是瓷质外套，一旦出现问题，所产生的气体在油面上聚积而增压，当其气体空间压力达到或超过其所能承受的最大压力时，就有可能导致爆炸事故的发生，轻则影响设备的正常运行，重则危及其他设备及人身安全。

（一）少油设备爆炸原因

（1）绝缘受潮。当设备直接进水受潮时，往往会造成绝缘突然击穿，而导致突发性爆炸事故。这种事故是无法预知的，但运行中少油设备绝缘有很多是缓慢受潮的，这时从设备底部取油样分析油中氢气含量和含水量以及测定油的击穿电压，一般可以检测出这种异常现象。

（2）制造工艺和质量问题。由于制造质量不良，如绝缘不清洁，绝缘包扎松散，绝缘层间有皱褶、空隙，电屏蔽材料放的少造成均压效果不好，真空处理不彻底，以及浸漆时漆浓度偏高，干燥时升温过快，使漆膜中包缠的气泡没排净等。这些缺陷会使设备在运行中发生局部放电而产生大量的 H_2 和 CH_4 气体，严重时会发生树枝状放电，还会产生少量的 C_2H_2 气体。放电将加速绝缘的老化，产生 CO 和 CO_2 气体，并引起介质损耗的增加，局部放电量很高。

在设备的投运初期，如果及时对设备的介质损耗和局部放电量测量及油中溶解气体分析，是可以检出这类缺陷的。在 2005 年曾通过色谱分析一个 500kV 站 58 台同一厂家生产的互感器，大部分都是 H_2 和 CH_4 超标，有的油中还检出少量 C_2H_2，说明该批次的生产工艺有问题，后来该生产厂家进行了全部更换。

但由于少油设备取样不方便，以及油量少补油困难。一般油中溶解气体色谱分析周期较长，往往难以及时检出某些慢性故障。目前，已研制出少油设备带电补油的装置，有条件时或预试期间有计划的取样分析还是有必要的。

（二）少油设备爆炸分析计算及预防

一般少油设备可承受的最大内部压力为 253.3kPa（2.5 个大气压）。当少油设备的内部故障使油纸绝缘材料裂解产气，气体导致液面上的气室增压，此外，故障使油温升高，使油的体积膨胀，当压力达到极限值时，将危及少油设备的安全。从少油设备事故现象分析，有些是无预兆迹象的突发性事故，而有些是有预兆的慢性故障，如绝缘受潮、局部过热、树枝状爬电或火花放电等演变为突发性故障。当发现少油设备内部存在上述慢性故障，且设备又尚未退出运行时，有必要根据跟踪分析结果，考察产气速率，计算和监视少油设备内部压力的增长趋势，防止设备爆炸事故的发生。

当少油设备内部故障发展较缓慢时，故障下产生的气体大部分溶解在油中。当油中含气量达到饱和时，气体将从油中析出到油面，此时油中溶解的气体浓度为 $C_{il}(\mu L/L)$，根据道尔顿分压定律，i 组分气体在油上产生的分压为

$$p_{il} = 10^{-6} \cdot \frac{C_{il}}{K_i} \tag{11-27}$$

式中：K_i 为 i 组分气体的溶解度系数，即奥斯特瓦尔德系数。

此时，油面气体总压力为

$$P_{G1} = \sum p_{il} = 10^{-6} \cdot \sum \frac{C_{il}}{K_i} \tag{11-28}$$

此时，故障时所产生的气体在气液两相中处于溶解与扩散的动平衡状态。当不断裂解产气使 P_{G1} 接近 101.3kPa 时，油中溶解气体达到饱和后，将有大量的游离气体释放到油面空间，使油面气体压力急增。若此时压力达到 P_{G2}，则气体在油中的溶解浓度将达到 C_{i2}，则有

$$P_{G2} = 10^{-6} \cdot \sum \frac{C_{i2}}{K_i} \tag{11-29}$$

从而使气体在气液两相间处于新的平衡状态。随着故障的发展，产生气体的增加，油中浓度不断增加，向油面的扩散分压也不断增大，这种不断建立新的动态平衡过程，将引起设备内部压力的不断上升。

此外，由于少油设备油温的升高，也使油的体积膨胀，也会增加设备内部油面气相空间

的压力。若油温从标准状态的 20℃升至 95℃时，根据盖吕萨克定律，则有如下气体方程

$$\frac{p_{95} \cdot V_{95}}{T_{95}} = \frac{p_{20} \cdot V_{20}}{T_{20}} \tag{11-30}$$

式中：V_{20} 为油温 20℃时气体空间体积，V_{95} 为油温 95℃时气体空间体积。

由于油温的升高，油体积膨胀，因而压缩了气体空间体积，故 $V_{95} = V_{20} - \Delta V_1$，$\Delta V_1$ 为油膨胀的体积，表达式为

$$\Delta V_1 = V_1 \cdot \alpha \cdot (95 - 20) \tag{11-31}$$

故式 (11-30) 可转化为

$$p_{95} = \frac{p_{20} \cdot V_{20} \cdot T_{95}}{T_{20} \cdot (V_{20} - \Delta V_1)} \tag{11-32}$$

$$\Delta V_1 = V_1 \cdot \alpha \cdot (95 - 20) = V_1 \cdot 0.0008 \cdot (95 - 20)$$

式中：p_{95} 为油温 95℃时，设备内部气体空间的压力，kPa；p_{20} 为 20℃时油面空间气体压力，$p_{20} = 101.3$kPa（1 个大气压）；T_{95} 为绝对温度，$T_{95} = (273 + 95)$K $= 368$K；T_{20} 为绝对温度，$T_{20} = (273 + 20)$K $= 293$K；V_1 为油温 20℃时设备内油的体积，L。

对于存在慢性故障的少油设备，由于产气和油膨胀都使设备内部压力增大，当其达到 253.3kPa（2.5 个大气压）时即可能发生爆炸，这只是静态压力。对于运行设备，由于电磁振动，使气体容易扩散和冲击，因此动态下爆炸压力比 253.3kPa 还要低，如果是突发性电弧放电，则由于产气迅速来不及溶解，气体涌到油面空间，在冲击力和快速的增压下，爆炸压力将更低，极易引起少油设备爆炸。

通常，对于运行中的少油设备，因温度引起油体积膨胀而使设备内部压力增加的现象是普遍存在的，但只有故障设备才会存在油中产气使设备内压增加到极限压力的情况。只有当油中含气量达到饱和时（接近 101.3kPa）才会释放出大量的游离气体，使油面增压。油中含气量低的油可吸收溶解掉油体积 10% 左右的气体。因此，对于存在有慢性故障的少油设备，应该考核其油中含气的饱和水平，根据产气速率估算达到饱和所需时间，当油中含气水平接近饱和时应引起足够重视，采取适当措施，防止因故障的进一步发展而引起少油设备爆炸事故的发生。

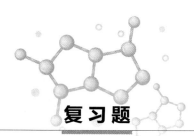

复习题

1. 简述判断变压器内潜伏性故障的大体步骤和应注意的主要问题。

2. 某变压器油量为 40t，油中溶解气体分析结果见表 11-10。

（1）求总烃的绝对产气速率。（每月按30天）

（2）试判断是否存在故障。（油的密度为 $0.895g/cm^3$）

表 11-20 　　　　　　油中溶解气体组分浓度 　　　　　　　　 $\mu L/L$

组分 分析日期	H_2	CO	CO_2	CH_4	C_2H_4	C_2H_6	C_2H_2	总烃
2015-07-01	93	1539	2598	58	27	43	0	138
2015-11-01	1430	2000	8967	6632	6514	779	7	13932

3. 如何根据油中溶解气体分析和诊断结果，制定出合理的处理措施？

4. 简述变压器气体继电器气样的分析与诊断方法。

5. 某供电公司南坪1号主变压器油中溶解气体分析结果见表11-21。油总重为25t，密度为 $0.89g/cm^3$，试利用平衡判据确定故障的发展趋势。

表 11-21 　　　　　　1号主变压器油中溶解气体组分浓度 　　　　　 $\mu L/L$

组分 分析日期	H_2	CO	CO_2	CH_4	C_2H_4	C_2H_6	C_2H_2	总烃	取样部位
2012-11-26	285	948	5473	338	731	76	5.2	1147	本体
2013-01-26	181	889	4679	344	792	84	4.6	1224	本体
2013-01-26	161	879	5496	320	745	75	4.3	1144	气体继电器

6. 计算题

根据表11-22中色谱分析数据，试进行500kV电抗器的有关计算：①热点温度估算；②故障源功率的估算；③油中气体达到饱和状态所需时间的估算；④故障源面积估算。

表 11-22 　　　　　　　　色 谱 分 析 数 据 　　　　　　　　　 $\mu L/L$

日期	CH_4	C_2H_4	C_2H_6	C_2H_2	H_2	CO	CO_2	总烃	备注
2002-06-19	19.3	5.8	4.4	0.7	55	421	767	30.2	周期
2002-09-19	34.4	25.2	8.9	4.7	69	602	622	73.2	周期
2002-09-20	42.1	38.3	13.2	5.9	122	615	1080	99.8	追踪分析
2002-09-23	41	42.5	15.2	6.2	128	689	1464	104.6	追踪分析

第十二章

典型故障案例

第一节 电路过热故障案例

电路过热性故障主要以分接头部位接触不良或接触电阻大，以及绕组内部断股（或端部某股未接触上）者较为多见，其次是低压绕组因绝缘破损而造成的碰股引起涡流发热，由于导体呈正温度特性，温度越高其阻值也随着增大，阻值大所产生的欧姆发热也随之增加。

电路中裸接头发热主要引起附近接触的变压器油裂解产生烃类气体和 H_2，以及少量的 CO、CO_2，而绕组内部发热除了引起油的裂解产生烃类和 H_2 以外，发热导致固体绝缘的裂解而产生大量的 CO 和 CO_2，中低温过热一般不产生 C_2H_2，只有高温过热（当热点温度高于 800℃ 以上）才会产生少量的 C_2H_2，而 C_2H_2 的含量一般不超过总烃的 2%，也有个别会达到总烃的 6%，而低温过热一般是因油道堵塞，大电流的低压线圈发出的热量不能及时散出，长期下去会引起低压绕组绝缘的加速老化，此时尽管总烃可能不高，也没有 C_2H_2 的产生，但 CO、CO_2 浓度较高，若 CO、CO_2 发生突然增长，产气速度也高出注意值很多倍的话，并且 $CO_2/CO>10$，也应引起重视，避免因低压线圈绝缘因严重劣化而失去机械性能，在电磁振动下发生脆裂引起匝（层）间短路的电弧放电故障的发生，一旦出现 CO、CO_2 异常高或突变时，即使总烃不高，也很有必要进行油中糠醛含量的测定及绝缘纸聚合度的测定，若糠醛含量也超过其运行年限注意值的 2 倍以上，尽可能查明其原因，减少事故的发生。

下面对几例电路存在过热性故障的案例进行剖析，以便于读者掌握。

一、线圈铜线焊接不良过热

（一）故障现象描述

设备主要参数型号为 SFSZ9-180000/220。某变电站 2 号主变压器 2005 年 12 月 6 日投运。2007 年 10 月 11 日，该主变压器进行例行色谱试验时发现总烃超标，达 $341.75\mu L/L$，三比值为"022"，呈现典型的高温过热故障特征，随后进行一段时间色谱跟踪分析，初步分析认为该主变压器电气回路可能存在局部高温过热情况。监督运行至 2008 年 2 月，色谱总烃基本稳定，变化不大。2008 年 4 月进行色谱试验时发现总烃又有所增长。分析认为故障发生初始时间应在 2007 年夏季期间，负荷最大带到 130000kVA，电气回路局部过热引起色谱总烃异常。10 月份以后跟踪期间负荷最大值不超过 60000kVA，故障位置温度不高，因此总烃基本保持不变。2008 年 3 月以后，最大负荷又增加至 90000kVA 左右，故障位置温度升高，再次引起色谱总烃增长。总烃变化和负荷大小有明显的对应关系，且乙炔随总烃增长，乙炔占总烃比重 2% 左右，呈现出电路过热特征。基于以上分析，可以判断故障位置应在电气回路。该主变压器历次色谱分析数据见表 12-1。

表 12-1   主变压器历次色谱分析数据 $\mu L/L$

分析日期	H_2	CH_4	C_2H_6	C_2H_4	C_2H_2	CO	CO_2	总烃
2007-03-29	37.39	9.42	1.85	8.76	0	249.47	388.77	20.03
2007-10-11	106.39	144.19	29.68	167.25	5.63	180.29	476.96	346.75
2007-10-11	132.75	175.97	34.18	208.12	5.78	237.34	617.3	424.05
2007-10-15	142.81	183.35	36.49	209.54	6.2	234.42	604	435.58
2007-10-19	145.97	191.51	44.92	219.2	6.59	235.82	516.93	462.22
2007-10-26	138.73	181.52	37.91	214.81	6.77	239.97	524.75	441.01
2007-11-02	145.92	184.69	37.84	223.73	6.76	246.51	530.62	453.02
2007-11-03	122.00	182.8	37.53	216.06	6.64	212.1	455.72	443.03
2007-11-03	139.44	178.44	36.15	215.78	6.64	236.76	502.41	437.01
2007-11-06	144.69	179.65	35.29	211.61	6.64	248.8	462.64	433.19
2007-11-09	149.36	184.5	35.78	216.63	6.63	254.7	506.83	443.54
2008-01-02	109.65	153.24	32.01	191.5	6.48	194.29	507.14	383.23
2008-01-15	145.57	194.72	37.85	226.37	6.57	242.39	395.01	465.51
2008-01-31	130.51	166.28	34.86	205.79	6.52	241.38	429.64	413.45
2008-02-15	137.12	192.4	36.08	217.79	6.49	238.89	371.41	452.76
2008-04-02	189.07	272.13	57.38	311.1	6.77	212.9	414.02	647.38
2008-04-12	239.35	320.93	69.73	401.16	7.51	205.15	393.69	800.33

（二）故障查找情况

2008 年 4 月 16 日，结合该变电站综合自动化改造项目，按计划对该主变压器进行了停电预试。预试期间发现高压绕组 B 相直阻超标，三相不平衡率超过 4%。

高压侧三相直阻测试数据见表 12-2。

表 12-2   高压侧三相直阻测试数据 $m\Omega$

挡位	A 相	B 相	C 相	误差（%）
1	388.5	404.9	389.7	4.16%
2	383.6	399.7	384.9	4.43
3	376.7	394.8	379.8	4.72
4	373.8	389.8	374.9	4.22
5	368.9	384.9	369.8	4.27
6	363.8	379.8	365.1	4.33
7	359.1	374.8	360.0	4.31
8	353.8	369.7	355.2	4.42
9	347.8	363.8	346.3	4.96
10	362.2	375.1	358.2	4.63
11	365.6	379.7	361.9	3.82

挡位	A相	B相	C相	误差（%）
12	370.3	383.9	366.9	4.55
13	375.5	388.4	371.6	4.44
14	380.8	393.0	376.6	4.28
15	385.9	397.8	381.5	4.2
16	392.8	402.7	386.9	4.01
17	399.6	409.9	392.9	4.24

4月18日对变压器进行放油检测，厂家人员进油箱检查未发现异常，期间再次进行了直阻试验，与第一次试验数据一致。受阴雨天气影响，检查工作停止了两天。4月21日开始对主变压器高压侧B相绕组又进行了详细的排查，主要检查了B相高压绕组引出线与套管穿缆引线根部连接处的连接位置、套管穿缆引线与套管端部导电头连接位置等，均未发现异常；为了排除调压绕组和有载分接开关接头等的影响，厂家人员将高压绕组末端与有载分接开关连接位置打开，分别测量了A、B、C三相高压绕组的直阻，结果B相直阻仍然偏大，判断为B相高压绕组本身存在问题。高压绕组结构为上、下两个分支绕组并联后引出，每个分支绕组为3根铜线并绕，即高压绕组总共为6根铜线并联。现场将B相绕组尾端的铜线割开，分别测量6根铜线的导线直阻，发现上分支其中一根直阻明显大于其他五根导线。B相高压绕组导线测试数据见表12-3。

表 12-3　　　　　　　　　　**B相高压绕组导线测试数据**

分支	上			下		
导线序号	1	2	3	4	5	6
测试直阻（Ω）	2.092	2.082	2.342	2.073	2.070	2.080

（三）处理情况

分析认为，该主变压器高压绕组上分支线段在绕制时，在变径导线对接、换位导线对接等铜线焊接的位置，焊接质量存在问题，焊接不良，焊接位置接触电阻变大造成本次过热性缺陷。至此，故障问题和位置已基本查清。由于现场处理绕组缺陷存在难度较大、工艺不易保证、易受天气影响工程进度等问题，同时处理工期和返厂大修工期差别不大，初步计划该变压器返厂大修。随后，安排设备返厂进行了故障查找和处理。

返厂后，在吊出高压B相绕组后，可以看到上分支绕组内侧有一处明显过热痕迹，剥开该处绝缘纸后，发现其中一根铜线有明显开焊裂缝和过热现象（见图12-1），与原先故障的现象和分析判断基本吻合，其他位置未见异常。故障原因是铜线的线材在加工时，铜线对接位置焊接处理质量不过关，运行后该位置焊接逐渐松动，接触电阻增大，负荷电流引起局部过热。随后，对该位置进行了打磨和焊接处理，并用绝缘纸重新进行了包扎。该主变压器全部处理工作结束后，按出厂试验项目和标准进行了全部出厂试验并顺利通过，返回现场安装运行，运行后正常。

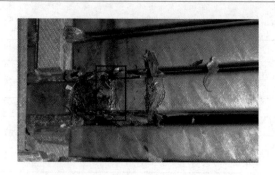

图 12-1　铜线开焊裂缝和过热痕迹照片

二、低压引线松动过热

（一）故障现象描述

某县供电公司一台 35kV 变压器在做油例行试验时，发现油中 C_2H_2 和总烃严重超标（其他油质试验结果正常），运行中还发现 C 相低压套管比其他两相发热严重。随即停电对变压器做了绝缘电阻/吸收比试验、直流电阻试验、介质损耗因数试验、交流耐压试验、铁芯接地电流等电气试验，试验数据均在合格范围内。下面用色谱分析法诊断变压器的故障。

（二）色谱故障诊断

1. 排除非变压器本体故障引起的原因

（1）分接开关油室向主油箱渗漏。诊断方法如下（三种之一均可）：

1）对比分接开关油室和变压器本体油，查看油中溶解气体含量，特别是 C_2H_2 的含量，若分接开关油室油中 C_2H_2 的含量远大于本体油中 C_2H_2 的含量，且两个油室的故障气体无关联性，则说明无渗漏；若两者 C_2H_2 的含量接近，两个油室中其他故障气体有关联性，则诊断为分接开关油室渗漏。

2）有载开关渗漏的现场检查，可用干燥空气或氮气在有载开关小储油器上部施加一定的压力（如 0.02MPa），然后关闭气源，保持一定时间，观察压力下降情况。另外，也可采用干燥的 SF_6 或 He（氦）气，这样除可以观察压力的下降情况外，还可以用色谱法检测变压器本体油中的 SF_6 或 He 含量来判断有载开关油箱有无渗漏。（注：因色谱仪 H_2、He 无法分离，故有质谱仪等相应仪器时可采用此法）

3）把分接开关油室的变压器油换成合格的新油，保持分接开关不进行切换操作，观察本体油中故障气体的增长情况。若本体油中故障气体不增加，则说明本体故障原因是由分接开关油室渗漏引起的。

若本体油中故障气体增加，则说明本体故障原因是由自身故障造成的，而不是分接开关油室渗漏引起的（原因说明：由于分接开关不切换操作，就没有电弧产生，油中也就不会产生故障气体，而且分接开关油室内为新油，没有故障气体，所以本体油中故障气体的增长是由自身故障引起）。（注：停电检修后再运行可采用此法）

（2）潜油泵出故障。潜油泵的轴和轴瓦摩擦会导致本体油中 C_2H_2 高，取油样时特别要观察和倾听潜油泵有无异常声音，若有异常声音，可在潜油泵出口处取样检测，油泵

出口处 C_2H_2 含量高时，可带电更换潜油泵。

（3）变压器油箱带油补焊。带油补焊会造成本体油中 C_2H_2 高，诊断时要调查变压器油箱近期是否带油补焊。

（4）变压器本体油中含水。油中含水会导致本体油中 H_2 高，本体受潮会造成油中 H_2 高，以上两种情况均可产生故障气体。

2. 色谱综合分析法

（1）有无故障的诊断。看总烃、C_2H_2、H_2、CH_4 是否有任何一种超过注意值，若有，则应进行追踪分析。同时考查产气速率，一般至少计算二次产气速率，且二次均超标，并有递增的趋势，可判定为设备存在故障。

（2）故障严重程度诊断。用绝对产气速率和相对产气速率可以进一步明确设备内部有无故障，又可以对故障的严重性作出初步估计。

（3）故障类型诊断。用三比值法诊断变压器油裂解故障类型。这种方法消除了油的体积效应影响，是判断充油电气设备故障类型的主要方法，并可以得出对故障状态较为可靠的诊断。

用比值 CO_2/CO 法诊断固体绝缘裂解故障。当怀疑设备固体绝缘材料老化时，一般 $CO_2/CO>7$（国内的经验数值为 10）。当怀疑故障涉及固体绝缘材料时（高于 200℃），可能 $CO_2/CO<3$（国内部分资料的经验数值为 2），必要时，应从最后一次的测试结果减去上一次的测试数据，重新计算比值，以确定故障是否涉及固体绝缘。

（4）过热故障温度估算。变压器油裂解后的产物与温度有关，温度不同产生的特征气体也不同；如果已知故障情况下油中产生的有关各种气体的浓度，可以估算出故障源的温度。

（5）过热故障部位估计。

1）CH_4/H_2 的比值接近 1 可诊断为磁路故障，比值大于 3 可诊断为电路故障。

2）C_2H_4/C_2H_6 比值小于 6 可诊断为磁路故障，比值大于 6 可诊断为电路故障。

3）总烃的增长速率大于乙炔的增长速率，故障一般在磁路；乙炔和总烃的增长速率都快，在一个数量级，故障一般在电路。

4）乙炔占 2% 总烃以下，故障一般在磁路；乙炔超过 2% 总烃，故障一般电路。

（6）拟采取的措施。

1）对于发现气体含量有缓慢增长趋势的设备，应适当缩短检测周期，考察产气速率，便于监视故障发展趋势。对于发现气体含量有缓慢增长趋势的设备，应适当缩短检测周期，以便监视故障发展趋势。

2）追踪分析时间间隔应适中，一般采用先密后疏的原则。且必须采用同一方法进行气体分析。

（三）　色谱案例综合分析

1. 主变压器电气试验数据分析

2010、2011 年的电气试验项目，如绝缘电阻/吸收比试验、直流电阻试验、介质损耗因数试验、交流耐压试验、铁芯接地电流等试验数据均在合格范围内，不需分析。

2. 油简化试验数据分析

2010 年和 2011 年本体油简化试验数据合格；有载分接开关油因调压时电弧放电影响，油质较差，不作为本体故障分析依据，不需分析。

3. 油色谱试验综合分析

(1) 柿 1 号变压器本体油色谱分析结果见表 12-4。

表 12-4 　　　　　　　　　　柿 1 号变压器色谱分析结果　　　　　　　　μL/L

试验日期	CH_4	C_2H_4	C_2H_6	C_2H_2	H_2	CO	CO_2	总烃
2010 年 3 月 22 日	27.68	7.82	3.42	0	27.38	993	6475	38.92
2011 年 3 月 9 日	628.6	1866	244.1	13.77	37.79	623	70564	2753
2011 年 3 月 11 日	681.6	1940	260.7	10.61	118.5	880	70986	2893
2011 年 3 月 14 日	752.6	2064	270.3	16.38	140.1	782	77956	3104

(2) 故障严重程度诊断。

第一次产气速率计算：取 2010 年 3 月 22 日和 2011 年 3 月 9 日的数据计算：

相对产气速率为

$$\gamma_r = \frac{C_{i2}-C_{i1}}{C_{i1}} \times \frac{1}{\Delta t} \times 100\%$$
$$= \frac{2753-38.92}{38.92} \times \frac{1}{11.57} \times 100\%$$
$$= 602\%/月 > 10\%/月$$

第二次产气速率计算：取 2011 年 3 月 9 日和 3 月 11 日的数据计算：

相对产气速率为

$$\gamma_r = \frac{C_{i2}-C_{i1}}{C_{i1}} \times \frac{1}{\Delta t} \times 100\%$$
$$= \frac{2893-2753}{2753} \times \frac{30}{2} \times 100\%$$
$$= 76.28\%/月 > 10\%/月$$

第三次产气速率计算：取 2011 年 3 月 11 日和 3 月 14 日的数据计算：

相对产气速率为

$$\gamma_r = \frac{C_{i2}-C_{i1}}{C_{i1}} \times \frac{1}{\Delta t} \times 100\%$$
$$= \frac{3104-2893}{2893} \times \frac{30}{3} \times 100\%$$
$$= 72.93\%/月 > 10\%/月$$

结论：通过上述分析，故障快速发展是在 2010 年 3 月至 2011 年 3 月，近期故障没有以前发展快，但是第二次和第三次的产气速率均大于 10%，并且有递增趋势［由于主变压器没有密封取样，有少部分气体（主要是氢气，其次是甲烷）逸散，此数据分析没有严格按照经验要求递增］，因此设备有异常，建议跟踪分析，分析周期定为 3～7 天为宜，开始时为 3 天，看气体增长情况，先密后疏。

（3）故障类型诊断。

1）用三比值法进行故障类型诊断。

以 2011-03-14 数据分析

$C_2H_2/C_2H_4 = 16.38/2064 \approx 0.008$　　　编码<0.1　　　编码取 0

$CH_4/H_2 = 752.6/140.1 \approx 5.37$　　　　编码≥3　　　编码取 2

$C_2H_4/C_2H_6 = 2064/270.3 \approx 7.64$　　　编码≥3　　　编码取 2

上述比值范围编码组合为 022，故障性质为高温过热（高于 700℃）。

2）用比值 CO_2/CO 法进行故障类型诊断。

以 2011.3.14 数据分析

$CO_2/CO = 77956/782 = 99.7 > 7$

并且 $\Delta CO_2/\Delta CO = 46 > 7$（3.9~3.14 数据）

结论：未涉及绝缘纸分解故障。

（4）热点温度估算（3 月 14 日数据）

$$T = 322 \lg\left(\frac{C_2H_4}{C_2H_6}\right) + 525$$

$$= 322 \lg\left(\frac{2064}{270.3}\right) + 525$$

$$= 809.3℃$$

结论：和三比值法诊断相一致。

（5）故障部位估计。

1）首先判断不是有载调压装置渗漏问题。因本体油中的 C_2H_2 为 16.38μL/L，有载调压油室中 C_2H_2 为 2138μL/L，两者相差非常大，其他组分数据也无关联性，故主变压器本体油的 C_2H_2 和总烃超过注意值不是有载调压渗漏引起的。

2）色谱综合方法诊断

a. $CH_4/H_2 = 752.6/140.1 = 5.37 > 3$，初步诊断故障在电路。

b. $C_2H_4/C_2H_6 = 2064/270.3 \approx 7.64 > 6$，初步诊断故障在电路。

c. 总烃的增长速率$= \frac{3104 - 2753}{2753} \times \frac{1}{5} \times 100\% = 2.55\%$

乙炔的增长速率$= \frac{16.38 - 13.77}{13.77} \times \frac{1}{5} \times 100\% = 3.79\%$

结论：总烃和乙炔的增长速率在一个数量级，可认为增长速率一样快，所以诊断主变压器故障在电路。总之，以上三条都表明，主变压器故障在电路。

（6）色谱综合分析结果。通过以上分析可知：该变压器是高温过热故障，故障在电路，并且不涉及绝缘纸分解，故障应在裸金属部位。如分接开关接触不良、引线接触不良等。

因为主变压器直流电阻合格，所以排除分接开关接触不良引起的故障。

总之，该主变压器的高温过热故障是引线接触不良引起的，因低压侧电流大，应重点检查低压引线连接处。且低压侧C相套管温度明显高于A、B两相，故障部位初步确定为低压侧C相引线连接处。

（7）拟采取的措施。因故障产气速率很高，故障气体总量很大，并且故障点温度超过800℃，建议缩短追踪周期，分析周期定为3～7天为宜，开始时为3天，看气体增长情况，先密后疏。因故障很严重，如果条件允许，建议尽快停电检查。

（8）实际检查结果及处理。

1）该供电公司根据色谱综合诊断结果，缩短跟踪周期，刚开始为3天，后来气体增长率有所下降，跟踪周期改为7天。

2）2011年5月8日，天气晴好，该供电公司决定停电检查，吊芯后发现C相低压引线处螺母松动，导致该处接触电阻过大发热，把引线连接处螺杆、螺母及软铜连接片烧黑（见图12-2）。

这和色谱综合分析结果完全一致。

3）经现场更换螺杆、螺母，对软铜连接片进行处理，故障彻底消除（见图12-3）。

图12-2 C相低压引线烧黑处

图12-3 修理好的C相引线连接处

（四）结论

对大型变压器过热故障可用色谱综合分析法判断故障部位，可简化复杂的检查过程，多应用于实践中，效果显著。但是，对于大型电力变压器电路故障和磁路故障原因是多方面的，应慎重处理，要从安全和经济两方面考虑。对于某些热故障，一般不应盲目建议吊罩、吊芯，进行内部检查修理，而应首先考虑这种故障是否可以采取其他措施，如改善冷却条件、限制负荷等来缓和或控制其发展。

若故障非常严重（如该案例），才考虑停电检查，吊罩处理。这样，既能避免热性损坏，又避免了人力物力的浪费。

第二节 变压器磁路过热故障案例

过热故障按性质分为电路过热故障和磁路过热故障，外围附件过热虽不在主电路中，但属于电路过热的范畴，其产气特性和电路过热相同。一般总烃和 H_2 含量比较高，而没有 C_2H_2 或 C_2H_2 不高（低于总烃含量的 0.5％以下）且增长缓慢的高温过热故障大多发生在磁路，电路和外围附近（如潜油泵）部位的高温过热一般 C_2H_2 随总烃含量的变化较明显，通常 C_2H_2 含量会在总烃的 1‰～2‰之间的较多，也有达到总烃量的 6‰的案例。区分过热是在电路还是磁路一般可从数据结构特征上判断，如 C_2H_2 占总烃含量的比例，以及 C_2H_2 随总烃含量的变化情况，C_2H_2 比例轻的，占总烃量不足 0.5‰的高温过热故障，且 C_2H_2 随总烃变化不明显的大多数都是在磁路，还可应用回归分析考核故障特征气体增量与电流（负载）之间的关系，如空载运行下故障特征气体继续增加表明磁路存在有故障，反之，空载运行下若总烃不增加（或因油温下降而略有下降的，与气体的隐藏特性有关，即油温低时化合物类气体会被固体材料所吸附，造成油中含量有所下降），则表明故障在电路。

对于磁路故障而言，主要分为铁芯多点接地引起的外部环流（正常情况下，铁芯接地电流一般小于 100mA，多点接地时可达几安或更高）和铁芯内部片间短路及附着的碳化物或金属氧化物引起的铁芯内部环流（即涡流），而磁屏蔽故障属铁芯内部环流的范畴。

对铁芯多点接地可在运行状态下测量铁芯接地电流，如果铁芯接地电流很大，大于 1A 或更高，说明是多点接地问题，如果接地电流正常（小于 100mA），则表明发生在磁路中的过热是铁芯内部环流或磁屏蔽有问题。铁芯多点接地又分为死接地和活接地，死接地是某一导电体卡在铁芯与地之间造成铁芯与地（外壳）的绝缘电阻很低引起外部环流使铁芯发热，而活接地是某一金属异物可以随油流移动或铁磁体在电磁力的作用下导致铁芯与地接触，如果是因铁磁材料（如铁质金属遗物，螺母、螺柱）。在铁芯与油底壳之间，在不带电时受重力影响落回到下面暂时不造成接地，而在带电励磁时，受电磁力作用又被吸引起来与铁芯接触，引起铁芯与油底壳的接触。而随油流或电磁振动发生位移的导电体引起的活接地更具有不确定性，无论带电运行与否，有时造成接地，移动到其他位置又可能不接地，因此，由其引起的故障特征气体增量变化也无规律可言。有时即使带大负荷总烃也不一定增长，有时空载时也可能增长（移动到恰好可造成接地时），有时又不增长（移动到不接地位）。对此测接地电流或测量铁芯对地绝缘也不一定能测出来，对于此现象从逻辑分析与推理上判断只能是可随油流移动的导电体位移所引起铁芯多点接地一种可能性，其他任何情况都无法解释该现象的发生。此导电体可以是金属（非铁磁）遗物，及碳化物或金属氧化物的附着，前者的可能性更大些。

本节将重点探讨磁路故障的一些案例，以供参考。

一、铁芯和夹件间短路（磁路过热）

（一）故障现象描述

设备型号：SFSZ9-120000/220。某变电站共有两台主变压器，两台主变压器的运行方式为三侧并列运行，负荷分配基本均匀，1 号主变压器本体温度经常高于 2 号主变压器 2～3℃。

2007 年 4 月 22 日，运行值班人员发现 1 号主变压器本体温度异常升高，两台主变压器的温差高达 10℃左右。下面是两台主变压器的温度曲线图，图 12-4 为正常时两台主变压器的本体温度曲线图，图 12-5 为发现异常时两台主变压器的温度曲线图。

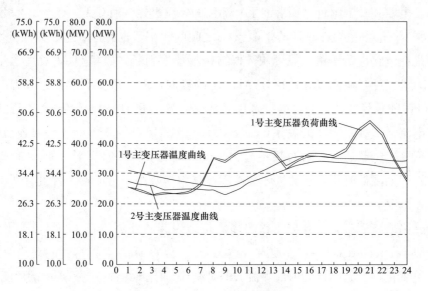

图 12-4　正常时两台主变压器的温度曲线图

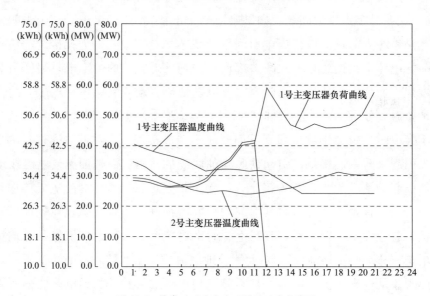

图 12-5　异常时两台主变压器的温度曲线图

值班人员发现这两台主变压器温差异常后，立即测量该主变压器的铁芯和夹件的接地电流，发现主变压器铁芯接地电流、夹件接地电流均为 22.6A，而在以往历次测试中铁芯接地电流和夹件接地电流仅为 6mA 左右。进行油色谱分析发现总烃达到 287.3μL/L，变压器内部存在过热缺陷，初步分析原因是铁芯和夹件间存在短路现象。

（二）　停电检查情况

主变压器停电后，用 2500V 的绝缘电阻表测量铁芯对地绝缘电阻为 16100MΩ，夹件对地绝缘电阻为 17540MΩ，铁芯和夹件之间绝缘电阻为 0MΩ，用万用表测量夹件与铁芯

间的电阻仅为 6.1Ω。

现场采用电容冲击法进行故障处理，用电容量 $0.8\mu F$ 的电容器加 $0.5kV$ 电压进行两次冲击后，铁芯与夹件之间的电阻减少至 2.8Ω，比原先反而更小，说明铁芯、夹件内部短路点很牢固。

取油样作色谱分析，同时与该主变压器上次色谱数据对比见表 12-5。

表 12-5	色 谱 数 据 对 比	
取样日期	2006-12-20	2007-04-22
分析日期	2006-12-20	2007-04-22
CH_4	3.50	126.0
C_2H_4	0.9	132.2
C_2H_6	0.57	28.9
C_2H_2	0	0.37
H_2	18.0	84.0
CO	394.4	414.6
CO_2	467.7	423.3
总烃	5.31	287.3
分析结论	未发现异常	高温过热故障（大于700℃），三比值：022。

随后，对主变压器放油检查，进入主变压器油箱内检查发现，在 220kV C 相侧"最小级"的硅钢片有两处鼓出与夹件接触，铁芯层较为松弛，铁芯外表不够平整，有一片硅钢片存在过热烧伤痕迹，如图 12-6、图 12-7 所示。

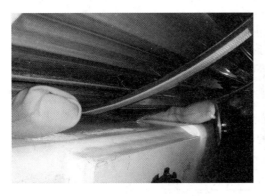 

图 12-6　硅钢片第二处鼓出情况　　　　图 12-7　硅钢片第一处鼓出情况

（三）处理情况

由于变压器铁芯结构及工艺存在问题，导致主变压器在运行中，由于振动和电动力等因素的影响，使得铁芯硅钢片鼓出，与夹件短路。铁芯与夹件短路后，铁芯、夹件和地之间形成闭合回路，导致铁芯、夹件接地电流同时增大，并发生内部过热性故障。根据现场具体情况，处理时在硅钢片鼓出处分别加两层 1mm 绝缘纸板并用白布带固定，用圆形绝缘垫块敲实牢固。处理完毕后测量铁芯与夹件间的绝缘电阻恢复为 $10000M\Omega$ 以上。将 1 号主变压器投运后，铁芯和夹件的接地电流仅为 1.6mA 和 0.6mA，主变压器本体温度曲线也恢复正常。

（四） 结论

由于变压器铁芯多点接地后会产生较大的环流，这样铁芯就会产生较多的热量，变压器的本体温度会有一定程度的上升。通过变压器本体油温的监测有可能发现这一异常现象，能够及时发现故障，特别是两台主变压器并列运行时更容易判断。利用主变压器本体温度来判断主变压器铁芯是否多点接地，不仅简单方便，而且也准确可靠，可以作为对变压器故障监测的一种有效补充方法。

二、铁芯和夹件存在杂质短路（磁路过热）

（一） 故障现象描述

设备型号 SFFZ10-35000/220。某电厂 220kV 启动备用变压器于 2006 年 5 月 14 日投运。该变压器在运行半年后的油色谱分析中发现异常，2006 年 12 月和 2007 年 2 月的油色谱分析总烃含量分别为 242μL/L 和 304.38μL/L，超过标准规定的 150μL/L 的注意值。三比值分析法的结果分别为 002 和 022，均属高温过热性缺陷。

运行后至故障处理时共计进行了三次油色谱试验，其各次色谱分析数据见表 12-6。

表 12-6　　　　　　　　　　色 谱 分 析 数 据　　　　　　　　　　　　μL/L

试验日期	CH$_4$	C$_2$H$_4$	C$_2$H$_6$	C$_2$H$_2$	H$_2$	CO	CO$_2$	总烃
2006-07-26	11.9	14.16	3.79	0	17.13	204.83	553.46	29.85
2006-12-13	110.6	108.8	22.36	0	123	258	627	242
2007-02-02	145.61	122.06	36.71	0	107.78	222.38	516.37	304.38

（二） 分析判断

高温过热性故障的产生部位通常可分为：磁路故障、电路故障和附件（主要是潜油泵）故障。由于该主变压器冷却方式为 ONAF，属油浸风冷，没有潜油泵，因此可以首先排除附件故障；色谱分析中 CO 和 CO$_2$ 含量基本稳定，可以排除电路中涉及固体绝缘部位的线圈高温过热性故障；查阅运行记录，该启动备用变压器在 2006 年 10 月至 2007年 1 月底基本处于空载运行状况，而在这一段时间内，色谱总烃仍在增加，即这段时间内故障仍存在，因而可以排除电路中裸金属的引线接头等部位高温过热性故障。

从表 12-6 可以看出该变压器油中不含乙炔，从数据结构上呈现磁路过热特征。随后，在运行中对变压器铁芯接地引下线和夹件接地引下线用钳型电流表进行了接地电流的测试。测试时分两步进行，①用钳型电流表在仅靠接地引下线的位置不卡住引下线进行测试，以彻底排除漏磁的影响，其测试结果均为 0.1A；②用钳型电流表卡住接地引下线进行测试，其结果为铁芯接地和夹件接地电流相等，为 11A。至此，可以基本确定故障情况为铁芯和夹件之间有短路，形成短路环造成过热性缺陷。

变压器交接时，安装单位没有进行铁芯和夹件间的绝缘电阻测试；投运初期，运行单位也没有严格依照新设备投运标准按周期（投运后第 1、4、10、30 天）进行色谱分析测试并在运行中监测铁芯、夹件接地电流；同时，仅有的三次色谱分析又是由三个不同单位进行测试的，其可比性较差；因此在确定铁芯和夹件间形成短路故障的时间上存在一定困难，不易确定故障是在安装过程中形成的还是在后来的运行中形成的。如果排除试验误差，完全根据三次色谱测试的数据结果进行产气速率计算，则可以得出投运初期产气速率低而运行后期产气速率高的结论。根据上述试验和分析，认为故障的形成基本上是在投运后产生的，根据经验认为这种短路的形成大多是由杂质或小金属颗粒等不稳定物质在铁芯和夹件间形成短路桥引起的。

（三） 处理情况

在该变压器停电后，在变压器下部油箱上打开铁芯接地引下线和夹件接地引下线，分别进行铁芯对地、夹件对地、铁芯和夹件间绝缘电阻测试。用 2500V 绝缘电阻表测试铁芯对地和夹件对地绝缘均良好，大于 20GΩ。用万用表测试铁芯和夹件间电阻结果为 9Ω，用 500V 绝缘电阻表测试铁芯和夹件间绝缘电阻为零。试验结果基本和事前的分析判断结果吻合。随后，用电容冲击法对铁芯和夹件间进行冲击放电，冲击放电一次后，用 1000V 绝缘电阻表测量铁芯和夹件间绝缘电阻已超过 10GΩ。随后又进行了一次冲击放电，铁芯和夹件间绝缘电阻依旧是超过 10GΩ。至此，该铁芯和夹件间短路造成的变压器高温过热性故障完全消除。

随后，对该变压器今后的运行监督提出了三方面要求：①继续进行缩短周期的色谱跟踪分析，无异常后将色谱监督周期恢复至正常周期；②进行运行中铁芯和夹件引下线接地电流监测；③择机对该主变压器滤油以降低油中总烃含量，便于今后色谱监督。

通过该次问题处理，可以看出在设备安装投运初期按规程要求进行全面试验和监督监测的重要性。否则由于缺乏必要的数据，会给运行后的设备故障分析带来一定的困难和不便。

三、铁芯油道间短路（磁路过热）

（一） 故障现象描述

设备型号：SFPSZ9-120000/220；联结组：YNYn0d11。该变压器于 2003 年 4 月进行了投运后首次大修。大修后于 4 月 29 日再次投运，依照 Q/GDW 1168—2013《输变电设备状态检修试验规程》在投运后对该主变压器进行了色谱跟踪，投运后第八天进行色谱试验时发现总烃含量严重超标，随后进行连续监测确认该变压器内部存在过热性缺陷，色谱数据见表 12-7。

表 12-7　　　　　　　　　　　色　谱　数　据　　　　　　　　　　　μL/L

试验日期	CH_4	C_2H_4	C_2H_6	C_2H_2	H_2	CO	CO_2	总烃
2003-04-30	0.83	0	0	0	0	34	361	0.83
2003-05-07	103.2	224.6	31.9	1.99	19	40	337	361.7
2003-05-10	140.5	292	50.8	2.17	52	47	382	485.4

（二）分析判断

从色谱数据可以看出，投运1天时数据未发现异常，运行8天后进行色谱试验发现数据异常，总烃超标，并出现有乙炔。可以得出以下结论：

（1）色谱三比值为"022"，判断该变压器内部存在有700℃左右的油高温过热性故障。

（2）CO、CO_2含量基本保持不变，故障部位未涉及固体绝缘，很可能为裸金属部位过热。

（3）从数据结构看，C_2H_2含量不高，磁路过热的可能性很大。

（4）测量铁芯、夹件接地电流均为3mA，可排除铁芯夹件多点接地故障，但不能排除铁芯片间短路故障及磁屏蔽问题。

（5）结合各日负荷情况，发现总烃并不随负荷变化而变化。负荷低的几天，总烃仍持续增长，因此磁路故障可能性最大。

（6）运行中检查发现2号潜油泵存在较大噪声，为排查潜油泵故障引发的色谱异常，将该油泵停运。

（三）首次处理情况

5月11日对该变压器停运检查，进行了常规检查试验项目：如绕组直流电阻、绝缘电阻、铁芯及夹件绝缘电阻、套管介质损耗、本体介质损耗试验等，试验结果未发现异常。当天晚上对变压器放油，第二天派技术人员从人孔进入变压器油箱内进行内检，同时对停运的2号潜油泵进行解体检查，检查结果并未发现明显故障位置。

根据此次检查和试验结果，以及4月份变压器大修后投运前的局部放电试验结果和跟踪的色谱试验数据结果综合分析，认为该变压器电气回路无问题，应该是变压器的磁回路存在故障，该变压器可以空载运行观察进一步明确故障情况。

对该变压器进行滤油处理后，该变压器于5月22日再次投运，投运后空载运行并进行色谱跟踪，跟踪跟踪的色谱数据见表12-8。

表 12-8　　　　　　　　　　　色　谱　数　据　　　　　　　　　　μL/L

试验日期	CH_4	C_2H_4	C_2H_6	C_2H_2	H_2	CO	CO_2	总烃	备注
2003-05-21	0.73	1.54	0.00	0.00	0.00	21.00	113.00	2.27	投运前
2003-05-22	11.20	21.60	3.70	0.00	3.20	22.00	138.00	36.50	
2003-05-23	17.20	39.80	12.20	0.26	14.00	7.00	160.00	69.46	
2003-05-24	29.80	51.50	14.20	0.50	14.00	6.00	168.00	96.00	
2003-05-25	35.20	59.60	17.00	0.30	13.90	7.60	145.20	112.10	
2003-05-26	39.10	65.20	19.50	0.22	16.30	12.80	161.20	124.00	
2003-05-27	49.20	81.20	24.30	0.26	18.30	7.50	167.00	155.00	
2003-05-28	60.60	98.00	29.20	0.27	20.00	5.60	183.90	188.10	

从空载运行监视的色谱数据分析：截至28日的色谱试验数据中总烃含量已远远超过因固体绝缘材料吸附所能产生的气体回溶比例，即空载运行期间总烃的增长是故障源继

续产生气体引起的，而不是以往固体绝缘材料吸附气体回溶所致；空载运行期间，磁通密度变化不大，色谱数据发展线性度较好，故可以确认是铁芯故障。

（四）　再次处理情况

经过充分准备后并制定了详细的检查方案后，该变压器于 6 月 21 日停电吊罩进行了全面检查，见图 12-8，主要检查项目如下：

（1）铁芯片间绝缘及油道间绝缘检查。

（2）每组磁屏蔽接地情况及磁屏蔽是否有片间短路。

（3）铁芯及夹件接地引出线是否过长，有无接触上铁轭。

（4）高压引线与套管底部有无过热、放电故障。

（5）有载分接开关选择开关的引线及触头有无松动或过热痕迹。

（6）所有潜油泵直流电阻及绝缘电阻试验。

检查结果表明第（2）～（6）项检查项目合格，而在检查铁芯油道间绝缘时发现异常：挑开铁芯三个油道在上铁轭的级间短路片，面向旁轭最左侧油道编号为 1 号油道，其余依次为 2、3 号油道，测量每个油道两侧铁芯级间的绝缘电阻，发现 1 号油道为 2.6Ω，2 号和 3 号油道则均为 1000kΩ。初步判断 1 号油道内有异物，造成运行中油道两侧的铁芯级间短路，造成裸金属过热故障。

图 12-8　铁芯油道检查及试验图

由于故障位置无法观察到，异物无法取出，故采用电容冲击法对该变压器油道间进行处理，冲击时能明显听到 A 相线圈下部的下铁轭位置有明显放电声。但由于变压器底部空间过小，仍无法观察到异物的具体形状和特性。经多次冲击后，1 号油道两侧铁芯级间绝缘电阻上升到 1000kΩ。现场认为该故障消除，该变压器经过相关安装工艺过程后投运。

投运后，色谱气体组分又出现增长，并且色谱气体组分的比例与以往近似，判断导致该变压器色谱增高的缺陷没有消除（或者是完全消除）。由于现场能够采用的检修手段都已经使用，故障点仍无法消除，故决定将该变压器运回制造厂进行检查处理。

（五）　返厂处理情况

返厂后，将主变压器上铁轭拆除，将变压器绕组吊出，发现在 A 相绕组下部铁芯主柱和下铁轭交叉位置处 1 号油道两侧硅钢片上有明显过热烧蚀痕迹，并有一不明金属物短接了 1 号油道两侧的硅钢片。将异物清除，铁芯清理，进行相关工艺处理后，在厂内进行了全面出厂试验，并进行了 1.1 倍长时空载试验，12h 后进行变压器油色谱试验，试验结果未发现异常。至此，该变压器的故障终于得到彻底消除。

四、磁屏蔽过热

（一）概述

某 220kV 主变压器产品型号为 SFSZ10-150000/220，额定容量为 150000kVA，冷却方式为 ONAN/ONAF60％-100％，油重 44.2m³，联结组标号 YNynod11。该变压器 2007 年 3 月投运至 2009 年 3 月，定期电气试验正常，油质试验及油色谱分析试验数据符合 DL/T 722—2014《变压器油中溶解气体分析和判断导则》要求。2009 年 3 月 20 日例行试验发现色谱总烃超标，达到 567.2μL/L，跟踪分析，根据色谱经验分析诊断为高温过热故障，并初步判断是磁路过热故障。利用回归分析法，在变压器空载运行情况下，考察产气速率，准确判定故障部位在磁路。变压器吊开罩后，进行逐项检查。当在油箱内部打开所有磁屏蔽表面绝缘纸板露出磁屏蔽后，发现中低压侧箱壁上靠近中压 C 相套管升高座下部的最右边一块磁屏蔽板表面有四处明显灼热痕迹。

（二）色谱经验分析法

2009 年 3 月 20 日例行试验发现色谱总烃超标，达到 567.2μL/L，立即取样复查，试验数据与上次分析吻合，追踪分析，并考察其产气速率。从表 12-9 色谱分析数据可看出主变压器总烃含量远超过注意值，且持续增长较快。

表 12-9　　　　　　　　　　　主变压器色谱分析数据　　　　　　　　　　　μL/L

分析日期	H_2	CH_4	C_2H_4	C_2H_6	C_2H_2	CO	CO_2	总烃	备注
2009-03-20	179.1	216.8	267.5	82.5	0.37	460.1	2714	567.2	下部
2009-03-21	179.3	217.1	270.6	83.4	0.38	469	2787	571.5	复查
2009-03-23	158.5	229	292.3	90.1	0.36	447.2	2357	611.8	下部
2009-03-25	165.5	246.9	328.2	93.5	0.37	487.4	2534	669	下部

1. 故障严重程度诊断

用总烃的绝对产气速率分析。绝对产气速率 γ_a 为

$$\gamma_a = [(C_{i2} - C_{i1})/\Delta t] \times (m/\rho) = [(669 - 567.2)/5] \times (44.2/0.89) = 1011(\text{mL/d})$$

γ_a 远大于国标（国标规定绝对产气速率不大于 12mL/d），且总烃大于 150μL/L，气体上升很快，可认为设备有异常。

2. 故障类型诊断

（1）用三比值法进行故障类型诊断（以 3.25 日数据分析）。

$C_2H_2/C_2H_4 = 0.37/328.2 = 0.001$	编码在＜0.1	编码取 0
$CH_4/H_2 = 246.9/165.5 = 1.49$	编码在≥1～＜3	编码取 2
$C_2H_4/C_2H_6 = 328.2/93.5 = 3.5$	编码在≥3 范围	编码取 2

三比值编码组合为 022，故障性质为高温过热（高于 700℃）。且每次主变压器测试数据的三比值均为 022，说明故障类型没有改变，也没有新的故障产生。

（2）以 CO、CO_2 为特征量诊断故障。

$CO_2/CO = 2534/487.4 = 5.2 > 2$，并且 CO 无明显增长，所以不涉及绝缘纸分解故

障，故障为磁路或裸金属过热。

3. 故障状况诊断

（1）热点温度估算

$$T = 322\lg\left(\frac{C_2H_4}{C_2H_6}\right)+525 = 322\lg\left(\frac{328.2}{93.5}\right)+525 = 701℃$$

其估算温度与三比值结论相符。

（2）故障源功率估算

$$P = \frac{Q_i\gamma}{\varepsilon H}$$

式中：Q_i 为理论热值，$Q_i = 9.38\text{kJ/L}$；γ 为故障时间内氢烃类的产气量，L；ε 为热解效率系数；H 为故障持续时间，s。

根据经验判断故障初步为磁路故障，所以 ε 值按铁芯局部过热计算

$$\varepsilon = 10^{0.00988T-9.7} = 10^{0.00988\times701-9.7} = 0.0016822$$

式中：T 为热点温度，$T = 701℃$。

故障时间从 2009 年 3 月 20 日至 2009 年 3 月 25 日，油重 44.2m³，由此可知

$H = 5$ 天 $= 5\times24\times60\times60 = 432000$（s）。

$\gamma = (669+165.5-567.2-179.1)\times44.2\times1000/10^6 = 3.9$（L）

$$P = \frac{Q_i\gamma}{\varepsilon H} = \frac{9.38\times3.9}{0.0016822\times432000} = 0.05(\text{kW})$$

故障点功率不是很大，可跟踪分析。

（3）油中溶解气体达到饱和所需要的时间估算

$$t = \frac{0.2 - \sum\frac{C_{i2}}{K_i}\times10^{-6}}{\sum\frac{C_{i2}-C_{i1}}{K_i\Delta t}\times10^{-6}}（月）$$

计算时可按最大产气速率随时调整，$\Delta t = 5/30$（月），K_i 查［各种气体在矿物绝缘油中的奥斯特瓦尔德系数表中（GB/T 17623—2017）］数据可知：$K_{CH_4} = 0.39$，$K_{C_2H_4} = 1.46$，$K_{C_2H_6} = 2.30$，$K_{C_2H_2} = 1.02$，$K_{H_2} = 0.06$，$K_{CO} = 0.12$，$K_{CO_2} = 0.92$。

$$t = \frac{0.2 - \sum\left(\frac{246.9}{0.39}+\frac{328.2}{1.46}+\frac{93.5}{2.30}+\frac{0.37}{1.02}+\frac{165.5}{0.06}+\frac{487.4}{0.12}+\frac{2534}{0.92}\right)\times10^{-6}}{\sum\left(\frac{246.9-216.8}{0.39}+\frac{328.2-267.5}{1.46}+\frac{93.5-82.5}{2.30}+\frac{0.37-0.37}{1.02}+\frac{165.5-179.1}{0.06}+\frac{487.4-460.1}{0.12}+\frac{2534-2714}{0.92}\right)\times\frac{10^{-6}}{5/30}}$$
$$= 216(月)$$

如果该故障是等速的，则该变压器油中溶解气体达到饱和释放约需要 216 个月。如无其他情况发生，该变压器还可以有足够的时间继续运行，进行跟踪分析。但有关部门为了度夏安全考虑，还是决定停电检查。

如果 t 值比较小，此时若不能检修，则必须立即对油进行脱气处理。

（4）故障点面积估算

$$S = \frac{\gamma}{K} = \frac{0.5416}{3.8} = 0.1425 \text{cm}^2 = 14.25 \text{mm}^2$$

式中：γ 为实测单位时间氢烃产气量，mL/min；K 为单位面积产气速率，mL/（cm^2·h）。

由 $T = 701℃$，查图 11-6 得 $K = 2.28 \times 10^2$ mL/（cm^2·h），即 $K = 2.28 \times 10^2/60$ mL/（cm^2·min）$= 3.8$ mL/（cm^2·min）

从 2009 年 3 月 20 日至 2009 年 3 月 25 日，5 天内产生的氢烃类气体为：（669＋165.5－567.2－179.1）$\times 44.2 \times 1000/10^6 = 3.9$（L）

$\gamma = 3.9 \times 10^3/(5 \times 24 \times 60) = 0.5416$（mL/min）

对该变压器进行内部检查，在磁屏蔽上有四个故障点，面积共约 15mm^2，和计算结果基本相符。

4. 故障部位估计

按 2009 年 3 月 25 日数据计算：

（1）$CH_4/H_2 = 246.9/165.5 = 1.49$

根据经验判断，其比值接近 1 可诊断为磁路故障，比值大于 3 可诊断为电路故障，故初步诊断该变压器为磁路故障。

（2）$C_2H_4/C_2H_6 = 328.2/93.5 = 3.5$

根据经验判断，其比值小于 6 可诊断为磁路故障，比值大于 6 可诊断为电路故障，故初步诊断该变压器为磁路故障。

（3）总烃的增长速率为 1011mL/d，乙炔的增长速率为 0。

根据经验，乙炔增加慢，总烃增加快，故障一般在磁路；乙炔和总烃增加都快，故障一般在电路。故初步诊断故障在磁路。

（4）乙炔占 2％总烃以下。

根据经验，乙炔占 2％总烃以下，故障一般在磁路；乙炔超过 2％总烃，故障一般电路。初步诊断故障在磁路。

总之，根据色谱经验分析，初步判断该主变压器过热故障在磁路。但是由于色谱经验分析法对有的故障准确，有的故障不太准确，故进行了相关的测试，3 月 25 日当天对该变压器铁芯和夹件的接地电流测试及红外测温均未发现异常；3 月 26 日进行空载损耗和直流电阻以及绝缘电阻等项目检查试验，均未发现异常。进一步排除了铁芯多点接地、铁芯片间短接及穿芯螺杆和压板的绝缘故障、电路故障，铁芯有可能是磁屏蔽漏磁问题造成的外壳或夹件漏磁环流发热。

5. 拟采取的处理措施

从上述分析得出，虽然故障源功率不大，油中溶解气体达到饱和所需要的时间比较长，故障点面积不算大，但是热点温度较高，产气速率很快，故障发展的后果也不可轻视。为了确保该变压器能安全度夏，建议在适当的时候停电检查。

（三）色谱回归分析法

对于过热性故障，为了准确判断故障点在电路或磁路，可利用故障特征气体产气增量与负荷电流之间关系判断。在变压器空载运行情况下，在相同的间隔时间内取样进行色谱分析，要求操作条件完全一致，考察其产气速率，若产气速率增长较快，说明故障产气速率与负荷电流无相关性，则可判断故障部位在磁路。连续监视产气速率与负荷电流的关系，还可以获悉故障发展的趋势，以便及早采取对策。

为进一步确定故障部位，2009年3月27日开始改变其运行方式，变压器在空载运行下，跟踪考察产气速率。取样间隔时间相同，取样部位、取样方法及取样人员相同，色谱分析操作条件、试验人员相同（目的在于减少色谱试验误差对分析判断的影响），准确计算出试验数据。色谱分析数据见表12-10。由表12-10可知：空载运行下故障特征气体浓度仍不断增加，且增长速率基本相同，与负荷电流无相关关系，故障部位应在磁路。

回归分析法的诊断与色谱经验分析法诊断一致，故障部位在磁路。并且该变压器空载运行时产气速率增加不是特别快（若主磁路故障空载运行时，5天内总烃增加有的甚至超过 $500\mu L/L$），初步判断故障不在主磁路，故障在磁屏蔽、外壳或夹件部位，结合该变压器铁芯和夹件的接地电流测试正常，故障不是铁芯多点接地，综合诊断可能是磁屏蔽内部片间短接引起的涡流发热或铁芯漏磁造成的发热。经主变压器解体检查，该变压器过热故障是磁屏蔽片间短路产生的涡流发热。

表 12-10　　　　　　　　　主变压器空载运行色谱分析数据　　　　　　　　　μL/L

分析日期	H_2	CH_4	C_2H_4	C_2H_6	C_2H_2	CO	CO_2	总烃	备注
2009-03-27	168.1	251.5	312.2	99.9	0.35	488.2	2484	664	下部
2009-03-28	170.3	254.9	318.6	100.9	0.36	457.1	2495	674.8	下部
2009-03-29	173.5	257.5	328.2	103.5	0.34	481.9	2562	689.5	下部
2009-03-30	183.2	282.5	343.3	110.5	0.34	479	2368	736.6	下部
2009-04-01	181.6	294.6	351.9	112.4	0.33	473	2339	758.9	下部

（四）　故障的检查、原因分析及处理

1. 故障检查

4月15日，该变压器吊罩后，对铁芯外观及分接开关进行了全面的检查，未发现螺钉松动和明显的放电痕迹，然后脱离了铁芯三个油道短接螺钉，对油道间的绝缘情况进行了测量检查均无异常。当在油箱内部打开所有磁屏蔽表面绝缘纸板，露出磁屏蔽后，发现中低压侧箱壁上，靠近中压C相套管升高座下部的最右边一块磁屏蔽表面有两处明显过热痕迹；由厂家人员将磁屏蔽侧面固定卡爪打开后，拆下该位置整块磁屏蔽后，发现磁屏蔽靠近油箱一侧的表面有明显过热发黑痕迹；同时，可以看到油箱壁上也有明显发黑痕迹。检查其他位置未发现明显异常。至此，该变压器故障位置已找到，如图12-9所示。

2. 故障原因分析

对故障原因进行综合分析，属于变压器质量控制及制造工艺方面出现的问题。该变

图 12-9　烧坏的磁屏蔽

压器油箱焊缝局部处理不好，焊缝严重凸凹不平，造成磁屏蔽和箱体接触缝隙较大，电容量增大，在电容电压的作用下，局部小缝隙处产生放电击穿，造成磁屏蔽和油箱间形成多点接地的短路回路，从而造成磁屏蔽局部过热并逐渐发展，致使磁屏蔽片间绝缘也逐渐烧损，多片磁屏蔽间短路并产生涡流发热。由于仅和油箱壁局部接触，通过油箱壁散热的面积很小，造成故障位置高温过热。

3. 故障临时处理

考虑到现场情况和条件，采取处理措施如下：将油箱壁上发黑的不平整位置进行打磨平整处理；将发黑的磁屏蔽硅钢片表面半导体漆去除，以和油箱壁良好接触；处理后重新将磁屏蔽安装固定好。当日下午，将该变压器重新扣罩完毕并安装部分附件，对变压器进行抽真空处理。

为验证该变压器问题处理临时措施是否有效，将变压器恢复投运后带大负荷运行，进行色谱跟踪分析。2009 年 4 月 23 日投运，至 2009 年 7 月 29 日，总烃由 $28\mu L/L$ 增加到 $512.6\mu L/L$，证明处理措施不是完全有效，故障没有完全排除。

表 12-11　　　　　　　　初次处理后运行主变压器色谱分析结果　　　　　　　　$\mu L/L$

分析日期	H_2	CH_4	C_2H_4	C_2H_6	C_2H_2	CO	CO_2	总烃	备注
2009-04-23	5.93	9.76	14.5	3.77	0	5.03	193	28.03	下部
2009-04-26	9.06	13.85	18.69	5.5	0	8.33	266	38.14	下部
2009-04-29	15.4	33.2	42.74	13.96	0	15.6	270	89.9	下部
2009-04-02	18.6	40.8	50.6	17.2	0	19.3	371	108.6	下部
2009-04-05	21.3	49.3	61.1	21.2	0	23.7	404	131.6	下部
2009-07-29	28.8	171.5	256.5	84.6	0	29.9	489	512.6	下部

4. 故障最终处理

2009 年 8 月 13 日进行第二次吊罩，更换全部 36 块磁屏蔽，并对磁屏蔽处的油箱钟罩内壁表面进行处理。处理后，采取真空注油，进行变压器电气试验、油色谱分析试验及油质试验，一切试验正常。

第三节　变压器外围附件引起的过热性故障案例

变压器外围附件（如潜油泵）相同，属电路的一个范畴，所不同的是对变压器的危害没有电路过热大，且当潜油泵损坏后很可能故障随之消失，故障性气体不再增长，即使是在大负荷情况下也不再增长，此类现象大多都是外围附件故障。但若故障现象没有消失，特征气体继续增长，则应分析具体情况，如分别从各潜油泵出口端不远处取样，进行排查，如果取样不便，可分组运行，交叉排查，根据交叉分组情况考核油中特征气体增量变化情况，从逻辑学上进行推理，交叉几次后最终确定是哪台潜油泵故障。如果方便的话，可对各运行潜油泵的运行电流进行测量，其工作电流异常大的很可能是故障源，若故障现象已消失则该潜油泵应无工作电流（已损坏，断路）。

下面给出因潜油泵问题引起的热性故障的案例。

一、故障现象描述

变压器型号：SFPSZ7-150000；有载分接开关型号：MⅢ 500Y-123/C-10193W；潜油泵型号：6B40-1613V 型。

某 220kV 变电站 1 号主变压器 1995 年 12 月投运，运行以来一直正常。在 2008 年 4 月进行了停电检修，期间主要工作有：预防性试验、防腐处理和风扇散热器水冲洗等工作，没有进行本体吊罩检查。检修前于 4 月 10 进行红外测温及油色谱试验，未发现异常。

6 月 30 日，在进行 1 号主变压器例行色谱取样试验时，发现油色谱总烃超标，总烃达到 546.99μL/L（具体数据见表 12-12），三比值结果为"022"，呈现高温过热性缺陷特征（大于 700℃）。

7 月 3 日对变压器进行了散热器带电水冲洗、红外测温、铁芯接地电流等测试，未发现异常，同时，再次取油样进行色谱试验（具体数据见表 12-12）。7 月 5 日第三次对该变压器进行了油色谱跟踪分析（具体数据见表 12-12），同时，对变压器运行中的 4 台潜油泵电动机绝缘进行测试，电动机绝缘合格，未发现异常。

表 12-12　　　　　　　　　　　　　1 号主变压器色谱分析数据　　　　　　　　　　　　μL/L

试验日期	2007-11-19	2008-04-10	2008-06-30	2008-07-03	2008-07-05
CH_4	24.16	26.9	156.31	162.61	158.28
C_2H_4	19.12	23.19	349.78	347.22	338.33
C_2H_6	6.29	7.94	39.21	40.59	38.27
C_2H_2	0	0	1.69	0.89	0.8
H_2	5.68	6.62	57.2	97.63	95.62
CO	737	777	717	940	919
CO_2	1870	2187	2734	2815	2599
总烃	49.57	58.03	546.99	551.31	535.68

二、初步分析判断

该变压器在 4 月 24 日检修期间发现铁芯多点接地，用绝缘电阻表测量为 0Ω，万用表测量为 2000Ω。用电容冲击法进行了处理，电容量为 21μF，电压第一次加至 1000V，一次即冲开，然后连续冲击 3 次后恢复引线（该站运行人员每月 25 日测铁芯接地电流，最后一次测量是 3 月 25 日，当时没有发现铁芯多点接地现象）。结合 4 月 10 日的油务化验结果和运行方式，推断铁芯多点接地发生在 4 月 10 日以后至 23 日停电前这一阶段时间内。

从几次测试结果判断，该主变压器内部存在局部高温过热现象。初步分析认为：

（1）由于在 2008 年 4 月前变压器运行正常，排除了变压器内部异物造成局部过热的可能；通过红外测温，没有发现变压器各接头、套管等有异常发热现象；潜油泵电动机绝缘良好，也基本排除了油泵电动机电源短路造成的局部过热。

（2）通过 6 月 30 日～7 月 5 日间 6 天内 3 次油色谱试验结果分析，总烃含量比较平稳，变化不大，主变压器故障发展不明显，建议继续跟踪运行，进一步判定。

（3）主变压器铁芯多点接地产生过热性故障，但不稳定的铁芯多点接地（能用电容冲击法处理好）的故障通常只能引起油色谱中温过热性缺陷，即故障位置达不到 700℃ 以上的高温过热。由于该变压器铁芯、夹件接地未分别引出，不排除铁芯和夹件间短路、铁芯片间短路的可能。

（4）不排除导电回路接触不良造成局部高温过热的可能，如有载分接开关动静触头间接触不良。

（5）据检修人员反应，检修期间在变压器本体油箱的加强筋上进行过电焊工作，如果直接在本体油箱上进行电焊工作，是完全可以引起油色谱数据变化的，现场电焊位置需进一步确认。

三、现场检查结果

为了最终确定此原因，技术人员于 7 月 6 日赶到现场进行了检查，情况如下：

（1）7 月 5 日对该主变压器进行检查时，5 号潜油泵由于处于停运状态，未对其进行检查。由于现场安装了普莱德智能化风冷控制系统，运行人员对潜油泵投退情况未做记录，因此 5 号潜油泵何时停运、是否因故障而退出运行未有记录。故 5 号潜油泵是否存在故障尚需确认。

（2）该主变压器在 4 月份检修期间进行过电焊，当时是将三个直径 22mm 的螺帽焊到油箱壁加强筋侧面，离油箱最近处超过 60mm，电焊的高温在这种位置应不足以引起油色谱异常。

（3）该变压器有载分接开关是 MR 公司 MIII-500Y 型，检修后仅进行过两次调挡。查看检修期间试验数据，高压侧进行直流电阻测试时是在所有挡位进行的，数据结果和出厂试验及历次预试数据基本一致，未发现异常。基本可以排除有载分接开关选择开关动静触头间接触不良的情况。

根据现场调查结果，制定了以下监督运行措施：

（1）从 7 月 8 日晚开始将 5 号潜油泵投入运行，目前运行的 4 号潜油泵暂时退出运行。每 2 天进行一次色谱数据分析，2～3 个周期后将 5 号潜油泵停运。如果 5 号泵运行期间总烃数据持续上升，则可基本判定色谱异常是由 5 号潜油泵引起的。

（2）有载分接开关固定挡位运行，并控制该主变压器负荷保持在 100MW 以下，避免过负荷运行。

四、结论

7月8日晚开始将该变压器的5号潜油泵投入运行，按制定的计划进行跟踪分析。运行至11日将5号油泵停运，3天时间色谱总烃由原先的$596\mu L/L$上升到$683\mu L/L$。11日下午将5号油泵停运后运行至20日，9天内色谱总烃基本保持不变，未再增长。从7月8日至20日，变压器运行状况基本一致，负荷波动很小，分接开关固定挡位未调挡，油温变化不大。根据跟踪监督情况，可以判断色谱异常是由5号潜油泵故障引起的。随后对5号潜油泵解体检查，可以看到潜油泵线圈存在烧损现象，见图12-10，随后更换了潜油泵，消除了缺陷。

图12-10　潜油泵线圈烧损

本次缺陷处理过程带来如下启示：判断设备状态时要进行信息收集，信息收集是否全面、准确、及时对设备故障判断和查找有至关重要的作用。如本次缺陷处理中首次检查就漏检了一台潜油泵，而正是这台漏检的潜油泵存在缺陷；运行记录中应至少包括油温、绕组温度、负荷情况、分接挡位、冷却系统投退记录等，这些信息平时可能用处并不大，但往往在故障查找时能起到决定性作用。

第四节　电弧放电故障案例

电弧放电性故障是最为严重的故障，可以在瞬间将设备摧毁，大部分电弧放电性故障都是因绕组绝缘受损或薄弱造成绕组匝（层）间短路而引发的，也有出口单相接地诱发的。电弧放电发生时，将高压电位点对地或低电位点之间的变压器油击穿形成有效的放电通道，附近大量变压器油被放电产生的巨大能量瞬间裂解生成大量的H_2、C_2H_2和其他烃类气体，涉及固体绝缘时还会有大量的CO和CO_2的产生，由于产气迅速，大多数气体来不及溶解与扩散，迅速涌入气体继电器中引起轻瓦斯报警，由于油温的上升与大量气体的释放造成油面迅速增压引起压力释放阀泄压喷油，同时因相间电流不平衡引发重瓦斯差动保护动作，因此差动保护、压力释放、轻瓦斯报警三位一体的同时出现是电弧放电的典型特征（但有时因保护出现问题而拒动，这是保护问题，实际相间电流是不平衡的）。此时，气体继电器中气体浓度值较高，本体油中各组分浓度值虽然也有较明显的增长，但根据平衡判据，两者相差甚远，气体继电器中气体浓度值折算到油中的理论值与本体油中实测值的比值大于 3，故障严重的甚至大于 10 以上，有的可达 100 倍以上。

当此类故障发生时一定要及时取气体继电器气样与本体油样同时进行分析，执行平衡判据，以积累第一手故障数据与经验，不要延时取气样或放弃对气样的分析，这样将造成重要数据的丢失，若故障引起 CO、CO_2 浓度突增的话，必要时进行油中糠醛含量的测定，为以后的诊断提供有效且有价值的经验数据。

大多数电弧放电性故障是没有预兆的，在故障没发生时，油中气体含量是正常的，总烃不高，H_2 含量正常，一般 C_2H_2 也很正常，当绝缘薄弱到一定程度或者绝缘距离不够时，以及外部原因（如出口短路、雷击）诱发变压器内部过电压而使绝缘薄弱的地方瞬间击穿，或高电位点对地（外壳）击穿变压器油形成放电通道，放电一旦发生会对设备造成永久性的损伤，附近变压器油瞬间被大量裂解，产生大量的烃类气体和 H_2，通常电弧放电 C_2H_2 占总烃量的 10%～50%者较多。典型三比值编码为"102"，而 121、122 的比值编码是电弧放电兼过热的复合码。

有的电弧放电性故障是过热性故障或者持续火花放电演变而成。如因低压绕组油道堵塞，低压绕组大电流发出的热量不能及时带走，使低压绕组长期处于低温过热状态下运行，加速了其绝缘的热老化，此时总烃可能不高，但因固体绝缘长期过热劣化甚至炭化，将产生大量的 CO 和 CO_2，且其增长率也超过其产气速率的数倍以上，$CO_2/CO>$ 10 以上（密封式），表明绝缘严重劣化，应测量油中糠醛含量，若糠醛含量也超标 2 倍以上，表明固体绝缘确实已劣化，应引起足够重视，否则当低压绕组固体绝缘劣化到失去机械强度以后，在电磁振动下发生脆裂，造成低压绕组匝（层）间短路，电弧放电便会瞬间发生，危及变压器的安全，此类故障有一定时间的预警期。持续火花放电也很有可能在一定时间演变为电弧放电，也有的不会演变为电弧放电，这与其故障部位及故障是否使绝缘进一步劣化有很大关系。若持续火花放电，C_2H_2 和 H_2 增长较快，并伴随 CO 和 CO_2 持续增长，且 C_2H_2 和 H_2 产气速率已超过其对应的产气速率注意值时，应当引起重视，说明已危及固体绝缘，当绝缘劣化到一定程度时，很有可能演变为电弧放电，应缩短跟踪分析的取样时间，若短期内特征组分明显增长，其产气速率也不断增加的话，应尽可能早日停电处理，以避免因故障的进一步发展造成不必要的设备损坏的损失。

一、变压器低压侧遭雷击相间短路（电弧放电）

（一）故障现象描述

设备型号：SFPSZ7-120000/220；联结组别：YNyn0yn0d11；电压比：220±8×

1.25％/121/38.5/11kV（11kV 为平衡绕组）。

2011 年 6 月，该变压器在运行时突然重瓦斯动作，三侧断路器跳闸。查看事故现场和故障录波图后，分析原因是该站 35kV 侧母线遭雷击，35kV 断路器的支持绝缘子被击穿，引起母线侧 B、C 两相沿开关屏面短路接地，而后发展为三相短路接地，致使主变压器遭受了出口短路冲击。

（二）分析判断

（1）色谱试验结果三比值编码为 102（高能放电），乙炔值为 $25.4\mu L/L$，CO、CO_2 含量也突增至数千 $\mu L/L$（色谱原始数据各组分均较小），见表 12-13，判断故障放电位置很可能在绕组的固体绝缘位置。

表 12-13　　　　　　　　　色　谱　数　据　　　　　　　　　$\mu L/L$

部位	CH_4	C_2H_4	C_2H_6	C_2H_2	H_2	CO	CO_2	总烃
气体继电器气体	32.8	56.2	8.5	19.1	86.8	893.3	5176.8	116.6
油箱下部	38.2	65.6	9.3	25.4	126.3	999.8	5993	138.5

（2）做直流电阻试验发现低压侧数据异常，ao：$23.2m\Omega$，bo：$23m\Omega$，co：$25.5m\Omega$，低压绕组 C 相偏大 10.9％。随后，对低压绕组 C 相进行了分段测量，排除了引出线等的影响后，测得绕组本身首尾两端直流电阻就达 $25.2m\Omega$，基本可以确定 C 相低压绕组存在问题。经查厂家资料，该变压器低压线圈为 14 股并绕，结合直阻的偏差和数值进行计算，推断低压绕组 C 相可能断了一股。取 A、B 相平均值 $23.1m\Omega$ 为 14 股并绕的正常数值进行计算，断一股后 13 股并绕的数值为：$23.1\times14/13=24.9$（$m\Omega$），和 $25.2m\Omega$ 数值很接近。

（3）做变比试验数值正常。

（4）做绕组变形测试，根据低压侧频谱图（见图 12-11）三相间的比较（该变压器变形测试没有历史数据可以参考），可以看出三相间差异较大，频谱图一致性很差，判断该变压器低压绕组存在较严重的变形。

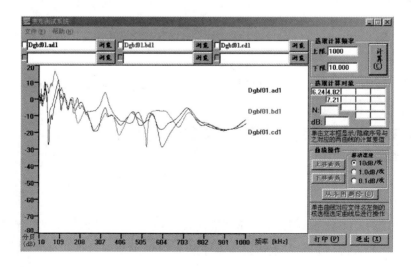

图 12-11　低压侧三相绕组变形测试频响图

（5）高压、中压绕组的所有试验均无异常，问题集中出现在低压绕组上。

（三）处理情况

根据试验分析得出的结论，迅速安排吊罩检查并联系变压器生产厂家进行现场更换低压绕组的准备工作。吊罩后，检查发现低压三相绕组都存在较严重的变形，低压 c 相绕组中部有一股已烧断，现象与分析判断基本一致，见图 12-12～图 12-14。

图 12-12　35kV a 相线圈变形情况

图 12-13　35kV b 相线圈变形情况

图 12-14　35kV c 相线圈变形情况（中部断一股）

随后，由厂家指导开始在现场进行更换三个低压绕组的修复工作：

（1）将三个 35kV 低压绕组更换为采用自黏性换位铜导线绕制的绕组，提高绕组的抗短路能力。

（2）撑条、垫块、高密度电缆纸等绝缘部件采用进口材料，绕组绕制时撑条比更换前的绕组撑条增加一倍，以提高抗短路能力。

（3）更换绕组后，变压器本体在现场采用热油喷淋干燥的方法进行绝缘的干燥处理并抽真空注油。

（4）进行全面的现场试验，包括感应耐压、局部放电等高电压试验和绕组变形试验。试验全部合格后，正常投入运行至今。

二、变电站主变压器出口短路（电弧放电）

（一）故障现象描述

设备型号：SFPSZ10-120000/220；联结组别：YNyn0d11；电压比：220±8×1.25%/121/10.5kV。

2012 年 9 月 17 日 16 时，设备运行单位在进行该主变压器低压侧站用变压器有载调压装置挡位切换时，调压装置发生短路，短路弧光引发主变压器低压侧甲隔离开关短路，造成该主变压器故障：主变压器压力释放阀动作，主变压器高、中压套管对主变压器储油柜均有不同程度的放电，三侧高压套管均有不同程度的烧损，10kV 母线变形，站用变压器损坏。

（二）分析判断

对该主变压器进行变压器油色谱分析，并对变压器做了直流电阻、绝缘电阻及整体介质损耗试验，试验数据如下：

（1）从色谱数据（见表 12-14）看，变压器油中有大量的乙炔、氢气等气体，三比值编码为 102，判断变压器内部存在高能量的电弧放电。

表 12-14　　　　　　　　　　　　色　谱　数　据　　　　　　　　　　μL/L

试验日期	位置	CH_4	C_2H_4	C_2H_6	C_2H_2	H_2	CO	CO_2	总烃
2012-05-25	底部	4.42	0.51	1.67	0	3.15	294	937	6.6
2012-09-17	底部	710.03	1709.77	200.14	1235.03	822.63	1848	1305	3854.97
2012-09-17	中部	539.94	1323.55	144.2	769.58	618.92	1394	1436	2777.27
2012-09-17	气体继电器气体	2082.7	2053.63	137.02	2504.99	275126	87242	6736	6778.33

（2）从直流电阻数据看，变压器低压侧直流电阻 ab 为 8.767mΩ、bc 为 4.464mΩ、ca 为 4.381mΩ。从测量结果并查看以往直流电阻数据进行分析，考虑到该变压器联结组别为 YN yn0 d11，低压侧为三角形接线方式，因此判断 B 相绕组可能有断开点，具体位置无法确定；中压侧直阻 AO 为 287.1mΩ、BO 为 121.9mΩ、CO 为 122.4mΩ，从测量结果分析，中压 A 相线圈可能有断股。

（3）铁芯绝缘电阻值为 0MΩ，可能有以下原因：变压器内部故障产生金属物造成铁芯与变压器箱体之间构成金属接地；变压器器身在电动力的作用下产生偏移，造成器身同箱体之间直接接触。

（4）变压器低压绕组绝缘电阻偏低（21MΩ），变压器低压绝缘可能已经损坏。

（5）由于低压绕组已断线，未对低压绕组进行频响法绕组变形测试，对中压进行绕组变形测试，发现三相图谱一致性很差，如图 12-15 所示；变压器中、低压侧绕组对地电容量同出厂值相比均有大幅增加；初步判断变压器中、低压绕组有较严重变形。

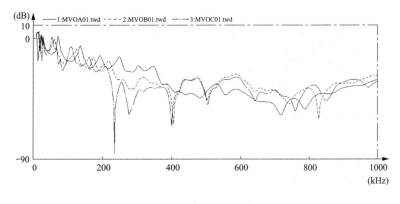

图 12-15　中压绕组频谱图

随后，对保护动作情况也进行了分析，具体分析如下：

18 时 47 分 20 秒，站用变压器有载调压装置在调挡过程中发生两相短路故障，故障发生 0.238s，102 甲隔离开关闪络，故障电流增大，弧光引发站用变压器保护用 TA（装在 102 断路器与 102 甲隔离开关之间）的二次线烧坏，站用变压器的保护不会动作。虽然此时故障点已发展至该主变压器差动保护范围内，但由于保护装置设计原理缺陷，差动保护拒动。经过 1.5s，该主变压器 10kV 侧过电流保护动作，跳开 102 断路器。由于该主变压器高中压侧套管和 10kV 母线桥弧光放电，3.56s 时故障电流迅速增长，4.18s 时，重瓦斯保护动作，跳开 112、222 断路器。

（三） 处理情况

为进一步确定变压器受损情况，从人孔进入检查，对变压器内部受损情况进行了检查，检查情况如下：

（1）A 相高压绕组上层层压板断裂，110kV 出线侧 A 相绕组上部有铜屑，绝缘垫块损坏。

（2）B 相高压绕组上层层压板略有上翘，B 相低压侧上层层压板上翘约 2cm，110kV 出线侧 B 相绕组上部铜屑较多。

（3）从内部看，低压 B 相绝缘子碎裂。

（4）箱体底部积炭较多，套管尾部积炭较多。

从检查结果分析，变压器在本次事故中受损较为严重，为了尽快将变压器进行修复，最后确定变压器在现场不进行调罩检查，直接返厂修理。

返厂吊罩后，将变压器上夹件拆除，铁芯上铁轭拆除，进一步进行检查，检查情况如下：

（1）调压绕组拔出，从外观看，没有发现明显变形。

（2）高压绕组拔出，从外观来看，基本没有问题。

（3）中压绕组 A 相轴向变形（见图 12-16），上部匝间有短路；B 相略有变形，径向有偏移；C 相基本无问题。

（4）低压绕组损坏十分严重，A 相低压绕组轴向变形严重，无法从铁芯上拔下，最后将其剪断，才将其拔下；B 相绕组轴向变形严重，中、低部电磁线有多股烧断；C 相绕组径向变形严重，绕组下部垫片损坏、断裂。

根据检查情况，制定了修复方案：用电压比、调压方式相同的 11S-03 型变压器电磁线代替原变压器（11S-05 型）电磁线，要求保证高-中、高-低阻抗电压满足变压器并列运行条件，到现场后中-低压不并列运

图 12-16 中压绕组 A 相厂内照片

行。在厂内经各严格工艺检修处理并通过全部出厂试验，变压器运回现场。经安装、抽真空注油、常规试验、局部放电试验后，变压器顺利投运。同时，对该主变压器低压侧加装了限流电抗器以限制变压器低压侧短路电流。

（四）原因分析

本次事故是由于调压装置内部发生短路，短路弧光引发102甲隔离开关短路，102TA二次线烧坏，站用变压器保护不能动作，该主变压器差动保护拒动，瓦斯保护动作，跳开222、112断路器。本次事故的直接原因为站用变压器调压装置内部缺陷造成相间短路，事故扩大的原因为主变压器差动保护装置本身存在缺陷导致拒动。

十八项反措要求：220kV及以上主保护双套配置，而该主变压器保护为单套配置，且属已淘汰的集成电路保护；主变压器差动保护装置本身存在缺陷导致拒动，造成事故扩大。

第五节 变压器（电抗器）火花放电故障案例

火花放电是由悬浮电位或裸金属毛刺引起的，一般可分为持续性火花放电和非连续性火花放电。由悬浮电位（电位点不固定，存在有电位差）引起的火花放电只要有电位差存在，悬浮电位点不消除，其放电会一直存在下去，可以持续性放电，也可能是非连续性的，对设备有一定的危害性，但其危害程度要比电弧放电小得多，由裸金属毛刺因场强不均匀引发的小的火花放电，往往是一次性的，放电将毛刺烧圆滑之后使得电场强度变得均匀，就不再放电，因此对设备没有危害性，而且放电的能量也比较低，放电所产生的 H_2 和 C_2H_2 也是微量的。而悬浮电位（以及油中金属离子）所引发的放电乙炔可以达到几十 $\mu L/L$ 甚至 $100\mu L/L$ 左右。H_2 一般是 C_2H_2 浓度的3倍以上或更高些，这不但与放电形式及能量、持续时间有关，也与油品的化学组成有一定关系，与变压器的密封方式关系更大些，因开放式变压器由于油和空气相接触，分配系数很小的 H_2 从油中向大气中扩散的逸散损失率大10倍以上，将引起 H_2 和 C_2H_2 含量关系发生很大改变。

火花放电的主要产气特征是 C_2H_2 和 H_2，一般总烃含量不高，多数故障的 C_2H_2 占总烃量30%～70%之间。有些持续性火花放电也可以演变为电弧放电，这不仅和放电点部位有关，还与该火花放电是否危及了固体绝缘导致其进一步劣化关系很大。因此，对于较强的持续火花放电尤其危及固体绝缘时也应引起足够重视，以防止对固体绝缘逐渐烧蚀演变为电弧放电。

火花放电的典型三比值编码为"101"，而"202"也属于火花放电，其能量比"101"时一般要强些，有时也和以前气体的积累有关。火花放电时总烃并不太高，在考核产气速率时可单独对其特征组分 C_2H_2 和 H_2 进行产气速率考核。对于开放式变压器，H_2 因逸散损失比较严重，可只考核 C_2H_2 的产气速率；当该放电危及固体绝缘时也可对CO、CO_2 的产气速率进行考核，同理，开放式变压器CO的逸散损失也很大，可对 CO_2 进行考察。

对非连续性火花放电进行跟踪分析时，若其 C_2H_2 和 H_2 及总烃的绝对量不太高的话，其周期一般可一到两周进行一次分析，发现 C_2H_2 和 H_2（对密封设备）超过注意值时，再缩短分析周期，反之，若 C_2H_2 和 H_2 在跟踪期间没有明显增长，可适当延长跟踪周期。而对于持续火花放电，且 C_2H_2 和 H_2 又比较高（如 C_2H_2 在几十 $\mu L/L$ 以上），可每天分析一次，考核 C_2H_2 和 H_2 产气速率超过注意值的情况，若 C_2H_2 和 H_2 继续增长，其产气速率也超过注意值，尽可能早的停电处理，特别是 CO 和 CO_2 浓度有明显增长的情况下，说明该放电正在危及固体绝缘，一旦绝缘劣化严重或薄弱到一定程度时，很有可能放电逐渐增强甚至演变为电弧放电。

下面给出几例火花放电故障的案例及数据，供大家参考。

一、裸金属悬浮放电（火花放电）

（一）故障现象描述

设备型号：SFPSZ9-180000/220 额定电压：$220\pm8\times1.5\%/121/10.5kV$。

某变电站 1 号主变压器于 2000 年 3 月投运，投运后一年多运行正常。2002 年 6 月 4 日，在对该 1 号主变压器取油样进行周期性色谱分析时发现色谱异常，其中乙炔含量超过注意值，达到 $11.1\mu L/L$，氢气达 $65\mu L/L$。从色谱数据的各组分构成比例看，初步判断 1 号主变压器内部可能存在非连续性火花放电缺陷。由于夏季负荷紧张，无法停电检查，决定加强监督，同时为寻找故障缺陷，采取了一系列运行监督措施，并缩短变压器油的取样周期，进行色谱分析（色谱分析数据见表 12-15，由于 6 月 4 日至 7 月 10 日间色谱数据基本保持不变，表中对该时间段内数据不再列出）。

表 12-15　　　　　　　　　色 谱 跟 踪 分 析 数 据　　　　　　　　　$\mu L/L$

试验日期	CH_4	C_2H_4	C_2H_6	C_2H_2	H_2	CO	CO_2	总烃
2000-03-28	10.46	2.7	1.7	1.91	40	833	1896	16.78
2000-06-04	20.17	8.07	5.05	11.1	65	1240	3632	44.4
2000-07-10	22.71	8.35	4.87	8.43	69.07	1284.11	3987.19	44.36
2000-07-18	25.83	10.82	5.54	15.11	83.01	1342.69	4067.99	57.29
2000-07-19	17.81	8.48	4.64	15.94	93.69	1328.6	5722.81	46.86
2000-07-21	26.09	12.64	6.19	21.69	86.58	1204.97	3718.26	66.61
2000-07-23	29.86	16.07	6.82	30.64	99.39	1222.96	3945.66	83.39
2000-07-24	25.15	15.58	6.4	33.21	103.76	1083.83	3276.07	80.34
2000-07-25	28.72	16.16	6.56	32.48	108.48	1139.09	3536.13	83.91
2000-07-26	32.82	19.4	7.64	40.36	132.92	1262.18	3880.52	100.23
2000-07-27	32.03	18.78	7.33	38.74	130.99	1285.7	3831.99	96.88
2000-07-28	31.34	18.79	7.3	38.69	123.19	1196.63	3560.75	96.12

（二）分析判断

对该变压器制定了检查方案及实施措施：检查铁芯接地电流无异常，用红外测温的方法进行引线接头等处检查也无异常，又更换了2台声音略有异常的潜油泵。结合色谱分析三比值法为101，属低能量放电性故障，排除了过热性故障的可能。监督运行至7月18日前，乙炔含量均在 $10\mu L/L$ 左右，7月19日，乙炔含量为 $15.94\mu L/L$，氢气为 $93.69\mu L/L$。而后乙炔含量快速增长，7月21日为 $21.69\mu L/L$，7月23日为 $30.64\mu L/L$，而其他气体含量未明显变化，总烃含量不高。判断该变压器内部有低能量放电性故障，即不同电位不良连接点间或悬浮电位体的连续火花放电或者有载调压开关油箱密封不严。为查明真正原因，将有载调压开关放在合适挡位，不进行调压，注意监督观察油色谱数据变化情况，分析是否有载调压开关油箱漏油。随后的色谱分析结果表明乙炔值仍在持续升高，于是基本排除了该变压器有载调压开关油箱渗漏的可能，认为该变压器内部存在较严重绝缘缺陷。

（三）处理情况

停电后，对该主变压器进行停电检查。作常规试验合格，进行现场的局部放电试验，局放量也小于 $500pC$，未发现异常。对该变压器本体油箱进行放油，从人孔进入检查，最终发现在 A 相高压侧调压分接线导线夹上发现一手电筒（见图 12-17），手电筒玻璃朝外，挨着 Ⅰ 分接线，电筒后底碰在支撑导线的扇形垫块上。

图 12-17　主变压器本体发现的金属异物

手电筒后底已被放电熏黑，扇形垫块上一片炭化，烧焦、炭化面积长约 30mm，宽约 20mm，深约 8mm。分接线上有一块炭灰，没有放电痕迹。从手电筒放的位置看，初步分析是遗留在上面的，而不是掉进去的。取出手电筒后，将扇形垫块炭化部分全部削去，分接线发黑处白布带削去，重新包了一层白布带。对变压器内部其他部位进行了仔细检查，未发现其他问题。可以判断该主变压器乙炔含量升高是由于这把手电筒所致。故障点处理好之后，按照方案对该主变压器进行抽真空、注油、静放、试验等各项工作。并于8月2日将该主变压器成功投运，其后该变压器运行正常。

（四）原因分析

虽然故障找到并排除了，但对故障形成的原因仍有几点疑问：

（1）手电筒是何时遗留在变压器内部的。

（2）这样明显的内部放电性缺陷，为何在现场做局部放电试验检查不出来。

（3）如果是安装时遗留的故障，为何运行一年多后才会出现色谱异常。在6月4日发现色谱异常后，为何从6月4日到7月18日间的运行时间段内油色谱中总烃和C_2H_2等比较稳定。

随后，组织制造厂、安装、监理、运行、检修等各方面人员在一起，从各个环节进行了分析、论证和调查，最终几个问题均有了答案：

（1）该手电筒确实是安装时遗留在变压器内部的。由于在白天安装本体及高压套管时对所用的各个工器具、材料进行了编号，并有专人负责记录，在白天未发生异常；在傍晚安装低压套管时，由于安装人员将一紧固用螺帽掉入变压器本体，于是带手电筒进入变压器本体进行查找并将手电筒遗留至变压器内部。

（2）现场局部放电试验检查不出来的原因：从现场进行局部放电试验的接线图（见图12-18）可以发现，该变压器采用高压中性点调压，在现场进行局部放电试验时，高压侧中性点是接地的。试验时分接开关放在1分接线，此时该手电筒处于地电位，故不会产生悬浮放电。

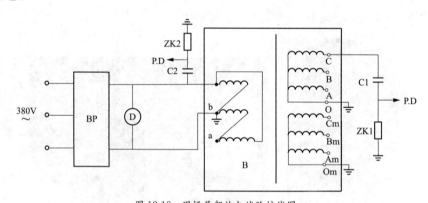

图12-18　现场局部放电试验接线图

BP—变频电源装置；P. D—局部放电测试仪；C1、C2—套管电容；

ZK1、ZK2—检测阻抗；B—被试变压器；D—阻容分压器

（3）仔细查看了该变压器的运行记录，发现在变压器投运后的一年多内，该变电站是单台主变压器运行，该主变压器中性点接地，手电筒的感应电压处于很低的水平，因此产生不了放电。到2002年4月，该变电站2号主变压器投入运行。其后因运行方式的考虑，有时1号主变压器中性点接地，有时是2号主变压器中性点接地。查看运行记录可以明显发现，凡是2号主变压器接地运行期间，1号主变压器的色谱数据变化较大，乙炔等气体持续增长；在1号主变压器中性点接地运行时，1号主变压器色谱数据基本保持稳定。

（4）建议今后在进行交接试验时，在做变压器绕组中性点交流耐压项目时，可以考虑增加局部放电测试以辅助查找设备缺陷。

二、分接开关和油泵双重故障（火花放电）

（一）故障现象描述

变压器型号：SFSZ9-150000/220；电压比：$220\pm8\times1.25\%/121/10.5kV$；有载分接

开关型号：MIII600Y-123/D-10193G。

2011年3月27日在进行春季预防性试验工作中，发现变压器油中C_2H_2含量严重超标，达到$20.64\mu L/L$，远远超出了国标规定的$5\mu L/L$的注意值，但各项电气试验均符合Q/GDW 1168—2013《输变电设备状态检修试验规程》要求。发现变压器油中C_2H_2异常后，加强了对该变压器长达一年多的色谱跟踪分析，色谱分析结果见表12-16。

表 12-16　　　　　　　　　　色 谱 分 析 结 果　　　　　　　　　　$\mu L/L$

试验日期	CH_4	C_2H_4	C_2H_6	C_2H_2	H_2	CO	CO_2	总烃	取样部位
2011-03-27	3.48	3.23	0	20.64	59.16	163.23	370.32	27.35	本体下部
2011-04-16	3.09	3.25	0	21.58	66.95	145.81	303.15	27.93	本体下部
2011-04-16	0	0	0	0	0	66.79	231.07	0	有载调压
2011-06-13	4.71	4.47	0	27.85	72.35	195.34	412.46	37.05	本体下部
2011-09-04	6.13	5.69	0	29.48	98.33	275.09	625.39	41.31	本体下部
2012-03-06	11.19	10.1	0	38.90	101.01	306.85	428.63	60.19	本体下部
2012-05-20	13.15	10.73	1.58	44.85	123.71	388.32	465.12	70.32	本体下部
2012-06-14	15.91	12.3	1.74	55.72	148.92	426.82	675.32	85.68	本体下部
2012-07-17	19.67	13.30	2.36	62.73	158.91	437.91	914.20	97.98	本体下部
2012-08-06	19.48	13.09	1.88	60.49	161.84	518.13	1135.82	94.96	本体下部

跟踪期间，根据油中溶解气体的变化情况，首先决定对有载调压油室的油是否向变压器本体串油进行排除。2011年4月16日把变压器停运，请厂家技术人员检查有载调压油室和主变压器本体是否串油，并把有载调压油室的油全部给予更换，并决定将有载调压固定在一个挡位上，让变压器运行后不再进行调挡，当变压器运行到2011年5月21日时，色谱分析跟踪变压器本体油中的C_2H_2气体又发生明显变化，据此可判断变压器油中C_2H_2并非开关室渗漏所引起。2012年7月5日，在取油样过程中，由于取样口位置与该变压器的2号潜油泵距离较近，听到油泵转声异常。针对以上情况，加上色谱分析后，用三比值计算编码为"202"，反映出的故障类型是火花放电（主要特征气体H_2、C_2H_2）。由于该变压器2号潜油泵存在扫膛现象，而潜油泵研磨本身只会是过热性故障，研磨本身不会放电，但肯定会研磨出很多金属碎屑随油流进入变压器本体从而引起火花放电。

（二）首次处理

考虑到当时用电负荷无法转移，就决定先把该变压器2号潜油泵退出。2012年7月30日对该变压器停止运行，解除备用。在现场进行常规项目的绝缘试验，并进行局部放电试验，结果各项试验均合格。对2号潜油泵解体检查，发现有金属氧化皮、铝碎屑等异物，于是对其进行了更换。由于变压器潜油泵停运后，密度比油大的金属碎屑下沉到油箱底部，而变压器本身并无真正的放电故障，因此即使做局部放电试验也无法发现问题。由于故障处理期间处于夏季，负荷较重，因此主变压器先恢复投运，择机再对主变压器本体中的金属氧化皮、铝碎屑等进行处理。

图 12-19　2 号潜油泵扫膛产生的部分金属碎屑

2012 年 8 月 21 日晚该主变压器停电，开始用真空滤油机对其进行滤油。滤油 3h 后，滤油机出线堵塞现象，在对滤油机一级滤网和二级滤芯清理过程中发现大量的金属氧化皮、铝碎屑（见图 12-19）。此后由制造厂家派技术人员由变压器人孔处进入变压器本体进行检查，并打开有载分接开关小油箱进行检查，未发现其他异常。初步分析主变压器油中 C_2H_2 产生的原因应该是油中金属粒子引发放电而产生的。对主变压器滤油并经电气试验检查合格后，该主变压器于 2012 年 8 月 26 日投入运行，分接开关也开始调挡运行。

（三）再次处理情况

其后对该主变压器进行色谱跟踪分析，发现 C_2H_2 由 2.65μL/L 缓慢的增长，到 2012 年 12 月 5 日增长到 19.65μL/L。在此期间，为了排除主变压器 2 号潜油泵扫膛造成的因素影响，又两次取油样送技术监督单位进行变压器油介质损耗试验和油品金属颗粒度试验，均未发现异常。表明油中金属粒子已被滤除，以后再有 C_2H_2 的产生与金属粒子无关，应查找其他原因。

滤油脱气处理后的色谱跟踪分析结果见表 12-17。

表 12-17　　　　　　　　　　　色 谱 分 析 结 果　　　　　　　　　　μL/L

试验日期	CH$_4$	C$_2$H$_4$	C$_2$H$_6$	C$_2$H$_2$	H$_2$	CO	CO$_2$	总烃	取样部位
2012-08-26	0.65	0.58	0.67	1.14	0	0	173.21	3.07	本体下部
2012-09-02	1.79	0.81	0	5.35	4.8	24.9	239.92	7.96	本体下部
2012-09-21	2.1	1.18	0.51	9.85	9.74	62.55	415.45	13.66	本体下部
2012-10-30	3.43	3.42	1.17	13.2	17.13	85.17	477.7	21.24	本体下部
2012-11-25	5.6	6.15	1.24	18.32	35.64	138.59	534.67	31.32	本体下部
2012-12-05	5.65	8.13	1.55	19.65	29.10	113.20	550.62	35	本体下部

根据色谱数据分析，很有可能是有载调压开关小油箱发生了渗漏，使小油箱里乙炔含量极高的油进入到变压器本体造成了乙炔含量不断增高。2012 年 12 月 15 日对该主变压器再次停电，检查其有载分接开关小油箱是否渗漏。当厂家技术人员刚打开小油箱上盖，就听到"哗哗"的油流声，将切换开关吊起来后，发现在小油箱与本体结合处约有 1/3 圆周的地方都在漏油（见图 12-20）。由于本体的油并没有放，本体储油柜油位高，本体油在压力下渗漏速度相当快，10 多分钟已经在小油箱里积了约 10cm 的油。小油箱与本体结合处垫有密封垫，检查时发现密封垫紧固螺钉多数松动，用手就能拧动。检查发现该密封垫已局部受损（见图 12-21），拧紧所有紧固螺钉后仍有渗漏现象。鉴于当时环境湿度达 95%，担心变压器有载调压开关本体受潮，同时因厂家的密封垫尚未寄到，决定

暂时不更换密封垫，等以后天气好、负荷轻、准备充分时再更换。随后将切换开关上的碳末擦拭干净并回装，然后给小油箱注油，并在电气试验合格后将变压器重新投运。

图 12-20 漏油照片

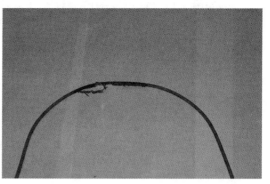

图 12-21 受损的密封垫

（四） 结论

（1）分析第一次引起该主变压器乙炔含量超标的原因，应该是由于潜油泵研磨产生的大量金属粒子随油流进入变压器本体而引发放电所造成，特别是当主变压器固定挡位运行时油中乙炔含量仍在不断增长，说明该段时间内油中乙炔的产生与有载分接开关的小油箱是否渗漏没有直接关系。

（2）金属粒子滤除后又出现乙炔含量增长的现象，一小部分是由于固体绝缘材料吸附的气体回溶，持续增长的部分则是由于有载分接开关小油箱渗漏引起的，其原因应该是首次停电检查时，打开小油箱处理后回装不慎造成密封垫压偏受损造成渗漏。

（3）对于同一台变压器发生两种因主变压器附属设备而造成色谱分析异常，说明了应严格出厂试验、提高安装质量、加强预防性试验和研究更科学先进的测试手段的必要性。

第六节 油浸式真空有载分接开关故障案例

一、油浸式真空有载分接开关重瓦斯保护动作造成主变压器跳闸事故

（一） 故障现象描述

1. 故障情况

故障有载分接开关型号：VMⅢ600-126/C-10193W，2013 年 9 月 12 日，更换过切换芯子，更换后累计调压次数 8228 次发生故障。

2. 故障经过

2019 年 2 月 16 日，某 220kV 变电站 2 号主变压器在由 2 挡到 3 挡调压过程中，有载分接开关重瓦斯保护动作造成主变压器跳闸。经现场检查及试验发现：开关头盖破裂喷油、气体继电器重瓦斯和压力释放阀动作，开关切换芯子故障，变压器器身及绕组无异

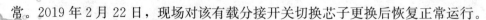

常。2019 年 2 月 22 日，现场对该有载分接开关切换芯子更换后恢复正常运行。

（二）故障设备损坏情况

经现场吊芯检查及返厂解体检查，真空开关切换芯子损坏部位及损坏情况如下：

（1）A 相有 3 根内部连接线断裂。

（2）A 相 K1 转换开关烧损严重形成断路，B、C 相 K1 转换开关有烧蚀痕迹。

（3）A 相双数侧主触头有拉弧烧损现象、单数侧主触头有烧蚀痕迹，单数辅助触头有烧损现象。

（4）A 相 V1、V2 真空管动端拉杆变形，连接真空管的螺杆断裂，B、C 相真空管正常。

（三）故障原因分析

1. 故障分析

真空开关切换芯子 A 相转换开关 K1 接触压力不足，造成转换开关 K1 动、静触头轻微烧损，随着有载切换次数增多累积伤害，最终导致转换开关 K1 动、静触头间形成间隙无法接触。此时由 2 挡到 3 挡换挡调压过程中，A 相双数主触头由于其两端承受较高恢复电压产生拉弧现象，电弧高温造成周围绝缘油裂解产生大量气体，油室内压力骤增导致头盖破裂喷油、气体继电器及压力释放阀动作。

2. 原因分析

VM 型有载分接开关切换芯子转换开关 K 原动触头弹簧机构设计力值为 94N。2012 年 4 月，转换开关动触头安装弹簧处增加倒角工艺后，动触头弹簧设计力值仍为 94N，使弹簧实际压缩量变小，造成转换开关动静触头接触压力不足。2015 年 1 月，VM（ZVM）型真空开关对转换开关 K 结构进行改进，重新调整弹簧设计力值为 158N，增大安全裕度保证动静触头接触压力。

3. 分析结论

综上所述，本次故障直接原因为真空开关切换芯子转换开关 K1 烧损断路造成切换过程中主触头拉弧。根本原因为触头弹簧设计压力误差造成转换开关动静触头接触压力不足。

（四）处理措施

（1）对真空有载开关油室油做色谱分析，油中 C_2H_2 含量为 6.5μL/L，超过变压器油中 C_2H_2 注意值 5μL/L。目前，十八项电网重大反事故措施没有提出 C_2H_2 具体注意值标准，各个省公司 C_2H_2 注意值标准也不相同。根据河南省电力公司 2019 年上半年普测结果，绝大部分油中 C_2H_2 含量小于 1μL/L，个别也有 3~4μL/L；但也发现油中 C_2H_2 含量高达 158μL/L，分接开关重瓦斯跳闸，停电解体后检查发现，分接开关绝缘轴上的屏蔽环制造时有砂眼，运行中屏蔽环受到腐蚀，使油污染，油的击穿电压降低，调挡时在火花间隙和转换开关之间造成级间击穿，产生放电故障，使油中 C_2H_2 增大。

（2）对于工程投运后或 2013 年更换切换芯子后累计动作次数超过 1000 次的真空开关，立即进行吊芯检查并更换转换开关。

（3）对于同类型真空有载分关开关，立即组织进行一次全面真空有载分接开关绝缘油色谱取样分析，根据取样分析结果：

1）油中 C_2H_2 含量超过 $5\mu L/L$ 的，暂停现场调压，及时安排停电进行吊芯检查并更换转换开关。

2）根据 DL/T1538—2016《电力变压器用真空有载分接开关使用导则》要求，做好真空开关运行维护工作。油浸真空有载分接开关绝缘油中溶解气体分析中，H_2 含量大于 $500\mu L/L$、总烃含量大于 $500\mu L/L$，应重点关注。其中，单 H_2 含量超标且增长较快，跟踪检测绝缘油击穿电压或含水量，并及时更换呼吸器中的吸湿剂，若呼吸器结构不合理的呼吸器，予以更换。

二、油浸式真空有载分接开关轻瓦斯报警后的处理措施

（1）暂停调压操作；

（2）对气体和绝缘油进行色谱分析，色谱数据是否合理需要参照各个厂家要求；

（3）根据分析结果确定恢复调压操作或进行检修。

三、油浸式真空有载分接开关油中少量乙炔的主要原因

（1）机械磨损的微量金属粉末放电引起的；

（2）主触头和通断触头的接触电阻差。

一般情况下，以上两种情况会产生小量放电，产生少量 C_2H_2；但不会有电弧放电产生大量 C_2H_2。

（3）屏蔽环有砂眼等质量缺陷。

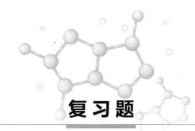

复习题

一、判断题

1. DL/T 722—2014 推荐的注意值是划分设备是否正常的唯一判据。（　　）

2. 绝对产气速率表示法能直接反映出故障性质和发展程度，包括故障源的功率、温度、和面积等。（　　）

3. 随着故障点温度的升高，变压器油裂解产生的烃类气体成分按 $CH_4 \rightarrow C_2H_4 \rightarrow C_2H_6 \rightarrow C_2H_2$ 的顺序推移。（　　）

4. DL/T 722—2014 推荐改良电协研法为设备内部故障诊断的主要方法。（　　）

5. 三比值编码为 022 表明设备内部存在高于 300℃ 的热故障。（   ）

二、选择题 （可多选）

1. 产气速率是与故障所消耗的 （   ） 等情况有直接关系。

A. 能量大小；   B. 故障部位；   C. 故障性质；   D. 故障点的温度

2. DL/T 722—2014 推荐隔膜式变压器总烃绝对产气速率注意值为 （   ） mL/d。

A. 6mL/d；   B. 3mL/d；   C. 10mL/d；   D. 12mL/d

三、简答题

1. 油中溶解气体分析判断设备故障时应按什么思路进行？

2. 考察产气速率时必须注意哪些事项？

3. 三比值法作为设备内部故障类型诊断的主要方法，应用时应注意哪些问题？

4. 为什么要对油中气体饱和达到饱和释放所需时间进行计算？

5. 气体继电器动作时，可以使用平衡判据判断故障，请说明具体判断方法。

6. 如何用色谱分析的方法判断是切换开关室的油渗漏引起的故障？

7. 简述潜油泵的缺陷对油中气体的影响。

8. 简述故障诊断时的注意事项。

9. 你在工作时怎样利用故障诊断技术对设备进行故障诊断？请举例说明。

参 考 文 献

[1] 汪红梅. 电力用油（气）[M]. 北京：化学工业出版社，2014.

[2] 操敦奎. 变压器油中气体分析诊断与故障检查 [M]. 北京：中国电力出版社，2013.

[3] 李德志，寇晓适，曹宏伟，等. 电力变压器油色谱分析及故障诊断技术 [M]. 北京：中国电力出版社，2013.

[4] 徐康健，孟玉婵. 变压器油中溶解气体的色谱分析实用技术 [M]. 北京：中国质检出版社，中国标准出版社，2011.

[5] 孙坚明，孟玉婵，刘永洛. 电力用油分析及油务管理 [M]. 北京：中国电力出版社，2015.

[6] 罗竹杰. 电力用油与六氟化硫 [M]. 北京：中国电力出版社，2007.

[7] 郝有明，温念珠，范玉华，等. 电力用油（气）实用技术问答 [M]. 北京：中国水利水电出版社，2000.

[8] 国家电网公司运维检修部. 电网设备带电检测技术 [M]. 北京：中国电力出版社，2014.

[9] 王宇，周永言，李丽，等. SF_6 检测与电气设备故障诊断 [M]. 北京：中国电力出版社，2017.

[10] 李坚. 变电运维检修技术问答 [M]. 北京：中国电力出版社，2014.

[11] 国家电网公司人力资源部. 油务化验 [M]. 北京：中国电力出版社，2010.

[12] 温念珠. 电力用油实用技术 [M]. 北京：中国水利水电出版社，1998.

[13] 张晶. 油务化验培训实用教程 [M]. 北京：中国电力出版社，2019.

[14] 朱志平，周永言，孔胜杰. 超临界火力发电机组化学技术 [M]. 北京：中国电力出版社，2012.

[15] 许佩瑶. 火电厂应用化学 [M]. 北京：中国电力出版社，2007.

[16] 罗竹杰，吉殿平. 火力发电厂用油技术 [M]. 北京：中国电力出版社，2006.

[17] 国家电网有限公司. 国家电网有限公司十八项电网重大反事故措施（2018 年修订版）及编制说明 [M]. 北京：中国电力出版社，2018.